Meine Gene – mein Leben

Francis S. Collins

Meine Gene – mein Leben

Auf dem Weg zur personalisierten Medizin

Aus dem Englischen übersetzt von Lothar Seidler

Titel der Originalausgabe: The language of life, DNA and the revolution in personalized medicine

Aus dem Englischen übersetzt von Lothar Seidler

© 2010 by Francis S. Collins

Bibliografische Information der Deutschen Nationalbibliothek
Die Deutsche Nationalbibliothek verzeichnet diese Publikation in der Deutschen Nationalbibliografie; detaillierte bibliografische Daten sind im Internet über http://dnb.d-nb.de abrufbar.

Springer ist ein Unternehmen von Springer Science+Business Media
springer.de

© Spektrum Akademischer Verlag Heidelberg 2011
Spektrum Akademischer Verlag ist ein Imprint von Springer

11   12   13   14   15   5   4   3   2   1

Planung und Lektorat: Frank Wigger, Martina Mechler
Redaktion: Birgit Jarosch
Zeichnungen: © Darryl Leja
Umschlaggestaltung: wsp design Werbeagentur GmbH, Heidelberg
Herstellung und Satz: Crest Premedia Solutions (P) Ltd, Pune, Maharashtra, India

ISBN 978-3-8274-2777-9

Für meine vielen wunderbaren Lehrer:
Mentoren, Kollegen, Patienten und Familien

Danksagung

Ich danke den zahlreichen selbstlosen Einzelpersonen und Familien, die mir erlaubt haben, ihre persönlichen Geschichten in dieses Buch aufzunehmen, durch die der Leser wichtige Einblicke in die personalisierte Medizin gewinnen kann. Zu nennen sind hier Blake Aldhaus und seine Mutter Anita, Tracy Beck, Sam Berns und seine Eltern Scott Berns und Leslie Gordon, Sergey Brin und Anne Wojcicki, McKenzie Christeson und ihre Eltern Scott und Kris Wood, Bill Elder, Marvin Frazier, Doris Goldman, Jeffrey Gulcher, Wayne Joseph, Judy Orem, Kate Robbins, Anabel Stenzel und Isabel Stenzel Byrnes, Dale Turner und noch andere, die nicht möchten, dass ihre Namen genannt werden.

Ich stehe auch tief in der Schuld von zahlreichen viel beschäftigten Experten, die sich die Zeit genommen haben, das Manuskript teilweise oder ganz zu lesen und wertvolle Ratschläge zum Inhalt zu geben. Dazu gehören Melissa Ashlock, Barbara Biesecker, Stephen Chanock, Marc Chevalier, Brandon Collins, Tony Fauci, Greg Feero, David Ginsburg, Alan Guttmacher, Richard Hodes, Kathy Hudson, Tom Insel, Mark Kay, Teri Manolio, Judy Mosedale, Sharon Terry, Larry Thompson, Eric Topol und Dick Weinshilboum. Ihre Beiträge haben dazu geführt, dass dieses Buch genauer und verständlicher wurde, als es sonst der Fall gewesen wäre, und für alle noch verbliebenen Fehler bin ich allein verantwortlich.

Ein Dank geht auch an Judy Hutchinson, die die diktierten ersten Entwürfe von jedem Kapitel sorgfältig eingegeben hat, dann an meine Frau Diane Baker, die wertvolle Anmerkungen zum Inhalt gemacht und alle Erstkorrekturen ausgeführt hat, und an den biomedizinischen Illustrator Darryl Leja, der sämtliche Grafiken mit viel Talent und Geschick anfertigte. Schließlich möchte ich noch meiner Verlagsagentin Gail Ross für ihre unermüdliche Unterstützung danken, außerdem meinem Lektor Bruce Nichols, der sogar schon vor mir an die Bedeutung dieses Buches glaubte und mich ermutigte, es zu schreiben, und während der ganzen Zeit den Überblick bewahrte.

Inhalt

Einleitung   XI

1 **Die Zukunft hat schon stattgefunden**   1

2 **Wenn Gene Fehler machen, ist man persönlich betroffen**   27

3 **Möchten Sie nun Ihre eigenen Geheimnisse kennenlernen?**   71

4 **Persönliche Bekanntschaft mit dem großen K**   117

5 **Was hat die Zugehörigkeit zu einer ethnischen Gruppe mit dem Ganzen zu tun?**   167

6 **Gene und Keime**   195

7 **Gene und Gehirn**   217

8 **Gene und Altern**   249

9 **Das richtige Medikament in der richtigen Dosierung für den richtigen Patienten**   271

10 **Eine Zukunftsvision**   295

Anhang A: Glossar 331

Anhang B: Das Einmaleins der Genetik 343

Anhang C: Die kurze und persönliche Geschichte des Humangenomprojekts 353

Anhang D: Zweckmäßige Entwicklung von Medikamenten 361

Anhang E: Dienstleistungen von Unternehmen, die Privatkunden umfassende genetische Tests anbieten 369

Index 373

Einleitung

Der in Tränen aufgelöste junge Mann telefonierte mit seinem Onkel. „Mama stirbt. Sie liegt im Koma und ich glaube, sie übersteht die Nacht nicht." Dr. Robert James, der gerade vom Geräusch sirrender Zentrifugen und den Gesprächen der Studenten über die letzte Nachtparty im Labor umgeben war, suchte eine ruhige Stelle auf, wo er mit seinem aufgewühlten Neffen ungestört sprechen konnte.

„Es tut mir so leid, Brad", sagte er, „deine Mutter hat wirklich tapfer gegen den Krebs gekämpft, und sie hat sich immer wieder erholt, selbst wenn schon alles verloren schien. Aber es hört sich so an, als sei dies jetzt doch das Ende. Kann ich euch irgendwie helfen?"

„Ja", sagte der Neffe, „meine Schwester und ich machen uns Sorgen darüber, ob ihr Krebs vererbbar ist, da so viele andere Frauen aus der Familie unserer Mutter Brustkrebs oder Eierstockkrebs bekommen haben. Du hast einmal gesagt, man könne in Zukunft mit einem Test feststellen, ob einer von uns oder sogar wir beide das Krebsrisiko geerbt haben. Aber ist es dann nicht zu spät, da noch was zu machen?"

Dr. James erklärte, was sie tun sollten. Am nächsten Tag wurde eine Blutprobe seiner sterbenden Schwägerin in sein Labor gebracht, die DNA isoliert und die Probe sorgfältig tiefgefroren. Wie sinnvoll das war, wusste er nicht, aber zumindest wurde überhaupt etwas getan.

Fünf Jahre später nahm Brads Schwester Katherine erneut Kontakt mit Dr. James auf und erklärte ihm, sie habe in einem Zeitungsartikel gelesen, dass man Gene entdeckt hätte, die bei erblichem Brust- und Eierstockkrebs eine Rolle spielen sollen. Katherine ließ damals einmal im Jahr eine Mammografie durchführen, obwohl sie noch keine 40 Jahre alt war, aber sie machte sich besondere Sorgen darüber, dass es kein gutes Screeningverfahren gab, mit dem sich Eierstockkrebs frühzeitig erkennen ließ. Bei ihrer Mutter war dieser Krebs diagnostiziert worden, als sie 52 Jahre alt war, und Katherine dachte jeden Tag daran, dass sie auch erkranken könnte.

Dr. James bestätigte, dass es durch die Entdeckung der beiden Gene *BRCA1* und *BRCA2* möglich geworden war, in Familien das Krebsrisiko genauer abzuschätzen. Und falls sich herausstellen sollte, dass Katherines Mutter in einem dieser Gene eine Mutation getragen hatte, galt das auch in Katherines Familie. Katherine machte sich aber auch Sorgen, dass sie ihren Krankenversicherungsschutz verlieren würde, wenn der Test positiv ausfiele, und sie wollte wissen, ob es auch eine andere Möglichkeit gäbe, die Information zu erhalten. Ihr Onkel erzählte ihr von einer klinischen Forschungsstudie in einer nahe gelegenen Stadt, die den Test unter einem Pseudonym ermöglichte, und Katherine entschied sich dort hinzugehen. Nach einer genetischen Beratung über die Folgen, die Kenntnis oder Unkenntnis solcher Informationen mit sich bringen, bat Katherine darum, die DNA-Probe von ihrer Mutter, die seit mehreren Jahren in Dr. James' Labor im Gefrierschrank aufbewahrt worden war, an das Testlabor weiterzuleiten.

Wenige Wochen später rief Katherine Dr. James an, um ihm mitzuteilen, dass in der DNA ihrer Mutter eine signifikante *BRCA1*-Mutation gefunden worden war. Katherine sah sich nun mit einem 50-prozentigen Risiko konfrontiert, diese Mutation geerbt zu haben, durch die ihr lebenslanges Risiko, Brustkrebs zu bekommen, bei etwa 80 Prozent liegen würde und das Risiko für Eierstockkrebs bei 50 Prozent. Katherine hatte große Angst um sich, aber noch mehr um ihre sechsjährige Tochter.

Zwei Wochen, die ihr wie eine Ewigkeit vorkamen, musste sie auf ihre Ergebnisse warten. Sie versuchte sich vorzustellen, was sie bei einem positiven Befund tun würde. Würde sie einen Chirurgen bitten, ihre Eierstöcke zu entfernen? Würde sie sich womöglich auch beide Brüste entfernen und chirurgisch wieder neu aufbauen lassen, wie es bereits viele Frauen getan hatten, die eine *BRCA1*- oder *BRCA2*-Mutation trugen? Was sollte sie ihrer Tochter sagen, und in welchem Alter sollte ihre Tochter getestet werden? An manchen Tagen war sie sich sicher, dass der Test positiv ausfallen würde – jedenfalls hatten doch alle gesagt, sie sehe ihrer Mutter so ähnlich. An anderen Tagen sagte sie sich, dass eine solche Information für die Wahrscheinlichkeit irrelevant war, ob sie genau diesen genetischen Fehler tragen würde, und sie schöpfte wieder Hoffnung.

Der Schicksalstag war gekommen, als Katherine von dem Genetikberater in die Klinik gebeten wurde, um die Ergebnisse zu erfahren. Das Herz schlug ihr bis zum Hals, als sie dem Berater gegenüber saß. Er öffnete die Datei und begann zu lächeln. „Katherine", sagte er, „sie haben die *BRCA1*-Mutation ihrer Mutter nicht geerbt. Ihr Risiko für Brust- und Eierstockkrebs ist nicht höher als bei jeder durchschnittlichen Frau ihres Alters. Und entsprechend trägt auch ihre Tochter kein besonderes Risiko für diese Krankheiten."

Überglücklich rief Katherine ihren Onkel an, um ihm die gute Nachricht mitzuteilen. Aber beide waren sich darin einig, dass sie sich um die Verwandten von Katherines Mutter in Kanada und Europa weiterhin Sorgen machen mussten, und auch um Katherines Bruder Brad, der beschlossen hatte, sich nicht testen zu lassen. Männer mit einer Mutation im *BRCA1*- oder *BRCA2*-Gen sind zwar nur einem geringfügig erhöhten Risiko ausgesetzt, an Prostata-, Bauchspeicheldrüsen- oder Brustkrebs zu erkranken, aber für ihre Töchter kann das Risiko sehr hoch sein, wenn sie die Mutation geerbt haben. Brads junge Tochter war nun das einzige Mitglied der Kernfamilie, das von dieser genetisch bedingten Gefahr bedroht war.

Dr. James ist ein Mediziner, der sein berufliches Leben ganz der molekulargenetischen Forschung gewidmet hat. So mag es als Ironie des Schicksals erscheinen, dass seine eigene Familie von einer der bedeutendsten Entdeckungen des vergangenen Jahrzehnts im Zusammenhang mit Erbkrankheiten betroffen ist.

Und dann wiederholte sich das, was er vor Jahren schon erlebt hatte. Dieses Mal war es der Schwiegervater von Dr. James, der wegen einer medizinischen Diagnose anrief. Fred hatte Beschwerden in den Beinen und zunehmend Schwierigkeiten beim Golfspielen. Nach der ersten Untersuchung durch seinen Hausarzt war er an einen Neurologen überwiesen worden.

Fred erzählte, dass der Neurologe bei ihm eine Verlangsamung der Nervenreizleitung in den Beinen festgestellt hatte und nun den Vorschlag machte, Fred sollte sich auf eine seltene Erbkrankheit testen lassen, die man als Charcot-Marie-Tooth-Hoffmann-Krankheit bezeichnet (nach den vier europäischen Wissenschaftlern, die sie ursprünglich entdeckt hatten). Dr. James erschrak erst einmal darüber, dass ein solcher Test durchgeführt werden sollte, da die Charcot-Marie-Tooth-Hoffmann-Krankheit normalerweise mit einer fortschreitenden Schwächung der Beine einhergeht, die in einem Alter von 20 oder 30 Jahren beginnt. Er war der Meinung, dass ein genetischer Test für diese Krankheit bei einem älteren Mann nur Zeit- und Geldverschwendung sei. Dr. James äußerte seine Bedenken jedoch nicht, da er nicht in die medizinische Untersuchung seines Schwiegervaters eingreifen wollte. Er war erstaunt und bestürzt zugleich, als der Test positiv war. Nachdem er sich intensiver mit der Materie beschäftigt und auch mit Spezialisten gesprochen hatte, ergab sich für ihn ein sinnvolleres Bild. Bevor DNA-Tests zur Verfügung standen, konnte die Charcot-Marie-Tooth-Hoffmann-Krankheit nur aufgrund des klinischen Erscheinungsbildes diagnostiziert werden.

Deshalb wurde in den Lehrbüchern und medizinischen Zeitschriften nur von Fällen berichtet, die einen schwereren Verlauf nahmen. Da aber nun das Gen bekannt war und durch einen spezifischen molekularen Test gezielt untersucht werden konnte, stellte sich heraus, dass eine leichtere Form der Krankheit und beispielsweise auch ein spätes Einsetzen wie bei Fred häufiger waren als bisher angenommen.

Dieses Mal rückte die Diagnose in noch bedrohlichere Nähe. Die Charcot-Marie-Tooth-Hoffmann-Krankheit wird dominant vererbt, das heißt, das Kind eines Betroffenen trägt mit einer Wahrscheinlichkeit von 50 Prozent das anormale Gen und erkrankt dadurch. Deshalb könnten Dr. James' Frau Dawn und ihre beiden Geschwister ebenfalls betroffen sein. Tatsächlich war es jedoch gar keine Frage der Zukunft, sondern schon eine der Vergangenheit und Gegenwart. Dawns Schwester Laura hatte lange mit Symptomen zu kämpfen, von denen man annahm, dass sie von einem angeborenen Defekt ihrer Füße und Fußknöchel herrührte. Die Symptome wurden den „Klumpfüßen" zugeschrieben und niemals genau diagnostiziert, waren aber wahrscheinlich die Folge eines frühen Einsetzens derselben Erbkrankheit, die sich bei ihrem Vater später zeigte. So bestand die Möglichkeit einer endgültigen Diagnose. Laura entschied sich jedoch gegen einen Test. Sie war nicht überzeugt, dass die Information irgendetwas ändern würde, und sie war auf das Gesundheitssystem ohnehin schlecht zu sprechen. Sie hatte im Lauf der Jahre bei orthopädischen Eingriffen, die sie von ihren chronischen Fußbeschwerden erlösen sollten, eine Reihe von Enttäuschungen erlebt, da nie eine wirkliche Besserung eintrat. Sie hatte Hochachtung vor ihrem Schwager Dr. James, aber nicht vor dem Gesundheitssystem.

Dawn zog die Möglichkeit in Betracht, sich testen zu lassen, wobei sie, Mitte 50, keinerlei Symptome der Krankheit zeigte. Letztlich entschied sie sich dafür, die ungewisse Situation zu ertragen und auf endgültige Klarheit zu verzichten, da sie nicht wusste, wie ein positives Testergebnis ihre Lebenseinstellung beeinflussen würde. Dr. James war dadurch etwas irritiert, aber er akzeptierte ihre Entscheidung. Jedenfalls war sie gesund und glücklich. Insgeheim hoffte er aber, dass zumindest Dawns Schwester ihre Meinung ändern würde. Sollte Laura nicht wissen, woran sie so lange gelitten hatte?

Robert James ist zufällig Doktor der Medizin und Genetiker. Wie ungewöhnlich ist es, dass seine eigene Familie gleich in zwei verschiedenen Fällen mit einem genetisch bedingten Risiko konfrontiert ist und genetische Tests durchgeführt werden? Tatsächlich ist das nicht so ungewöhnlich. Die National Organization for Rare Diseases (NORD) schätzt, dass es mindestens 6 000 seltene Krankheiten (*orphan diseases*) gibt. In den USA gehört eine Krankheit zu dieser Kategorie, wenn weniger als 200 000 Menschen davon betroffen sind. Insgesamt leiden etwa 25 Millionen Amerikaner an einer dieser Erkrankungen. Wenn man ihre Familien und Freunde hinzunimmt, sind es nur noch wenige, die nicht auf die eine oder andere Weise mit einer dieser Erkrankungen in Berührung kommen. Viele dieser Krankheiten werden durch Gene verursacht, die irgendwo in einer Familie fehlerhaft geworden sind, wie etwa in den Fällen, mit denen Dr. James zu tun hat.

Seltene Krankheiten sind also gar nicht so selten. Die Wahrheit ist, dass Dr. James ein Pseudonym ist – für mich selbst. Ich habe auch alle anderen Namen geändert. Brad ist mein Neffe und Katherine meine Nichte. Fred ist mein Schwiegervater, Laura meine Schwägerin, Dawn ist meine Frau. Ich begann vor vielen Jahren, mich mit Medizin zu beschäftigen, weil ich hoffte, etwas dazu beitragen zu können, dass wir die medizinischen Probleme der Menschen und familiär auftretende Krankheiten besser verstehen. Tatsächlich hat die genetische Medizin mir die Probleme, die Erbkrankheiten aufwerfen, direkt ins Haus gebracht.

Entdeckungen auf dem Gebiet der Genetik sind jedoch nicht auf die 6 000 Krankheiten beschränkt, die hochgradig vererbt werden. Wir befinden uns jetzt inmitten einer genetischen Revolution, mit der wir alle auf vielfache Weise in Berührung kommen werden. Diese Revolution betrifft die häufigeren Krankheiten wie Diabetes, Herzerkrankungen, Krebs, Asthma, Arthritis, Alzheimer-Krankheit und andere, außerdem die psychische Gesundheit und die Persönlichkeit überhaupt sowie Entscheidungen über den Wunsch nach Kindern und sogar unsere ethnische Herkunft. Wir erkennen jetzt, dass die Sprache, die von unserer DNA gesprochen wird, die Sprache des Lebens selbst ist. Und wir lesen diese Sprache jetzt auf eine Weise, die grundlegende Auswirkungen auf unsere Gesundheit haben wird.

In den letzten Jahren hat uns die rasante Entwicklung in der Forschung von der allgemeinen Beobachtung, dass Krankheiten tendenziell familiär gehäuft auftreten können, bis hin zur Entdeckung genau definierter DNA-Varianten geführt, wie sie bei vielen Krankheiten auftreten und immer zuverlässigere Vorhersagen über individuelle künftige Krankheitsrisiken ermöglichen. Das ist inzwischen nicht mehr nur auf so seltene Fälle wie die Charcot-Marie-Tooth-Hoffmann-Krankheit oder die spezifische Form von Brustkrebs beschränkt, die durch *BRCA1/2*-Mutationen hervorgerufen wird. Aus den führenden Labors überall auf der Welt erreichen uns in beachtlicher Fülle Mitteilungen über die Entdeckung von DNA-Fehlern, die bei den häufigeren Krankheiten Risikofaktoren darstellen können. Und diese Entwicklung wird sich auch in der näheren Zukunft unverändert fortsetzen. Wir haben uns von der Medizin verabschiedet, bei der genetische Tests nur in Situationen mit hohem Risiko möglich waren, wie es noch an den beiden Beispielen aus meiner eigenen Familie deutlich wurde, und befinden uns nun in einer Situation, in der solche Tests praktisch allen Menschen angeboten werden.

Die Öffentlichkeit ist von diesen Entwicklungen fasziniert, über die jetzt auch regelmäßig in den Medien berichtet wird und die Oprah Winfrey sogar in ihrer Show präsentiert.[1] Unterneh-

---

[1] Oprah Winfrey ist eine bekannte afroamerikanische Talkshow-Moderatorin in den USA.

men bieten komplexe DNA-Analysen direkt der Allgemeinheit an, mit dem Argument, dass jetzt die Zeit gekommen sei, dass präventionsbewusste Bürger solche Tests nutzen und aus diesen spezifischen Informationen Vorteile für sich ziehen können. Eines dieser Unternehmen, 23andMe, das nach den 23 menschlichen Chromosomenpaaren benannt wurde, ermuntert potenzielle Kunden, „heute noch die Geheimnisse der eigenen DNA zu entschlüsseln". Navigenics ist ein Konkurrenzunternehmen, das immerhin behauptet, dass seine DNA-Tests „Ihnen Mittel und Wege an die Hand geben, dass Sie selbst Ihre Gesundheit kontrollieren können". Ein dritter Anbieter ist deCODEme. Hier heißt es, dass der Testservice „Ihnen ermöglicht, Entscheidungen über Ihre Gesundheit auf der Basis einer besseren Informationslage treffen zu können".

Zurzeit betreffen diese Tests weniger als ein Tausendstel des gesamten DNA-Moleküls, aber die Informationen, die sie liefern, umfassen Dutzende von Krankheiten und Merkmalen. Die Anzahl wird in naher Zukunft noch deutlich zunehmen. Neue Entdeckungen werden inzwischen nahezu wöchentlich bekannt gegeben, da wir jetzt dabei sind, die Geheimnisse des übrigen Genoms zu entschlüsseln.

Ich habe bereits einiges über die Erfahrungen meiner eigenen Familie mit bestimmten Erbkrankheiten erzählt. Aber diese Erkenntnisse wurden durch spezielle Tests unter ärztlicher Aufsicht gewonnen. Wie verhält es sich aber mit den Informationen, die wir heute von diesen neuen Dienstleistern erhalten können, die einen direkten Einblick in die DNA anbieten? Ich möchte Sie gerne durch dieses neue Gebiet der personalisierten Medizin leiten, und ich habe mich gefragt, ob es tatsächlich angebracht ist, nur zuzusehen, wenn die neue Zeit der umfassenden DNA-Analysen begonnen hat. Sollte ich selbst womöglich einem vollständigen genetischen Striptease zustimmen? Vor nur zwei Jahren hätte ich wahrscheinlich noch festgestellt, dass es für umfassende Vorhersagen über künftige Erkrankungen, die aufgrund von DNA-

Analysen getroffen werden, noch zu früh ist. Heute verändern sich die Dinge jedoch sehr schnell. Selbst wenn ich genau wüsste, dass es auch heute noch zu früh ist, zuverlässige Vorhersagen zu treffen, würde ich mich trotzdem dafür entscheiden, es auszuprobieren. Ich habe mit meinen erwachsenen Töchtern darüber gesprochen, da diese Art von Test auch über sie Einzelheiten aufzeigen könnte, aber sie ermunterten mich, „es zu tun".

Familiäre Krankheitsgeschichten sind zweifellos ein außerordentlich wichtiger Wegweiser. Ich habe das Glück, dass all meine engeren Verwandten bemerkenswert gesund sind – meine beiden Eltern sind 98 Jahre alt geworden, und meine drei Brüder (alle älter als ich) sind sportlich und bei ausgezeichneter Gesundheit. Deshalb ist es für mich schwierig, aus meinem Stammbaum abzuleiten, mit welcher Wahrscheinlichkeit ich in der Zukunft krank werde. Könnten aber in meiner DNA Risiken lauern, die sich bis jetzt nur noch nicht gezeigt haben?

Neben der Neugier auf mein eigenes Genom wollte ich auch herausfinden, wie diese Anbieter direkt für Privatkunden arbeiten und wie sie ihre Ergebnisse mitteilen. Wie sorgfältig arbeiten sie im Labor? Wie wandeln sie ein DNA-Ergebnis in eine Risikovorhersage um? Und wie gut vermitteln sie die Informationen, damit der Kunde einen Nutzen davon hat und nicht nur verwirrt ist?

Ich beschloss, jedem der drei Unternehmen, die umfassende DNA-Analysen anbieten, eine DNA-Probe zu schicken. (Es gibt eine Reihe weiterer Unternehmen – von denen einige vertrauenswürdig sind, andere nicht –, die sich mehr auf spezifische Tests für spezifische Zwecke konzentrieren.) Ich beschloss auch, nicht meinen eigenen Namen zu benutzen, da ich nicht wollte, dass mich diese Unternehmen anders behandelten als ihre sonstigen Kunden.

Die Kosten für einen Test sind recht unterschiedlich: 23and-Me verlangte 399 US-Dollar, deCODEme 985 US-Dollar und Navigenics 2499 US-Dollar (bot aber als zusätzliche Leistung eine genetische Beratung am Telefon an). Die Entnahme der DNA-Probe war einfach: Für 23andMe und Navigenics musste ich in ein Spezialröhrchen spucken, für deCODEme ein wenig an meiner Wangeninnenseite schaben. Jedes Unternehmen sagte Vertraulichkeit zu, die durch Passwörter für die jeweiligen Internetseiten gewährleistet war. Es gab zwar einige interessante Unterschiede, aber die Listen der untersuchten Krankheiten und Merkmale überschnitten sich dann doch ziemlich stark (Anhang E).

23andMe lieferte die Ergebnisse als Erstes, und das innerhalb von zwei Wochen. deCODEme brauchte einige Wochen länger, und Navigenics schickte nach sieben Wochen einen Bericht (wobei die Analyse merkwürdigerweise bis jetzt nicht vollständig ist, bei sieben von 25 getesteten Krankheiten und Merkmalen fehlen immer noch die Ergebnisse). Obwohl mir bekannt war, dass bei diesen Tests genaue Vorhersagen nur eingeschränkt möglich sind, fand ich es trotzdem aufregend und auch ein wenig nervenaufreibend, mein Passwort einzugeben und meine eigenen Ergebnisse durchzusehen. Die Internetseiten sind gut gestaltet und helfen dem Kunden, die Ergebnisse zu verstehen und das eigene Risiko im Verhältnis zum Durchschnittswert bewerten zu können. Von den drei Unternehmen empfand ich die Internetseite von 23andMe am benutzerfreundlichsten.

Die Abschätzung des genetisch bedingten Risikos basiert bei allen drei Unternehmen auf denselben Publikationen in der wissenschaftlichen Literatur. So testeten sie in den meisten Fällen genau dieselben Varianten in meiner DNA. Ich sah mir die Einzelheiten sehr genau an um festzustellen, ob eines der Laborergebnisse widersprüchlich war. Zu meiner Erleichterung konnte ich keinen Beleg dafür finden. Die eigentliche DNA-Analyse besitzt offenbar eine sehr hohe Qualität.

Was habe ich erfahren? Bei den meisten häufigeren Erkrankungen wurde mein eigenes Risiko glücklicherweise als durchschnittlich oder unterdurchschnittlich bewertet. Aber es gab einige deutliche Ausnahmen. Die Ergebnisse aller drei Unternehmen stimmten darin überein, dass mein Risiko für Diabetes Typ 2 (Altersdiabetes) erhöht ist. Die genaue Risikoabschätzung variierte zwar etwas, aber mein Risiko liegt bei etwa 29 Prozent, etwas höher als der Durchschnittswert mit 23 Prozent. Mein Risiko für die altersbedingte Makuladegeneration, eine häufige Ursache für Blindheit im Alter, durch die meine Tante mit über 80 Jahren das Augenlicht verlor, ist auch deutlich höher als der Durchschnitt. Und die Wahrscheinlichkeit, dass ich eine bestimmte Art von Glaukom entwickeln werde, ist ebenfalls erhöht, wobei sich die Unternehmen über das absolute Risiko uneinig waren.

Das sind zweifellos rein statistische Informationen – es gibt keinen Beweis, dass ich ganz bestimmt eine dieser Krankheiten bekommen werde, und meine familiäre Krankheitsgeschichte wurde für die Vorhersagen überhaupt nicht herangezogen. Und obwohl ich mir der Unzulänglichkeiten dieser Tests bewusst bin, haben sich die Informationen trotzdem unmittelbar auf meine Lebenseinstellung ausgewirkt. Als Arzt kenne ich schon seit Jahren eine lange Liste von allgemeinen Empfehlungen, um bei guter Gesundheit zu bleiben, aber ich habe sie nicht unbedingt befolgt. Da ich nun diese spezifischen Bedrohungen kenne, stelle ich fest, dass ich dem mehr Aufmerksamkeit schenke. Mein vorhergesagtes Risiko für Diabetes liegt mit 29 Prozent zwar nur geringfügig höher als die Basislinie bei 23 Prozent, und durch die Familiengeschichte, die sowohl für Diabetes als auch Fettleibigkeit negativ ist, verringert sich mein Risiko zusätzlich, aber trotzdem machte ich mich daran, ein Vorhaben, das ich schon lange vor mir hergeschoben hatte, endlich zu verwirklichen. Ich nahm mit einem Trainer Kontakt auf, kümmerte mich mehr um meine Ernährungsweise und begann Sport zu treiben, da ich weiß, dass dies die beste Vorbeugung gegen Diabetes ist, wie hoch das verbleibende Risiko auch noch sein mag. Ich suchte nach den neuesten Forschungsartikeln über Makuladegeneration, und der erwähnte Schutzeffekt durch Omega-3-Fettsäuren bewirkte, dass ich Fisch in meine Ernährung aufnahm. Und in Bezug auf das Glaukom-risiko habe ich beschlossen, meine Augen jedes Jahr untersuchen zu lassen, wozu dann auch eine Messung des Augeninnendrucks gehört. Hätte ich das nicht alles sowieso machen sollen? Vielleicht. Aber wir werden ständig mit allen Arten von gesundheitlichen Ratschlägen bombardiert – Essen Sie Fisch! Nehmen Sie täglich ein Aspirin! Trinken Sie Rotwein! Treiben Sie Sport! – und es ist schwierig, wenn nicht sogar unmöglich, sich ständig daran zu erinnern, all diese Dinge zu tun. Trotz aller Einschränkungen der Daten motivierte mich die Mitteilung dieser personalisierten genetischen Informationen zu bestimmten Aktivitäten.

Es gab ein Testergebnis, bei dem ich ernsthaft darüber nachgedacht habe, es nicht anzusehen – das Risiko für die Alzheimer-Krankheit. Das ist einer der eindeutigsten genetischen Risikofaktoren, die bis jetzt identifiziert wurden – das persönliche Risiko kann sich um das Achtfache erhöhen. Und beim gegenwärtigen Stand der medizinischen Forschung kann man überhaupt nichts dagegen tun, außer man nutzt die Information für den Versuch, einen Plan für die Zukunft zu erstellen. Es gibt keine überzeugenden Hinweise darauf, dass eine bestimmte Ernährungsweise oder Medikation das Einsetzen der Alzheimer-Krankheit bei einer anfälligen Person verzögern oder verhindern könnte. Trotz meiner in Bezug auf die Alzheimer-Krankheit negativen Familiengeschichte fühlte ich, wie meine Herzfrequenz zunahm, als ich auf die Schaltfläche klickte, um das Ergebnis zu sehen. Erleichtert stellte ich dann fest, dass mein Risiko, die Alzheimer-Krankheit zu bekommen, sogar um 3,5 Prozent unter dem Durchschnitt liegt.

Einige weitere Ergebnisse fielen mir auf. 23andMe und de-CODEme wiesen darauf hin, wie ein häufig verwendetes Medikament zur Blutgerinnung, Coumadin, in meinem Stoffwechsel umgesetzt wird. Ich habe dieses Medikament nie genommen, aber meine Mutter bekam es mehrere Jahre lang verschrieben. Dabei stellte sich heraus, dass sie darauf ungewöhnlich empfindlich reagierte, sodass die Dosis herabgesetzt werden musste, um keine Vergiftung hervorzurufen. Der Bericht von 23andMe teilte mir mit, dass auch bei mir eine erhöhte Sensitivität vorliegt. Seltsamerweise hatte deCODEme in meiner DNA genau dieselben Varianten untersucht, kam auch zu demselben Ergebnis, es hieß aber, ich würde eine durchschnittliche Dosis benötigen. Das war ein guter Hinweis darauf, dass Vorhersagen aufgrund von DNA-Analysen noch nicht ausgereift sind. Diese Unternehmen beziehen sich alle auf dieselben wissenschaftlichen Befunde, stimmen aber bedauerlicherweise in ihrer Deutung nicht immer überein. Sie sollten sich möglichst schnell zusammensetzten, um einen Konsens zu schaffen, weil sonst die Öffentlichkeit womöglich irritiert und enttäuscht ist.

Am deutlichsten wurden diese Widersprüche zwischen den drei Unternehmen bei der Vorhersage des Risikos auf Prostatakrebs. Mein Vater war in höherem Alter daran erkrankt, sodass ich erleichtert war, als die Ergebnisse von 23andMe mir ein unterdurchschnittliches Risiko bescheinigten. deCODEme war anderer Auffassung und erklärte das Risiko für etwas erhöht. Navigenics legte noch deutlich zu und stufte mein Risiko gegenüber einem durchschnittlichen Mann als um 40 Prozent erhöht ein (24 Prozent gegenüber der Basislinie von 17 Prozent). Was war hier los? Um das herauszufinden, musste ich mich in die Einzelheiten der Laboruntersuchungen vertiefen – und fand auch die Erklärung. 23andMe hatte nur fünf Varianten getestet, von denen bekannt ist, dass sie mit einem Risiko für Prostatakrebs einhergehen; deCODEme hatte 13 getestet und Navigenics 9. Die untersuchten DNA-Marker zeigten deutliche Überschneidungen, aber kein Unternehmen hatte den vollständigen Satz von 16 Markern verwendet. Als ich nun alle Ergebnisse vor mir liegen hatte, konnte ich das Risiko selbst berechnen, und es lag ziemlich nahe an der Vorhersage von Navigenics. Die Sicherheit, die mir das Ergebnis von 23andMe vermittelt hatte, war nur von kurzer Dauer – hier ist also eine weitere Krankheit, der ich meine genaue Aufmerksamkeit widmen muss.

Hier lässt sich tatsächlich etwas Wichtiges feststellen – das Forschungsgebiet verändert sich so schnell, dass jede Vorhersage eines genetisch bedingten Risikos, die auf heutigen Erkenntnissen beruht, im Licht neuer Entdeckungen von morgen möglicherweise revidiert werden muss. Das betrifft nicht nur Prostatakrebs, sondern auch alle übrigen meiner Risikovorhersagen – zurzeit erhält man nur ein verschwommenes Bild der Realität. Wenn die genetischen Tests besser werden und weitere wichtige Informationen wie die familiäre Krankheitsgeschichte und der aktuelle medizinische Wissensstand effektiver mit den DNA-Ergebnissen verknüpft werden, wird das Bild zunehmend schärfer. Jeder, der also vorhat, sich auf dieses Abenteuer einzulassen, sollte sich darauf einstellen, die Risikoabschätzungen regelmäßig zu prüfen, sobald neue Erkenntnisse vorliegen.

Navigenics war der teuerste der drei Anbieter und der Schwerpunkt lag hier am stärksten auf den medizinischen Anwendungen. Navigenics bot auch die Möglichkeit einer genetischen Beratung über die Ergebnisse an. Ich sprach mit einer der Beraterinnen am Telefon und spielte dabei meine Rolle als interessierter Kunde ohne viel wissenschaftliche Bildung. Die Beraterin war so korrekt, mir zu erklären, dass sie keine medizinische Beratung machen würde, aber als wir meine DNA-Ergebnisse durchgingen, empfahl sie mir dringend, wegen meines Risikos auf Prostatakrebs einen Arzt aufzusuchen. Ich äußerte die Sorge, dass mein Arzt vielleicht nicht wüsste, was er mit diesen genetischen Tests anfangen sollte, und sie erzählte mir, dass tatsächlich auch viele Mediziner bei Navigenics nach einer Beratung fragen. Ich wollte wissen, ob sich diese DNA-basierten Vorhersagen in der Zukunft verändern würden, und sie erklärte richtig, dass täglich neue Erkenntnisse verfügbar seien und Navigenics mich über E-Mail informieren würde, sobald genauere Vorhersagen möglich seien. Seltsamerweise fügt sie hinzu, dass der größte Teil der noch verbleibenden genetischen Risikofaktoren innerhalb der nächsten zwei bis drei Jahre bestimmt würden. Als Wissenschaftler, der auf diesem Gebiet arbeitet, erscheint mir das doch recht unwahrscheinlich.

Im Protokoll von 23andMe gab es auch einen Abschnitt über den Nachweis von Merkmalsträgern. Wäre ich ein solcher Merkmalsträger einer Krankheit, dann wären meine Kinder einem Risiko ausgesetzt, wenn ihre Mutter auch ein Träger wäre und sie das Unglück hätten, von uns beiden Eltern das defekte Gen zu erben. So erfuhr ich, dass ich Merkmalsträger von zwei rezessiven Krankheiten bin, die im Erwachsenenalter medizinisch relevant werden können – α-1-Antitrypsin-Mangel und Hämochromatose. Erstere kann zu Emphysemen und/oder einer Lebererkrankung führen, durch Letztere kann es zu einer starken Erhöhung des Eisenspiegels im Körper kommen, was neben anderen schweren Symptomen eine Zirrhose, Herzversagen und Diabetes zur Folge haben kann. Diese Ergebnisse waren Anlass für ein Gespräch mit meinen Töchtern, die sich sehr besorgt darüber zeigten, dass in unserer Familie bestimmte Gendefekte weitergegeben werden. Wir wussten zwar, dass es nicht zu ändern ist, da aber die spezifischen Ursachen nun bekannt waren, war die Situation für uns besser greifbar. Und so beschlossen meine beiden Töchter, sich nun selbst ebenfalls testen zu lassen.

23andMe übermittelte auch die Ergebnisse für mehrere nichtmedizinische Merkmale. Als recht unterhaltsam erwiesen sich Vorhersagen unter anderem über feuchtes Ohrenschmalz oder die Fähigkeit, bitteren Geschmack wie etwa von Rosenkohl wahrzunehmen – aber die Beschränkungen dieser Art von Tests wurden sofort deutlich, als mir eine braune Augenfarbe zugeschrieben wurde (die ist definitiv blau).

Sowohl 23andMe als auch deCODEme lieferten noch Informationen über meine wahrscheinliche Herkunft. Insgeheim hatte ich auf ein wenig Exotisches gehofft, etwa aus Afrika, Asien oder von amerikanischen Ureinwohnern, aber es gab keine wirklichen Überraschungen – ich bin offensichtlich durch und durch Europäer, abgesehen von einem winzigen Pünktchen auf dem achten Chromosom, das wohl asiatischen Ursprungs ist.

Das sind jetzt alle meine Geheimnisse, zumindest soweit sie mit dieser Technik zurzeit zu ergründen sind. Aber unabhängig davon, ob Sie sich entscheiden, für sich einen Test durchführen zu lassen, möchte ich Ihnen nur mitteilen, dass sich das möglicherweise ohnehin nicht mehr lange umgehen lässt.

Wir befinden uns am Anfang einer tatsächlichen Revolution in der Medizin, die immerhin verspricht, sich von dem traditionellen Ansatz „Ein Mittel für alle" abzuwenden und stattdessen ein effizienteres Verfahren zu verfolgen, bei dem jeder Mensch als einmalig wahrgenommen wird, also über besondere Merkmale verfügt, die als Leitlinie für seine Gesunderhaltung dienen können. Die wissenschaftlichen Details, die die Grundlage für diese allgemeinen Aussagen bilden, werden zwar zurzeit noch entwickelt, aber die Umrisse dieses deutlichen Paradigmenwechsels werden langsam sichtbar.

Bei der Analyse, die ich habe durchführen lassen, wurden eine Million Stellen in meiner DNA getestet. Aber das ist erst der Anfang. Bald, wahrscheinlich innerhalb der nächsten fünf bis sieben Jahre, wird jeder die Möglichkeit haben, die eigene DNA vollständig sequenzieren zu lassen, alle drei Milliarden Buchstaben des Codes, und das zu einem Preis von unter 1 000 US-Dollar. Diese Informationen werden sehr komplex sein, aber auch ein großes Potenzial in sich bergen. Durch eine sorgfältige Analyse Ihres gesamten Genoms werden sich Ihre zukünftigen Erkrankungsrisiken viel besser voraussehen lassen, als es zurzeit der Fall ist, und es wird möglich sein, einen individuellen Plan für präventivmedizinische Maßnahmen zu erstellen.

Viele Menschen, die zum ersten Mal mit der Möglichkeit konfrontiert werden, über solche Vorhersagen zu verfügen, erklären dann: „Ich will das gar nicht wissen; es ist besser, das Leben zu genießen, als sich über Risiken Sorgen zu machen." Wahrscheinlich würden sie dem blinden Seher Tiresias in Sophokles' Theaterstück über Ödipus zustimmen, der dazu verdammt war, die Zukunft zwar sehen, aber nicht ändern zu können, und sich beklagte, dass „es nichts als traurig sei, wenn man weise sei, aber die Weisheit nichts nütze". Wir sind jedoch nicht so ohnmächtig wie Tiresias. In vielen Fällen, in denen sich ein genetisch bedingtes Risiko vorhersagen lässt, kann diese Art von Erkenntnis sehr wohl für die persönliche Gesundheit hilfreich sein. Wie ich aus eigener Erfahrung weiß, ist offenbar die beste Vorgehensweise, Ihre Gesundheit und Ihr Leben zu schützen, wenn Sie die Geheimnisse Ihrer eigenen DNA kennenlernen.

Die Verbesserung von Prävention und Behandlung jedes Einzelnen hat nicht nur mit DNA zu tun. Untersuchungen über die Wechselwirkung zwischen genetisch bedingten und äußeren Risiken weisen darauf hin, dass entscheidende Anteile unserer Gesundheit von äußeren Variablen abhängen. Dadurch werden Sie besser in der Lage sein, die äußeren Einflüsse, denen Sie ausgesetzt sind, zu beobachten und entsprechend anzupassen, um Ihre Chancen zu verbessern, gesund zu bleiben oder sich von einer Krankheit zu erholen.

Ihre sicher verschlüsselte DNA-Sequenz wird bald ein untrennbarer Bestandteil Ihrer digitalen Krankenakte sein und von Ärzten und Kliniken genutzt werden, um eine Reihe von Entscheidungen zu treffen, etwa über die Verschreibung von Medikamenten, Diagnoseverfahren und die Prävention von Krankheiten. Wenn Sie krank werden, dann sind die für Sie infrage kommenden Therapien, von denen viele aufgrund neuer Erkenntnisse über das menschliche Genom entwickelt wurden, wirksamer und weniger mit unerwünschten Nebenwirkungen behaftet als noch vor wenigen Jahren. Viele dieser Therapien werden in Form von Tabletten verabreicht, aber es wird auch Gentherapien geben, bei denen das Gen selbst das Medikament ist. Manchmal werden es sogar Zelltherapien sein, die darauf basieren, dass man Ihnen Haut- oder Blutzellen entnimmt und in Zellen umwandelt, die Sie beispielsweise bei Diabetes in Ihrer Bauchspeicheldrüse benötigen oder im Fall der Parkinson-Krankheit in Ihrem Gehirn.

Dieses Buch ist ein Bericht von den vordersten Linien dieser Revolution. Es ist auch ein Handbuch über das, was Sie wissen sollten, um Ihre Gesundheit und die Ihrer Familie zu erhalten. Zur Vorbereitung können Sie das ein oder andere schon jetzt tun – beginnen Sie damit, Ihre familiäre Krankheitsgeschichte zu dokumentieren. Vorher sollten sie aber bereit sein, diese neue Welt anzunehmen.

Über Jahrhunderte hinweg haben wir uns als gesund betrachtet, solange keine Krankheitssymptome auftraten. Nach der Diagnose, sei sie zutreffend oder nicht, erhielten wir eine standardisierte Behandlung. Entsprechend dieser Sichtweise wurde der menschliche Körper allgemein ignoriert, bis sich Symptome zeigten.

Heute haben wir entdeckt, dass jeder Mensch mit Dutzenden von genetischen Fehlern geboren wird. Es gibt von uns keine perfekten Exemplare. Aber wir haben nicht alle dieselben Fehler, sodass eine bestimmte Behandlung häufig nicht allen hilft, die an der jeweiligen Krankheit leiden. Nicht nur unsere Medizin verändert sich, sondern auch unsere grundlegende Haltung gegenüber dem menschlichen Körper.

Über die DNA-Revolution wurde schon viel geschrieben – häufig etwas zu aufgeregt. Aber dieses Buch soll von den Tatsachen handeln. Es ist ein Buch von der Hoffnung, nicht der Übertreibung. Die zunehmende Fähigkeit, die Sprache des Lebens zu lesen, erlaubt eine vollkommen neue Sichtweise von Gesundheit und Krankheit. Wenn Sie daran interessiert sind, Ihr Leben in vollen Zügen zu erleben, dann ist es Zeit, dass Sie Ihre Doppelhelix für die Gesundheit nutzen und erkennen, was es mit diesem Paradigmenwechsel auf sich hat.

1
Die Zukunft hat schon stattgefunden

Wissenschaftler neigen im Allgemeinen nicht zum Enthusiasmus. Privat sind wir von unserer Arbeit begeistert, aber in der Öffentlichkeit stellen wir häufig mit Recht Skepsis und Vorsicht in den Vordergrund. Es gibt jedoch besondere Augenblicke, in denen alle Zweifel verflogen sind, wenn im Raum eine elektrisierende Atmosphäre herrscht und ein Wissenschaftler mit spürbarer Leidenschaft und funkelnden Augen über eine bahnbrechende Erkenntnis spricht, die von dauerhafter Bedeutung sein wird.

Einen solchen Augenblick erlebte ich, als das neue Jahrtausend gerade fünf Monate alt war. Über 2000 Wissenschaftler in sechs Ländern, zu denen ich auch gehörte und die sich in 20 Forschungsgruppen zusammengefunden hatten, war es gelungen, fast 90 Prozent der Buchstaben der menschlichen DNA, sozusagen der Bedienungsanleitung des Menschen, zu entschlüsseln, die allgemein unter der Bezeichnung „menschliches Genom" oder „Humangenom" bekannt ist. Nach einem Jahrzehnt harter Arbeit, gespickt mit zahlreichen aufregenden Momenten, hatten wir unser Ziel, das uns anfangs geradezu verwegen erschien, beinahe erreicht.

Das Ergebnis der Arbeit, die vollständige Rohsequenz des Genoms, sollte einen Monat später im Weißen Haus öffentlich bekannt gegeben werden, doch an jenem Samstag im Mai 2000 hatte ich, der „Feldmarschall" des internationalen Humangenomprojekts, die Ehre, anlässlich des jährlichen Treffens der

Genomwissenschaftler im Cold Spring Harbor Laboratory auf Long Island die entscheidende Rede zu halten. Publikum war die Wissenschaftsgemeinde, die alljährlich nach Cold Spring Harbor, dem Mekka der Genomforscher, pilgerte. Cold Spring Harbor wurde in dieser Zeit von James Watson geleitet, der im Jahr 1953 zusammen mit Francis Crick die Doppelhelixstruktur der DNA entdeckt hatte. Und für eben jene Gemeinde hatte ich eine eher private Version der späteren Bekanntmachung im Weißen Haus vorbereitet.

Das Jahr 2000 war ein Jahr wie kein anderes. Während ich mich umsah und in die Gesichter der vielen Wissenschaftler blickte, junge wie alte, die alle zusammen daran gearbeitet hatten, dieses historische Ziel zu erreichen, begann ich mit meinen Ausführungen: „Wir alle haben an diesem historischen Abenteuer mitgewirkt. Wenn Sie jetzt an Neil Armstrong oder Lewis und Clark denken, kann es sein, dass sie zu kurz greifen. Zweifellos wird die Unternehmung, über die wir heute miteinander diskutieren werden, unsere Vorstellungen von der Biologie des Menschen, unseren Umgang mit Gesundheit und Krankheit und auch den Blick auf uns selbst verändern. Dies ist der Augenblick, an dem sich der größte Teil der menschlichen Genomsequenz, etwa 85 Prozent, vor uns auftürmt, und Sie werden sich später sicherlich an diesen Moment erinnern. Sie werden künftig Ihren Studierenden, vielleicht sogar Ihren Enkeln davon erzählen, wie Sie damals im Grace-Auditorium saßen, standen oder auch lagen, zwischen den Geistesgrößen der Genomik wie Jim Watson, und wie Sie über diese erstaunliche Zeit in unserer Geschichte nachdachten." (Die Geschichte des Humangenomprojekts aus einer persönlichen Sicht findet sich in Anhang C.)

Alle im Saal wussten, dass die Erforschung der DNA an einem Wendepunkt angelangt war. Mit der Sequenzierung des gesamten Genoms konnte man nun eine schwindelerregende Vielzahl von Forschungsprojekten auf wissenschaftlichem Neuland initiieren, um das größte Geheimnis des menschlichen Körpers zu entschlüsseln. Wie funktioniert unsere DNA, die Bedienungsanleitung des Lebens, tatsächlich? Wir waren auf den Gipfel eines großen Berges gestiegen und im Begriff, auf der anderen Seite abwärts zu eilen, in ein Tal voller neuer Entdeckungen.

Die genomische Revolution

Seit jenem feierlichen Augenblick ist inzwischen fast ein Jahrzehnt vergangen. Praktisch alle Forscher auf dem Gebiet der Biomedizin sind sich darin einig, dass sich ihre Herangehensweise an die Erforschung des Lebens grundlegend und unumkehrbar verändert hat, da nun die vollständige DNA-Sequenz des menschlichen Genoms und zahlreicher weiterer Organismen zur Verfügung steht. Wer heute studiert und einen ersten akademischen Grad erreicht hat, kann sich wahrscheinlich gar nicht vorstellen, wie man früher in der Humangenetik geforscht hat, ohne diese Informationen mit einem einfachen Mausklick am Computer abrufen zu können.

Die Ereignisse aus dem Jahr 2000 sind in der Öffentlichkeit auf unterschiedliche Resonanz gestoßen. Viele Menschen wissen, dass die Buchstabenfolge des Genoms nun bekannt ist, aber die meisten haben nicht mitbekommen, was seit ihrer Entdeckung geschehen ist. Sie erinnern sich an den Abstieg vom Berg, aber sie sind sich der neuen Errungenschaften nicht bewusst, die im Tal auf uns warten. Einige Pressemitteilungen der damaligen Zeit legten den Schluss nahe, dass ein Umbruch der Medizin unmittelbar bevorstehe, was jedoch nicht der Wirklichkeit entsprach – die Zeit, die zwischen einer grundlegenden wissenschaftlichen Entdeckung und den entsprechenden Veränderungen in der medizinischen Praxis, der Technik oder im Alltag vergeht, bemisst sich eher in Jahrzehnten als in Jahren. Der größte Teil der Prophezeiungen, die in der Sequenzierung des menschlichen Genoms wurzeln, betreffen zwar die Zukunft, doch sind die ersten Vorboten spürbar und beeinflussen bereits das Leben vieler Menschen. Als Erstes wollen wir uns den Fall von Karen ansehen, die 2005 an Brustkrebs erkrankte.

Karen Vance (Name geändert) war gerade 40 Jahre alt, als sie in ihrer Brust einen Knoten entdeckte. Die Mammografie lieferte zwar ein negatives Ergebnis, doch im Ultraschall war ein Knoten mit einem Durchmesser von zwei Zentimetern zu erkennen, und eine Biopsie bestätigte die Diagnose – Brustkrebs. In Absprache mit ihrem Chirurgen ließ sich Karen die Geschwulst sowie 23 Lymphknoten entfernen, die alle, wie sich herausstellen sollte, frei von Krebszellen waren. Außerdem entschied sich Karen für einen Test der Gene *BRCA1* und *BRCA2*, da ihre Mutter ebenfalls an Brustkrebs erkrankt war (allerdings erst im Alter von 64 Jahren) und sie über die Familie ihres Vaters, in der einige Fälle von Brustkrebs aufgetreten waren, vorbelastet war. Das Ergebnis war negativ. Nach der OP durchlief Karen die übliche Strahlenbehandlung und musste sich dann entscheiden, ob sie sich anschließend einer Chemotherapie unterziehen sollte, um das Risiko eines Rezidivs zu verringern. Karen zog drei Onkologen zu Rate, die ihr wegen ihres geringen Alters eine aggressive Chemotherapie empfahlen. Trotz ihrer Zweifel entschied sich Karen aufgrund der einhelligen Meinung der Mediziner für eine Chemotherapie und begann sich Gedanken über die Perücke zu machen, die sie sicherlich benötigen würde.

Ganz unerwartet erhielt sie einen Anruf von ihrem Bruder. Er war zwar kein ausgebildeter Mediziner, hatte aber im Fernsehen den Bericht über einen neuen Test gesehen, mit dem sich Tumorgewebe untersuchen lässt, um eine genauere Vorhersage über ein mögliches Rezidiv treffen zu können. Dieser Test analysiert, welche Gene in einem Tumor an- oder abgeschaltet sind. Bei Tausenden von Fällen hatte sich bereits bestätigt, dass diese Genexpressionsanalyse ein genaueres Bild der mutmaßlichen Aggressivität des Tumors liefert als die herkömmliche Methode, bei der das Erscheinungsbild der Zellen im Mikroskop analysiert wird.

Karen besprach sich mit ihrem Chirurgen, der diesen Test zwar kannte, aber wenig Erfahrung damit hatte. Er schickte daher eine Gewebeprobe an das Testlabor. Nur vier Tage vor Beginn der Chemotherapie lagen die Ergebnisse vor und deuteten auf eine sehr geringe Wahrscheinlichkeit für ein Rezidiv hin. Einer der drei Onkologen äußerte Bedenken, die anderen beiden waren jedoch überzeugt, dass diese Informationen ausreichten, nur eine Hormontherapie durchzuführen. Karen entschied sich schließlich für diese Therapieform und zeigt auch vier Jahre später keinerlei Anzeichen einer erneuten Erkrankung. Dieser spezielle Test ist eine der ersten positiven Folgen der genomischen Revolution, und Karen ist eine ihrer Protagonisten.

Am Beispiel von Karen wird eine neue Herangehensweise der Medizin deutlich, die demnächst in praktisch alle Bereiche der Gesundheitsversorgung Einzug erhalten wird. Wissenschaftler werden sich künftig nicht mehr mit empirischen oder oberflächlichen Erklärungen für Krankheiten zufrieden geben, sondern die molekularen Grundlagen von Krebs, Herzerkrankungen, Diabetes, Alzheimer-Krankheit, Schizophrenie, Autismus usw. genau analysieren, indem sie wie bei einer Zwiebel die einzelnen Schichten abschälen und schließlich feststellen werden, dass viele allgemein anerkannte Prinzipien der Medizin und der Biologie grundlegend überdacht werden müssen. Elementare Lücken in unseren Kenntnissen vom menschlichen Körper werden nun geschlossen. Die Erbfaktoren für fast alle Krankheiten werden jetzt als spezifische Störungen in der DNA genau lokalisiert, und nach dem Abschluss des Humangenomprojekts treten diese zahlreich zutage. So sind auch gesunde Menschen immer mehr in der Lage, die inneren Geheimnisse ihres Körpers zu erkennen und in geeigneter Weise darauf zu reagieren. Diese Möglichkeit zur persönlichen Prognose wird immer häufiger genutzt werden, sodass der Einzelne die Gelegenheit erhält, sein Schicksal immer stärker zu beeinflussen.

Wer wie Karen erkrankt, dem stehen molekulare Methoden zur Verfügung, mit deren Hilfe sich der Krankheitsverlauf vorhersagen lässt oder man sogar entscheiden kann, ob eine Therapie notwendig ist oder nicht. Und die Anzahl der Optionen für verschiedene Therapieformen nimmt zu, da durch das Wissen über das menschliche Genom neue Angriffspunkte für die Entwicklung leistungsfähiger Behandlungsmethoden erschlossen werden. All das geschieht nicht von heute auf morgen, und für den abschließenden Erfolg ist es notwendig, dass Wissenschaftler, Regierungen, Universitäten, gemeinnützige Stiftungen, biotechnologische und pharmazeutische Konzerne weit vorausschauend Energie, ihre vielfältigen fachlichen Kompetenzen und finanziellen Mittel investieren – ein weiterer Faktor ist die öffentliche Meinung. Zweifellos erlebt jedoch das Wissen des Menschen vom Menschen zurzeit die größte Revolution seit Leonardo da Vinci.

Die DNA ist die Sprache des Lebens

Die Entdeckungen des vergangenen Jahrzehnts, über die der größte Teil der Öffentlichkeit nur wenig weiß, haben viel von dem infrage gestellt, was bisher in der Schulbiologie gelehrt wurde. Wenn Sie gedacht haben, dass das DNA-Molekül Tausende von Genen umfasst, es aber viel mehr „*junk*-DNA" gibt, denken Sie lieber noch einmal nach. Und wenn Sie bislang annahmen, dass das menschliche Genom die komplizierteste DNA-Form auf Erden ist, dann lassen Sie sich auch das besser noch einmal durch den Kopf gehen.

Was dieses Buch betrifft, so ist es nicht notwendig, jede Einzelheit der DNA-Struktur zu kennen (einiges davon finden Sie in Anhang B). Dieses Buch handelt von Anwendungen, nicht von ihrer technischen Entwicklung. Aber um diese Anwendungen zu verstehen, ist es notwendig, sich einige der grundlegenden Prinzipien und Begriffe anzueignen.

Bakterien wie auch Hefen besitzen DNA. Dasselbe gilt für Stachelschweine, Pfirsiche und Menschen. Die DNA ist die universelle Sprache aller Lebewesen. Wir befinden uns tatsächlich in einer historisch bedeutenden Zeit, in der diese Sprache für viele unterschiedliche Spezies zum ersten Mal formuliert wird. Die gesamte DNA eines Organismus bezeichnet man als *Genom*, und die Größe eines Genoms wird üblicherweise durch die Anzahl der *Basenpaare* ausgedrückt, die es enthält. Stellen Sie sich die gewundene Helix der DNA als Leiter vor. Die Leitersprossen bestehen aus Paaren von vier chemischen Verbindungen, die man als Basen bezeichnet und die mit *A, C, T* und *G* abgekürzt werden. Wie in Abbildung 1.1 dargestellt, ist die DNA eine lange Leiter. Ihr Rückgrat ist ein einförmiges Band aus Zuckern und Phosphaten.

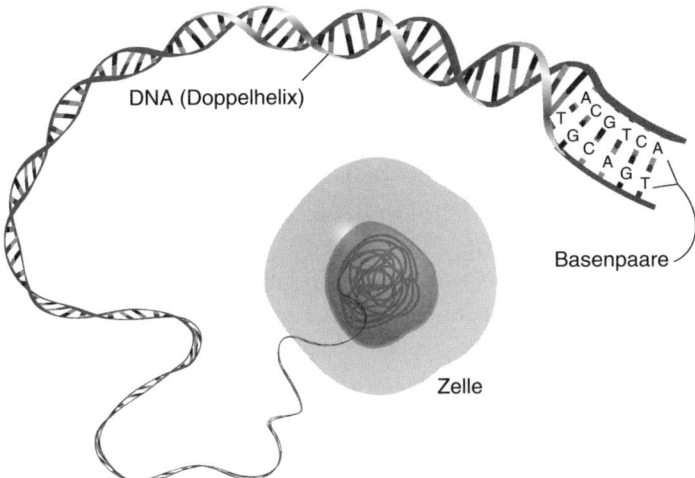

Abb. 1.1   Die DNA-Doppelhelix, die „Bedienungsanleitung" aller Lebewesen, ist hier so dargestellt, als würde sie aus dem Zellkern heraustreten. Der Informationsgehalt der DNA wird durch die Reihenfolge der chemischen Basen (A, C, G und T) festgelegt. Jeder der beiden Stränge trägt die vollständige Information, da sich A immer mit T und C immer mit G paart.

Der Informationsgehalt liegt in den chemischen Basen, die im Inneren angeordnet sind. Dabei paart sich A immer mit T und C immer mit G. Die einfachsten frei lebenden einzelligen Organismen, etwa die Bakterien, verpacken ihre gesamte Information in ein Genom von wenigen Millionen Basenpaaren. Die raffinierter gebauten vielzelligen Organismen mit komplexeren Körperbauplänen erfordern größere Genome, um die entsprechenden Funktionen zu codieren. Unser eigenes Genom beläuft sich auf 3,1 Milliarden Sprossen der DNA-Leiter. Die meisten übrigen Säuger verfügen über Genome von etwa derselben Größe, wobei es da auf eine Milliarde mehr oder weniger nicht ankommt. Viele Amphibien besitzen jedoch Genome, die deutlich größer sind als unseres, und *Psilotum* (Gabelblattgewächs), eine sehr einfache Pflanze, die keine Blüten, Früchte oder Blätter hat, verfügt über ein Genom, das 100-mal größer ist als das des Menschen.

Ein *Gen* ist ein Abschnitt auf der DNA-Leiter, der ein kleines Paket funktioneller Information enthält. Die kürzesten Gene umfassen nur wenige Hundert Basenpaare. Das längste ist das Gen für die Duchenne-Muskeldystrophie; es erstreckt sich über einen Bereich von über zwei Millionen Leitersprossen. Am meisten weiß man von denjenigen Genen, die *Proteine* codieren. Bei diesen wird von der DNA zuerst eine *RNA*-Kopie hergestellt. Die RNA wird dann zu den „Proteinfabriken", den Ribosomen, im Cytoplasma transportiert, wo die Buchstaben des RNA-Codes in die Aminosäuren, die in Proteinen vorkommen, übersetzt (translatiert) werden (Abbildung 1.2). Diese Translation erfolgt mithilfe von „Codewörtern", die jeweils von drei Basen gebildet werden (Tripletts); beispielsweise codiert AAA in der RNA die Aminosäure Lysin, AGA steht für Arginin. Fehler in der DNA führen zu Fehlern in der RNA, und diese können bewirken, dass das Protein nicht die normale Struktur besitzt (Abbildung 1.3).

Die Entdeckung, dass die menschliche DNA nur 20 000 proteincodierende Gene enthält, war eine der großen Überraschungen des Humangenomprojekts. Wir hatten viel mehr erwartet!

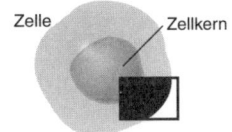

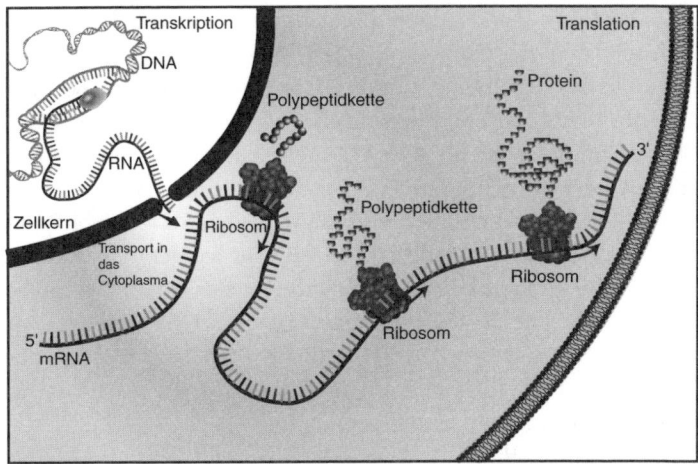

Abb. 1.2 Das „grundlegende Dogma" der Molekularbiologie. DNA codiert Messenger-RNA (die dafür notwendige Transkription erfolgt im Zellkern), die ein Protein codiert (die dafür notwendige Translation wird an den Ribosomen im Cytoplasma durchgeführt).

Normal	DNA	HAS	ALL	YOU	CAN	ASK	FOR
Missense	DNA	HAS	ALL	LOU	CAN	ASK	FOR
Nonsense	DNA	HAS	ALL	YOU	Stopp		
Rasterverschiebung	DNA	HAS	ALY	OUC	ANA	SKF	OR

Abb. 1.3 Die Translation der RNA zum Protein erfolgt unter Verwendung von Wörtern aus drei Buchstaben. Fehler im DNA-Genom führen zu Fehlern in der Messenger-RNA, was dann wiederum Fehler bei den verschiedenen Proteintypen zur Folge hat.

Selbst der einfache Fadenwurm besitzt 19 000 Gene. Einige Beobachter versetzte diese scheinbare Abwertung unserer Existenz tatsächlich in Unruhe, wir aber nehmen an, dass unser Genom auf andere Weise raffinierter sein muss. Zumindest sind wir die einzige Spezies, die ihr eigenes Genom sequenziert hat.

Die meisten Gene sind in ihrem Inneren auf rätselhafte Weise durch lange Abschnitte mit DNA-Information unterbrochen. Diese werden durch einen Vorgang („Spleißen") entfernt, bei dem die reife RNA entsteht, die dann in ein Protein translatiert wird. Durchschnittlich enthält jedes Gen acht dieser herausnehmbaren Sequenzen, die man als *Introns* bezeichnet. Sie liegen zwischen den eigentlich codierenden Abschnitten, den *Exons*. Abhängig davon, welche Introns und Exons entfernt werden und auch in welcher Reihenfolge das geschieht, können aus einem Gen mehrere verschiedene Proteine hervorgehen. Stellen Sie sich ein Gen vor, das die Grundstruktur KiAiUiRiEiNiT besitzt, wobei jeder Großbuchstaben für ein Exon und das i für ein Intron steht. Abhängig vom Spleißmuster kann dieses Gen die Proteine KAUEN, KANT, KAR, KUR, KURT, KREN, ART, REN und sogar ARiEN (wenn eines der Introns erhalten bleibt) produzieren.

Die Exons und Introns von proteincodierenden Genen machen zusammen etwa 30 Prozent des Genoms aus. Von diesen 30 Prozent sind 1,5 Prozent codierende Exons und 28,5 Prozent herausnehmbare Introns. Was ist mit dem Rest? Hier befinden sich zwischen den Genen offenbar lange DNA-„Abstandshalter" („Spacer"), die selbst kein Protein codieren. In einigen Fällen erstrecken sich die Bereiche über Tausende oder sogar Millionen von Basenpaaren. Diese bezeichnet man dann ziemlich abfällig als „Genwüsten". Solche Regionen sind jedoch nicht nur Füllmaterial. Sie enthalten zahlreiche Signale, die erforderlich sind, um nahe gelegenen Genen mitzuteilen, ob sie zu einem bestimmten Zeitpunkt und in einem bestimmten Gewebe während der Entwicklung an- oder abgeschaltet sein sollen. Darüber hinaus erkennen wir jetzt, dass es in diesen sogenannten Wüsten mög-

licherweise Tausende von Genen gibt, die keinerlei Protein codieren. Sie werden zu RNA umkopiert, aber diese RNA-Moleküle
werden niemals translatiert – stattdessen erfüllen sie einige andere
wichtige Funktionen.

In unserem Genom sind unregelmäßig Wiederholungssequenzen verteilt, die dort während einer Reihe von früheren Angriffen
durch verschiedene Familien von parasitären DNAs eingefügt
wurden. Sobald diese „springenden Gene" in ein Genom einge-
drungen sind, können sie von sich selbst Kopien herstellen und
diese Kopien zufällig im gesamten Genom verteilen. Etwa 50
Prozent des gesamten menschlichen Genoms lässt sich darauf
zurückführen. Ein kleiner Teil dieser springenden Gene ist jedoch tatsächlich an Stellen gelangt, wo sie dem Wirt sogar einen
Vorteil gebracht haben – dies ist wiederum ein gutes Beispiel
dafür, wie sich die natürliche Selektion bei allen Gelegenheiten
auswirken kann. Auf diese Weise ist sogar die DNA, die wir bis
jetzt nur als „Müll" bezeichnet haben, durchaus nützlich.

Die Sprache des Lebens unterscheidet sich zwischen den Individuen nur wenig

Da wir jetzt von vielen Individuen die DNA-Information auf
einfache Weise erhalten können, stellen wir fest, dass unsere
Bedienungsanleitungen einander bemerkenswert gleichen, unabhängig von der Herkunft unserer Vorfahren. Wenn man eine
Sequenz meiner DNA mit der von jemand anderem aus Europa,
Afrika oder Asien vergleicht, würde man nur vier Unterschiede pro 1 000 DNA-Buchstaben finden. Wenn wir das gesamte
Genom untersuchen würden, wären die Unterschiede zwischen
meiner DNA und der DNA einer Person aus Asien oder Afrika
etwas größer als zwischen mir und einem europäischen Nach-

barn, aber 90 Prozent der wenigen Unterschiede bestehen dabei schon zwischen mir und anderen Europäern, während nur zehn Prozent in Bezug auf andere Populationen geografische Signifikanz besitzen. Diese bemerkenswerte Übereinstimmung aller Menschen auf der Erde spiegelt unseren gemeinsamen historischen Ursprung wider. Populationsgenetiker, die sich mit diesen Daten beschäftigen, sind davon überzeugt, dass alle Menschen aus einer gemeinsamen Gruppe von 10 000 „Gründervätern und -müttern", die vor über 100 000 Jahren in Ostafrika lebte, hervorgegangen sind. Wir alle sind also tatsächlich eine Familie, sodass es nicht verwundert, wenn unsere „DNA-Dialekte" einander so außerordentlich ähneln.

In erster Näherung ist Ihr Genom in allen Ihren über 400 Billionen Körperzellen identisch. Aber unterschiedliche Zellen nutzen verschiedene Genkombinationen, um ihre Funktionen zu erfüllen. Dadurch unterscheidet sich eine Leberzelle von einer Gehirn- oder Muskelzelle. Die unterschiedlichen Programme beruhen auf diversen Proteinen, die an die DNA binden und Gene an- oder abschalten.

Jedes Mal, wenn sich eine Zelle teilt, muss das gesamte Genom kopiert werden. Dabei können sich jedoch Fehler einschleichen. Gelegentlich kann es vorkommen, dass sich eine solche Zelle schneller teilt als sie soll, und das kann sogar zu Krebs führen. Auch die Umwelt mag hier von Bedeutung sein, da beispielsweise kanzerogene Faktoren wie Strahlung oder Zigarettenrauch die Fehlerrate beim Kopieren der DNA erhöhen.

Jenseits des Humangenomprojekts

Seit 2003 wurden schnelle Fortschritte erzielt, da man auf das Fundament der Originalsequenz des menschlichen Genoms aufbauen konnte. Es ist jedoch weitere harte Arbeit vonnöten, da wir die über drei Milliarden Buchstaben unserer eigenen Sprache des Lebens immer noch nicht richtig deuten können. Viele weitere Informationsquellen sind erforderlich, damit wir uns in der riesigen Datenflut zurechtfinden. Da die Kosten für die *DNA-Sequenzierung* mit atemberaubender Geschwindigkeit abnehmen, ist es inzwischen möglich, die Genomsequenzen von einer großen Zahl weiterer Organismen zu bestimmen, etwa von Hunderten Mikroorganismen und Dutzenden Wirbellosen und Vertebraten. Bei einigen dieser Organismen, etwa bei der Maus, der Ratte oder dem Hund, ist die Genomsequenz schon für sich allein von Bedeutung, da sich wichtige Forschungsgemeinschaften mit der Untersuchung ihrer Biologie beschäftigen. Aber all diese Sequenzen liefern uns auch Informationen über das menschliche Genom. Wenn ein bestimmter Abschnitt der menschlichen DNA in einem erkennbaren Zusammenhang mit anderen Säugern oder sogar einer Spezies steht, die im Stammbaum viel weiter entfernt sind, muss dieser DNA-Abschnitt eine wichtige Funktion besitzen, die für die Evolution keine große Variationsbreite zulässt.

Abbildung 1.4 zeigt in vereinfachter Form, wie diese Art von Vergleich Merkmale von Genomen aufzeigen kann, die sonst in der Flut an unverständlicher Information unentdeckt blieben.

Bei der Untersuchung der genetischen Variabilität des Menschen wurden ebenfalls große Fortschritte erzielt. Dieser Aspekt ist von großer Bedeutung – wenn wir tatsächlich die Erbfaktoren

Der Vergleich von Genomen ist wie das Entschlüsseln von Geheimschriften

Abb. 1.4 Der Vergleich von Genomen aus verschiedenen Organismen. Es handelt sich um eine sehr effektive Methode, um die Abschnitte zu erkennen, die eine große funktionelle Bedeutung besitzen, da sie im Evolutionsprozess sehr starken strukturellen Beschränkungen unterlagen.

entdecken wollen, die praktisch alle Krankheiten beeinflussen, müssen wir die 0,4 Prozent des Genoms verstehen, die sich bei den einzelnen Menschen unterscheiden.

Da die Kosten für die DNA-Sequenzierung stark gesunken sind und es auch weiterhin tun, wird es zunehmend realistischer, für medizinische Zwecke die gesamte Bedienungsanleitung von Individuen zu sequenzieren. Nur fünf Jahre nach der vollständigen Ermittlung der ersten menschlichen Genomsequenz wurde ein Projekt ins Leben gerufen, bei dem 1 000 oder mehr Genome sequenziert werden sollen, die von Menschen aus der ganzen Welt stammen. Dadurch erhält man den bis jetzt tiefsten Einblick in die genetische Variabilität.

Viele andere große Forschungsprojekte zielen jetzt darauf ab, die Genomfunktion direkt zu bestimmen. *Encyclopedia of DNA Elements* (ENCODE) ist ein Projekt, bei dem Dutzende von Labors zusammenarbeiten, um die funktionellen Elemente des Genoms (die „Teileliste") zu ermitteln und festzustellen, wie sie zusammenwirken, wenn sie in den verschiedenen Geweben Gene an- und abgeschaltet werden.

Andere Projekte befassen sich mit Modellorganismen. Dazu gehört auch ein Projekt, bei dem jedes einzelne Gen der Labormaus inaktiviert werden soll („Knock-out-Maus"). Da es für über 95 Prozent aller Gene der Maus entsprechende Gegenstücke im menschlichen Genom gibt, kann dieses Experiment dazu beitragen, die Funktionen von Tausenden Genen der Maus und des Menschen zu bestimmen, jeweils eine nach der anderen.

Als Folge all dieser Fortschritte ist inmitten der Biologie und Medizin eine neue Wissenschaft entstanden: Nennen wir sie DNA-Kryptografie. Wir haben eine hoch entwickelte und sehr komplexe Botschaft erhalten, die für die Zukunft der menschlichen Spezies von entscheidender Bedeutung ist. Sie ist in einem fremdartigen und scheinbar undurchdringlichen Code geschrieben, der zwar durch den Gebrauch von nur vier Buchstaben verblüffend einfach erscheint, aber komplex genug ist, dass Jahrzehnte erforderlich sein werden, bevor es mithilfe eines Zusammenspiels aus menschlichem Erfindungsgeist, Forschungsarbeit im Labor und ausgeklügelter Analysen auf den leistungsfähigsten Supercomputern gelingen mag, das ganze Geheimnis des Codes zu entschlüsseln. Ein spannendes Abenteuer!

Wie hängt das alles mit der personalisierten Medizin zusammen?

Wir alle sind individuell unterschiedlich. Zu Gesundheit und Krankheit tragen unser Genom, die Umwelteinflüsse, denen wir ausgesetzt sind, und unsere Vorlieben bei. Und die meisten von uns leben und treffen diese Entscheidungen aufgrund einer vielfältigen Mischung aus empfangenen Botschaften und eigenen Motiven. Wir wissen, dass wir uns regelmäßig sportlich betätigen und uns gesund ernähren sollten, aber wir schaffen es nicht immer, das auch wirklich einzuhalten. Wir sind über Gesundheitsrisiken informiert, von denen wir umgeben sind, aber manchmal schlagen wir alle Vorsicht in den Wind. Vor allem junge Menschen leben nur für den Augenblick und machen sich wenig Gedanken über die Zukunft. Ältere Menschen verhalten sich vorsichtiger, das beginnt besonders mit einer Elternschaft.

Da Sie dieses Buch erworben haben, nehme ich an, dass Sie Interesse daran haben zu erfahren, wie Sie Ihre Chancen verbessern können, gesund zu bleiben. Was ist, wenn ich Ihnen mitteile, dass die wichtigste Informationsquelle über Ihre künftige Gesundheit, Ihr eigenes Erkrankungsrisiko und das Ihrer Eltern und Kinder einfach zu bekommen und kostenfrei ist, einen Einblick in Ihr Genom ermöglicht und nur etwa eine Stunde Zeit in Anspruch nimmt, um das Ergebnis zu erhalten? Wir achten im Auto darauf, den Sicherheitsgurt anzulegen, vermeiden möglicherweise ungesunde Nahrungsmittel und versuchen, Zeit für sportliche Betätigung zu reservieren. Aber die meisten übersehen dieses leistungsfähige Hilfsmittel. Es ist die Krankheitsgeschichte der eigenen Familie.

Jeder Medizinstudent lernt bei der Beurteilung jedes neuen Patienten auch die familiäre Krankheitsgeschichte auszuwerten, aber der eigentliche Sinn dieser Maßnahme wird nicht immer erklärt, sodass viel zu häufig nur schnell und oberflächlich analysiert wird. Wie viele unserer Patientenakten enthalten die äußerst nutzlose Anmerkung „nicht relevant" im Abschnitt „Familiengeschichte"? (Sie haben Ihre Patientenakte möglicherweise noch gar nicht gesehen, aber Sie können davon ausgehen, dass der Eintrag wahrscheinlich genauso lautet.) Dies ist tatsächlich eine entgangene Gelegenheit.

Für viele verbreitete Krankheiten ist die familiäre Krankheitsgeschichte die wichtigste Informationsquelle zur Bestimmung von Risikofaktoren, sowohl in Bezug auf Erbfaktoren als auch die gemeinsame familiäre Umgebung. Durch einen Eltern- oder Geschwisterteil mit einer Herz-Kreislauf-Erkrankung verdoppelt sich Ihr Risiko. Bei zwei oder mehr dieser „Verwandten ersten Grades" mit einer Herzerkrankung, die womöglich im Alter von weniger als 55 Jahren aufgetreten ist, erhöht sich das Risiko auf das Fünffache.

Bei Verwandten ersten Grades, die an Dickdarm-, Prostata- oder Brustkrebs erkrankt sind, verdoppelt oder verdreifacht sich Ihr eigenes Risiko für eine solche Erkrankung. Ähnliche Risiken treten auf, wenn Sie Verwandte mit Diabetes, Asthma und Osteoporose haben. Mit Sicherheit ist das die Art von Informationen, über die Sie und Ihr Arzt genau Bescheid wissen sollten, um sie für Ihre persönliche Gesundheitsvorsorge zu berücksichtigen. Viel zu oft werden diese Informationen nicht gesammelt oder einfach übersehen.

Für einen Versuch, die Situation zu verbessern, trafen meine Kollegen und ich im Jahr 2004 mit dem damaligen Gesundheitsbeauftragten der US-Regierung Dr. Richard Carmona zusammen, um eine Initiative für das Erstellen von familiären Krankheitsgeschichten ins Leben zu rufen. Dieses im Internet aufrufbare Portal (http://familyhistory.hhs.gov) erleichtert es Menschen, ihre eigenen Krankheitsgeschichten von zuhause aus zusammenzustellen. Die Initiative soll Menschen ermutigen, mit Verwandten Kontakt aufzunehmen, um fehlende Informationen zu erhalten. Mithilfe einer Internetfunktion, die den Schutz der Privatsphäre gewährleistet und vom Gesundheitsministerium der USA kostenlos zur Verfügung gestellt wird, kann jede familiäre Krankheitsgeschichte in ein standardisiertes Formular eingetragen werden. Daraus wird dann ein „Stammbaum" erstellt, wie ihn Anbieter von Gesundheitsdienstleitungen benötigen, und der auch einfach in digitalisierte Patientenakten integriert werden kann.

Hunderttausende Personen haben die Gelegenheit bereits genutzt und ihre Zahl nimmt täglich zu. (Am Ende dieses Kapitels finden Sie eine ausführliche Anleitung, wie Sie Ihre Daten und die Ihrer Familie erfassen können, und ich empfehle Ihnen sehr, das auch zu tun.)

Es ist eine ausgesprochen unglückliche Situation, dass es unser Gesundheitssystem größtenteils versäumt hat, diese Art der Datensammlung zu fördern. Eine vor kurzem durchgeführte Studie der Centers for Disease Control and Prevention (CDC) deutet darauf hin, dass weniger als 30 Prozent der Amerikaner Daten über die Gesundheit ihrer Verwandten gesammelt haben, wobei jedoch 96 Prozent davon überzeugt sind, dass solche Informationen wichtig sind.

Zweifellos hat der Nutzen einer familiären Krankheitsgeschichte seine Grenzen. Viele Menschen sind von verbreiteten Krankheiten wie Krebs, Diabetes, Herzinfarkt oder Alzheimer-Krankheit betroffen, ohne dass sich dafür Hinweise in der familiären Krankheitsgeschichte finden. Und bei Adoptivkindern sind diese Daten häufig überhaupt nicht zu bekommen.

Paradigmenwechsel

Die Revolution, die nun verspricht, unsere physische und psychische Existenz zu verändern, bietet die Gelegenheit, die familiäre Krankheitsgeschichte mit einer Überprüfung Ihrer gesamten DNA-Bedienungsanleitung zu kombinieren und spezifische Störungen zu identifizieren, die sich in Ihrem „Lebenstext" verbergen. Wir müssen uns darüber im Klaren sein, dass wir alle solche Störungen tragen. Wenn Sie dieses Buch mit der Vorstellung zu lesen begonnen haben, Sie seien ein genetisch einwandfreies Exemplar, dann habe ich schlechte Nachrichten für Sie. So etwas gibt es nicht. Innerhalb der 0,4 Prozent Variabilität, durch die Sie sich von anderen Mitgliedern unserer Spezies unterscheiden, befinden sich zahlreiche Bits, die wahrscheinlich gar keine Auswirkungen auf die Gesundheit haben. Es gibt jedoch einige, die Ihr Risiko für eine künftige Erkrankung erhöhen. Wir alle sind fehlerhafte Mutanten.

Wie schnell wird sich das auf Ihre Gesundheitsvorsorge auswirken? Die meisten Ereignisse, die eine grundlegende Veränderung unserer Situation mit sich bringen, treten nicht von heute auf morgen in Erscheinung, sondern schrittweise über einen längeren Zeitraum. Dann sehen wir uns eines Tages um und stellen fest, dass die Welt eine andere ist. Als ich im Jahr 1989 mit einer wenig komfortablen Software meine erste E-Mail abschickte, konnte ich mir überhaupt nicht vorstellen, dass dies mein wichtigstes Kommunikationsmittel mit Kollegen, Freunden und der Familie werden sollte. Als das Humangenomprojekt begann, dachte niemand daran, dass es die Art und Weise, wie biomedizinische Fragen gestellt und beantwortet werden, von Grund auf verändern würde. Das bisherige, traditionelle Grundprinzip der Medizin verändert sich jetzt allmählich, sodass Sie es vielleicht noch gar nicht bemerkt haben. Aber die Folgen sind von grundlegender Natur.

Bei der früheren Herangehensweise wurde eine Diagnose aufgrund des Vorhandenseins bestimmter Symptome und unter Zuhilfenahme verschiedener Labortests gestellt. Unsere Behandlungsmethoden basierten auf Studien, die man mit Hunderten oder Tausenden von Personen mit derselben Diagnose durchgeführt hat und die alle als im Prinzip identische Subjekte angesehen wurden. Auf der Grundlage dieses Prinzips haben wir in den USA allein für die medizinische Versorgung jedes Jahr zwei Billionen US-Dollar ausgegeben. Nur ein winziger Teil davon fließt in die Prävention – der Hauptschwerpunkt liegt in der Behandlung von Krankheiten. Wir haben kein Gesundheitssystem, sondern ein Krankheitssystem. Die Behandlungsmethoden, die wir anwenden, wurden zu einem großen Teil nach dem Prinzip von Versuch und Irrtum entwickelt, häufig ohne eine genaue Vorstellung davon, warum sie funktionieren oder es eben auch nicht tun.

Das neue Prinzip ist vollkommen anders. Wir wissen, dass jeder Mensch einmalig und mit bestimmten genetischen Varianten ausgestattet ist, die von Vorteil sein können, während andere Varianten möglicherweise Anfälligkeiten für künftige Erkrankungen mit sich bringen. Einige dieser Anfälligkeiten lassen genaue Vorhersagen über künftige Probleme zu, während die meisten mit einem deutlich geringeren Risiko verbunden sind, sodass es nur dann zu einer Krankheit kommt, wenn noch andere genetische oder umweltbedingte Faktoren hinzukommen. Eine Krankheit ist weder ein Zufallsprodukt noch unvermeidbar. Persönliche Entscheidungen wirken sich grundlegend auf Ihre Gesundheit aus und Sie sind dafür verantwortlich (und nicht einfach Ihr Arzt).

Aber wenn wir nicht mit großer Sorgfalt vorgehen, könnte die zunehmende Genauigkeit der Vorhersagen in der personalisierten Medizin Diagnosen sogar erschweren. Ist ein Mensch mit einem 60-prozentigen Risiko für Dickdarmkrebs bereits erkrankt? Zählen meine 35 Prozent Risiko für ein Glaukom schon soviel, als wäre ich bereits erkrankt? Die Antwort ist zweimal nein. Wir müssen uns ernsthaft vor dieser Art von Aussagen schützen. Eine Diagnose sollte auch weiterhin nur denjenigen vorbehalten sein, die tatsächlich Krankheitssymptome entwickelt haben. Aber die genaue Beschreibung der individuellen Erkrankung lässt sich wahrscheinlich durch spezifische molekulare Informationen deutlich verbessern. Krankheiten, die wir bis jetzt unter einem einzigen Etikett zusammengefasst haben, werden in unterschiedliche Krankheiten unterteilt, mit jeweils eigenen Prognosen und unterschiedlichen Therapien. Andererseits kann sich bei den Krankheiten, die wir bis jetzt als vollkommen unabhängig angesehen haben, herausstellen, dass sie auf einem gemeinsamen Reaktionsweg beruhen und daher mit einer gemeinsamen Therapie erfolgreich behandelt werden können. So kann sich beispielsweise herausstellen, dass Medikamente, die gegen Krebs entwickelt wurden, bei Arthritis oder der Alzheimer-Krankheit Wirkung zeigen.

Die personalisierte Medizin gibt es bereits

Wenn das alles auch nach Science-Fiction klingt, so ist es doch für Millionen von Menschen, deren Leben schon merklich von der Revolution der personalisierten Medizin beeinflusst wird, bereits Realität. Betrachten wir ein Beispiel aus dem wirklichen Leben. Welche der Krankheiten, bei denen die DNA-Analyse schon eine Rolle spielt, könnte dramatischer sein als der plötzliche Herztod?

Der Telefonanruf, den Doris Goldman an jenem Morgen im Jahr 1979 entgegennahm, war der schlimmste Albtraum jeder Mutter. Ihr 20-jähriger Sohn Jack, ein kräftiger und sportlicher College-Student, war in Wyoming tot in seinem Schlafsack gefunden worden. Eine umfassende Obduktion, einschließlich Untersuchungen auf alle denkbaren Drogen und Giftstoffe, ergab keine erkennbare Ursache. Zwei Jahre später erlitt Doris' Tochter Sharon, die gerade 19 Jahre alt war, einen Herzstillstand. Sie wurde zwar wiederbelebt, trug aber eine durchaus relevante Hirnschädigung davon und erholte sich in den folgenden Jahren nur langsam. Sie besuchte weiterhin das örtliche College, heiratete und bekam einen Sohn. Dann wiederholte sich der unbeschreibliche Albtraum. Eines Morgens wurde Sharon im Alter von 29 Jahren tot aufgefunden. Auch bei ihr blieb die Ursache unklar.

Einige Mütter werden in einer solchen Situation vielleicht depressiv, zornig oder klagen an. Nicht aber Doris. Sie sammelte Krankheitsgeschichten und Elektrokardiografien (EKG) aus ihrer großen Familie. Sie erfuhr von einer Cousine, die im Alter von 45 Jahren im Schlaf gestorben war. Eine Durchsicht der EKG durch Kardiologen, die Doris um Rat gefragt hatte, zeigte eine mögliche Ursache auf. Die QT-Zeit, eine Komponente der kardialen Aktionspotenziale, die ein EKG misst, war bei einer Reihe von Familienmitgliedern verlängert.

Diese Erkrankung, die man als „familiäres QT-Syndrom" bezeichnet, war in der medizinischen Literatur bereits bei einigen Familien beschrieben worden. Sie geht einher mit Schwächeanfällen und einem plötzlichen Tod. Betroffene zeigen eine Prädisposition für Herzkammerflimmern, eine lebensbedrohliche Herzrhythmusstörung. Eine nochmalige genaue Durchsicht der EKG, die bei Sharon durchgeführt und damals als normal interpretiert worden waren, lieferte nun winzige, aber überzeugende Belege dafür, dass sie ebenfalls an dem Syndrom erkrankt war.

Der Unterschied zwischen einer normalen und einer potenziell gefährlich verlängerten QT-Zeit ist ziemlich gering, sodass es nicht möglich war, in Doris' Familie durch eine erneute EGK-Analyse alle Personen mit einem Risiko zu identifizieren. Im Jahr 1996 war es jedoch mithilfe des Humangenomprojekts möglich, für das familiäre QT-Syndrom spezifische Gene zu identifizieren. Bei der Familie von Doris stellte sich heraus, dass eine Mutation im *HERG*-Gen vorliegt, dessen Produkt normalerweise den Natriumtransport durch die Membran der Herzmuskelzellen bewerkstelligt. Da nun ein spezifischer genetischer Test verfügbar war, konnte man diese Mutation bei 37 Familienmitgliedern nachweisen, die demnach wie Jack und Sharon das Risiko eines plötzlichen Todes trugen. Doris hatte zwar nie einen Ohnmachtsanfall erlitten, aber auch sie befand sich auf der Liste der Träger der Mutation, genauso wie ihre lebende Tochter und Sharons kleiner Sohn.

Das klingt alles sehr grausam, aber es war nicht hoffnungslos. In diesem Fall war die Information sehr hilfreich. In Forschungsstudien konnte überzeugend dargelegt werden, dass Patienten mit Mutationen, die mit dem familiären QT-Syndrom zusammenhängen, ihr Gesundheitsrisiko deutlich verringern können, indem sie ihr Leben lang mit Beta-Blockern, einer speziellen Gruppe von Herzmedikamenten, behandelt werden. Die Mitglieder von Doris' großer Familie wurden nun behandelt und es sind keine weiteren Todesfälle mehr aufgetreten. Alle betroffenen Familienmitglieder haben externe Defibrillatoren für die Anwendung zuhause erhalten (sofern sie sich eine solche Vorrichtung leisten konnten) und sie sorgen dafür, dass Familienmitglieder zur Durchführung von Wiederbelebungsmaßnahmen ausgebildet werden, falls diese notwendig sein sollten. Andere haben sich einen automatischen Defibrillator einsetzen lassen.

Das familiäre QT-Syndrom ist eine Krankheit, die in der Öffentlichkeit und selbst bei den meisten Mitarbeitern im Gesundheitswesen kaum bekannt ist. Dennoch handelt es sich um eine Krankheit, der man Aufmerksamkeit schenken sollte. Mithilfe von DNA-Tests ließ sich feststellen, dass für einen von 4 000 US-Amerikanern hier durchaus ein Gesundheitsrisiko besteht. Bei einigen Familien tritt der Tod offenbar im Schlaf ein, bei anderen bei übermäßiger körperlicher Belastung oder bei einer starken Gefühlsregung. Das vielleicht dramatischste Beispiel ist das Schicksal einer Familie, die an einem Tag zwei Schwestern verloren hat. Es war der Sonntag mit dem Meisterschaftsspiel im amerikanischen Profi-Football. Eine der Schwestern war damit beschäftigt, um ihr Haus in Virginia Schnee zu räumen. Plötzlich fiel sie tot zu Boden. Als die Nachricht in der Familie die Runde machte, brach auch ihre Schwester zusammen, die von der Neuigkeit sehr aufgewühlt war, und konnte trotz aller Bemühungen des Notarztes nicht mehr wiederbelebt werden. Es stellte sich heraus, dass beide Schwestern und sechs ihrer Geschwister in einem der beiden Gene für das familiäre QT-Syndrom Mutationen trugen. Auch einige der Kinder waren davon betroffen. Durch die Tragödie an diesem Football-Sonntag hat die Familie jedoch von ihrer potenziell tödlichen Erkrankung erfahren. Wahrscheinlich hat dies das Leben vieler anderer Familienmitglieder gerettet, auch wenn sie weiterhin um ihre verlorenen Angehörigen trauern.

Aus den tragischen Erlebnissen dieser Familien lassen sich verschiedene Dinge lernen. Vor allem kann das Wissen um Ihre eigene familiäre Krankheitsgeschichte Ihr Leben retten. Inmitten der Tragödie hat die Suche nach der Ursache für die unerklärlichen Todesfälle dazu geführt, dass die Verwandten, denen womöglich das gleiche Schicksal drohte, die Chance für ein uneingeschränktes Leben erhalten haben.

Zweitens weiß auch die Medizin nicht immer eine Antwort. Bei den Familien, in denen das familiäre QT-Syndrom auftrat, erregte der plötzliche Tod eines jungen Menschen nicht die Aufmerksamkeit der Ärzte. Erst engagierte Familienmitglieder schufen Abhilfe.

Drittens können DNA-Tests unter geeigneten Bedingungen die notwendigen Antworten liefern, wobei im Gegensatz zu diesen Fällen nicht immer eindeutige Ergebnisse zu erwarten sind.

Viertens zeigte sich jetzt selbst beim familiären QT-Syndrom, einer Erbkrankheit, dass der Umwelt eine große Bedeutung zukommt, da unter bestimmten Bedingungen die Wahrscheinlichkeit für einen Herzstillstand besonders hoch ist. Ein weiterer wichtiger Faktor, der beim familiären QT-Syndrom eine Rolle spielt, sind rezeptfreie Medikamente, von denen viele die Wahrscheinlichkeit für Ohnmachtsanfälle oder den plötzlichen Herztod erhöhen. Menschen mit einer solchen Erkrankung dürfen diese Medikamente nicht einnehmen.

Fünftens sollte niemand bei einer gravierenden Erkrankung fatalistisch werden, selbst wenn die Krankheit in die DNA einer jeden Zelle eingeschrieben ist. Wir werden zwar noch sehr lange Zeit nicht in der Lage sein, unsere eigenen Genome zu verändern, aber andere medizinische Eingriffe können auch jetzt schon zu einer grundlegenden Besserung führen.

Schließlich sollten noch ein weiterer Aspekt dieser Krankheit und die sich daraus für uns ergebenden Schlussfolgerungen zur Sprache kommen. Es ist zwar nur einer unter 4 000 Menschen von dieser vererbbaren Form des familiären QT-Syndroms betroffen, aber Untersuchungen mit Hunderten von Testpersonen haben ergeben, dass die Länge der QT-Zeit auch bei ansonsten gesunden Menschen eine beträchtliche Variationsbreite aufweist. Darüber hinaus unterliegen die Personen am oberen Ende dieser Verteilung einem etwa dreimal höheren Risiko, einen plötzlichen Herztod zu erleiden, wobei sie allerdings nicht am familiären QT-Syndrom erkrankt sind. Vor kurzem hat man von mehreren Genen Varianten identifiziert, die bei den „normalen" Unterschieden der QT-Zeit eine Rolle spielen. Die Messung der QT-Zeit oder die Untersuchung der zugehörigen Gene bei ansonsten gesunden Personen ist zwar noch nicht Teil der personalisierten Medizin, dürfte sich aber künftig als sinnvolle Ergänzung der Informationen erweisen, die man von Patienten sammelt, besonders im Hinblick auf die Prävention.

Das familiäre QT-Syndrom ist kaum jemandem bekannt. Noch weniger Menschen sind dieser Diagnose bei einem Familienmitglied begegnet oder haben sich selbst einem DNA-Test für diese Krankheit unterzogen. Wie wir jedoch feststellen werden, sind nicht alle Erbkrankheiten selten. Wenn Sie Kinder oder

Enkelkinder haben, die unter 35 Jahre alt sind, wurde bei diesen wahrscheinlich bereits ein genetischer Test durchgeführt. Wenn Sie eine Frau sind und Kinder haben, die unter 30 Jahre alt sind, haben Sie mit einer gewissen Wahrscheinlichkeit selbst schon einen genetischen Test mitgemacht, auch wenn Sie sich dessen gar nicht bewusst sind. Die personalisierte Medizin hat bereits auf unterschiedliche Art und Weise Einzug erhalten.

Was Sie heute tun können, um an der Revolution der personalisierten Medizin teilzuhaben*

Nutzen Sie die Family Health History Initiative der obersten Gesundheitsbehörde der USA und das Angebot *My Family Health Portrait* im Internet. Besuchen Sie http://familyhistory.hhs.gov/ und erfahren Sie, wie Sie medizinische Informationen aus Ihrer Familie sammeln können, um einen standardisierten medizinischen Stammbaum zu entwickeln. Sobald Sie alles zusammengestellt haben, senden Sie Kopien an alle Familienmitglieder. Nehmen Sie Ihre eigene Kopie bei Ihrem nächsten Arztbesuch mit und nutzen Sie diese Gelegenheit, mit Ihrem Arzt über Ihre persönlichen Gesundheitsrisiken zu sprechen, die für Sie möglicherweise in der Zukunft eine Rolle spielen, und was Sie dagegen tun können.

* Diese Kästen (jeweils an den Kapitelenden) enthalten oft Hinweise auf Informationsangebote und Dienstleistungen, die in den USA (und im Rahmen des amerikanischen Gesundheitssystems) entwickelt wurden und über die angegebenen Websites in englischer Sprache zugänglich sind. In dem Maße, wie sich die personalisierte Medizin auch im deutschsprachigen Raum stärker durchsetzt, wird es auch hier vermehrt vergleichbare Angebote und Websites geben.

2

Wenn Gene Fehler machen, ist man persönlich betroffen

An einem kühlen Morgen in Kalifornien im Jahr 1972 setzten bei einer jungen Japanerin die Wehen ein. Ihr Mann, ein deutscher Physiker, war auf einer Tagung, sodass sie selbst mit dem Auto in die Klinik fuhr.

Was könnte normaler sein und glücklicher machen, als dass dieses junge Paar neues Leben zur Welt bringt? Die Geburt sollte jedoch vollkommen anders verlaufen als normal. Die erste Überraschung bestand darin, dass der Arzt bei der Untersuchung zwei Herzschläge hörte. Kurz darauf erblickten die beiden *eineiigen Zwillinge* Anabel und Isabel das Licht der Welt – allem Anschein nach zwei gesunde Mädchen.

Nur drei Tage später kam es jedoch zu Komplikationen. Anabel zeigte Symptome eines gefährlichen Darmverschlusses. Zwar konnte ihr Leben durch eine Notoperation gerettet werden, doch der begleitende Arzt erkannte, dass diese Komplikation von der Cystischen Fibrose (CF) hervorgerufen wurde und veranlasste daraufhin bei beiden Mädchen die Untersuchung der Schweißflüssigkeit. Das Ergebnis war eindeutig und erschütternd. Die Zwillinge waren mit ihrer identischen DNA beide von der Erbkrankheit betroffen und hatten eine nur recht geringe Lebenserwartung. Es war nicht zu erwarten, dass eines der beiden Mädchen den zehnten Geburtstag erleben würde, und der Arzt bereitete die jungen Eltern auf eine anstrengende und schwierige Zeit vor.

Die Cystische Fibrose ist die häufigste lebensbedrohliche Erbkrankheit, die bei Menschen mittel- und nordeuropäischer Herkunft auftritt, sie ist jedoch in Japan ziemlich selten. Der mathematisch versierte Vater der Zwillinge berechnete die kombinierten Wahrscheinlichkeiten dafür, dass die Cystische Fibrose bei eineiigen Zwillingen mit deutsch-japanischen Eltern auftritt, auf 1:1,8 Milliarden. Aber seltene Erbkrankheiten betreffen echte Menschen und in diesem realen Fall betrug die Wahrscheinlichkeit, dass Anabel und Isabel an Cystischer Fibrose erkrankten, offenbar 100 Prozent.

Ich traf Anabel und Isabel im Jahr 2008. Im Alter von 35 Jahren ging es ihnen bemerkenswert gut. Sie hatten beide an der Stanford University einen Abschluss gemacht. Anabel ist in der genetischen Beratung tätig und Isabel Sozialarbeiterin. Ihre ermutigende Geschichte, die aus einem anstrengenden Kampf, Entschlossenheit und der unerschütterlichen Überzeugung besteht, dass die Wahrscheinlichkeit zu besiegen ist, bedeutete für beide auch eine zweifache Lungentransplantation und ist nachzulesen in ihrer bewegenden Doppelautobiografie *The Power of Two: A Twin Triumph Over Cystic Fibrosis*.

Dominant, rezessiv und dergleichen mehr

Krankheiten wie CF, Sichelzellenanämie oder Chorea Huntington sind das vorhersagbare Ergebnis von Mutationen in einem spezifischen Gen, und man bezeichnet sie als *single gene diseases* („Einzelgen-Krankheiten"). Sie sind auf der DNA-Ebene am einfachsten zu durchschauen, und die Entdeckung der Ursache von Hunderten dieser Erkrankungen ist sozusagen der erste Akt der genomischen Revolution. Um diese Art von Krankheiten zu verstehen, müssen wir uns mit einigen Grundlagen der genetischen

Vererbung beschäftigen. Die gute Nachricht ist, dass Sie nur wenige Regeln kennen müssen, um viele unterschiedliche Fragestellungen beantworten zu können. Bei diesem Wissenschaftszweig ist es zum Glück nicht erforderlich, sich zunächst Berge von Faktenwissen anzueignen. Vielleicht beschäftigen sich Wissenschaftler wie ich, die einfache Konzepte bevorzugen und nichts davon halten, sich viel Wissensstoff zu merken, deshalb gerne mit diesem Gebiet, anstelle beispielsweise mit der Neurologie oder der Immunologie. Wir wollen nun versuchen, einige dieser Prinzipien klar verständlich zu formulieren, wie ein „Einmaleins der Genetik" für alle weiteren Informationen in diesem Buch über personalisierte Medizin (weitere Einzelheiten in Anhang B).

Prinzip 1

Menschen sind *diploid*. Das bedeutet, dass wir alle von fast allen Genen in unserer Bedienungsanleitung jeweils zwei Kopien besitzen, von denen eine von der Mutter und eine vom Vater vererbt wurde. Die Gene befinden sich auf *Chromosomen*, die unter dem Mikroskop zu erkennen sind, wenn die Zelle dabei ist sich zu teilen. Abbildung 2.1 zeigt die Chromosomen eines normalen Mannes. Sie sind so angeordnet, dass die Paare erkennbar sind. Offensichtlich besitzen die Chromosomen unterschiedliche Größen und Bandenmuster, aber sie liegen mit Ausnahme des *X*- und des *Y-Chromosoms* beim Mann paarweise vor. Eine Frau besitzt stattdessen zwei X-Chromosomen.

Prinzip 2

Bei einer rezessiv vererbten Erkrankung wie der Cystischen Fibrose müssen *beide* Kopien des verantwortlichen Gens Fehler enthalten, damit die Krankheit ausbrechen kann. Wie in Abbildung 2.2 dargestellt ist, kann das dadurch geschehen, dass jeder Elternteil eine fehlerhafte Kopie trägt und diese an das Kind weitergibt. In sol-

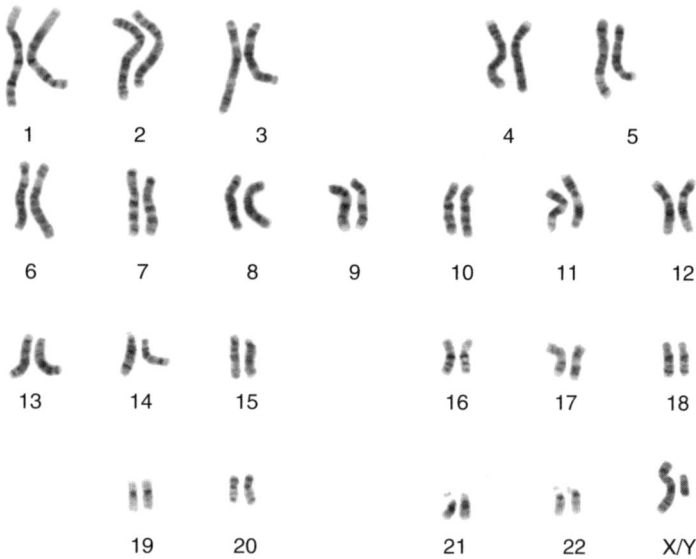

Abb. 2.1 Die Chromosomen einer einzelnen Zelle von einem normalen Mann. Eine Frau besitzt anstelle eines X- und eines Y-Chromosoms
zwei X-Chromosomen.

chen Fällen bezeichnet man die Eltern als *Merkmalsträger*. Sie sind
im Fall einer rezessiv vererbten Erkrankung gesund und sich ihres
Zustands nicht bewusst. Für jedes Kind von Trägereltern besteht
eine Wahrscheinlichkeit von 1:4, dass es erkrankt. Anhand eines
DNA-Tests konnte ich feststellen, dass ich Merkmalsträger eines
α-1-Antitrypsin-Defekts und von Hämochromatose bin. Aber in
beiden Fällen ist meine Gesundheit nicht beeinträchtigt.

Prinzip 3

Bei der dominanten Vererbung reicht es aus, wenn ein Mensch
eine intakte und eine fehlerhafte Kopie des Gens besitzt, um zu
erkranken. Wie in Abbildung 2.3 dargestellt ist, tritt die Krank-

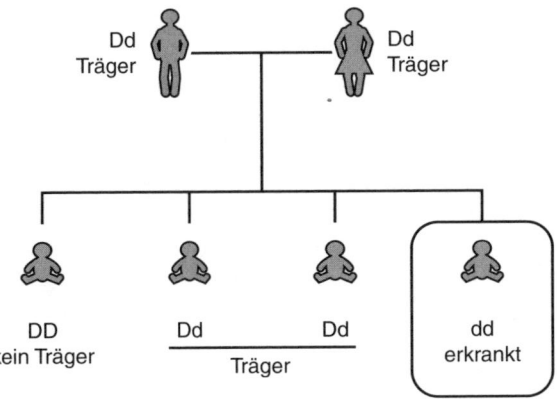

Abb. 2.2 Rezessive Vererbung, wie sie bei der Cystischen Fibrose und bei der Sichelzellenanämie auftritt. „D" ist die normale Kopie des Gens, „d" die anormale Kopie.

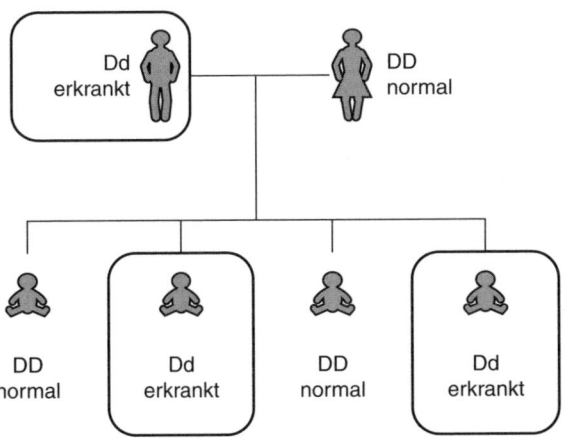

Abb. 2.3 Dominante Vererbung, wie sie bei Chorea Huntington auftritt.

heit bei dieser Art von Vererbung häufig auch in den Folgege-
nerationen auf, da das Kind einer betroffenen Person mit einer
Wahrscheinlichkeit von 50 Prozent das fehlerhafte Gen erbt und
ebenfalls erkrankt. Zu den bekannten Beispielen für dominant
vererbte Erkrankungen gehören Chorea Huntington und Neurofibromatose (die manchmal fälschlicherweise als Elefantenkrank-
heit bezeichnet wird, wobei der „Elefantenmensch", auf den die
Bezeichnung zurückgeht, tatsächlich an einer anderen Krankheit
litt). Ein weiteres Beispiel für eine dominant vererbte Krankheit
ist das familiäre QT-Syndrom (Kapitel 1).

Prinzip 4

Die Vererbung der meisten Erbkrankheiten ist nicht so einfach.
Die meisten fehlerhaften Gene verursachen eine *Prädisposition* für
eine Erkrankung, nicht jedoch eine *Prädeterminierung*. Genetiker
bezeichnen diesen Effekt manchmal als „unvollständige Penetranz". Einfach ausgedrückt heißt das, dass eine Person, die ein
bestimmtes Gen trägt, das ein Gesundheitsrisiko bedeutet, nicht
immer an den Folgen zu leiden hat. Das *BRCA1*-Gen in meiner
eigenen Familie ist ein Beispiel für unvollständige Penetranz.
Frauen, die eine *BRCA1*-Mutation tragen, haben ihr Leben lang
ein Risiko von 80 Prozent, Brustkrebs zu entwickeln, und ein Risiko von 50 Prozent für Eierstockkrebs – in beiden Fällen ist das
Risiko also nicht 100 Prozent. Das bedeutet, dass manche Frauen
mit dieser Mutation niemals an Krebs erkranken. Bei Männern ist
die Penetranz noch geringer. Ihr Risiko, trotz *BRCA1*-Mutation
Bauchspeicheldrüsen-, Prostata- oder Brustkrebs zu entwickeln,
ist nicht sehr hoch.

Prinzip 5

Praktisch alle häufigeren Krankheiten – beispielsweise Diabetes,
Herzerkrankungen und Krebs – beinhalten vererbbare Kompo-

nenten; es gibt sogar multiple genetische Risikofaktoren, die zu diesen Krankheiten beitragen. Diese Krankheiten bezeichnet man als *polygen*. Der Effekt jedes einzelnen genetischen Risikofaktors ist allgemein ziemlich gering, sodass die Erkrankung wahrscheinlich nur durch eine Kombination von mehreren solcher Faktoren ausgelöst wird, wobei auch entsprechende Umweltreize von Bedeutung sein können. Ich habe bereits in der Einleitung von einigen meiner eigenen genetischen Risikofaktoren berichtet und möchte mich in den folgenden Kapiteln noch ausführlicher dazu äußern.

Wir wollen nun zu Anabel und Isabel zurückkehren und uns mit der Cystischen Fibrose beschäftigen, einem wichtigen Beispiel für eine Krankheit, die durch Mutationen in einem einzigen Gen verursacht wird. Als Folge der genomischen Revolution wurden viele ihrer Geheimnisse gelüftet. Im Jahr 1972, als Anabel und Isabel geboren wurden, war über die Cystische Fibrose außer der rezessiven Vererbung nicht viel bekannt. Außerdem wusste man, dass die Krankheit zahlreiche Organsysteme im Körper betrifft, beispielsweise die Bauchspeicheldrüse (die Bezeichnung „Cystische Fibrose" bezieht sich auf die Bildung von Zysten und fibrösen [bindegewebigen] Narben in diesem Organ bei erkrankten Personen). Dadurch können die Betroffenen keine Verdauungsenzyme mehr sezernieren. Es drohte eine grundlegende Mangelernährung, würde man diese Enzyme nicht der Ernährung der Betroffenen hinzufügen. In einigen Fällen ist auch das Verdauungssystem beeinträchtigt – was etwa bei Anabel der Fall war, als sie wegen des schweren Darmverschlusses kurz nach der Geburt notoperiert werden musste. Bei Männern, die an CF leiden, hat man festgestellt, dass sie im Erwachsenenalter unfruchtbar sind, sofern sie dieses Alter überhaupt erreichen. Am schwersten betroffen ist jedoch die Lunge, in der sich ein dickflüssiges, klebriges Sekret sammelt. Die Folge sind wiederholte Infektionen, eine Zerstörung des Lungengewebes, und sehr häufig verstirbt der Patient in jungen Jahren.

Vor Jahren schon bemerkten Mütter von Kindern mit CF, dass die Haut der Kinder salzig schmeckt, wenn sie sie küssen. Diese Beobachtung führte zur Entwicklung eines recht merkwürdig anmutenden Tests zur Diagnose der Erkrankung: Die Messung des Chloridgehalts in der Schweißflüssigkeit. Ein erhöhter Salzgehalt deutete darauf hin, dass der Transport von Salz und Wasser gestört ist, eine Störung, die möglicherweise auch Lunge, Darm und Bauchspeicheldrüsengänge betrifft. Es gelang jedoch erst in den 1980er-Jahren, hier einen eindeutigen Zusammenhang herzustellen. Aber selbst diese Information reichte nicht aus, das verantwortliche Gen zu finden.

Bei der Identifizierung der Mutation im CF-Gen spielte mein Labor eine wichtige Rolle. Nur viele Jahre harter Arbeit brachten uns unserem Ziel näher, da zu jener Zeit nur wenige Informationen über das menschliche Genom verfügbar waren. Wir hatten es uns zum Ziel gesetzt, das Gen einer bestimmten Stelle im Genom zuzuordnen und baten Familien mit mehreren betroffenen Kindern an den Untersuchungen mitzuwirken. Das Prinzip war einfach. Da es sich um eine rezessive Krankheit handelt, müssen bei betroffenen Geschwistern die DNA-Abschnitte übereinstimmen, die das CF-Gen auf einem mütterlichen beziehungsweise auf einem väterlichen Chromosom enthalten, während das übrige Genom nur zu 50 Prozent Übereinstimmung zeigen sollte. Durch die Untersuchung einer sehr großen Zahl solcher Familien konnte das CF-Gen schließlich einem langen DNA-Abschnitt auf Chromosom 7 zugeordnet werden. So weit, so gut. Die nun folgende Aufgabe war jedoch entmutigend: Die DNA-Region umfasste annähernd zwei Millionen Basenpaare, und die Methoden, mit denen man in den 1980er-Jahren solche langen DNA-Abschnitte analysieren konnte, waren langwierig und nicht ausgereift.

Im Jahr 1987 gesellte sich Dr. Lap-Chee Tsui, ein Wissenschaftler aus Toronto, zu unserem Team, und gemeinsam fischten wir in dieser großen und nicht kartierten DNA-Region, um jede noch so kleine Mutation aufzuspüren, durch die sich CF-Patienten von nicht betroffenen Personen unterscheiden könnten. Nach zahlreichen Fehlschlägen und Tagen der Enttäuschung, an denen die Hoffnungen unseres Teams zunichte gemacht wurden, fanden wir schließlich, wonach wir suchten. Ich kann mich noch genau an den Augenblick erinnern, als wir sicher waren, am Ziel zu sein. Lap-Chee und ich nahmen an einem Treffen an der Yale University teil, und wir hatten in seinem Zimmer ein Faxgerät aufgestellt, um über die Arbeiten in unseren Labors auf dem Laufenden gehalten zu werden. Als wir an jenem Tag nach den Vorträgen in das Zimmer zurückeilten, war das entscheidende Fax angekommen – darauf die Nachricht, dass eine einfache Deletion von drei Buchstaben des genetischen Codes (CTT) in der Mitte eines Gens mit unbekannter Funktion offenbar eindeutig mit dem Auftreten von CF korreliert.

Die Gene für andere Erbkrankheiten wurden schon früher identifiziert, indem man funktionelle Informationen über die jeweilige Krankheit nutzte oder bei den seltenen Fällen von Patienten mit sichtbaren Chromosomenveränderungen das verantwortliche Gen direkt ermittelte. Dies war nun das erste Mal, dass die Ursache einer Erbkrankheit des Menschen ohne Beteiligung derartiger Schlussfolgerungen bestimmt wurde. Die Identifizierung des CF-Gens bereitete die Bühne für die nun folgende Aufdeckung der genetischen Ursachen von annähernd 2000 Krankheiten innerhalb der nächsten 15 Jahre.

Abbildung 2.4 zeigt, welcher Art die Mutation ist, die wir in der DNA entdeckt haben. Dargestellt ist nur ein sehr kleiner Ausschnitt eines sehr großen Gens. Das *CFTR*-Gen codiert ein Protein aus etwa 1460 Aminosäuren. Die Deletion der drei Buchstaben in der DNA-Sequenz führt zum Verlust einer einzigen Aminosäure (Phenylalanin) aus diesem sehr großen Protein (Position 508 von 1460). Diese Mutation wird durch das Kürzel ΔF508 angegeben. Die Deletion von nur drei aus drei Milliarden Buchstaben genau an dieser Stelle führt zu einer Erkrankung, die

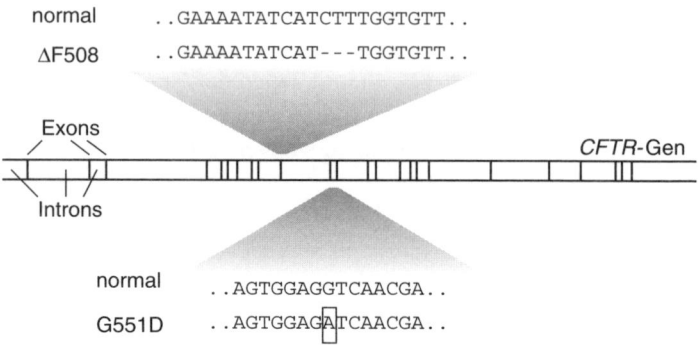

Abb. 2.4 Schematische Darstellung des *CFTR*-Gens. Dieses Gen codiert normalerweise ein Protein, das bei vielen Organen Salz und Wasser durch die Zellmembranen transportiert. Wenn jedoch beide Kopien des Gens aufgrund von Mutationen wie ΔF508 (eine Deletion von CTT) oder G551D (der Austausch von G durch ein A) fehlerhaft sind, kommt es zur Cystischen Fibrose.

mehrere Organe angreift. Davon sind etwa 3 000 Personen mit mittel- und nordeuropäischer Herkunft betroffen, und für die Patienten und ihre Familien bedeutet die Krankheit viel Leid und Probleme. Obwohl ich nun seit fast 30 Jahren auf dem Gebiet der Genetik arbeite, erstaunt es mich doch immer noch, wenn ich daran denke, dass eine so winzige Veränderung solch dramatische Auswirkungen haben kann.

Wir haben die Daten über das CF-Gen im September 1989 veröffentlicht. Auf dem Titelbild des *Science*-Magazins in jenem Monat war ein Foto von Danny Bessette, einem fünfjährigen Jungen mit CF, zu sehen. Vor kurzem traf ich Danny zufällig bei einem Empfang. Ich war erleichtert, als ich sah, dass es ihm wie Anabel und Isabel trotz vieler erkennbarer gesundheitlicher Probleme gut ging.

In den vergangenen zwei Jahrzehnten kamen zahlreiche weitere Einzelheiten ans Licht. Die ursprünglich von uns entdeckte Deletion von drei Basen ist immer noch die häufigste Ursache für CF, aber es gibt weitere Varianten. Inzwischen sind weltweit über 1 000 Mutationen bekannt, die CF verursachen. Genetiker bezeichnen die unterschiedlichen Mutationen desselben Gens als *Allele*, wobei dieses Wort zu den genetischen Begriffen zählt, die für die meisten Nichtwissenschaftler seltsam klingen. In diesem Buch werde ich das Wort gelegentlich verwenden, aber ich werde auch zwei vertrautere Begriffe gebrauchen: *Mutationen* für Fehler in der DNA-Sequenz, die negative Auswirkungen haben, und *Varianten* für Sequenzunterschiede aller Art, seien sie nun negativ, positiv oder neutral. Mutationen sind also schlechte Varianten. Viele Varianten sind einfach nur eine Art „Gewürz des Lebens", andere sind sogar hilfreich (so funktioniert die Evolution).

Nicht alle Mutationen des *CFTR*-Gens haben dieselbe katastrophale Wirkung. Einige seltenere Mutationen verschonen anscheinend die Bauchspeicheldrüse. Andere führen zu Unfruchtbarkeit, haben aber sonst keinen Effekt.

Selbst bei Erkrankungen wie der Cystischen Fibrose, die auf rezessiv vererbten, einzelnen Genen beruht, kann der Krankheitsverlauf bei Personen mit genau derselben Mutation unterschiedlich sein. Bei Menschen mit zwei identischen Kopien der von uns entdeckten Mutation, die etwa die Hälfte der CF-Patienten betrifft, kann sich die Schwere der Lungenkrankheit deutlich unterscheiden. Wie ist das möglich?

Andere Gene des Genoms, die als „modifizierende Faktoren" wirken, tragen zur Ausprägung der Krankheitsverläufe bei. Die meisten Gene zeigen eine gewisse Variationsbreite. Diese normalen Spielräume in anderen Reaktionswegen können den Schweregrad einer Erbkrankheit wie CF beeinflussen. Und für die CF wurden bereits mehrere solcher Faktoren identifiziert.

Ein weiterer wichtiger Faktor für den Verlauf einer Krankheit sind die äußeren Bedingungen. Eine vor kurzem veröffentlichte Studie zeigte, dass sich passives Rauchen signifikant auf den Verlauf der CF-Lungenerkrankung auswirkt. Und die deutlich steigende Überlebensrate von CF-Patienten in den letzten Jahr-

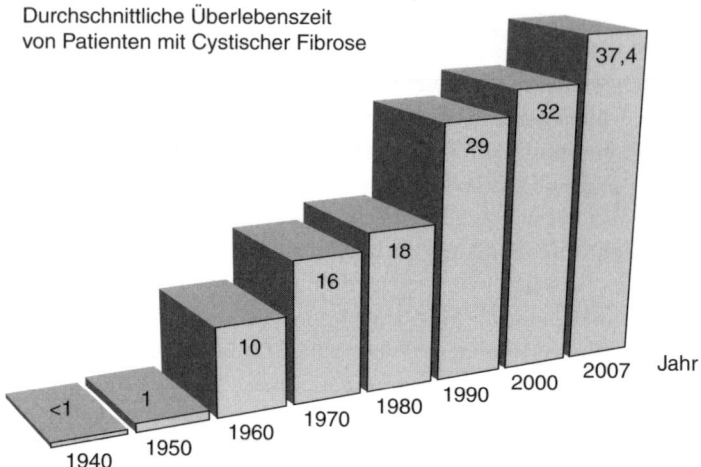

Durchschnittliche Überlebenszeit
von Patienten mit Cystischer Fibrose

Abb. 2.5   Die medizinische Forschung hat zu einer erheblichen Verbesserung der Überlebensrate von Patienten mit Cystischer Fibrose geführt.

zehnten (Abbildung 2.5) kann nicht auf Veränderungen des Genpools innerhalb eines Zeitraums von 50 Jahren zurückzuführen sein. In diesem Fall beeinflussen verbesserte medizinische Maßnahmen die Überlebensrate positiv. Mittlerweile sind Kapseln mit Enzymen der Bauchspeicheldrüse verfügbar, wodurch sich die Ernährungssituation verbessert; eine spezielle Physiotherapie für den Brustraum wurde entwickelt, um das zähe Sekret zu entfernen, das sonst zu Lungenentzündungen führen würde; aggressive Antibiotika werden verabreicht, um Infektionen einzudämmen; es wurde eine Enzymtherapie mithilfe von Aerosolen entwickelt, durch die die viskose DNA im Lungensekret abgebaut wird und sich das Sekret besser ablöst; und es werden Salzwasserdämpfe angewendet, um die Atemwege freizuhalten.

Wenn all diese Bemühungen scheitern und sich die Situation dramatisch zuspitzt, kann noch eine Doppellungentransplantation helfen, wie sie inzwischen bei Hunderten von CF-Patienten, so auch bei Anabel und Isabel, durchgeführt wurde. Ein Hauptproblem dabei ist jedoch die Verfügbarkeit geeigneter Organe, und die Risiken einer Gewebeabstoßung sind erheblich. Tatsächlich hat Anabel eine solche Phase der Abstoßung schon erlebt und musste sich nun einer zweiten Lungentransplantation unterziehen.

Vom Gen zur Heilung?

Es ist ein wichtiger Schritt, eine spezifische Mutation als Ursache einer Krankheit zu identifizieren. Eine ganz andere Fragestellung aber ist, wie sich die Krankheit heilen lässt. Viele äußern die bittere Ansicht, dass Therapien für seltene Erbkrankheiten nie einen praktischen Nutzen haben werden. Betrachten wir einmal die Sichelzellenanämie, die erste rezessive Erbkrankheit, die als solche erkannt wurde. Sie kommt bei Menschen häufig vor, deren Vorfahren in Gegenden lebten, in denen die Malaria in historischer Zeit weit verbreitet war: im Mittelmeerraum, in Afrika und in Südostasien. Merkmalsträger der Sichelzellenanämie – das heißt, Träger nur einer Kopie der Mutation und nicht von zweien – können in der Kindheit eine Malariaerkrankung besser überleben, als Menschen ohne diese Mutation. Menschen, die zwei Kopien der Sichelzellenmutation tragen, leiden jedoch an einer schweren Blutkrankheit, die mit häufigen schmerzhaften Phasen und einer deutlichen Verkürzung der Lebenserwartung einhergeht.

Die Mutation der Sichelzellenanämie, die in einem der Gene für Hämoglobin liegt, ist seit 50 Jahren bekannt. Jedoch hat diese Information bis jetzt nur wenig zur Entwicklung neuer Therapieformen beigetragen. Wie komme ich also dazu zu behaupten, dass die genetische Medizin heute an einem Wendepunkt steht? Der medizinische Fortschritt verläuft nicht linear. Aus 50 Jahren mit geringen Fortschritten folgt nicht, dass es die nächsten 50 (oder auch die nächsten zehn) Jahre ebenso langsam weitergeht. Die meisten Wissenschaftler prophezeien für die Therapie der Sichelzellenanämie innerhalb des nächsten Jahrzehnts entscheidende Fortschritte. Ein Hauptgrund für diesen Optimismus liegt in den Verheißungen der Gentherapie, wobei es auf diesem Gebiet bis jetzt allerdings ein wildes Auf und Ab gab. Um diesen Ansatz für die Therapie der Sichelzellenanämie zu nutzen, muss man eine normale Kopie des relevanten Hämoglobingens in das Knochenmark einer erkrankten Person einschleusen und dort seine Funktion dauerhaft und effizient aktivieren. Erfolge bei anderen Erkrankungen lassen den ermutigenden Schluss zu, dass diese Herangehensweise schließlich auch bei der Sichelzellenanämie funktionieren könnte. Und Gentherapie ist nicht die einzige Option für neue wirksame Behandlungen. Für die Entwicklung von Medikamenten, die eine Ausbildung der Sichelform bei den roten Blutzellen verhindern, gibt es bereits erste Ideen.

Wie verhält es sich mit der Cystischen Fibrose? Seit der Entdeckung der Ursache sind 20 Jahre vergangen. Welche Strategien wurden bis jetzt verfolgt, um die Informationen therapeutisch zu nutzen, gibt es hier irgendwelche Fortschritte zu verzeichnen?

Unmittelbar nach der Identifizierung des *CFTR*-Gens war man euphorisch und hoffte, die Krankheit mithilfe einer Gentherapie heilen zu können. Der Grundgedanke war relativ einfach: Wenn es gelänge, eine normale Kopie des Gens in ein Virus übertragen, das die Atemwege infiziert, könnten die Patienten sozusagen „eine Erkältungskrankheit einatmen" und durch die „Erkältung" würden Kopien des normalen Gens übertragen. Innerhalb eines Jahres nach Entdeckung des Gens konnten wir unter Laborbedingungen an kultivierten Zellen zeigen, dass ein Virus die Störung des Salztransports bei Atemwegszellen beheben kann. Aber die effiziente Genübertragung in lebende Individuen hat sich als außerordentlich schwierig herausgestellt. Es gilt verschiedene Arten von Hindernissen zu überwinden. Zum einen muss die Übertragungseffizienz sehr hoch sein, da der Nutzen nur gering ist, wenn in den Atemwegen nur wenige Zellen „korrigiert" werden. Die Viren im Präparat müssen daher wie eine große Armee funktionieren, indem sie sich ausbreiten und ein großes Areal besetzen. Zum anderen genügt es nicht, die normale Kopie des Gens einfach durch das Virus in die Zellen übertragen zu lassen, sondern das Gen muss in den Zellen stabil erhalten bleiben und in Form von RNA und Protein ausreichend exprimiert werden. Und schließlich muss das Ganze in einer Weise erfolgen, die das Immunsystem umgeht, damit die körpereigene Abwehr gegen diese Virusinfektion nicht jeglichen Erfolg schnell zunichte macht.

Unglücklicherweise haben sich all diese offenen Fragen als unüberwindbare Hürden erwiesen. Um die Situation ein wenig besser zu erläutern, betrachten wir einmal eine Analogie aus dem Sport. Stellen Sie sich die 20 000 Gene als gut organisiertes Team von Athleten vor, die gemeinsam das Spiel des Lebens gewinnen wollen. Eine CF-Mutation entspricht einem Mitspieler mit einer ernsthaften Verletzung, der vom Spielfeld getragen werden muss. Die Gentherapie versucht den Verlust – im Sinne der Spielstrategie – auszugleichen, indem ein neuer Mitspieler auf das Feld geschickt wird. Dieser Spieler muss jedoch in der Lage sein, den Weg zu seinem Platz zu finden und dort gut mitzuwirken ohne sich wieder zu verletzen. Wenn er jedoch zusammenbricht und selbst hinausgetragen werden muss (ähnlich der Situation, dass das Gen zwar in die Zelle gelangt, dort aber nur kurze Zeit richtig funktioniert), ist das Problem nicht gelöst. Und wenn sich herausstellt, dass ein Ersatzspieler nicht auf der offiziellen Teamliste geführt ist, wird der Schiedsrichter (das Immunsystem) das Spiel unterbrechen und den neuen Spieler hinauswerfen.

Aufgrund all dieser Probleme war der Fortschritt der Gentherapie im Verlauf der letzten 25 Jahre enttäuschend gering. Vor wenigen Jahren schien der Erfolg schon greifbar. Einige Kinder mit einer seltenen Form von Immunschwäche, die durch ein defektes Gen verursacht wird, konnten offenbar mit einer Therapie geheilt werden, indem man das fehlende Gen mithilfe eines inaktivierten Virus auf die Kinder übertrug. Die Freudenfeier wandelte sich jedoch einige Jahre später in Trauer, als einige dieser Kinder an Leukämie erkrankten. Ursache war offenbar die unpassende Aktivierung eines Krebsgens durch dasselbe Virus. In Kapitel 10 werde ich mich noch ausführlicher zur Gentherapie äußern.

Die Bemühungen, für CF eine Gentherapie zu entwickeln, werden fortgesetzt, aber statt auf eine schnelle Lösung zu hoffen, müssen wir jetzt feststellen, dass hier noch viele Jahre harter Arbeit notwendig sind. Inzwischen hat sich jedoch eine andere Herangehensweise, die durch die Entdeckung des Gens möglich wurde, als recht vielversprechend erwiesen. Kehren wir noch einmal zum Vergleich mit der Sportmannschaft zurück. Es ist doch eine gute Lösung, wenn man die Verletzungen des ursprünglichen Spielers schnell behandelt, sodass er seine Gesundheit vollständig wiedererlangt und anschließend auf das Spielfeld zurückkehrt, oder? Hier wirkt zwar unsere Analogie etwas weit hergeholt, aber das ist tatsächlich das, was eine medikamentöse Therapie leisten soll.

In der Vergangenheit wurden die meisten Medikamente größtenteils durch empirische Verfahren entwickelt. Die Wirkstoffe, die als mögliche Therapeutika untersucht wurden, waren häufig Produkte von Bakterien, Pilzen oder Pflanzen, und man konnte nur wenige testen. Inzwischen werden die alten, weniger systematischen Methoden zunehmend durch eine neue, umfassendere Herangehensweise ersetzt, bei der man sogenannte „Designerwirkstoffe" entwickelt. Dabei legt man zuerst ein spezifisches Angriffsziel für das Medikament fest und testet dann Hunderte oder Tausende von Kandidatenwirkstoffen, um die mit der besten Wirkung zu ermitteln. Da im Fall der CF der molekulare Defekt genau bekannt ist, ließen sich Kandidatenwirkstoffe ermitteln, die die Störung des Salztransports bei kultivierten Atemwegszellen beheben. Sobald man festgestellt hat, dass diese

Wirkstoffe für Tiere nicht giftig sind, können klinische Studien am Menschen beginnen. Weitere Informationen, wie Medikamente entwickelt werden, finden sich in Anhang D.

Die Ergebnisse einer ersten Studie mit einem dieser Designerwirkstoffe an über 30 CF-Patienten waren tatsächlich sehr vielversprechend. Einer der Patienten ist Bill Elder. Bill ist nicht nur ein junger Mann, der an CF leidet, sondern auch ein Student an der Stanford University, der im Labor von Dr. Jeffrey Wine arbeitet. Bills Interesse an CF wurde geweckt, als die Krankheit bei seinem eigenen Kind diagnostiziert wurde. Bill ist mit der G551D-Mutation (Abbildung 2.4) von einer der weniger häufigen Varianten des „verletzten Spielers auf dem Platz" betroffen. Vor der Versuchsreihe für das neue Medikament ging es ihm relativ gut, wobei er jedoch mehrere Medikamente einnehmen musste und sich jeden Tag einer speziellen Physiotherapie für seinen Brustkorb unterzog. Außerdem erhielt er von Zeit zu Zeit eine intensive Antibiotikatherapie.

Als freiwilliger Teilnehmer der Studie mit dem CF-„Potentiator", dem man die Bezeichnung VX-770 gegeben hatte, musste Bill nur zweimal täglich drei weiße Tabletten einnehmen und dann verschiedene Tests über sich ergehen lassen, mit denen die Wirkung des Medikaments geprüft wurde.

Die Ergebnisse der ersten Studie waren geradezu erstaunlich. Die Chloridkonzentration in der Schweißflüssigkeit sank bei den behandelten Personen auf einen fast normalen Wert. Bei einem speziellen Test auf Salztransport in der Nasenschleimhaut waren die Werte nahezu ideal. Noch eindrücklicher war die Wirkung auf die Lunge, wo sich der Luftaustausch innerhalb von nur zwei Wochen deutlich verbesserte. Das Medikament zeigte keine Nebenwirkungen. Dies war zwar nur eine erste kleine Studie, aber keiner der früheren Versuche einer medikamentösen CF-Behandlung hatte solche spektakulären Erfolge gezeigt.

Es bleibt zwar noch viel zu tun und es wäre zweifellos verfrüht, den Sieg über die Cystische Fibrose auszurufen, aber von diesen Entwicklungen geht der bisher hellste Hoffnungsschimmer seit vielen Jahren aus.

Ein Jahr zuvor hatte ich auf der jährlichen North American Cystic Fibrosis Conference, einer Zusammenkunft von Betreuern, Patienten und Familien, einen Vortrag gehalten. Ich hatte meine Ausführungen beendet, indem ich die Gruppe bat, mit mir ein Lied auf die Hoffnung in der Zukunft zu singen. Als Tausende von Menschen aufstanden und mit mir den Refrain sangen, gab es manche Tränen der Rührung:

> Wagen wir den Traum,
> dass alle unsere Brüder und Schwestern frei atmen können.
> Wir sind ohne Angst, unsere Hoffnungen wanken nicht,
> bis die Geschichte der CF nur noch Geschichte ist.

Der Erfüllung dieses Traums sind wir heute offenbar so nahe wie nie zuvor. Darüber hinaus sind diese Fortschritte zur Behandlung der CF die ersten Vorboten einer großen Zahl von potenziellen neuen Behandlungsmethoden, die weltweit in den Labors entwickelt werden, da wir endlich die Geheimnisse der Sprache des Lebens entschlüsseln können.

Ihre Ernährung kann Ihnen das Leben retten

Ein weiteres Betätigungsfeld jenseits der Gene und medikamentösen Therapien betrifft andere Behandlungsformen von Krankheiten, die äußere Faktoren zum Ziel haben. Ein wichtiger Bestandteil Ihrer Lebenswelt ist Ihre Ernährung. Heute sind wir dabei, die genauen Mechanismen zahlreicher Krankheiten zu verstehen, und es ist in bestimmten Fällen möglich, deren Symptomen entgegenzuwirken, indem man die eigene Ernährung entsprechend ändert.

Tracy Beck ist 35 Jahre alt und promovierte Astrophysikerin, die am Space Telescope Science Institute arbeitet und dort die nächste Generation des Hubble-Teleskops entwickelt. Wäre Tracy zehn Jahre früher geboren worden, lebte sie heute wahrscheinlich mit einer schweren geistigen Behinderung, Krampfanfällen und einem kleinen und unterentwickelten Gehirn in einem Heim – falls sie überhaupt noch leben würde.

Tracy schien bei ihrer Geburt vollkommen normal zu sein, aber während des ersten Monats machte sich ihre Mutter zunehmend Sorgen, da sie so viel schlief, vor allem im Vergleich zu ihrer älteren Schwester. Ein Screening für Neugeborene zeigte, dass der Phenylalaninspiegel in Tracys Blut zehnmal höher war als normal. Phenylalanin ist eine essenzielle Aminosäure, die in allen Arten von Proteinen vorkommt. Tracy hat einen genetischen Defekt, durch den bei ihr die Phenylalaninhydroxylase fehlt, ein Enzym, das für den korrekten Stoffwechsel dieses Moleküls notwendig ist. Tracy hat also viel zu viel von einer an sich wichtigen Substanz. Obwohl die Aminosäure für das Leben essenziell ist, sind so hohe Konzentrationen Gift für das sich entwickelnde Gehirn.

Tracys Eltern waren durch diese Diagnose zutiefst erschrocken, begannen aber sofort damit, in der Ernährung ihrer Tochter eine strenge therapeutische Diät umzusetzen, die für diese seltene Krankheit entwickelt worden war. Das bedeutet im Einzelnen, dass sich Menschen mit dieser als Phenylketonurie (PKU) bezeichneten Erkrankung ihr Leben lang extrem proteinarm ernähren (damit der Phenylalaninspiegel niedrig bleibt) und alle anderen Aminosäuren über besondere Präparate in den ausreichenden Mengen zu sich nehmen müssen. Sie können sich vorstellen, wie schwer es ist, ein Kind dazu zu bringen, eine derart strenge Diät einzuhalten: Mittagessen in der Schule, Geburtstagspartys oder Nächte außer Haus ... Tracy berichtet, dass sie sich mit neun Jahren gegen die strikte Diät zu wehren begann und heimlich Verbotenes naschte, besonders Käse. Nach wenigen Monaten ließen ihre vorher ausgezeichneten schulischen Leistungen nach und sie wurde sogar für kurze Zeit in eine Mathematikförderklasse versetzt. Tracy und ihre Eltern erkannten, dass diese Auflehnung in der Zukunft gravierende Folgen haben könnte und einigten sich schließlich auf eine Diät, die das Mädchen akzeptierte. Außerdem setzten sie sich sehr dafür ein, auch andere von der Notwendigkeit einer solchen Diät zu überzeugen. Tracy ist bis heute bei dieser ungewöhnlichen Ernährungsform geblieben und erzählt ihren Freunden einfach, sie leide an einer Krankheit und müsse daher Proteine meiden, während andere in ihrer Umgebung proteinreiche Mahlzeiten genießen.

Es ist eine äußerst ungewöhnliche Diät, weit davon entfernt, was andere tun, um etwa ihren Cholesterinspiegel zu kontrollieren. Tracy muss zum Beispiel alle Nahrungsmittel meiden, die Aspartam enthalten, da dieser künstliche Süßstoff im Körper in Phenylalanin umgewandelt wird und bei Menschen mit PKU sehr unangenehme Folgen hat. Trotz dieser Einschränkungen hat Tracy viel erreicht. Sie gehört zu den ersten an PKU Erkrankten, die einen Doktortitel erworben haben, und sie ist ein gutes Vorbild für jüngere Menschen mit dieser Krankheit. Eine ihrer schwierigsten Aufgaben bestand darin, ihre Krankenversicherung davon zu überzeugen, die Kosten für ihre spezielle Diätrezeptur zu übernehmen, die etwa 1 300 US-Dollar im Monat betragen. Man sollte zwar annehmen, dass ein wissenschaftlich geprüftes und hoch wirksames Therapeutikum für eine sonst katastrophal verlaufende Krankheit ohne Bedenken von der Krankenversicherung bezahlt wird, aber das nur eingeschränkt funktionierende Gesundheitssystem, das derzeit in den USA besteht, vermag einer solch zwingenden Logik nicht immer zu folgen.

Da die PKU eine rezessiv vererbte Erkrankung ist, müssen Tracys Eltern beide Merkmalsträger sein. Auch Tracys zwei jüngere Brüder sind an PKU erkrankt, beide wurden nur wenige Tage nach der Geburt auf PKU getestet. Das weist auch auf einen wichtigen Aspekt der mathematischen Berechnung von genetischen Risikofaktoren hin. Obwohl das Erkrankungsrisiko eines Kindes von Eltern, die beide Merkmalsträger einer rezessiven Krankheit sind, nur 1:4 beträgt (Abbildung 2.2) und das Risiko kein Gedächtnis hat, können bei einer Familie mit vier Kindern keines oder alle vier Geschwister von dieser Krankheit betroffen sein. Im Fall von Tracy sind es drei von vier. (Eine Schwester leidet nicht wie die anderen an der PKU.) Ihre beiden Brüder haben die Diät ebenfalls problemlos eingehalten, am College ihren Abschluss gemacht und arbeiten nun erfolgreich in der Kommunikationsbranche.

Phenylketonurie ist zurzeit das überzeugendste Beispiel für eine Erkrankung, die zu 100 Prozent genetisch bedingt ist, deren Folgen sich aber vollständig durch eine Veränderung der äußeren Bedingungen vermeiden lassen.

Ein zweites und sehr aktuelles Beispiel für die beeindruckenden Fortschritte bei der medikamentösen Therapie von Erbkrankheiten zeigt sich im Fall des fünfeinhalbjährigen Blake Althaus. Kurz nach seiner Geburt kamen viele Menschen, um sich das Baby anzusehen, bewunderten Blakes lange und grazile Finger und sahen ihn schon als künftigen Klaviervirtuosen. Seine Mutter machte sich jedoch Sorgen, als ihr eine Verkrümmung seiner Wirbelsäule auffiel. Ein Augenarzt stellte zudem einen beidseitigen Augenlinsenvorfall fest. Die größten Sorgen bereitete jedoch eine Ultraschallaufnahme des Herzens, auf der zu sehen war, dass der erste Teil der Aorta – der größten Körperarterie, die direkt aus dem Herzen austritt – vergrößert war und daher später einmal ohne Vorwarnung reißen könnte, was ein hohes Risiko für einen plötzlichen Tod bedeutete.

Den Eltern wurde erklärt, dass ihr Sohn von einer besonders schweren Form des Marfan-Syndroms betroffen war. Aufgrund der starken Vergrößerung der Aorta prognostizierte ein Arzt, dass Blake wahrscheinlich nicht älter als zwei Jahre werden würde. In ihrer Not recherchierten die Eltern im Internet und kontaktierten schließlich Dr. Hal Dietz von der Johns Hopkins University, einen der weltweit führenden Experten für das Marfan-Syndrom. Dr. Dietz konnte ihnen versichern, dass die Prognose für ein so kurzes Leben doch sehr pessimistisch sei, wies aber darauf hin, dass Blake genau beobachtet und wegen der sich vergrößernden Aorta wahrscheinlich bald operiert werden müsse.

Dann jedoch geschah etwas Spektakuläres. Nach Jahren der Forschung, ursprünglich mit Untersuchungen an Zellkulturen, die man später durch ein Mausmodell zum Marfan-Syndrom ersetzte, gelang es Dr. Dietz, eine medikamentöse Therapie zu entwickeln, die möglicherweise die Schädigung der Aorta verlangsamen oder sogar stoppen konnte. Hinzu kam, dass das Medikament Losartan bereits seit über zehn Jahren zur Behandlung von Bluthochdruck verabreicht wurde und für die Anwendung bei Kindern als sicher bekannt war.

Die Therapie von Blake begann und der Junge erhielt im Alter von 18 Monaten zum ersten Mal Losartan. Seine Eltern konnten nur mit Spannung abwarten und hoffen. Bis zu dieser Zeit zeigten die Ultraschallaufnahmen, wie sich Blakes Aorta ständig gefährlich erweiterte. Aber wenige Monate später kam die Erweiterung tatsächlich zum Stillstand. Innerhalb der nächsten vier Jahre holte Blakes übriger Körper das Wachstum seiner Aorta nach. Nun ist er fünfeinhalb Jahre alt und seine Aorta hat für ein Kind seines Alters fast die normale Größe.

Das Marfan-Syndrom wird durch eine Mutation im Gen für Fibrillin verursacht. Dieses essenzielle Protein des Bindegewebes kommt auch in der Aorta, in der Wirbelsäule und in den Fasern, die die Augenlinse an ihrer Position halten, vor. Als die Mutation vor fast 20 Jahren entdeckt wurde, gingen die meisten Wissenschaftler davon aus, dass es außerordentlich schwierig sein würde, ihre Folgen mit Medikamenten zu behandeln, da sich ein defektes Strukturprotein wahrscheinlich viel schwerer ersetzen lassen würde als ein Enzym, das eine Stoffwechselreaktion katalysiert. Das ist genauso, als ob ein Haus teilweise mit schlechten Ziegeln gebaut ist – man muss alle finden und befestigen. Dr. Dietz und seine Arbeitsgruppe setzten sich jedoch über diese konservative Anschauung hinweg und konnten schließlich zeigen, dass Fibrillin eine weitere wichtige Funktion besitzt: Es bindet TGF-β, ein anderes Protein. Wenn Fibrillin wie im Marfan-Syndrom beschädigt ist, liegt TGF-β im Blutkreislauf in anormal hohen Konzentrationen vor. Die Forscher stellten die Hypothese auf, dass diese Überdosierung zur Erweiterung der Aorta beitragen könnte. So kamen sie auf die Idee, die Wirkung von Losartan zu testen, da dieses spezielle Mittel gegen Bluthochdruck eine weitere Eigenschaft besitzt: Es ist ein Antagonist von TGF-β. Bei den ersten Studien an schwer erkrankten Kindern wie Blake waren die Ergebnisse sehr beeindruckend.

Zurzeit läuft eine große klinische Studie um festzustellen, ob Losartan auch Erwachsenen helfen kann, die nicht so stark betroffen sind wie Blake. Berühmte Erwachsene, die am Marfan-Syndrom erkrankt waren und plötzlich an einem Aortabruch starben, sind beispielsweise Flo Hyman, der Volleyball-Star, und Jonathan Larson, der Autor des Broadwayhits *Rent*. Mit der Entwicklung von Losartan lassen sich wahrscheinlich in Zukunft viele tragische Todesfälle verhindern.

Wer möchte Sie medizinisch testen und warum?

Es gibt viele Krankheiten wie die Cystische Fibrose oder die PKU, bei denen sich die Erkrankungswahrscheinlichkeit durch die Anwendung eines biochemischen oder DNA-Tests sehr genau vorhersagen lässt. Gleichzeitig kann man dadurch abschätzen, ob eine Therapie erfolgreich sein wird. Manchmal wird ein solcher Test an der betroffenen Person durchgeführt, um das Vorhandensein einer bestimmten genetischen Konstitution festzustellen, die vielleicht einen Eingriff erforderlich macht; aber es werden auch künftige Eltern getestet um festzustellen, ob sie eine bestimmte Genmutation tragen, die zwar ihre eigene Gesundheit nicht bedroht, aber für ein Kind ein Risiko darstellt. In der neuen Welt der Medizin verwenden wir den Begriff des *genetischen Screenings* für Untersuchungen, die in der gesamten Bevölkerung durchgeführt werden, unabhängig von der Familiengeschichte oder einer früheren Krankengeschichte. Ein genetischer Test ermöglicht eine etwas gezieltere Suche, wenn man das Gefühl hat, dass eine ungewöhnlich hohe Wahrscheinlichkeit für ein Gesundheitsproblem besteht.

Screening von Neugeborenen

Tracy Beck, die promovierte und an PKU erkrankte Astrophysikerin, ist Teil einer erstaunlichen Erfolgsgeschichte des Screenings von Neugeborenen. Die meisten Staaten der USA begannen in 1960er-Jahren mit den Reihentests auf PKU. Im Lauf der Zeit wurde die Liste der Krankheiten, für die Screenings durchgeführt werden, immer länger. Der Schwerpunkt liegt dabei auf Erkrankungen, für die ein Test technisch durchführbar und deren frühe Diagnose eindeutig vorteilhaft ist. Diese Diagnosen münden in einer medikamentösen Therapie, einer speziellen Diät, einem chirurgischen Eingriff oder sie eröffnen andere Optionen.

Die Wohltätigkeitsorganisation March of Dimes empfiehlt zurzeit Screenings von Neugeborenen auf 30 Krankheiten. Jeden Tag wird bei 4 000 Kleinkindern eine dieser Krankheiten diagnostiziert. Alle Staaten testen die Kinder auf PKU, Schilddrüsenunterfunktion, Galactoseintoleranz (Galactosämie) und Sichelzellenanämie. Die Notwendigkeit dieser Reihentests ist unbestritten. Eine Schilddrüsenunterfunktion lässt sich zwar keiner einzelnen genetischen Ursache zuschreiben, aber eine frühe Diagnose ist dennoch von entscheidender Bedeutung. Ist ein Kind daran erkrankt, muss das Schilddrüsenhormon so rasch wie möglich verabreicht werden, damit sich das Gehirn normal entwickeln kann. Galactoseintoleranz ist die Folge einer Mutation, die den Abbau von Galactose im Stoffwechsel verhindert. Galactose ist ein Zucker, der in Milch vorkommt und zu Glucose umgesetzt werden muss. Die Behandlung erfolgt durch eine entsprechende Diät. Die Sichelzellenanämie betrifft eines von 400 afroamerikanischen Kleinkindern. Eine frühe Diagnose ermöglicht eine umfassende medizinische Versorgung. Dazu gehört auch eine frühe Behandlung mit Impfstoffen und Penicillin, um das Risiko einer bakteriellen Infektion zu verringern, für die Kinder mit einer Sichelzellenanämie besonders anfällig sind.

In vielen Staaten werden Neugeborene auch auf Cystische Fibrose getestet, da sich durchaus gezeigt hat, dass eine frühe Diagnose eine bessere medizinische Versorgung und eine bessere Ernährung sicherstellt.

Die vollständige Liste der Krankheiten, für die March of Dimes ein Screening empfiehlt, kann unter http://www.marchofdimes. com/professionals/14332_15455.asp abgerufen werden. Ein besonders wichtiger Eintrag in dieser Liste ist ein Test auf Hörschäden, wovon etwa zwei bis drei von 1 000 Neugeborenen betroffen sind. Angeborene Hörschäden können durch zahlreiche Mutationen hervorgerufen werden, aber auch nichtgenetische Ursachen haben. Ohne diesen Test wird die Schädigung möglicherweise viele Monate lang nicht bemerkt, sodass die Entwicklung des Sprach- und Sprechvermögens, die in dieser Zeit erfolgt, nahezu unwiderruflich gestört sein kann.

Die Liste der Krankheiten, die in das Screening aufgenommen werden, wird immer länger, je weiter die medizinische Forschung voranschreitet. Das Screening von Neugeborenen erfordert heute nur wenige Tropfen Blut aus der Ferse des Babys, die auf Filterpapier aufgebracht und dann in einem zentralen Labor analysiert werden. Neuere Methoden, die in einigen Staaten angewendet werden, ermöglichen Tests auf eine ganze Reihe von Anomalien von Aminosäuren, organischen Säuren und Zuckern und gehen damit sogar noch über die Empfehlungen von March of Dimes hinaus. Zurzeit wirft dies allerdings auch Probleme auf, wenn etwa bei einem Neugeborenen eine bislang unbekannte Anomalie festgestellt wird. Einige dieser Abweichungen sind harmlos. Andere könnten aber zu einer geistigen Behinderung führen oder sogar tödlich sein. Der Umgang mit diesen Stoffwechselbefunden, deren Bedeutung nicht abschließend geklärt ist, kann für einen Mediziner unbefriedigend sein und für Eltern sogar eine außerordentliche Belastung darstellen. Trotz allem steht aber zweifelsfrei fest, dass ein Screening von Neugeborenen für die Früherkennung von therapierbaren Erbkrankheiten ein bemerkenswerter Fortschritt ist.

Das Screening von Neugeborenen entwickelt sich anscheinend mit ziemlicher Sicherheit zu immer breiter angelegten, umfassenderen Untersuchungen. Da die Kosten für die Sequenzierung eines ganzen Genoms ständig abnehmen, wahrscheinlich auf weniger als 1 000 US-Dollar innerhalb der nächsten fünf bis sieben Jahre, werden Forderungen, das Genom eines Neugeborenen routinemäßig sequenzieren zu lassen, immer lauter. Bei einigen Menschen ruft dieser Gedanke aber auch Ängste hervor. In einer Szene des Kinofilms GATTACA ist ein hoch technisierter Kreißsaal zu sehen, wo sofort nach der Geburt eine Genomanalyse durchgeführt wird. Und natürlich wird auch gleich das Ergebnis – eine Vorhersage des schrecklichen Schicksals des Filmhelden – bekannt gegeben. Das ist *nicht* unsere Zukunft: Gene sind generell kein Schicksal, vor allem nicht bei häufigen Krankheiten wie Herzerkrankungen, Diabetes oder Krebs. Aber eine abgeschwächte Version von GATTACA kann schon bald Wirklichkeit werden.

Zur genetischen Privatsphäre und zum Recht, von künftigen Risiken *nichts* wissen zu wollen, werde ich mich weiter hinten im Buch ausführlicher äußern. Sobald jedenfalls eine DNA-Sequenz ermittelt ist, hat der Einzelne die Freiheit verloren, „Nein danke!" zu sagen. Wenn wir aber andererseits immer mehr über wirksame Maßnahmen bei genetischen Risikofaktoren wissen und erkennen, dass früh im Leben erfolgende Therapien deutliche Vorteile mit sich bringen, wird es für uns allmählich immer notwendiger, diese Informationen schon bei der Geburt zu ermitteln. Ein möglicher Kompromiss mag darin bestehen, eine Methode zu entwickeln, unnötige Informationen unkenntlich zu machen, bis die Betroffenen 18 Jahre alt sind und dann selbst entscheiden können, was sie wissen wollen.

Viele erschreckt instinktiv die Vorstellung von einer Zukunft, wie sie in *GATTACA* beschrieben wird. Betrachten wir aber einmal das Phänomen der Fettleibigkeit. Diese Erkrankung ist hochgradig vererbbar und aktuelle Schätzungen besagen, dass etwa 60 bis 70 Prozent des Körpergewichts eines Erwachsenen durch die Gene bestimmt sind. Von diesen wurden bereits mehrere identifiziert. Wenn Sie ein Kind mit einem genetisch bedingten Risiko für Fettleibigkeit zur Welt bringen, würden Sie dessen Ernährung von der frühen Kindheit an entsprechend anpassen und nicht warten, bis das Kind fünf Jahre oder älter und bereits übergewichtig ist und sich daran gewöhnt hat, zu viel zu essen.

Screenings für Merkmalsträger

Bei rezessiv vererbbaren Krankheiten sind die Träger der Mutation häufig vollkommen gesund, aber ein Kind von zwei Merkmalsträgern kann mit einer Wahrscheinlichkeit von 1:4 erkranken (Abbildung 2.2). Den ersten wichtigen Anstoß, Screenings von Merkmalsträgern anzubieten, gab die Tay-Sachs-Krankheit, die vor allem (aber nicht ausschließlich) bei Menschen mit osteuropäisch-jüdischer Herkunft (Ashkenazi) auftritt. Kleinkinder, die von der Krankheit betroffen sind, scheinen sich während der ersten Lebensmonate normal zu entwickeln. Dann sammeln sich jedoch Speichersubstanzen, die nicht vom Stoffwechsel umgesetzt werden können, im Gehirn an, und es kommt zu einem dramatischen Funktionsverlust mit Blindheit, Gehörlosigkeit und Lähmungserscheinungen. Der Tod tritt im Allgemeinen im Alter von vier bis fünf Jahren ein. Diese Krankheit wird durch das Fehlen des Enzyms Hexosaminidase A ausgelöst. In den 1970er-Jahren wurde ein Enzymtest entwickelt, mit dem sich die Merkmalsträger identifizieren lassen; etwa einer von 30 Ashkenazi-Juden trägt eine entsprechende Mutation.

Nach umfangreichen Gesprächen mit der Gemeinde wurde der jüdischen Bevölkerung in den 1970er-Jahren ein Screening für Merkmalsträger angeboten. Das Interesse war groß. Paare, bei denen beide Partner als Träger der Tay-Sachs-Krankheit diagnostiziert wurden, wollten Bescheid wissen, um durch Familienplanung die Geburt eines Kindes mit dieser schrecklichen Krankheit zu verhindern. Für Paare von Merkmalsträgern gab es mehrere Optionen: Adoption, künstliche Befruchtung durch einen Spender, der kein Träger ist, oder auf Wunsch auch ein pränataler Test in Kombination mit einem möglichen Schwangerschaftsabbruch.

Das Screening wurde von der jüdischen Bevölkerung vielfach genutzt, und die Anzahl von jüdischen Kindern, die mit der Tay-Sachs-Krankheit geboren wurden, ging fast auf null zurück. Interessant ist dabei, dass diese Krankheit heute vor allem bei Kindern anderer ethnischer Gruppen auftritt, bei denen die Mutationshäufigkeit viel geringer ist, es aber kein Programm für Screenings gibt.

In den 1970er-Jahren bemühte man sich auch darum, ein Screeningprogramm für Träger der Sichelzellenanämie aufzulegen, da etwa jeder zehnte Afroamerikaner ein Merkmalsträger ist. In diesem Fall war das Vorhaben aber weit weniger erfolgreich. Obwohl alle Bemühungen von bester Absicht getragen waren und auch von den Führungspersonen der afroamerikanischen Gemeinschaft unterstützt wurden, gab es doch einige Verwirrung über die Unterscheidung zwischen Erkrankten und Merkmalsträgern. Die Träger des sogenannten „Sichelzellenmerkmals" litten nicht unter gesundheitlichen Problemen, außer vielleicht unter extremen Bedingungen, etwa bei einem Flug in großer Höhe in einer nicht druckgeschützten Kabine. Das wurde den Leuten jedoch nicht immer verständlich gemacht. Darüber hinaus konnten zwar Paare von Merkmalsträgern mithilfe eines einfachen Tests, der in den 1970er-Jahren zur Verfügung stand, leicht identifiziert werden, aber es gab keinen wirksamen vorgeburtlichen Test, sodass die Betroffenen weniger Alternativen hatten als bei der Tay-Sachs-Krankheit. Die Anbieter des Tests waren häufig Weiße, während die Untersuchten im Allgemeinen Schwarze waren. Diese Situation erschien vielen als eine Art Schreckensvision der Eugenik. Die meisten Screeningprogramme für Merkmalsträger wurden letztendlich abgebrochen.

Mit der Entdeckung der genetischen Grundlagen der Cystischen Fibrose war es möglich geworden, Paare über das Risiko zu informieren, ob ihr Kind an CF erkranken würde. Das war jedoch umstritten. Die Lebensumstände von Menschen mit Cystischer Fibrose haben sich inzwischen ständig verbessert (Abbildung 2.5), sodass wir von einer Situation wie bei der Tay-Sachs-Krankheit weit entfernt sind. Dennoch hat eine Forschungsstudie in den 1990er-Jahren ergeben, dass sich einige Paare Informationen wünschten.

Es gibt hier allerdings noch ein nicht zu unterschätzendes Problem. Unser Gesundheitssystem finanziert die Durchführung von Screenings bei Einzelpersonen oder Paaren vor einer Empfängnis nicht. Zurzeit wird der erste Test für CF-Träger fast immer erst beim ersten Arztbesuch vor der Geburt durchgeführt, und da besteht die Schwangerschaft eben schon. Viele sind der Meinung, dass die Vorgehensweise bei der Tay-Sachs-Krankheit, also vor Beginn einer Schwangerschaft Paare identifizieren bei denen beide Merkmalsträger sind, deutlich vorzuziehen ist, da die Paare dann mehr Handlungsoptionen besitzen. Wenn ich jünger wäre und noch eine Familie gründen wollte, würde ich mich testen lassen und auch meine Frau dazu ermuntern – nicht nur auf CF, sondern auf zahlreiche rezessiv vererbte Krankheiten. Zurzeit ist etwa eine von 1 000 Schwangerschaften von einer

Erkrankung betroffen, die sich durch einen Merkmalsträgertest vorhersagen ließe. Sie wären wahrscheinlich verwundert, wie oft diese Diagnosen als absoluter Schock empfunden werden, da ein rezessives Gen über Generationen hinweg weitergegeben werden kann, ohne dass man sein Vorhandensein bemerkt. Aber unsere heutige Vorgehensweise, Screenings für Merkmalsträger so lange hinauszuzögern, bis die Schwangerschaft bereits begonnen hat, zwingt Paare zu schweren Entscheidungen und beraubt sie der Alternativen, aus denen sie sonst vor einer Empfängnis hätten wählen können.

Es gibt noch viel mehr über das Testen von Merkmalsträgern zu sagen. Wie zuverlässig sind diese Tests? Wie Sie wissen, wird die Cystische Fibrose im Prinzip immer durch Mutationen im *CFTR*-Gen verursacht, aber es gibt über 1000 fehlerhafte Formen dieses Gens. Um hier so viele Merkmalsträger wie möglich identifizieren zu können, ohne dass der Test übermäßig teuer wird, umfassen die heutigen Trägertests die 23 häufigsten *CFTR*-Mutationen. Dadurch werden 90 Prozent aller Merkmalsträger erkannt. Das bedeutet aber, dass weiterhin manchmal Kinder mit CF geboren werden, obwohl die Eltern beide negativ getestet wurden.

Ein Test für Merkmalsträger sollte niemals durchgeführt werden, ohne dass die Person, der dieser Test angeboten wird, umfassend informiert wird und sich einverstanden erklärt. Das trifft besonders dann zu, wenn ein solcher Test bei einer bestehenden Schwangerschaft vorgeschlagen wird. Die Diagnose, dass bei dem Neugeborenen ein Risiko für eine CF oder eine andere rezessive Erkrankung besteht, stellt Paare vor eine schwierige Entscheidung. Wenn die Eltern nicht daran interessiert sind, vor der Geburt zu erfahren, ob ihr Kind krank ist – wenn sie beispielsweise die Schwangerschaft unter keinen Umständen abbrechen würden –, dann erscheint es nachvollziehbar, dass sie auf diese Art von Test verzichten wollen.

Es ist jedoch wichtig anzuerkennen, dass die Durchführung eines Tests nicht zwangsläufig bedeutet, eine Schwangerschaft zu beenden, wenn das Kind erkrankt ist. Einige Paare möchten informiert werden, um sich auf die Geburt eines Kindes vorzubereiten, das besondere Bedürfnisse bei der Gesundheitsfürsorge hat.

Da wir bald in der Lage sein werden, bei allen Paaren vor einer Schwangerschaft die vollständigen Genomsequenzen bestimmen zu können, kommen dann überhaupt noch weitere Screenings für Merkmalsträger in Betracht? Zurzeit denkt man über den Einsatz eines Tests auf Spinale Muskelatrophie (SMA) nach. Kinder, die von dieser rezessiv vererbten Erkrankung betroffen sind, scheinen bei der Geburt gesund zu sein, erleiden aber bereits während ihrer ersten Lebensmonate einen fortschreitenden Verlust des Muskeltonus bis zu einer vollständigen schlaffen Paralyse, sodass im Alter von etwa zwei Jahren der Tod eintritt. Etwa einer von 40 Menschen ist SMA-Träger. Das bedeutet, dass eine von 1 600 Schwangerschaften unter einem Risiko steht und in einem Viertel dieser Fälle ein Kind betroffen ist. Wie bei allen anderen rezessiv vererbten Erkrankungen zeigen die Merkmalsträger keine Symptome und sind normalerweise auch nicht familiär vorbelastet. Aufgrund der Schwere der Erkrankung erscheint ein Screening für Merkmalsträger etwa so wünschenswert wie für die Tay-Sachs-Krankheit. Ungünstig ist dabei, dass der genetische Test relativ kompliziert ist. Ursache der Krankheit ist die vollständige Deletion einer Kopie eines duplizierten Gens, und ein Vorhandensein der Mutation kann nur nachgewiesen werden, wenn man einen relativ großen DNA-Abschnitt sorgfältig analysiert. Der verfügbare Test erfasst 94 Prozent aller Merkmalsträger, kostet aber mehrere Hundert US-Dollar.

Ein anderer Test für Merkmalsträger betrifft das Fragile-X-Syndrom. Die Bezeichnung dieser Erkrankung beruht darauf, dass das X-Chromosom eines betroffenen Mannes häufig eine Bruchstelle aufweist, die unter dem Mikroskop erkennbar ist, nachdem man die im Labor kultivierten Zellen mit bestimmten Chemikalien behandelt hat. Bis 1990 war diese komplizierte und schwierige Analyse der einzige verfügbare Test. Damals war jedoch die molekulare Grundlage noch unbekannt. Bei der Erkrankung ist ein bestimmtes Gen auf dem X-Chromosom inaktiviert. Ursache ist eine tandemförmige Duplikation der Sequenz CGG unmittelbar „stromaufwärts" des Gens. Bei normalen Menschen umfasst die CGG-Sequenz weniger als 45 Kopien. Besteht die Wiederholung jedoch aus mehr als 200 Kopien, wird das Gen effektiv abgeschaltet. Da das Gen auf dem X-Chromosom liegt und Frauen über zwei X-Chromosomen verfügen, sind Jungen viel häufiger betroffen als Mädchen.

Abbildung 2.6 zeigt ein typisches Beispiel für eine X-gekoppelte Vererbung. Frauen können Träger einer X-gekoppelten, rezessiv vererbten Erkrankung sein, sind aber im Allgemeinen

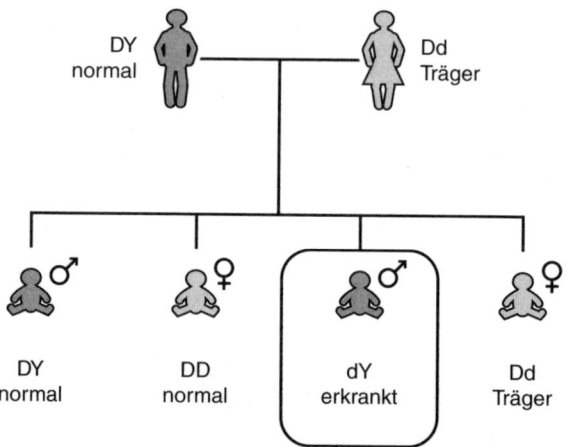

Abb. 2.6 X-gekoppelte Vererbung. Es erkranken normalerweise nur männliche Familienmitglieder, da sie nur ein X-Chromosom besitzen. „D" bezeichnet die normale Kopie des Gens, „d" ist die anormale Kopie.

nicht davon betroffen, da sie noch das intakte X-Chromosom besitzen. Der Sohn einer Merkmalsträgerin ist mit einer Wahrscheinlichkeit von 50 Prozent betroffen, aber es kann niemals eine Übertragung vom Vater auf den Sohn geben, da Väter ihr Y- und nicht ihr X-Chromosom an ihre Söhne vererben.

Das Fragile-X-Syndrom ist nach dem Down-Syndrom die zweithäufigste Ursache für eine geistige Behinderung. Etwa einer von 4000 männlichen Nachkommen ist betroffen, und die Krankheit kommt in allen ethnischen Gruppen vor, häufig in Familien ohne eine Geschichte mit geistiger Behinderung. Darüber hinaus verhält sich diese Krankheit im Vergleich zu anderen rezessiv vererbten X-gekoppelten Syndromen etwas ungewöhnlich, da etwa ein Drittel aller Merkmalsträgerinnen tatsächlich leichte Lernschwächen und sogar eine geringe geistige Behinderung zeigen.

Aufgrund der Bedeutung der Krankheit, der Häufigkeit der Merkmalsträger und der Verfügbarkeit eines DNA-Tests (der allerdings technisch nicht einfach durchzuführen ist), mehren sich Stimmen, allen Frauen einen Trägertest für das Fragile-X-Syndrom anzubieten. Bis jetzt konnte jedoch noch keine Übereinkunft erzielt werden, diesen Weg auch zu beschreiten.

Die Diskussionen darüber, ob Screenings für Merkmalsträger sinnvoll sind, wird sich wahrscheinlich in wenigen Jahren verändert haben, wenn immer mehr Menschen über die vollständige DNA-Sequenz ihres gesamten Genoms verfügen, sodass alle ihre Trägerrisiken erkennbar sind und Paare darüber Bescheid wissen, bevor sie die Familienplanung beginnen. Wahrscheinlich werden die Menschen in einigen Jahrzehnten auf unsere Zeit zurückblicken und kaum glauben können, dass wir für so wenige Krankheiten Screenings durchgeführt haben. Sie werden – ähnlich wie ich – auch nicht begreifen, warum so viele Paare durch unser Gesundheitssystem vor einer unnötigerweise schwierigen Situation stehen, da sie ihren Trägerstatus nicht schon vor Beginn der Schwangerschaft erfahren konnten.

Screenings auf Missbildungen im Mutterleib

Wenn Sie eine Frau sind und innerhalb der letzten 20 Jahre schwanger waren, hat man Ihnen wahrscheinlich eine Reihe von Untersuchungen angeboten, beispielsweise Ultraschallaufnahmen und Bluttests, um den Zustand des Fetus im ersten oder zweiten Trimenon der Schwangerschaft festzustellen. Ultraschallaufnahmen werden heute im Verlauf einer Schwangerschaft routinemäßig mehrere Male durchgeführt, und man kann damit ein weites Spektrum von körperlichen Anomalien erkennen, beispielsweise angeborene Herzfehler. Die Bluttests dienen in erster Linie dazu, Chromosomenanomalien (etwa ein zusätzliches Chromosom 21 beim Down-Syndrom) oder Defekte des Neuralrohrs zu erkennen, die von Fehlbildungen der Wirbelsäule (etwa einer leichten Form der Spina bifida) bis hin zu schweren Missbildungen wie bei einer Anencephalie reichen können, bei der sich kein Gehirn ausbildet.

Die zurzeit verfügbaren Screenings auf Defekte des Neuralrohrs und auf chromosomale Anomalien erfolgen indirekt, das heißt es werden bestimmte Proteinspiegel im mütterlichen Blut gemessen und Ultraschallbilder vom Fetus hergestellt, um nichts zu übersehen. Ein Bluttest kann in der 11. bis 13. Woche nach der letzten Monatsblutung der Frau durchgeführt werden. Dabei wird eine spezifische Form des Schwangerschaftshormons hCG und ein weiteres Protein, das sogenannte PAPP-A (*pregnancy-associated plasma protein*), gemessen. Bei der Ultraschallaufnahme dieses kombinierten Tests wird beim Fetus die Dicke der Nackenfalte bestimmt, die bei einer Abweichung nach oben auf eine Chromosomenanomalie des Fetus hindeutet.

Alternativ wird den meisten Frauen im zweiten Trimenon der Schwangerschaft ein spezieller Test angeboten, den man innerhalb der 15. bis 20. Woche nach der letzten Monatsblutung durchführt. Bei diesem Test bestimmt man die Konzentrationen von drei oder vier Komponenten im mütterlichen Blut: Der „Dreifachtest" misst das α-Fetoprotein (AFP), hGC und Östriol, ein weiteres Schwangerschaftshormon. Der „Vierfachtest" bestimmt darüber hinaus Inhibin A, das mit einer Empfindlichkeit von 80 Prozent (also in 80 Prozent aller Fälle) auf das Down-Syndrom hinweist. Sowohl durch den Dreifach- als auch durch den Vierfachtest kann man etwa 75 bis 80 Prozent aller Fälle von Spina bifida und annähernd 100 Prozent der Fälle von Anencephalie feststellen.

Hier ist zu beachten, dass es sich um Screenings handelt und nicht um eine endgültige Diagnose. Diese Tests liefern durchaus auch falschpositive Ergebnisse, die bei den Eltern große Ängste auslösen können. Eine häufige Ursache dafür besteht darin, dass der Fetus einige Wochen älter oder jünger ist als angenommen. Es gibt auch noch andere Gründe, die jedoch weiterhin rätselhaft sind. Die langfristige Verunsicherung, die ein falschpositives Ergebnis bei den Eltern auslöst, lässt sich nicht einfach rückgängig machen. Keine Frau sollte sich einem solchen Screeningprozess unterziehen, ohne nicht umfassend über den Zweck und die möglichen Ergebnisse aufgeklärt worden zu sein. Unglücklicherweise werden Screenings viel zu häufig nur ungenau erklärt und mit dem Hinweis angeboten, dass sich verantwortungsvolle Eltern für diese Informationen interessieren sollten. Und zweifellos sprechen sich Geburtshelfer auch aus Furcht vor einem Rechtsstreit für die Durchführung derartiger Tests aus.

In der näheren Zukunft wird es bei den Screenings auf Missbildungen bedeutende Veränderungen geben. Die größten Auswirkungen hat dabei wahrscheinlich die Einführung eines Tests für die fetale DNA im mütterlichen Blut, sodass Chromosomenanomalien wie das Down-Syndrom direkt nachgewiesen werden können. Seit über einem Jahrzehnt gibt es Bestrebungen zur Entwicklung eines effizienten Verfahrens, aber erst in den letzten ein bis zwei Jahren ist es gelungen, eine praktikable und verlässliche Methode zu entwickeln. Diese beruht darauf, dass es im mütterlichen Blut eine geringe Menge an freier DNA und RNA gibt, die aus dem Fetus stammt. Mit den neuen Verfahren lässt sich das Down-Syndrom häufig in der 12. bis 14. Schwangerschaftswoche direkt nachweisen. Dieser Ansatz muss aber noch in einer umfangreichen Studie auf seine Tauglichkeit geprüft werden, bevor er in einem größeren Rahmen einsatzbereit ist.

Pränataldiagnostik durch Chorionbiopsie und Fruchtwasserpunktion

Die oben erwähnten Screenings für das mütterliche Blut liefern kein endgültiges Ergebnis, und der Verdacht auf eine Chromosomenanomalie muss zurzeit noch mit einem weiteren Test überprüft werden, bei dem man einige fetale Zellen entnimmt, um festzustellen, ob der Fetus tatsächlich betroffen ist. Einen diagnostischen Test durchführen zu lassen, ist jedoch eine persönliche Entscheidung, und nicht alle Frauen sind zu zusätzlichen Tests bereit. Die hier am häufigsten angewendete Untersuchung innerhalb der letzten 40 Jahre ist die Fruchtwasserpunktion, die im Allgemeinen zwischen der 16. und 20. Schwangerschaftswoche erfolgt. Bei dieser Methode wird eine Nadel durch den Bauch in die Flüssigkeit eingeführt, die den Fetus umgibt, und eine geringe Menge des Fruchtwassers entnommen. Die darin enthaltenen Zellen werden im Labor kultiviert, sodass man schließlich die Chromosomen untersuchen kann.

Eine andere Methode, um fetale Zellen zu gewinnen, ist die Chorionbiopsie (*chorion villus sampling*, CVS). Dabei wird durch die Vagina ein Katheter oder durch den Bauchraum eine Nadel eingeführt, um eine geringe Menge der fetalen Plazenta zu entnehmen. Diese Untersuchung kann in der 10. bis 12. Schwangerschaftswoche erfolgen. Zuerst gab es Bedenken, ob die CVS nicht ein erhöhtes Risiko für eine Fehlgeburt mit sich bringen würde, aber wie die Erfahrung zeigt, ist das Risiko offenbar nicht größer als 1:200 (bei der Fruchtwasserpunktion liegt es schätzungsweise bei 1:400).

Bisher waren diese Methoden zum Auffinden von Chromosomenanomalien Frauen vorbehalten, die älter als 35 Jahre (ein Alter, in dem solche Störungen häufiger auftreten) sind, und wurden auch bei Frauen mit anormalen Screeningergebnissen durchgeführt. Inzwischen empfiehlt jedoch das American College of Obstetrics and Gynecology, Frauen die CVS oder Fruchtwasserpunktion unabhängig vom Alter anzubieten.

Da die Methoden der Genomanalyse einen immer höheren Entwicklungsstand erreichen, ist es nun möglich, Zellen, die man durch CVS oder Fruchtwasserpunktion gewonnen hat, auch auf kleinere Mutationen zu untersuchen. Bei diesen Methoden wird zwar noch nicht das ganze Genom sequenziert, aber man kann damit kleine Deletionen oder Umstrukturierungen von Chromosomen erkennen, die bei einer Standardanalyse unter dem Mikroskop nicht sichtbar wären.

Diese Fähigkeit kann jedoch sowohl Segen als auch Fluch sein, da die Bedeutung solcher geringfügigen chromosomalen Veränderungen unklar ist. Die Entdeckung einer geringen Abweichung könnte zur Untersuchung beider Elternteile führen, um festzustellen, ob die Anomalie womöglich vererbt wurde. Ist das der Fall und der betroffene Elternteil ist dennoch gesund, ist im Allgemeinen ein Seufzer der Erleichterung zu vernehmen – aber erst nachdem erhebliche Ängste bei den Eltern geschürt wurden. Ist die Veränderung bei keinem Elternteil nachzuweisen, tritt also beim Fetus erstmals auf, sind die Auswirkungen häufig nicht vorhersagbar, und es müssen sehr schwierige Entscheidungen getroffen werden.

Genetische Präimplantationsdiagnostik (PID)

Wird im zweiten Trimenon einer Schwangerschaft eine schwere genetische Anomalie des Fetus festgestellt, bedeutet das unweigerlich eine starke psychische Belastung der Eltern. Kein Elternpaar kann sich den starken emotionalen und physischen Folgen einer solchen Situation entziehen. Um ein solches Trauma zu vermeiden und auch aufgrund des zunehmenden Erfolgs der *in vitro*-Fertilisation (IVF) als Mittel der assistierten Reproduktion, wurde im letzten Jahrzehnt ein neues, spektakuläres Verfahren der Pränataldiagnostik entwickelt.

Die genetische Präimplantationsdiagnostik (PID) beruht darauf, dass sich Spermium und Eizelle im Labor vereinigen lassen, wobei der künftigen Mutter vorher nach einer geeigneten Hormonstimulation mehrere Eizellen entnommen werden. Im Anschluss an die Befruchtung wird die Entwicklung der Embryonen verfolgt. Diese haben nach drei Tagen das Acht-Zell-Stadium erreicht. Bemerkenswert ist dabei, dass zu diesem Zeitpunkt eine „Biopsie" des Embryos durchgeführt werden kann, indem man eine der acht Zellen für die Diagnose entfernt und der Embryo sich aus den verbleibenden sieben Zellen dennoch normal weiterentwickelt. Um mit dieser einzelnen Zelle genaue DNA-Tests durchführen zu können, sind äußerst empfindliche Methoden erforderlich.

Nachdem die DNA aller vorhandener Embryonen getestet wurde, wird entschieden, welche Embryonen der Mutter eingesetzt werden. Dabei ist für die Eltern sichergestellt, dass nur Embryonen mit dem gewünschten Testergebnis für das Einleiten der Schwangerschaft ausgewählt werden. Menschen, die davon überzeugt sind, dass das Leben mit der Befruchtung beginnt, äußern hier die gleichen moralischen Bedenken wie bei einem Schwangerschaftsabbruch.

Motivation zur Einführung der PID war ursprünglich der Wunsch, schwere, rezessiv vererbte Erkrankungen wie die Tay-Sachs-Krankheit zu verhindern. Während des letzten Jahrzehnts hat sich Verfügbarkeit des Verfahrens jedoch erweitert und es wird auf immer mehr Krankheiten angewendet. Dazu gehören Erkrankungen wie die Cystische Fibrose und auch das Auftreten einer *BRCA1*-Mutation, die für eine Frau ein hohes Risiko bedeutet, an Brust- oder Eierstockkrebs zu erkranken. Die mögliche Ausdehnung der PID auf weniger kritische Konstellationen ließ inzwischen die Schreckensvision vom „Designerbaby" aufkommen.

In den USA werden PID-Daten nicht systematisch gesammelt und es sind auch keine Standards für ihre Anwendung festgelegt, in Großbritannien jedoch entwickelt die Human Fertilization and Embryology Authority (HFEA) Regeln für die Anwendung. Im Jahr 2006 stimmte die HFEA zu, dass die PID für Krankheiten wie vererbbaren Brust-, Eierstock- und Darmkrebs angewandt werden dürfe, wenn diese einer einzelnen, hochgradig penetranten Mutation zuzuschreiben seien (etwa in *BRCA1*). Die HFEA stellte fest: „Die Entscheidung … betrifft nur gravierende Erbkrankheiten, für die es einen Einzelgentest gibt. Wir beziehen leichte Erkrankungen wie Asthma oder Ekzeme nicht mit ein, da es für diese gute Behandlungsmethoden gibt. Ebenso schließen wir Krankheiten wie Schizophrenie aus, da hierfür eine Reihe von Genen identifiziert wurde und es kein einzelnes Gen gibt, das diese Krankheit hervorruft."

Aufgrund der fehlenden Regulierung wird die PID in den USA jedoch zunehmend auch unter Bedingungen angewandt, die solchen Prinzipien immer weniger entsprechen. Tatsächlich hat eine aktuelle Studie ergeben, dass 42 Prozent aller Kliniken in den USA, die eine PID anbieten, diese auch anwenden würden, wenn es nur um die Auswahl des Geschlechts geht. Ein Labor in Kalifornien kündigte vor kurzem in einer Werbeanzeige an, dass die PID auch für Augen- und Haarfarbe durchgeführt werde.

Die dadurch ausgelöste Empörung in der Öffentlichkeit führte dazu, dass das Angebot zurückgezogen wurde, außerdem ist die wissenschaftliche Grundlage für solche Vorhersagen im besten Fall zweifelhaft, aber die moralisch verantwortungsvolleren Befürworter der *in vitro*-Fertilisation schauderten. Das alles erinnert an eine weitere Szene aus dem Film *GATTACA*, in dem die PID breite Anwendung findet, tatsächlich sogar vorgeschrieben ist, damit alle Paare „das Potenzial ihres Nachwuchses maximieren" können. In einer bemerkenswerten Szene aus diesem Film zeigt ein geschmeidiger Medizingenetiker einem jungen Paar eine Reihe ihrer infrage kommenden Embryonen, die mithilfe von *in vitro*-Fertilisation und PID erzeugt worden waren. Er betont, dass an dem ganzen Vorgang nichts Verwerfliches sei. „Das sind immer noch Sie", sagt er, „ganz einfach das Beste von Ihnen. Sie könnten auf natürliche Weise tausendmal ein Kind empfangen und würden trotzdem nie ein solches Ergebnis erhalten."

Die Szene lässt den Zuschauer frösteln. Ist es das, worauf wir zusteuern? Die wissenschaftlichen Voraussetzungen sind jedenfalls nicht erfüllt. Dem Paar wird suggeriert, dass durch Selektion der Embryonen beim künftigen Nachwuchs ein breites Spektrum von Merkmalen wie Intelligenz, Sportlichkeit, Musikalität und physische Attraktivität optimiert werden könne. Wir wissen jedoch, dass all diese Eigenschaften durch eine ganze Reihe von genetischen Faktoren beeinflusst werden und dass für das Ergebnis auch die Umwelt von großer Bedeutung ist. Stellen Sie sich beispielsweise vor, dass jede dieser vier Eigenschaften, die die Eltern optimieren möchten, von jeweils zehn Genen modelliert wird. Wenn man in einer solchen Situation jedes einzelne Merkmal optimieren will und zumindest ein Elternteil die gewünschten Varianten trägt, wären *Milliarden* von Embryonen erforderlich. Ich möchte die moralischen Bedenken gegen die PID nicht gering schätzen – tatsächlich bin ich überzeugt, dass diese Methode in den USA bereits zur Auswahl des Geschlechts missbraucht wird. Ich möchte nur zeigen, wo die Plausibilität des Szenarios von *GATTACA* ihre wissenschaftlichen Grenzen hat. Eltern, die hoffen, dass der eigene Sohn die erste Geige im Orchester spielt, in Mathematik mit der Note 1+ glänzt und erfolgreichster Stürmer der Nationalelf wird, könnten die Erfahrung machen, dass sie stattdessen der Eltern eines bockigen Fünfzehnjährigen sind, der die Freizeit in seinem Zimmer verbringt, Heavy-Metal-Musik hört, Haschisch raucht und das Internet nach Pornofilmen oder den neuesten Gewaltvideospielen durchforstet. Anders ausgedrückt, DNA-Tests können die erzieherischen Aufgaben der Eltern niemals ersetzen.

Für Paare, die bereits ein Kind mit einer schweren Erkrankung haben und verzweifelt Knochenmark für eine Transplantation suchen, gibt es eine besonders umstrittene Anwendung der PID. In einer solchen Situation befanden sich Lisa und Jack Nash, als ihr erstes Kind Molly mit einer angeborenen Fanconi-Anämie zur Welt kam. Bei dieser rezessiven Krankheit bildet das Knochenmark weder rote noch weiße Blutzellen. Während Lisa und Jack nach einem potenziellen Knochenmarkspender für Molly suchten, entschieden sie sich für ein zweites Kind. Sie hatten von der PID erfahren, mit deren Hilfe sich eine entsprechende Vorauswahl des Embryos treffen lässt.

Beim Gespräch mit den Genetikexperten wurde jedoch auch die Möglichkeit erörtert, einen Embryo auszuwählen, der nicht nur ohne Fanconi-Anämie zur Welt käme, sondern auch für Molly geeignetes Knochenmark spenden könnte. Diese Option erschien tatsächlich sehr erstrebenswert, da Stammzellen aus der Nabelschnur eines Neugeborenen sehr einfach und ohne Risiko für das Kind zu gewinnen sind. Es entwickelte sich eine intensive ethische Kontroverse. War es ethisch korrekt, wenn Lisa und Jack die Geburt eines Kindes planten, das nicht nur um seiner selbst willen liebenswert war, sondern auch als Gewebespender für seine Schwester dienen sollte?

Letztendlich entschied man sich, den eingeschlagenen Weg fortzusetzen und Mrs. Nash unterzog sich vier Zyklen einer *in vitro*-Fertilisation, wobei jedes Mal Embryonen ausgewählt wurden, mit denen sich beide Ziele erreichen ließen: ein von der Krankheit unbelastetes Kind und ein Spender für Molly. Dann wurde die Schwangerschaft eingeleitet und neun Monate später kam Adam Nash zur Welt. Seine Stammzellen wurden seiner sechsjährigen Schwester transplantiert. Als ich zuletzt von ihnen hörte, ging es beiden Kindern gut.

Schlussbetrachtung

In diesem Kapitel haben wir uns mit Krankheiten und Merkmalen befasst, bei denen die Genetik eine besonders große Rolle spielt. Unter diesen Voraussetzungen folgt die Vererbung ziemlich gut vorhersagbaren statistischen Regeln. DNA-Tests sind dann einigermaßen verlässlich und die Folgen lassen sich in einem vernünftigen Rahmen abschätzen. Insgesamt sind fünf bis zehn Prozent der Patienten, die in Kinderkliniken aufgenommen werden, von solchen Erbkrankheiten betroffen, die das Leben vieler Einzelner und Familien beeinflussen. Für sich allein betrachtet sind diese Erkrankungen jedoch nicht so häufig. Ist man selbst oder die eigene Familie davon betroffen – oder besteht sogar nur die Wahrscheinlichkeit für ein Auftreten der Erkrankung – so kann das erhebliche Folgen haben, und die Diagnose und Behandlung dieser Krankheiten werden ein wichtiger Bestandteil der personalisierten Medizin bleiben.

Bis vor kurzem wäre die Geschichte der genetischen Medizin hier zu Ende. Dieses Buch würde sich in erster Linie nur an die kleine Gruppe von Menschen wenden, die mit diesen Erkrankungen konfrontiert sind. Aber die Humangenetik wächst rasant und dehnt sich über diese weniger häufigen Krankheiten hinweg aus, sodass sich nun auch bei den häufigeren Erkrankungen wie Diabetes, Herzerkrankungen und Krebs die Bedeutung der individuellen genetischen Faktoren aufzeigen lässt.

Bis jetzt haben wir uns mit den Fehlern in der Sprache des Lebens beschäftigt, die sogar ein relativ unerfahrener Leser entdecken könnte. Nun wollen wir uns den komplizierten Rätseln dieser Sprache zuwenden.

Was Sie heute tun können, um an der Revolution der personalisierten Medizin teilzuhaben

Wenn Sie sich mit dem Gedanken tragen, einmal Nachwuchs zu haben, sprechen Sie mit Ihrem Arzt darüber, dass Sie sich und Ihren Partner vor der Schwangerschaft einem Screening unterziehen möchten. Wenn Sie oder Ihr Partner familiär mit einer schweren Erbkrankheit vorbelastet ist oder wenn Sie einer Bevölkerungsgruppe angehören, in der eine Krankheit wie die Cystische Fibrose (Mittel- und Nordeuropäer), Tay-Sachs-Krankheit (Ashkenazi-Juden), Thalassämie (Menschen aus dem Mittelmeerraum und Südostasien) oder Sichelzellenanämie (Westafrikaner) häufiger auftritt, könnten diese Informationen für Sie von Vorteil sein, bevor Sie sich für ein Kind entscheiden.

3

Möchten Sie nun Ihre eigenen Geheimnisse kennenlernen?

Sergey Brin war der Ansicht, dass DNA-Tests vor allem der Unterhaltung dienen. Als Mitbegründer der außerordentlich erfolgreichen Suchmaschine Google hatte er dazu beigetragen, dass sich die weltweite Verfügbarkeit von Informationen derart veränderte und das Internet inzwischen für eine riesige Zahl von Menschen zu einer Zentrale des Informationsaustausches und einem Treffpunkt geworden ist, wie es sich vorher niemand hatte vorstellen können. Und Sergey stimmte zu, als seine Frau Anne Wojcicki ihn bat, einer der Ersten zu sein, die bei ihrem neu gegründeten Unternehmen 23andMe einen Gesamtgenomtest durchführen ließen. Er ermunterte auch noch andere Familienmitglieder mitzumachen und erfreute sich schließlich daran zu wissen, welche DNA-Teile er mit seinen Verwandten gemeinsam hatte. Die Risikovorhersage für Krankheiten ergab, dass das Risiko für einige Erkrankungen bei ihm etwas geringer war, für andere dagegen höher, aber er schloss daraus, dass keine großen Überraschungen zu erwarten waren.

Das änderte sich, als 23andMe eine neue Dienstleistung anbot und Sergey wiederum von seiner Frau animiert wurde, sich auch auf eine besondere genetische Variante des *LRRK2*-Gens testen zu lassen. Bei Sergeys Mutter war die Parkinson-Krankheit diagnostiziert worden und aktuelle Forschungen hatten gezeigt, dass eine seltene Mutation des *LRRK2*-Gens in einigen

Fällen ein hohes Risiko bedeutet, von dieser spät einsetzenden Krankheit betroffen zu sein. Als Sergey das Ergebnis auf dem DNA-Chip, den man bei 23andMe für genetische Tests verwendet, genau betrachtete, entdeckte er, dass sowohl er als auch seine Mutter die *LRRK2*-Mutation tragen. Und just zu diesem Zeitpunkt hatten genetische Tests ihren Unterhaltungswert für Sergey verloren.

Das war ein tragisches und unerwartetes Ergebnis, da die meisten der genetischen Risikofaktoren, die von diesem sich an Privatkunden richtenden Dienstleister getestet werden, häufiger vorkommen und eher mäßige Risiken bedeuten. Aber diese Mutation sagt Sergey voraus, dass er mit einer Wahrscheinlichkeit von 74 Prozent im Alter von 80 Jahren an der Parkinson-Krankheit erkranken wird. Sergey ist noch jung, und wenn er alt genug ist, dass die Symptome ein wirkliches Problem darstellen, könnten auch Behandlungsmethoden zur Verfügung stehen, aber dafür gibt es keine Garantie. Er schrieb in seinem Blog: „Das versetzt mich in eine einmalige Lage. Schon früh in meinem Leben weiß ich von etwas, für das ich prädisponiert bin. Ich habe jetzt die Gelegenheit, mein Leben so einzurichten, dass sich die Wahrscheinlichkeit für das Eintreten verringert. Ich habe ebenfalls die Gelegenheit, Forschungen über diese Krankheit durchzuführen und zu unterstützen, lange Zeit bevor sie mich betreffen mag. Und unabhängig von meiner eigenen Gesundheit kann ich meinen Familienangehörigen und auch noch anderen Menschen helfen. Ich bin glücklich darüber, mich in dieser Lage zu befinden. Bevor nicht die Quelle ewiger Jugend entdeckt ist, haben wir alle im höheren Alter mit Krankheiten zu tun, nur wissen wir nicht, welche es sein werden. Ich hingegen habe eine genauere Ahnung von dem, was mich erwartet, als fast jeder andere – und ich habe noch Jahrzehnte Zeit, mich vorzubereiten."

Willkommen im Genomzeitalter. Was also wollen Sie jetzt wissen?

Auf der Suche nach den tickenden Zeitbomben in unseren Genomen

Sergeys Geschichte ist beeindruckend, aber nicht einzigartig. Wir alle unterliegen einem Risiko für Dutzende von Krankheiten, die wir bekommen oder nicht – als Ergebnis der Risikofaktoren, die wir geerbt haben, und abhängig davon, ob wir einem äußeren Schalter begegnen, der die Krankheit auslöst. *Es gibt im Prinzip keine Krankheit, bei der nicht auch Erbfaktoren eine Rolle spielen.*

Vielleicht möchten Sie dieser radikalen Aussage widersprechen. Wenn Sie von einem Ziegel getroffen werden, der von einem Hausdach herunterfällt, hat das mit Ihrem genetischen Erbe wahrscheinlich nichts zu tun – aber es könnte etwas mit dem genetischen Erbe der Person zu tun haben, die den Ziegel fallen ließ. Und Ihre Gene werden mit größter Sicherheit einen Einfluss darauf haben, wie Sie sich von der Verletzung erholen.

Ihre eigenen Risikofaktoren für Krankheiten lassen sich teilweise aus einer sorgfältig geführten familiären Krankheitsgeschichte ableiten, und Sie sollten durchaus die Vorteile von „kostenlosen genetischen Tests" nutzen, um Ihre eigenen Risiken einschätzen zu können. Aber nicht alle Menschen kennen ihre Familiengeschichte (das trifft besonders auf diejenigen zu, die adoptiert wurden). Und selbst die vollständigste Geschichte kann in einer Zeit der relativ kleinen Familien nicht alle Risikofaktoren aufzeigen, da die Vererbungsmuster der häufigeren Krankheiten oftmals kompliziert und nicht vorhersagbar sind.

Wir haben bereits die relativ seltenen Krankheiten besprochen, die hochgradig vererbbar sind und bei denen eine Mutation in einem einzigen Gen vorhersagbar zu einer Krankheit führt. Aber die genomische Revolution erfasst nun auch die häufigeren Krankheiten. Diabetes, die häufigeren Krebsarten, Herzerkrankungen, Hirnschlag und psychische Erkrankungen folgen keinen einfachen Vererbungsmustern, werden jedoch stark von den Genen beeinflusst.

Wenn wir diese Krankheiten verstehen wollen, benötigen wir ein komplexeres Modell der Vererbung. Neueste Entdeckungen ermöglichen uns mehrere eindeutige Aussagen: 1. Es gibt für jede Krankheit spezifische genetisch und durch äußere Einflüsse bedingte Risikofaktoren, die sich schnell identifizieren lassen. 2. Diese Entdeckungen eröffnen uns neue hilfreiche Erkenntnisse, sowohl für die Behandlung als auch die Prävention. 3. Je mehr Sie selbst von all dem wissen, umso besser können Sie Ihren Lebensstil und Ihre medizinische Vorsorge darauf ausrichten, um eine Erkrankung zu verhindern oder sie in einem frühen und behandelbaren Zustand anzutreffen.

Zur Veranschaulichung wollen wir uns mit Diabetes Typ 2 befassen, der im Erwachsenenalter einsetzt. Zweifellos sind auch hier Gene beteiligt, da die Geschwister einer Person, die an Diabetes Typ 2 (T2D) erkrankt ist, selbst ein um den Faktor drei erhöhtes Risiko für eine Erkrankung tragen. Betrachten wir Familien, bei denen mehr als ein Mitglied von T2D betroffen ist. Es wird deutlich, dass sich das Auftreten der Krankheit weder durch ein dominantes, noch ein rezessives oder ein X-gekoppeltes Vererbungsmuster erklären lässt – für T2D ist kein einzelnes Gen verantwortlich. Stattdessen muss es eine Anzahl von genetischen Varianten geben, die eine Prädisposition für diese Krankheit bedeuten, wobei jede Variante nur ein geringes Teilrisiko beisteuert. Genetiker bezeichnen diese Art von Vererbung als *polygen.* Wir alle tragen eine Kombination von solchen Varianten, die möglicherweise unser Risiko an T2D zu erkranken über den Durchschnittswert erhöht, es im Mittelfeld belässt oder auch die Erkrankungswahrscheinlichkeit verringert. Jemand mit einer hohen genetischen Belastung kann Diabetes entwickeln, selbst wenn es in der Umgebung relativ wenige Auslöser gibt. Menschen mit einem mäßigen Risiko entwickeln wahrscheinlich nur dann Diabetes, wenn die Schwelle, die eine tatsächliche Erkrankung bedeutet, durch andere Faktoren wie Gewichtszunahme, mangelnde sportliche Betätigung und eine ungesunde Ernährung überschritten wird. Menschen mit einem sehr geringen genetisch bedingten Risiko bleiben möglicherweise ganz von T2D verschont, selbst bei einer ungesunden Lebensweise. Es ist also eine Kombination der Gene, die Sie geerbt haben, und der Bedingungen, unter denen Sie leben, die über den weiteren Fortgang entscheidet. Daher mag auch der allgemeine Spruch gelten: „Die Gene laden die Waffe und die äußeren Umstände betätigen den Abzug."

Die Multiplizität der genetischen Risikofaktoren für Krankheiten wie Diabetes, Krebs oder Herzerkrankungen stellt die Forscher, die danach trachten die Missetäter in der DNA aufzuspüren, vor eine außerordentlich schwierige detektivische Aufgabe. Die Strategien, die bei Krankheiten, welche auf einer Mutation in einzelnen Genen beruhen wie die Cystische Fibrose, sehr gut funktionieren, reichen bei diesen polygenen Defekten bei weitem nicht aus. Die Forscher waren über das Versagen ihrer Familienanalysen nicht gerade erfreut und sie suchten andere rasche Wege zum Ziel. Einer dieser Wege war die sogenannte Kandidatengenmethode: Man versucht abzuschätzen, welches der 20 000 menschlichen Gene an einer bestimmten Krankheit beteiligt sein könnte und sucht bei den betroffenen Patienten nach Varianten dieses Gens.

Vielleicht kennen Sie den Witz von dem Mann, der nachts im Licht einer Straßenlampe auf und ab geht, den Blick auf den Boden geheftet. „Suchen Sie etwas?", fragt ein vorbeikommender Passant. „Meine Schlüssel", antwortet der Mann. Der Passant sucht nun auch die Fläche unter der Lampe ab, findet aber nichts. „Wo haben Sie die Schlüssel denn verloren?", fragt er schließlich. „Da hinten im Dunkeln." „Und warum suchen Sie nicht dort?" „Da ist doch kein Licht." Mit der Kandidatengenmethode verhielt es sich leider ähnlich – wir fanden die Schlüssel nicht.

Die Frustration griff um sich. Bis 2003 wurden nur sehr wenige Risikofaktoren für häufigere Erkrankungen wie T2D identifiziert. Das Genom umfasst jedoch nur eine begrenzte Menge an Informationen. Warum kann man nicht systematischer vor-

gehen? Warum können wir nicht einfach die ganze Straße aus-
leuchten?

Machen wir ein Gedankenexperiment. Nehmen Sie an, Sie
haben DNA-Proben von 1 000 Personen mit Diabetes und von
1 000 Personen, die eindeutig nicht daran erkrankt sind, aber ansonsten gut mit der ersten Gruppe übereinstimmen. Und nun
bestimmen Sie von allen 2 000 Personen die vollständige Genomsequenz und vergleichen alle miteinander (Abbildung 3.1).
Sie sind nicht mehr darauf beschränkt, nur nach Kandidatenge-

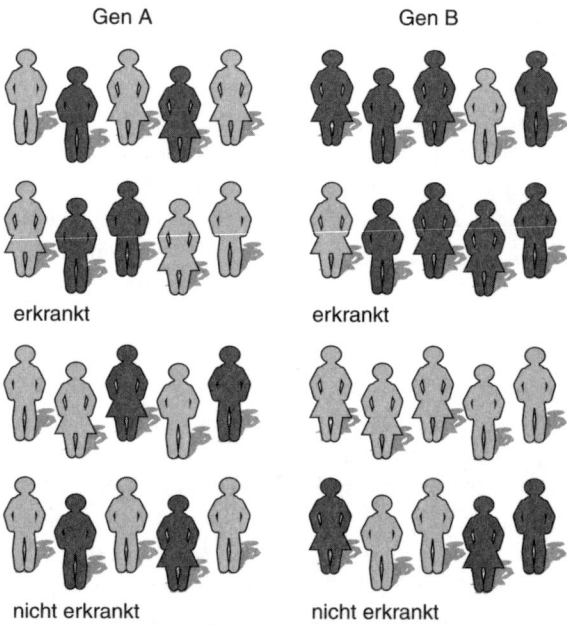

Abb. 3.1 Auffinden der genetischen Varianten, die mit einem Erkrankungsrisiko verknüpft sind. Dafür müssen die DNA-Varianten identifiziert werden, die bei betroffenen Menschen häufiger vorkommen als
bei nicht betroffenen. Hier sieht es so aus, als könnte Gen B ein bedeutsamer Risikofaktor sein, während Gen A offenbar nicht beteiligt ist.

nen zu suchen, sondern Sie haben das gesamte Genom im Blick. Aber auch jetzt müssen Sie noch die Signale vom Grundrauschen unterscheiden. Einige Menschen entwickeln Diabetes vielleicht aufgrund von zwei oder drei seltenen Mutationen, andere aufgrund einer größeren Gruppe von häufigeren Mutationen. Unter der Voraussetzung, dass sorgfältig sequenziert wurde, sollten Sie jetzt die wichtigsten Risikofaktoren identifizieren können. Sie sollten sogar in der Lage sein, Aussagen über die Bedeutung der einzelnen Varianten zu treffen, etwa auf Grundlage der Häufigkeitsverteilung bei Menschen mit Diabetes und bei der Kontrollgruppe (Menschen ohne Diabetes).

Im Jahr 2003, als das Humangenomprojekt abgeschlossen wurde, schien es noch eine sehr lange Zeit zu dauern, bis dieses Gedankenexperiment in der Realität durchführbar sein würde. Damals kannten wir noch nicht einmal die Positionen der zehn Millionen häufigeren Varianten im Genom, von den seltenen ganz zu schweigen. Es war aber sinnvoll, sich zuerst auf die häufigeren zu konzentrieren. Die meisten von ihnen betreffen einzelne Basenpaare, die sich bei verschiedenen Menschen unterscheiden. Man bezeichnet sie als „Einzelnucleotidpolymorphismen" (*single polynucleotide polymorphisms*, SNPs). Im Jahr 2003 betrugen die Laborkosten für die Bestimmung der DNA-Sequenz von einer dieser Varianten in einer DNA-Probe (den Vorgang bezeichnet man als „Bestimmung des Genotyps") etwa 50 Cent. Für eine sogenannte „genomweite Assoziationsstudie" (*genome-wide association study*, GWAS) mit 1 000 Erkrankten und 1 000 Kontrollpersonen, bei denen man das gesamte Genom nach den häufigeren SNPs absuchte, die mit der Krankheit zusammenhängen, würden die Laborkosten zehn Milliarden US-Dollar betragen (zehn Millionen SNPs × 2 000 DNA-Proben × 50 Cent pro SNP). Diese Vorgehensweise war also vollkommen indiskutabel (und es sollte noch nicht einmal eine vollständige Sequenzierung durchgeführt werden, sondern es ging nur um eine Analyse der häufigeren Varianten).

Während ich sechs Jahre später dieses Buch schreibe, ist es geradezu verwunderlich, dass ein damals unmögliches Vorhaben nun für eine ganze Reihe von Krankheiten durchgeführt wird, wobei über 100 000 DNA-Proben zum Einsatz kommen. Selten war der technische Fortschritt auf irgendeinem Gebiet der Wissenschaft so rasant. Dieser Fortschritt wurde vor allem durch das große Interesse an der personalisierten Medizin vorangetrieben und ist für mich einer der Hauptgründe, dieses Buch zu schreiben.

Der Fortschritt ist zumindest teilweise dem sogenannten Hap-Map-Projekt zu verdanken. Abbildung 3.2 zeigt etwa 2 000 Buchstaben des DNA-Codes. Bei fast allen Menschen stimmen die meisten dieser Buchstaben überein, aber an drei Positionen treten in dieser Sequenz häufigere Varianten auf. Das sind drei der zehn Millionen häufigeren SNPs im menschlichen Genom. Aber es ist nicht notwendig, alle zehn Millionen SNPs einzeln zu analysieren, um beispielsweise die Ursache von Diabetes zu suchen. Es stellte sich heraus, dass sich die SNPs gewissermaßen sozial verhalten, sie treten immer in Gruppen auf.

Da unsere Spezies vor relativ kurzer Zeit aus einer relativ kleinen Gruppe von Gründerindividuen hervorgegangen ist, entstand nur eine begrenzte Anzahl von Chromosomentypen, die wir als *Haplotypen* bezeichnen. Unsere genetische Variabilität sollte man sich also nicht als eine unabhängige Ansammlung von zehn Millionen häufigeren Unterschieden vorstellen. Stattdessen sind diese Unterschiede in Gruppen organisiert. Wenn man eine oder zwei Varianten in jeder Gruppe kennt, lässt sich das Ergebnis vorhersagen, das bei einem Test der übrigen herauskommen würde. Einige der Gruppen sind ziemlich klein, andere erstrecken sich hingegen über große DNA-Abschnitte. Eine solche Gruppe besteht durchschnittlich aus 30 bis 40 SNPs.

Sind die Grenzen der benachbarten Gruppen bekannt und wählt man mit Bedacht eine repräsentative SNP-Kombination aus, ist eine umfassende Analyse möglich, ohne dass die Kosten

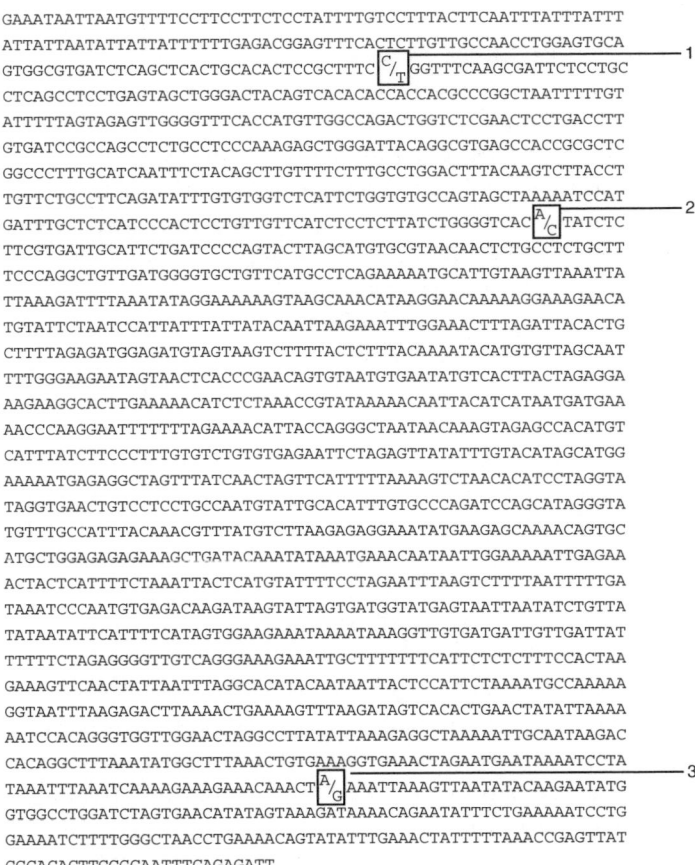

Die Kästchen kennzeichnen drei häufigere Varianten (SNPs)
C in SNP 1 tritt immer zusammen mit A in SNP 2 und G in SNP 3 auf

Abb. 3.2 Zweitausend Buchstaben des DNA-Codes (dargestellt ist nur ein Strang).

für Laborarbeiten derart in die Höhe schnellen, wie es bei einzelnen SNP-Tests der Fall wäre.

Das HapMap-Projekt sollte die Grenzen der benachbarten Gruppen bestimmen, um so die Genomanalyse um den Faktor 40 zu beschleunigen. Mir kam die besondere Aufgabe zu, der Projektmanager von HapMap zu sein. Dabei handelte es sich um ein hochgradig organisiertes und schnell voranschreitendes Programm, bei dem über 2 000 Wissenschaftler aus sechs Ländern zusammenarbeiteten, um einen Katalog der Varianten zu erstellen, diese in Gruppen anzuordnen und die Daten für alle kostenfrei zugänglich zu machen.

Die andere spektakuläre Entwicklung seit 2003 betrifft die deutliche Reduktion der Kosten für die Genotypisierung von 50 Cent auf Bruchteile von einem Cent. Das wurde durch eine Reihe neuer kreativer Verfahren möglich, die häufig auf einer Kombination aus Computerchiptechnologie und DNA-Chemie bestehen. Dafür wurden „DNA-Chips" hergestellt, die immerhin eine Million SNPs auf einer Fläche von der Größe einer Briefmarke vereinigen.

Da es durch das HapMap-Projekt nun möglich war, die Anzahl der zu testenden SNPs zu reduzieren, und die Kosten für eine Genotypisierung deutlich gefallen waren, konnte im Jahr 2006 eine genomweite Assoziationsstudie mit 1 000 Krankheitsfällen und 1 000 Kontrollproben für deutlich unter einer Million US-Dollar durchgeführt werden. Welch ein beeindruckender Wandel innerhalb weniger Jahre!

Makuladegeneration – die erste Erfolgsgeschichte

Meine Tante Martha war so etwas wie ein charismatischer Mensch. Sie war geistreich, eigensinnig und sehr belesen und hatte es schließlich geschafft, Direktorin einer Privatschule zu werden, deren Schüler sie sowohl bewunderten als auch fürchteten. Als ihr Neffe und Patenkind waren mir diese Reaktionen ebenfalls bekannt. Sie war eine großartige Lehrerin, widmete sich ganz ihren Schülern, und allein durch ihre starke Persönlichkeit und ihre Stimme, die an die Stimme von Julia Child erinnert, konnte sie einen kleinen Jungen einschüchtern.[1] Leider musste sie nach dem Rückzug aus dem Berufsleben auf eine ihrer größten Freuden im Leben, das Lesen, immer mehr verzichten. Sie hatte zunehmend Probleme mit den Augen, die letztlich als altersbedingte Makuladegeneration diagnostiziert wurden. Die furchtbare Erkrankung begann, als meine Tante Ende 70 war, und setzte sich fort, bis sie in ihren letzten Lebensjahren fast vollständig erblindet war.

Die wenigsten hätten erwartet, dass die Ursache der Makuladegeneration in der DNA verborgen liegt. Es scheint wenig wahrscheinlich, dass eine Krankheit, die erst im Alter von 70, 80 oder 90 Jahren ausbricht, durch Vererbung beeinflusst sein soll – wir neigen allgemein dazu, gravierende erbliche Faktoren mit früher einsetzenden Krankheiten in Verbindung zu bringen. Aber im Jahr 2005 hatten Forscher an der Yale University in einer Studie 96 Patienten untersucht. Mithilfe von Daten aus dem HapMap-Projekt konnten sie nachweisen, dass es von einem bestimmten Gen, von dem man es keinesfalls erwartet hätte, eine verbreitete Variante gibt, die für ein Erkrankungsrisiko von großer Bedeutung ist.

Kurz danach identifizierte man ebenso unerwartet auf einem anderen Chromosom ein weiteres Gen, das sich in etwa gleicher Weise auf die Makuladegeneration auswirkt. Es stellte sich heraus, dass diese beiden Genvarianten, wenn sie in Kombination vorliegen und zwei äußere Risikofaktoren (Rauchen und Fettleibigkeit) hinzukommen, fast 80 Prozent des Erkrankungsrisikos ausmachen.

---

[1] Julia Child (1912–2004) war eine US-amerikanische Köchin und Kochbuchautorin, die vielfach im Fernsehen mit eigenen Sendungen auftrat und einem breiten Publikum bekannt war (nicht nur durch ihre Stimme).

Diese Ergebnisse sorgten in der Wissenschaftsgemeinde für Aufregung. Bis zu dieser Erfolgsgeschichte hatte es erhebliche Bedenken gegeben, ob die Vorgehensweise des HapMap-Projekts überhaupt tragfähig war. Die Befunde für die Makuladegeneration, die sofort von mehreren Forschungsgruppen bestätigt wurden, ließen die Kritiker jedoch verstummen.

Die Entdeckung hat auch zu einer ganz neuen Behandlungsmethode geführt. Beide Gene, die mit der Makuladegeneration zusammenhängen, spielen bei Entzündungsreaktionen ebenfalls eine Rolle. Das deutet darauf hin, dass Entzündungen eine größere Bedeutung zukommt, als man ursprünglich angenommen hatte. Gegen entzündliche Erkrankungen wurden bereits zahlreiche Medikamente entwickelt. Ob diese sich auch für die Vorbeugung oder Behandlung der Makuladegeneration eignen, ist zurzeit ein heiß diskutiertes Thema. Interessanterweise wurde schon früher festgestellt, dass Menschen mit einer rheumatoiden Arthritis, die hohe Dosen entzündungshemmender Medikamente erhalten, um die Arthritis einzudämmen, nur eine sehr geringe Inzidenz für eine Makuladegeneration zeigen. Könnte hier die Lösung zu finden sein? Um diese Fragen zu beantworten, sind klinische Studien erforderlich. Und die würde es in dieser Richtung niemals geben, wenn man nicht die erstaunlichen Entdeckungen im menschlichen Genom gemacht hätte.

Diese Entdeckungen im Zusammenhang mit der Makuladegeneration haben für mich eine besondere persönliche Bedeutung erlangt, da eine Analyse meines eigenen Genoms ein erhöhtes Risiko für diese Krankheit ergeben hat. Wird es mir am Ende meines Lebens genauso ergehen wie Tante Martha? Ich bin einfach nicht bereit, jetzt schon damit anzufangen, jeden Tag ein Dutzend Advil-Tabletten zu schlucken, da dies meinen Nieren und meiner Magenschleimhaut schaden könnte. So werde ich erst einmal abwarten, was die klinischen Studien über den Sinn einer solchen Therapie aussagen. Wie ich jedoch bereits in der Einleitung erwähnt habe, hat mich die Vermutung,

Omega-3-Fettsäuren könnten einen gewissen Schutz vor einer Makuladegeneration vermitteln, dazu gebracht, diese Substanzen in meinen Ernährungsplan aufzunehmen, etwa in Form von fetterem Fisch. Der Beweis, dass diese Moleküle helfen können, wurde zwar erst unvollständig erbracht, aber es gibt zumindest keine Hinweise darauf, dass sie schädlich sein könnten – und ich esse Fisch sowieso sehr gern.

Die Flut der Entdeckungen

Was ursprünglich als kleines Rinnsal von neuen Erkenntnissen über genetische Risikofaktoren für häufigere Krankheiten begonnen hat, entwickelte sich im Jahr 2007 zu einer großen Flut, und während ich dies schreibe, wird die Flut immer stärker (Abbildung 3.3). In schwindelerregender Anzahl wurden genetische Risikofaktoren für Diabetes, Herzerkrankungen, die häufigeren Krebsarten, Asthma, Hirnschlag, Fettleibigkeit, Bluthochdruck und sogar Vorhofflimmern und Gallensteine bestimmt, womit sich die Seiten der renommiertesten Zeitschriften in der biomedizinischen Forschung füllten. Jeden Monat wurden neue und aufregende Enthüllungen veröffentlicht, die unmittelbar danach von anderen Forschungsgruppen bestätigt wurden. Und fast alle Gene, die man mit häufigeren Krankheiten in Zusammenhang bringen konnte, haben sich als „Überraschung" erwiesen.

Auch ein anderer Aspekt kam unerwartet: Bei den meisten genetischen Varianten, die für ein Erkrankungsrisiko von Bedeutung sind, besteht das Problem nicht darin, dass durch die Mutation ein defektes Protein entsteht, sondern dass die Mutation zum einen den Zeitpunkt beeinflusst, wann das verantwortliche Gen ab- oder angeschaltet wird, und zum anderen welche Menge an Protein gebildet wird.

Ein weiteres wichtiges Thema im Zusammenhang mit genetischen Risikofaktoren und Krankheiten besteht darin, dass jede

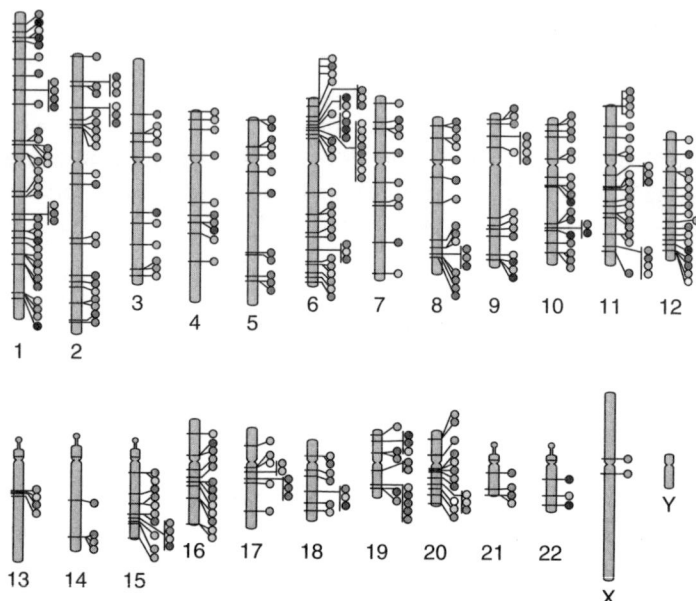

Abb. 3.3 Neue Befunde zu genetischen Risikofaktoren für Krankheiten. Jedes Symbol entspricht einer neu entdeckten Variante, die für eine von mehreren Dutzend häufigeren Erkrankungen eine Prädisposition für den Merkmalsträger bedeutet. Im Jahr 2002 enthielt diese Darstellung nur sieben Einträge.

der häufigeren Varianten für sich allein ziemlich wenig zum Risiko beiträgt. Die Makuladegeneration, bei der für das künftige Krankheitsrisiko nur zwei Gene eine wesentliche Rolle spielen, ist bis jetzt das einzige Beispiel, bei dem häufigere Varianten solch starke Auswirkungen haben. In den meisten Fällen erhöhen die bis jetzt gefundenen Varianten das Risiko nur um 10 bis 40 Prozent.

Dennoch haben die Erkenntnisse, die aufgrund dieser Entdeckungen gewonnen wurden, die Vorstellungen von den Krankheiten grundlegend verändert. Besonders interessant sind Beispiele, bei denen dieselbe Variante an mehr als einer Krankheit beteiligt ist. So hat man beispielsweise Varianten eines einzigen Gens mit Jugenddiabetes (Diabetes Typ 1), rheumatoider Arthritis und Morbus Crohn in Verbindung gebracht. Und Varianten in einer kleinen Region auf Chromosom 9 sind anscheinend unabhängig voneinander an Diabetes Typ 2 und an der koronaren Herzerkrankung beteiligt. Daraus lernen wir, dass unsere Einteilung der Krankheiten einer grundlegenden Neuordnung bedarf.

Das Gebiet der biomedizinischen Forschung erweist sich als sehr spannend. David Hunter und Peter Kraft haben im ausgezeichneten *New England Journal of Medicine* die Meinung geäußert, dass „es bis jetzt in der biomedizinischen Forschung nur wenige ähnliche Häufungen von Entdeckungen gegeben hat, wenn überhaupt". Das Magazin *Science*, eines der weltweit am häufigsten gelesenen „echten" Wissenschaftsjournale, erklärte 2007 die Untersuchung der genetischen Varianten zum „Durchbruch des Jahres".

Was bedeutet es, genetische Risikofaktoren zu entdecken? Zurück zum Diabetes

Von Diabetes Typ 2 (T2D) sind zurzeit in den USA 16 Millionen und weltweit annähernd 150 Millionen Menschen betroffen. Die Krankheit beginnt schleichend. Tatsächlich wissen viele Menschen nicht einmal, dass die Krankheit bei ihnen schon vor mehreren Jahren eingesetzt hat. Wenn T2D jedoch unbehandelt bleibt, besteht ein Risiko für schwere Komplikationen, etwa Herzinfarkt, Hirnschlag, Erblindung, Nierenversagen und Schädigungen der peripheren Arterien, durch die Amputationen notwendig werden können.

Zu den entscheidenden Organsystemen, die bei Diabetes eine Rolle spielen, gehören die Inselzellen der Bauchspeicheldrüse (die das Insulin herstellen), die Leber, die Muskulatur, das Gehirn und das Fettgewebe. Diese Systeme regulieren in Zeiten der Nahrungsaufnahme und des Fastens zusammen reibungslos den Insulin- und Glucosespiegel. Diabetes entsteht durch eine Störung dieses Gleichgewichts, sodass die Menge an produziertem Insulin für die im System vorhandene Glucose nicht ausreicht.

Diabetes Typ 1 (T1D) unterscheidet sich davon deutlich. Bei dieser Krankheit greift das Immunsystem die β-Zellen der Bauchspeicheldrüse an, die normalerweise Insulin freisetzen, und zerstört sie schließlich. T1D tritt bei Kindern häufiger auf, kann aber auch ältere Menschen betreffen. Die Krankheit ist im Allgemeinen nicht mit Fettleibigkeit verbunden. Für eine wirksame Behandlung sind bei T1D Insulininjektionen notwendig, da das Fehlen von Insulin die primäre Ursache ist.

Beim Diabetes Typ 2 greift das Immunsystem die β-Zellen dagegen nicht an. Die Hauptursache ist hier die Fettleibigkeit. Wenn der Körper an Gewicht zunimmt, steigt der Insulinbedarf. Die β-Zellen der Bauchspeicheldrüse müssen wesentlich mehr Insulin produzieren, sind schließlich erschöpft und können den Bedarf nicht mehr decken. Der Glucosespiegel im Blut steigt an, und in einem Teufelskreis wirkt nun der erhöhte Glucosespiegel giftig auf die β-Zellen. Schließlich entwickelt sich der Diabetes. In vielen Fällen lässt sich die Krankheit durch die orale Gabe von Medikamenten, die die Freisetzung von Insulin aus den noch funktionsfähigen β-Zellen stimulieren, erfolgreich behandeln. Im fortgeschrittenerem Stadium muss jedoch Insulin durch Injektionen verabreicht werden, genauso wie bei Diabetes Typ 1.

Da es nun möglich ist, das gesamte Genom zu durchsuchen, hat man inzwischen über ein Dutzend von genetischen Risikofaktoren für Diabetes Typ 1 identifiziert. Einige davon spielen zwar erwartungsgemäß im Immunsystem eine Rolle, aber eine

Reihe anderer Gene deuten auf völlig neue Herangehensweisen bei der Vorbeugung und Behandlung von T1D hin.

Für Diabetes Typ 2 wurden über 20 Gene identifiziert, und die Zahl nimmt jede Woche zu. Wir wissen noch nicht bei allen Genen, was sie bewirken, aber bei der Hälfte dieser Gene, von denen wir auch die Funktion kennen, deutet alles darauf hin, dass die β-Zellen das eigentliche Problem darstellen.

Als die Risikogene für T2D ermittelt wurden, fiel besonders auf, dass zwei von ihnen bekannte Proteine codieren, auf die zwei der am häufigsten verwendeten Medikamente für Diabetes zielen. Man hat diese Medikamente zwar durch einen davon vollkommen unabhängigen Ansatz entwickelt, aber die Tatsache, dass diese beiden Gene bei der Suche nach Erbfaktoren gefunden wurden, deutet darauf hin, dass auf der Liste mit großer Sicherheit weitere Zielgene stehen, für die sich noch Medikamente entwickeln lassen. Vielleicht stellt sich heraus, dass die Medikamente zur Vorbeugung und Behandlung dieser häufigen und katastrophalen Krankheit besonders wirksam sind.

Risikoabschätzung und die RBI-Regel

Die Entwicklung neuer Medikamente gegen Diabetes ist auf jeden Fall positiv zu bewerten. Aber bei dieser und auch bei vielen anderen Erkrankungen stellt sich im Zusammenhang mit der personalisierten Medizin eine neue Frage: Wollen Sie tatsächlich alles über Ihre mögliche Zukunft wissen? Es ist nun an der Zeit, dass wir uns mit dieser Frage ernsthaft beschäftigen. In einigen Fällen kann Ihnen die Kenntnis Ihrer Risiken das Leben retten. Aber gibt es nicht bestimmte Arten von Fragen, die Sie lieber unbeantwortet ließen?

An dieser Stelle ist es sinnvoll, über einige grundlegende Prinzipien der Risikovorhersage und der menschlichen Gesundheit nachzudenken. Es gibt drei wichtige Faktoren, die von Menschen bewusst oder unbewusst abgefragt werden, wenn sie entscheiden, ob sie diese Art von Information erhalten möchten oder nicht:

Faktor 1

Wie groß ist das Risiko? Um diese Frage zu beantworten, muss man unbedingt zwischen zwei Arten von Risiko unterscheiden. Häufig ist von einem „relativen Risiko" die Rede, das nur besagt, ob das eigene Risiko höher oder niedriger ist als das einer Durchschnittsperson. Ein relatives Risiko von 1,0 bedeutet, dass es dem Durchschnitt entspricht, bei einem Wert von 0,5 ist das persönliche Risiko nur halb so hoch wie das des Durchschnitts, bei 1,5 ist es 50 Prozent höher. Die meisten Menschen interessieren sich jedoch auch für ihr lebenslanges „absolutes Risiko", um sich ein Bild davon machen zu können, inwieweit diese Vorhersagen relevant sind. Beide Zahlen sind von Bedeutung. Wenn beispielsweise mein relatives Risiko für Multiple Sklerose zehnmal höher liegt als normal, so klingt das erschreckend. Wenn jedoch das Grundrisiko für eine Erkrankung im Durchschnitt nur bei 0,3 Prozent (drei von 1 000) liegt, so beträgt mein eigenes Risiko nur drei Prozent – das heißt, es besteht eine Wahrscheinlichkeit von 97 Prozent, dass ich *nicht* an Multipler Sklerose erkranke. Das bedrohlich klingende relative Risiko von zehn hat für mich persönlich keine so große Bedeutung.

Faktor 2

Welche Belastung bringt die Krankheit mit sich? Menschen machen sich allgemein viel mehr Sorgen über gravierende und potenziell lebensbedrohliche Erkrankungen und nicht so sehr über solche, die einfach nur lästig sind. Wenn man mir sagt, mein Krebsrisiko sei erheblich, so ist meine Aufmerksamkeit geweckt. Wenn es sich jedoch um einen Tennisarm handelt, würde ich mir vielleicht auch Sorgen machen (besonders wenn ich Roger Federer wäre), aber keinesfalls im selben Ausmaß.

Faktor 3

Was kann ich selbst tun? Wenn wir uns entscheiden müssen, ob wir etwas über eigene Risikofaktoren erfahren wollen, die über eine künftige Erkrankung entscheiden, ist dies ein wichtiger Aspekt bei allen Überlegungen. Wenn mir jemand sagt, dass ich das Risiko eines Herzinfarktes trage, gegen den ich vorbeugende Maßnahmen ergreifen kann, so interessiert mich diese Information wesentlich mehr, als wenn es sich um ein Risiko für die Alzheimer-Krankheit handelt, gegen das ich überhaupt nicht intervenieren kann. (Wahrscheinlich würde ich mir aber sogar in diesem Fall überlegen, wie ich meinen Rückzug aus dem aktiven Berufsleben gestalte.)

Wenn Sie also für sich einschätzen wollen, ob Sie Informationen über persönliche Risiken abrufen sollten, führen Sie eine einfache psychologische Multiplikation durch:

Wunsch etwas zu wissen = Risiko × Belastung × Intervention

Wir können dies als RBI-Regel bezeichnen. Für Ihre eigene Gesundheit und die Ihrer Familie lohnt es sich, die Formel im Gedächtnis zu behalten, damit Sie bei sich bietender Gelegenheit, Informationen über persönliche Risiken und mögliche Vorbeugungsmaßnahmen zu erhalten, die richtige Entscheidung treffen können.

Kehren wir nun zum Diabetes zurück. Von den über 20 Risikofaktoren, die inzwischen identifiziert wurden, bringt eine bestimmte Variante (ein Allel) des *TCF7L2*-Gens das größte relative Risiko mit sich, es beträgt 1,4. Was aber bedeutet das? Auch hier müssen wir das Grundrisiko kennen. Beunruhigend ist dabei, dass es in den USA derzeit für ein Lebensalter von 60 Jahren bei

23 Prozent liegt. Das heißt, etwa eine von vier Personen hat mit 60 Jahren eine Diagnose auf Diabetes zu erwarten. Diese Zahl wird in Zukunft wahrscheinlich noch ansteigen, sofern nichts gegen die derzeitige Epidemie der Fettleibigkeit unternommen wird. Wenn Sie also das Risikoallel von *TCF7L2* tragen, erhöht sich ihr Diabetesrisiko um den Faktor 1,4, es beträgt also 32 (23 ×1,4) Prozent oder etwa ein Drittel.

In der folgenden Tabelle sind für dieses eine Gen die relativen und absoluten Risiken für T2D aufgeführt:

	Durchschnitt	mit Risikoallel
relatives Risiko	1,0	1,4
absolutes Risiko	23 %	32 %

Bei den meisten häufigeren Krankheiten (auch bei T2D) gibt es mehrere solcher Risikofaktoren. Solche relativen Risiken werden häufig grafisch dargestellt (Abbildung 3.4). Von jedem genetischen Risikofaktor ist das relative Risiko angegeben, das oberhalb oder unterhalb des durchschnittlichen Wertes liegen kann.

Eine wichtige wissenschaftliche Frage besteht darin, ob diese relativen Risiken auf komplexe Weise miteinander in Wechselwirkung treten oder ob sich das Gesamtrisiko für einen Menschen einfach durch Multiplikation der einzelnen genetischen Risikofaktoren errechnen lässt. Zumindest bei anderen Spezies interagieren die genetischen Risikofaktoren in manchen Fällen anscheinend nach einem synergistischen Mechanismus. Das bedeutet beispielsweise, dass wenn Sie die beiden Risikoallele A und B tragen würden, das Risiko deutlich höher wäre als es sich aus der Multiplikation der beiden Risikofaktoren ergibt. Bis jetzt trifft das jedoch beim Menschen zumindest für keine der häufigeren Erkrankungen zu. Also multipliziert man im Allgemeinen die Faktoren, ohne jedoch zu wissen, ob die Risiken nicht doch größer (oder auch kleiner) sein können. In Abbildung 3.4 wurde bei einem hypothetischen Patienten für das Gesamtrisiko von al-

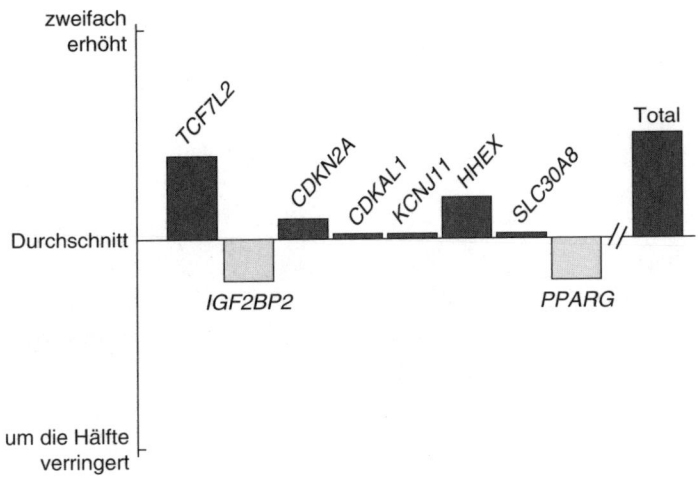

Abb. 3.4 Übliche grafische Darstellung der Ergebnisse eines genetischen Tests für ein individuelles Risiko für Diabetes Typ 2. Getestet wurden acht verschiedene Genvarianten, die im Vergleich zu einem durchschnittlichen Menschen entweder ein höheres Risiko (*TCF7L2*, *CDKN2A*, *HHEX*) oder ein geringeres Risiko (*IGF2BP2*, *PPARG*) bewirken oder das Risiko nicht verändern (*CDKAL1*, *KCNJ11*, *SLC30A8*). Für die hier getestete Person ist das Gesamtrisiko um den Faktor 1,5 erhöht.

len beteiligten genetischen Risikofaktoren durch Multiplikation ein Wert von 1,5 berechnet.

Das ist jedoch nur das relative Risiko. Bei einem relativen Risiko von 1,5 besteht für diese Person ein absolutes Risiko von 35 Prozent (23 Prozent Grundrisiko × 1,5).

Eine andere geeignete Form, dieses Risiko darzustellen, kommt vor allem denjenigen entgegen, die sich unter Prozentzahlen wenig vorstellen können. Dabei verwendet man eine Grafik, auf der 100 Personen abgebildet sind, die das Risiko für eine bestimmte Krankheit tragen. Abbildung 3.5 besteht aus zwei Teilen. Der erste zeigt das Grundrisiko für T2D: Bei 23 von 100

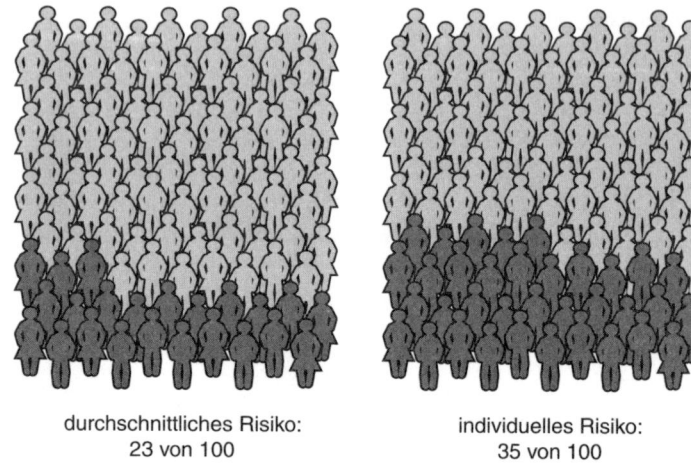

durchschnittliches Risiko:
23 von 100

individuelles Risiko:
35 von 100

Abb. 3.5   Eine andere Form, das um den Faktor 1,5 erhöhte Risiko für Diabetes darzustellen; die Daten entsprechen dem genetischen Test in Abbildung 3.4.

Personen wird sich diese Krankheit entwickeln, wenn sie in den USA leben. Das zweite Bild zeigt die gleiche Grafik, nur mit den Daten des Patienten aus Abbildung 3.4; in diesem Fall sind 35 Personen betroffen.

Beschäftigen wir uns noch einmal mit der RBI-Gleichung und wenden sie auf unseren hypothetischen Patienten an, für den das Risiko, an T2D zu erkranken, bei einem DNA-Test auf Risikofaktoren (R) mäßig erhöht ist (Faktor 1,5) und das absolute Risiko 35 Prozent beträgt. Wie ist hier die Belastung (B) zu bewerten? Diabetes ist zweifellos eine Krankheit mit potenziell gravierenden und lebensbedrohlichen Auswirkungen. Da diese jedoch über viele Jahre hinweg nur sehr langsam hervortreten, hat das vielleicht dazu geführt, dass man dem Diabetes weniger Aufmerksamkeit widmet als dem Herzinfarkt oder Krebs. Diabetes steht in der Liste der häufigsten Todesursachen in den USA auf Platz sieben. Das führt wahrscheinlich dazu, dass man den

Beitrag von Diabetes zu den frühen Todesfällen unterschätzt, da nur in 35 bis 40 Prozent aller Fälle, in denen die Betroffenen zum Zeitpunkt ihres Ablebens an Diabetes erkrankt sind, Diabetes als Todesursache auch dokumentiert wird. Insgesamt ist das Risiko, in einem bestimmten Alter zu sterben, bei Menschen mit Diabetes etwa doppelt so hoch wie bei Menschen ohne Diabetes. Diese Krankheit sollte deshalb sehr ernst genommen werden, sodass der B-Faktor bei der RBI-Gleichung ziemlich hoch ist.

Wie sieht es nun mit dem Faktor I aus? Welche Möglichkeiten für eigene Interventionen gibt es? Eines sei hier von Anfang an klar formuliert: Die Prävention einer schweren Erkrankung ist keinesfalls durch eine einfache, nur einmal anzuwendende, preisgünstige und leicht durchführbare Maßnahme zu erreichen. Tracy Beck, die an PKU erkrankt ist und der wir in Kapitel 2 begegnet sind, muss sich jedes Mal, wenn sie etwas isst, an ihre vorbeugende Diät halten. In den Familien, die vom familiären QT-Syndrom betroffen sind, wird jeden Tag Vorbeugung praktiziert, die Erkrankten nehmen Medikamente ein oder unterziehen sich auch einmal einem chirurgischen Eingriff und lassen sich einen Defibrillator einsetzen. Wer also von einer schweren Krankheit bedroht ist, sollte jede Möglichkeit zur Vorbeugung nutzen, auch wenn dafür ein erheblicher persönlicher Aufwand erforderlich ist.

Diabetes steht auf der Liste der vermeidbaren Krankheiten sehr weit oben. Wir wissen, dass etwaige Fettleibigkeit, die Ernährungsweise und sportliche Betätigung eine entscheidende Rolle spielen. Wir brauchen nur einen Blick auf die Statistik zu werfen, die für die vergangenen zwei Jahrzehnte eine rasche Zunahme von Diabetes Typ 2 erkennen lässt. Dieser Effekt muss durch äußere Faktoren hervorgerufen sein, da sich innerhalb dieser kurzen Zeit der Genpool nicht so stark verändert haben kann.

Eine umfangreiche Wahrscheinlichkeitsstudie (Diabetes Prevention Program, DPP) hat eindrücklich bewiesen, dass anfällige Personen einem Diabetes tatsächlich vorbeugen können. Personen mit Übergewicht und einem Blutzuckerspiegel über dem normalen Wert (aber noch nicht so hoch, dass eine Diagnose auf Diabetes berechtigt wäre) wurden zufällig ausgewählt und in eine von drei Gruppen eingeteilt, die sich jeweils auf andere Weise verhalten sollten. Die „Lebensstilgruppe" erhielt umfangreichen Unterricht zu den Themen Ernährung, körperliche Aktivität und Veränderung von Verhaltensweisen. Die Teilnehmer dieser Gruppe hatten das Ziel, sieben Prozent an Körperwicht abzunehmen und das geringere Gewicht auch zu halten. An fünf Tagen pro Woche betätigten sie sich für 30 Minuten sportlich und schränkten die Aufnahme von Fett und Kalorien ein. Die zweite Gruppe bekam Metformin, eine Tablette zur Stimulation der β-Zellen und der dritten Gruppe wurde ein Placebo verabreicht. Die zweite und die dritte Gruppe erhielten Informationen über Ernährung und sportliche Übungen, wurden aber nicht umfassend betreut oder motiviert.

Die Ergebnisse waren so deutlich, dass die Studie schnell abgebrochen wurde. Die Teilnehmer der Lebensstilgruppe verringerten ihr Risiko für einen Ausbruch von Diabetes um 58 Prozent. Das traf auf alle ethnischen Gruppen zu, sowohl für Männer als auch für Frauen. Die Ergebnisse waren bei Teilnehmern in einem Alter von über 60 Jahren und mehr am auffälligsten. Sie verringerten ihr Risiko um 71 Prozent. Im Gegensatz dazu verringerte sich das Risiko bei der Gruppe, die Metformin erhalten hatte, nur um 31 Prozent.

Diese eindrücklichen Ergebnisse zeigen, dass der „I-Faktor" bei Diabetes Typ 2 relevant ist und dass dieser Krankheit in großem Maß vorgebeugt werden kann. Zweifellos mag hier ein Skeptiker einwenden, es handele sich bei den Maßnahmen, die die erfolgreiche Gruppe ergriffen hat, um einfache Aktivitäten im Sinn des gesunden Menschenverstands, die wir alle ergreifen sollten. Vielleicht ist ja Diabetes tatsächlich der Preis für unser Leben als Couch-Potatos. Nach wie vor plädieren Befürworter dieser Art von Tests dafür, dass die Information über ein erhöhtes genetisches Risiko die Menschen dazu bringen kann, Aktivitäten zu entfalten, die ihnen sonst nicht in den Sinn gekommen wären.

Der Vorschlag, dass diese Art von genetischen Informationen umfassend für die Prävention genutzt werden könnte, wurde von verschiedenen Seiten als noch etwas voreilig bezeichnet. Aber unterscheidet sich das tatsächlich so sehr von der uns schon vertrauten Methode, anhand des Cholesterinspiegels das Risiko für einen Herzinfarkt festlegen zu wollen? Ihr Cholesterinspiegel im Blut ist jedenfalls eine Funktion ihrer Gene und Ihrer Ernährung, wobei die Gene einen erheblichen Beitrag zu Ihrem „Sollwert" leisten. Viele haben sich an den Gedanken gewöhnt, den Cholesterinspiegel zu beobachten, um eine Vorhersage über das Risiko für einen künftigen Herzinfarkt treffen zu können. Um den Cholesterinspiegel zu senken, stehen unterschiedliche Maßnahmen zur Verfügung: Veränderung der Ernährung und eine Therapie mit Medikamenten. Häufig erweist sich eine Ernährungsumstellung als nicht ausreichend, um den gewünschten Cholesterinwert zu erreichen. Medikamente aus der Gruppe der Statine werden daher in den Industriestaaten am häufigsten verschrieben. Ihr Potenzial, den Cholesterinspiegel zu senken, das Risiko einer Herzerkrankung zu verringern und das Leben zu verlängern, ist erwiesen.

Bemerkenswert ist die Übereinstimmung zwischen der hier beschriebenen Situation und der Art der Informationen, die man mithilfe von genetischen Tests gewinnen kann. Der Cholesterinspiegel ist keine absolute Größe, um das Risiko einer Herzerkrankung vorauszusagen. Es gibt Menschen mit einem hohen Cholesterinspiegel, die keine Herzerkrankung entwickeln, während Menschen mit einem niedrigen Cholesterinwert durchaus einen Herzinfarkt erleiden können. Abbildung 3.6 zeigt eine Grafik, die derjenigen für genetische Risikofaktoren ähnelt. Dargestellt ist die Auswirkung des Cholesterinspiegels im Serum auf das Risiko für Männer, eine koronare Herzkrank-

Risiko für Herzerkrankung bei
einem Cholesterinspiegel < 200:
31 von 100

Risiko für Herzerkrankung bei
einem Cholesterinspiegel im
Bereich 200–239: 43 von 100

Abb. 3.6 Cholesterin ist inzwischen ein weitgehend anerkannter Risikofaktor für einen Herzinfarkt. Das erhöhte statistische Risiko, das mit einem Cholesterinspiegel von 200 bis 239 einhergeht, ist vergleichbar mit dem genetisch bedingten Diabetesrisiko in Abbildung 3.5.

heit zu entwickeln, bezogen auf die gesamte Lebenszeit. Die linke Grafik zeigt das Risiko für Männer mit einem Cholesterinwert unter 200 (31 Prozent); in der rechten Grafik ist dargestellt, wie bei einem Cholesterinwert zwischen 200 und 239 das Risiko auf 43 Prozent ansteigt. In der Präventivmedizin wird bei Cholesterinwerten über 200 standardmäßig eine Absenkung auf einen sicheren Wert sehr empfohlen. Wendet man die RBI-Gleichung auf Cholesterin an, so sind alle drei Werte deutlich positiv. Deshalb sind Screenings inzwischen ein wichtiger Bestandteil der Präventivmedizin.

Wo liegt der Unterschied zum Diabetes? Aufgrund der Ergebnisse der DPP-Studie für T2D kommt dem Faktor I tatsächlich eine recht große Bedeutung zu, sodass auch bei relativ jungen

Menschen Vorhersagen über individuelle Risiken für ein individuelles Präventionsprogramm genutzt werden sollten. Dieses Argument gewinnt noch an Bedeutung, wenn die Vorhersage des tatsächlichen Risikos R verbessert werden kann. Zurzeit können wir für R nur relativ wenige Daten erheben, im Vergleich zu dem, was in den nächsten Jahren möglich sein wird.

Was mich betrifft, so hatte ich die Befunde, dass ich zwei Kopien des Risikoallels *TCF7L2* trage und mein Diabetesrisiko aufgrund des DNA-Tests bei 29 Prozent liegt, sicherlich nicht erwartet. In meiner Familiengeschichte findet sich kein einziger Fall von Diabetes. Nun sind fast alle meine unmittelbaren Verwandten ziemlich schlank – könnte es sein, dass wir trotz des genetischen Risikos ein Ausbrechen der Krankheit verhindert haben, indem wir ein normales Körpergewicht halten? Ich habe im Lauf der Jahre ein wenig an Gewicht zugelegt und bin jetzt von meinen Geschwistern der Schwerste. Sehe ich mich hier in der Zukunft einem nicht vernachlässigbaren Risiko ausgesetzt? Der DNA-Test hat mich dazu veranlasst, mich einmal mit diesem Teil meiner ungesunden Lebensweise zu befassen. Ich führe jetzt an mir eine eigene Miniversion der DPP-Studie durch: Ich habe mir mehr Disziplin bei meiner sportlichen Betätigung auferlegt, achte mehr darauf, was ich esse, und habe schon 15 Pfund abgenommen.

Wo ist die fehlende Vererbbarkeit im Genom verborgen?

Die Entdeckung der genetischen Risikofaktoren für viele häufigere Krankheiten hat in den vergangenen Jahren für große Aufregung gesorgt. Aber wir befinden uns weiterhin erst in den frühen Phasen dieser Revolution. Wir wissen aus Studien von Familien und eineiigen Zwillingen, dass die meisten Krankheiten wie Diabetes hochgradig vererbbar sind, wobei durchschnittlich etwa 50 Prozent des Risikos genetischen Faktoren zuzurechnen ist. Unsere genetische Analyse hat bis jetzt weniger als zehn Prozent dieser vererbbaren Komponente entdeckt. (Die Makuladegeneration ist hier eine bemerkenswerte Ausnahme.)

Überall auf der Welt fragen sich Genetiker, wo sich der Rest der vererbbaren Komponente verbirgt. Dadurch hat sich sogar ein neuer Begriff geprägt: „die dunkle Materie des Genoms". Wie die Astronomen, die das Universum erforschen, den Schluss gezogen haben, dass der sichtbare Teil des Universums offenbar nur einen geringen Teil der gesamten Materie ausmacht, die eigentlich vorhanden sein muss, haben Genomforscher ebenfalls den Schluss gezogen, dass die bislang entdeckten genetischen Risikofaktoren nur einen geringen Teil der DNA-Varianten ausmachen, die den Risiken der häufigeren Krankheit zugrunde liegen. Aber wo verbirgt sich der Rest?

Es gibt mindestens vier mögliche Erklärungen:

1. Beispielsweise könnte sich der größte Teil in einer langen Reihe von häufigeren SNPs verstecken, die aber nur *sehr* geringe Auswirkungen auf ein Erkrankungsrisiko haben. Wenn das relative Risiko, das von einem bestimmten DNA-Defekt ausgeht, beispielsweise nur 1,05 beträgt, wären immerhin 10 000 Fälle und 10 000 Kontrollen erforderlich, um diesen speziellen Faktor zu identifizieren. Die meisten Studien waren bis jetzt noch nicht umfangreich genug, um in diese Ebene vorzustoßen.

2. Bei vielen Krankheiten könnte es eine Gruppe von relativ seltenen Varianten geben, die sich auf das Erkrankungsrisiko relativ stark auswirken. Wenn jeder dieser Faktoren bei weniger als fünf Prozent der Bevölkerung vorkommt, wäre es bei den meisten herkömmlichen Studien eher unwahrscheinlich, einen solchen Faktor zu entdecken, da nur wenige Menschen das Risikoallel tragen.

3. Es gibt eine weitere Gruppe von häufigen oder seltenen genetischen Varianten, die sich auf die DNA stärker auswirken könnten als diejenigen Fehler, die bis jetzt im Einzelnen untersucht wurden: sogenannte Kopienzahlvarianten (*copy number variants*, CNVs), bei denen ein Teil des DNA-Codes viele Male wiederholt wird (Abbildung 3.7). Diese DNA-Abschnitte können so groß sein, dass sie sogar ein oder mehrere Gene enthalten, wobei sie offenbar in den meisten der bis jetzt durchgeführten Studien nicht entdeckt wurden. Es erscheint jedenfalls plausibel, dass sie ein Krankheitsrisiko mit sich bringen können. Interessante neue Daten deuten darauf hin, dass neu entdeckte CNVs vielleicht bei einigen Formen von Autismus und Schizophrenie eine Rolle spielen, wobei diese Ergebnisse noch umstritten sind.

4. Eine andere, bereits erwähnte mögliche Erklärung besteht darin, dass genetische Risikofaktoren in einigen Fällen sehr stark miteinander interagieren können, sodass sich das Gesamtrisiko durch Betrachten der einzelnen Faktoren allein nicht vollständig erkennen lässt. Diese sogenannten Gen-Gen-Wechselwirkungen werden zurzeit erforscht, man hat aber bis jetzt noch keine Hinweise auf größere Effekte gefunden. Diese Analysen sind jedoch nicht einfach durchzuführen und es ist weiterhin möglich, dass unsere Annahme, es genüge eine einfache Multiplikation, nicht zutrifft.

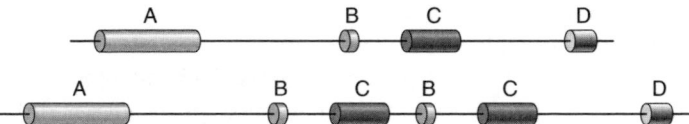

Abb. 3.7 Eine Kopienzahlvariante (CNV). Der Mensch mit der Genanordnung im Bild oben besitzt von den Genen A, B, C und D je eine Kopie. Das untere Bild zeigt eine zusätzliche Kopie der Gene B und C. Solche CNVs sind in der Bevölkerung verbreitet und können einen Teil der „dunklen Materie des Genoms" ausmachen.

Mit großer Wahrscheinlichkeit sind zumindest die möglichen Erklärungen 1, 2 und 3 von Bedeutung, und in den nächsten drei bis fünf Jahren erfahren wir bestimmt noch viel mehr über die Vererbbarkeit der häufigeren Krankheiten. Ein Beispiel, das in diese Richtung weist, ist das Gen *PCSK9*. Mutationen in der codierenden Region dieses Gens hat man ursprünglich mit einer seltenen Herz-Kreislauf-Erkrankung in Verbindung gebracht, die in bestimmten Familien auftritt, in denen ein hoher Cholesterinspiegel und eine Herzerkrankung dominant vererbt werden.

Durch die Mutationen entsteht ein Protein, das eine übermäßige Aktivität besitzt und dadurch den hohen Cholesterinspiegel im Serum verursacht. Die kreative Wissenschaftlerin Helen Hobbs hat sich daran gemacht, das andere Ende des Cholesterinspektrums zu untersuchen: Menschen, bei denen das LDL-Cholesterin (das „schlechte" Cholesterin) in ungewöhnlich geringer Konzentration vorkommt. Diese Menschen sind vor Herzerkrankungen geschützt.

Hier stellte sich heraus, dass häufig ungewöhnliche Varianten von *PCSK9*, die nur bei ein bis drei Prozent der Menschen vorkommen, für diese geringsten Cholesterinwerte verantwortlich sind. Das Risiko für eine Herzerkrankung verringert sich dadurch um 88 Prozent. In diesem Fall hat das Variantengen tatsächlich seine Funktion verloren. Es handelt sich hier also um einen Fall von Yin und Yang: Zu viel *PCSK9*-Aktivität führt zu einer Herzerkrankung, zu wenig schützt davor. Dies ist ein Beispiel für das zweite Erklärungsmodell der „dunklen Materie": seltene Mutationen haben signifikante Auswirkungen.

Da sich die Vorhersage von genetischen Risikofaktoren innerhalb weniger Jahre weiter verbessern wird, spricht immer mehr dafür, gesunden Menschen diese Informationen zukommen zu lassen, damit sie umfassender vorsorgen können. Die Vorhersage von R in der RBI-Gleichung wird ständig genauer werden. Die eigenen Interventionsmöglichkeiten werden erweitert, bei den einzelnen Krankheiten allerdings mit unterschiedlicher Geschwindigkeit. Allmählich fügen sich die Dinge zusammen: Entweder jetzt oder in der nahen Zukunft wird es dann Zeit, dass Sie Ihre DNA testen lassen.

Direkt vermarktete genetische Tests

Im Jahr 1996 fragte mich Donna Shalala, die Gesundheitsministerin der USA, nach meiner Meinung darüber, ob Privatpersonen jemals ohne Arztbesuch eine direkte Analyse ihres Genoms in Auftrag geben können, um dadurch Informationen über künftige Gesundheitsrisiken zu erhalten. Die Ministerin stellte sich das als folgerichtigen nächsten Schritt vor, ähnlich wie Schwangerschaftstests nicht mehr allein den Arztpraxen vorbehalten sind, sondern inzwischen auch in den Apotheken angeboten werden. Ich gebe zu, dass die Ministerin damals vorausschauender war als ich. Es erschien mir unvorstellbar, dass ich die direkte Vermarktung genetischer Tests (sogenannter DTC-Tests; *direct to consumer*) für Privatpersonen noch erleben würde. Es ist schon erstaunlich, was in etwas mehr als zehn Jahren alles geschieht. Wie in der Einleitung beschrieben, bieten jetzt drei Unternehmen direkte DNA-Analysen für interessierte Kunden an, damit sie sich über ihre Risiken in Bezug auf zahlreiche verbreitete Krankheiten informieren können.

Einige dieser Dienstleister bieten auch Informationen über Merkmale an, die eindeutig nicht krankheitsrelevant sind. Solche Informationen könnte man als „Freizeitgenomik" bezeichnen. Darüber hinaus bieten Unternehmen auch Informationen über genetische Varianten an, die es den Kunden erlauben soll, Aussagen über die ursprüngliche geografische Herkunft ihrer Vorfahren zu treffen. In Anhang E sind die Krankheiten aufgeführt, für die zumindest eines der drei Unternehmen – 23andMe, deCODEme oder Navigenics – erklärt, Informationen liefern zu können. Im Anhang sind auch nicht krankheitsrelevante Merkmale aufgeführt, für die Informationen geliefert werden. Die Kosten für die Tests liegen zwischen 399 und 2 499 US-Dollar.

Die direkte Vermarktung der Tests hat in den Medien ein großes Echo hervorgerufen. Das *Time Magazine* bezeichnete das Unternehmen 23andMe als die beste Erfindung des Jahres 2008. Einer der Firmengründer wurde in der Talkshow von Oprah Winfrey vorgestellt und konnte so Millionen von Zuschauern das Prinzip der DNA-Tests erläutern, und der „Hausarzt" der Sendung, Dr. Mehmet Oz, bewertete seine eigenen Testergebnisse als hoch interessant.

Der Test ist scheinbar sehr einfach. Da die DNA in allen Körperzellen vorhanden ist, ist es für den gesamten Vorgang nicht einmal notwendig, eine Blutprobe zu nehmen. Bei deCODEme nimmt man mithilfe eines geeigneten Wattestäbchens an der Innenseite der Wange genügend Zellen ab, um ausreichend DNA für eine Untersuchung zu gewinnen. 23andMe und Navigenics lassen ihre Kunden einfach in ein Röhrchen spucken. Nach Durchführung der Laborarbeiten erhalten die Kunden ein Passwort, mit dem sie eine private Internetseite aufrufen können, um dort dann ihre Ergebnisse einzusehen. Für Kunden, die durch die Informationen verwirrt sind, bietet Navigenics eine persönliche telefonische Beratung an, während die anderen beiden Dienstleister über Tutorienkurse im Internet versuchen, ausreichend Informationen zu vermitteln, damit die Kunden die Ergebnisse verstehen können.

Ich habe meine Erfahrungen mit DNA-Tests bereits in der Einleitung dargelegt. Aber waren diese Informationen tatsächlich für andere von Nutzen? Denken wir noch einmal an die RBI-Gleichung. Es gibt zweifellos einige spannende Geschichten, die darauf hindeuten, dass hier Informationen mit einer gewissen Sprengkraft zutage kommen können. Eine dieser Geschichten steht am Anfang dieses Kapitels und handelt von Sergey Brin und seiner Frau Anne Wojcicki, der Mitbegründerin von 23andMe.

Eine andere Geschichte handelt von Jeffrey Gulcher. Als oberster wissenschaftlicher Leiter von deCODEme beschloss er, sich selbst dem DNA-Test zu unterziehen, den sein Unternehmen vertreibt. Jeff war 48 Jahre alt und bei ausgezeichneter Gesundheit.

Als er die Ergebnisse des genetischen Tests erhielt, war er sehr erschrocken, weil sein Risiko, an Prostatakrebs zu erkranken, um den Faktor 1,9 erhöht war. Da bei seinem Vater im Alter von 68 Jahren Prostatakrebs entdeckt worden war, suchte Jeff mit diesem Ergebnis seinen Hausarzt auf. Dieser schlug einen PSA-Test vor, auch wenn dieser normalerweise erst ab einem Alter von 50 Jahren durchgeführt wird.

Bei diesem Test auf das prostataspezifische Antigen (PSA) wird eine Substanz im Blut gemessen, deren Konzentration bei Prostatakrebs tendenziell erhöht ist. Dabei kommt es häufig zu falschpositiven oder falschnegativen Ergebnissen, sodass der Sinn dieses Tests vielfach angezweifelt wird. Jeffs PSA-Wert lag im oberen Bereich des Normalwertes in seinem Alter, aber eine rektale Untersuchung ergab keine Veränderungen in der Prostata. Wenn Jeff seine DNA nicht hätte testen lassen, wäre hier die Geschichte wahrscheinlich zu Ende. Aber aufgrund des genetischen Risikofaktors ging er noch zu einem Urologen. Der Urologe empfahl eine Biopsie der Prostata unter Ultraschall. Diese lässt sich inzwischen ambulant durchführen und ist relativ schmerzlos. Aus beiden Lappen von Jeffs Prostata wurden insgesamt zwölf Gewebeproben entnommen.

Das Ergebnis war besorgniserregend. Drei der zwölf Proben, die aus beiden Lappen stammten, wiesen auf Prostatakrebs hin. Man unterscheidet verschiedene Arten von Prostatakrebs, entsprechend ihrer Aggressivität, die am Erscheinungsbild der Zellen in der Biopsie erkennbar ist, und vergibt den sogenannten Gleason-Wert. Dieser Wert korreliert ungefähr mit der Wahrscheinlichkeit für die Bildung von Metastasen und einen frühen

Tod des Patienten. Jeffs Gleason-Wert lag bei 6 (also im mittleren Bereich).

Die Diskussionen über den richtigen Umgang mit Prostatakrebs werden weiterhin erbittert geführt. Prostatakrebs entwickelt sich sehr langsam und ältere Männer sind außerordentlich häufig davon betroffen. Die meisten von ihnen sterben jedoch mit dem Krebs und nicht durch den Krebs. Bei einem 48-Jährigen, der noch weitere 40 oder 50 Jahre Lebenszeit vor sich haben könnte, kann vorsichtiges Abwarten ein Risiko bedeuten. Eine vor kurzem in Schweden durchgeführte Studie an jungen Männern, bei der man die Ergebnisse nach „vorsichtigem Abwarten" mit denen nach vollständigem Entfernen der Prostata verglichen hat, zeigte deutlich, dass die chirurgisch behandelten Patienten bessere Überlebensraten hatten. Jeff entschied sich, seine Prostata vollständig entfernen zu lassen. Die pathologische Untersuchung der Gewebeproben zeigte Krebsregionen, die sogar noch aggressiver waren als die in der Biopsie, sodass die Erkrankung schließlich mit dem Gleason-Wert 7 bewertet wurde. Der chirurgische Eingriff kann erhebliche Nebenwirkungen mit sich bringen, etwa Inkontinenz und Impotenz, aber Jeff hatte Glück und derartige Komplikationen blieben aus.

Ich sprach mit Jeff über seine Erfahrungen, und ich gebe zu, dass ich zuerst ziemlich skeptisch war. Jeff hat als oberster wissenschaftlicher Leiter von deCODEme zweifellos ein Interesse daran, seinen genetischen Test zu verkaufen. Ich stellte jedoch fest, dass er die Schlussfolgerungen, die sich aus seiner eigenen Geschichte ziehen lassen, sehr rational betrachtete. Er räumte sofort ein, dass sein persönliches Erlebnis kein Ersatz dafür sein kann, die Bedeutung von DNA-Tests umfassend zu hinterfragen. Die meisten Männer mit seinem genetischen Risiko, seinem PSA-Spiegel und einer rektalen Untersuchung ohne Befund hatten normale Biopsiewerte gezeigt. Solche Biopsien sind mit Kosten verbunden und können in einigen Fällen zu Komplikationen führen, etwa Blutungen oder Infektionen. Jeff wies darauf hin, dass deCODEme bereits eine umfangreiche Forschungsstudie durchführt, um herauszufinden, ob ein genetischer Test in Kombination mit einem PSA-Test besser ist als der PSA-Test allein. Meiner Meinung nach gibt es immer mehr Geschichten wie die von Jeff, und die Krankenversicherungen werden letztendlich Vorteile darin sehen, die Kosten für die Tests zu übernehmen, um so die Kosten einer späteren Therapie einer Erkrankung einzusparen, der man hätte vorbeugen können.

Die direkte Vermarktung genetischer Tests an Privatkunden war durchaus umstritten. In der Presse wurden erbitterte Diskussionen darüber geführt, ob es sich hier um eine Stärkung der Patienten oder um Quacksalberei handele. Verschiedene Interessengruppen aus dem Gesundheitswesen und der Politik haben um die Vor- und Nachteile gestritten. In einigen Staaten der USA war man besorgt, dass die Menschen durch die Informationen zu falschen Schritten veranlasst werden könnten, und hat deshalb die Vermarktung der DTC-Tests untersagt. Als Argument wurde angeführt, dass die Qualität der genetischen Testverfahren nicht ausreichend kontrolliert werden könne, um für ihre Zuverlässigkeit zu garantieren. In den USA unterliegen die Ergebnisse von genetischen Tests, die von den Testlabors selbst durchgeführt werden (sogenannte „hausgemachte" Tests), eigentlich keiner Kontrolle durch die Food and Drug Administration (FDA).

Gemäß den Fachbegriffen für die Regulierung der genetischen Tests muss ein Labor nur die „analytische Richtigkeit" der Tests nachweisen – das heißt, dass man die DNA-Analyse korrekt durchgeführt hat. Damit die Informationen für die Kunden auch einen Wert haben, müssen die Kunden wissen, ob das Ergebnis das Risiko richtig angibt („klinische Richtigkeit") und ob die Informationen tatsächlich nützlich sind („klinische Anwendbarkeit"). Diese letzten beiden Kriterien werden auf die „hausgemachten" Tests derzeit nicht angewandt. Was lernen wir daraus? Im Augenblick können nur Sie allein Ihre RBI-Zahl bestimmen.

Eine entscheidende Frage ist, ob die Verfügbarkeit dieser Art von Informationen Menschen tatsächlich darin bestärken wird, ihr Verhalten zu ändern (wie es bei Jeff der Fall war), oder ob es sich in erster Linie nur um ein „Freizeitabenteuer" ohne langfristige Konsequenzen handelt.

In mehreren medizinischen Zentren werden jetzt Forschungsstudien auf den Weg gebracht, um herauszufinden, welche Faktoren die Bereitschaft beeinflussen, mit der ein Mensch Informationen über genetische Risiken für seine eigene Gesundheitsvorsorge nutzt. Eines dieser Programme ist das Multiplex Project in Detroit, bei dem derzeit 1 000 Personen DNA-Tests angeboten werden, um deren künftiges Erkrankungsrisiko zu ermitteln. Die Tests betreffen acht häufigere Krankheiten, die im Erwachsenenalter ausbrechen können. Die Teilnehmer unterscheiden sich in Bezug auf Bildungsstand, ethnische Herkunft und Geschlecht, und man beobachtet sie über mehrere Monate, um festzustellen, welche Auswirkungen die Ergebnisse haben und was sie unternehmen, um die Risiken zu verringern.

Ich konnte mit einer Teilnehmerin über ihre Erfahrungen sprechen. Lois Klein (Name geändert) ist 40 Jahre alt und wurde als Freiwillige für das Projekt angeworben. Sie lebte schon immer gesundheitsbewusst und dachte, das Ganze sei eine gute Gelegenheit, mehr über ihre Risiken zu erfahren. Ihr wurde eine Blutprobe entnommen und wenige Wochen später erhielt sie das Ergebnis mit der Post. In einem anschließenden Telefongespräch mit einem Mitglied der Projektgruppe konnte sie Fragen stellen. Ihr leicht erhöhtes Risiko für Diabetes und Dickdarmkrebs wurde dabei noch einmal bestätigt. Lois teilte das Ergebnis ihrem Hausarzt mit, der einen Glucosetoleranztest für Diabetes durchführen ließ. Der Test war negativ, aber Lois war nun motiviert, sich regelmäßiger sportlich zu betätigen und mehr Obst und Gemüse zu essen.

Ein Jahr nach Abschluss des Tests sprach ich mit Lois und sie erklärte, dass sie weiterhin sehr motiviert sei. Sie war sich darüber im Klaren, dass sie mit ihrer neuen Ernährungsweise und der zusätzlichen Bewegung wahrscheinlich sowieso angefangen hätte, dass aber die genetische Information hilfreich war, da ihr dadurch die Dringlichkeit einer Veränderung bewusst wurde.

Die persönliche Genomik hat Einzug erhalten, aber ohne Gewähr

In dieser frühen Phase der genetischen Tests direkt für den Kunden gibt es erfahrene und anerkannte Mediziner, die mit aller Vehemenz die Meinung vertreten, dass es noch zu früh sei, diese Art von Informationen für den Privatkunden zugänglich zu machen. Ich gehöre nicht dazu. Da ich die letzten 25 Jahre engagiert damit verbracht habe, die Genetik in die Standardmedizin einzuführen, wäre es tatsächlich sehr seltsam, wenn ich nun dafür plädieren würde, dass diese Informationen interessierten Personen nicht zugänglich sein sollen. Der Anspruch besteht darin sicherzustellen, dass die Informationen zuverlässig sind und auf eine Art und Weise aufbereitet werden, durch die deutlich wird, was wir wissen und was wir nicht wissen.

Das American College of Medical Genetics, die wichtigste Institution für Ärzte, die sich auf diesem Gebiet spezialisieren wollen, ist nicht meiner Meinung. Man empfiehlt, überhaupt keine genetischen Tests für Privatkunden durchzuführen, und dass solche Tests nur noch von Ärzten bestellt werden können.

Die American Society of Human Genetics, die andere große Institution der Genetiker, hingegen schlägt eine andere Richtung ein. Dabei werden solche privaten Tests unterstützt, solange die Kunden nur genügend Informationen über die beschränkte Aussagekraft des Tests erhalten.

Im Folgenden sind zwölf Überlegungen aufgeführt, die ein Interessent vielleicht anstellen sollte, bevor er die Speichelprobe abgibt.

1. Zurzeit lassen sich mit DTC-Tests Risikofaktoren nachweisen, die quantitativ nur wenig zu einer Krankheit beitragen. Das heißt, bei den meisten Krankheiten verändert sich das erkennbare persönliche Risiko durch die Variante nur geringfügig. Wenn man jedoch einen Test für 20 Krankheiten durchführt, zeigt das Ergebnis mit einer gewissen Wahrscheinlichkeit, dass mindestens ein genetisches Risiko im Bereich der „oberen fünf Prozent" der Bevölkerung liegt.

2. Die angebotenen Tests umfassen im Allgemeinen keine Analyse der familiären Krankheitsgeschichte. Da diese jedoch ein wichtiger Wegweiser für Ihre Zukunft ist, kann der genetische Test in die falsche Richtung zeigen, wenn dieser Zusammenhang außer Acht gelassen wird.

3. Mit einem DTC-Test lassen sich im Allgemeinen die weniger häufigen, aber dafür sehr bedeutsamen Genmutationen, die ein hohes Krankheitsrisiko mit sich bringen, *nicht* nachweisen. So wird beispielsweise in diesen Tests nicht nach allen *BRCA1/2*-Mutationen, nach Chorea Huntington oder dem Fragile-X-Syndrom gesucht. Sollten Sie für eine bestimmte Erkrankung eine familiäre Krankheitsgeschichte vorweisen können, sollten Sie besser nach spezifischen genetischen Tests Ausschau halten und sich nicht nur auf DTC-Tests verlassen.

4. Wie oben erwähnt, ist ein erheblicher Anteil der Erbfaktoren für die häufigeren Krankheiten noch gar nicht bekannt. Wenn diese zusätzlichen Informationen verfügbar sind und auch Eingang in die DNA-Analysen gefunden haben, wird man zwangsläufig viele individuelle Risikovoraussagen grundlegend neu bewerten müssen. Wenn Sie sich also jetzt auf dieses Abenteuer der genomischen Selbsterforschung einlassen wollen, sollten sie das Ganze als langfristiges Projekt und nicht als einmalige Angelegenheit auffassen.

5. Die drei in diesem Abschnitt genannten Unternehmen legen zwar großen Wert auf die Qualität ihrer Analysen, Sie sollten

aber trotzdem die Möglichkeit von Laborfehlern in Betracht ziehen, vor allem das Verwechseln von Proben. Alle Kunden sollten darauf bestehen, dass das Unternehmen, dessen Dienste sie in Anspruch nehmen, in der Qualitätskontrolle hohe Standards einhält.

6. Die Interpretation der Testergebnisse, die das Unternehmen vorlegt, sind keine triviale Angelegenheit, und verschiedene Analysten könnten bei derselben DNA-Probe zu unterschiedlichen Ergebnissen gelangen. Wie in der Einleitung beschrieben, habe ich mich von allen drei Unternehmen testen lassen, und in den Berichten, die ich erhalten habe, gab es doch einige deutliche Unterschiede. Abhängig von den Varianten, die auf dem DNA-Chip des jeweiligen Anbieters vorhanden sind, können sich die Ergebnisse unterscheiden.

7. Die meisten der zurzeit verfügbaren Daten über die Risikovorhersage aufgrund von DNA-Tests beruhen auf Studien, die in Mittel- und Nordeuropa durchgeführt wurden. Sie lassen sich nicht unbedingt direkt auf Menschen übertragen, deren Vorfahren aus anderen Regionen der Erde stammen. Sollte man es dennoch versuchen, besteht die große Gefahr von falschen Vorhersagen.

8. Da bei vielen Krankheiten umfassende Informationen über den Faktor der eigenen Intervention in der RBI-Gleichung fehlen, kann der Nutzen der Informationen doch stark eingeschränkt sein. Personen, die Informationen über Risiken erhalten haben, sollten der Behauptung skeptisch gegenüberstehen, dass bestimmte Maßnahmen das Risiko verringern könnten, sofern nicht zweifelsfreie Referenzen über den Nutzen dieser Maßnahmen vorgelegt werden können.

9. Wenn für Krankheiten wie Diabetes, Herzerkrankungen oder Bluthochdruck bestimmte Maßnahmen empfohlen werden, wirken diese durchaus sehr naheliegend. Ist es tatsächlich notwendig, Hunderte von US-Dollar für einen DNA-Test auszugeben, nur um die Auskunft zu erhalten, man solle

sich ausgewogen ernähren, regelmäßig Sport treiben und ein normales Körpergewicht anstreben? Informationen über das eigene individuelle Risiko können aber zweifellos stark motivierend wirken, um solche Aktivitäten zu entfalten, wie etwa im Fall von Lois Klein.

10. Bereiten Sie sich darauf vor, dass die Informationen, die Sie erhalten, nicht vollständig durchschaubar sind, Ängste auslösen können und möglicherweise auch erfordern, dass Sie Experten um Rat fragen, um ganz zu verstehen, was man Ihnen da mitgeteilt hat. Die glaubwürdigen Anbieter bemühen sich darum, die Informationen über Risiken leicht verständlich darzustellen. Eines der Unternehmen (Navigenics) bietet sogar eine Telefonberatung mit einem Genetikexperten an, aber Sie sollten darauf vorbereitet sein, dass Sie zusätzliche Unterstützung brauchen, um die Informationen zu verstehen. In dieser Hinsicht sollten Sie sich nicht darauf verlassen, dass Ihr Hausarzt ausreichend über die Revolution der personalisierten Medizin informiert ist, um Sie beraten zu können.

11. Wenn Sie sich für eine DNA-Analyse entscheiden, sollten Sie sich genau überlegen, wem Sie Einsicht in diese Information gewähren wollen und wie viel Sie preisgeben möchten. Die derzeitige Regierung der USA hat die Praxis, dass Versicherungen und Arbeitgeber genetische Informationen über künftige Entwicklungen in diskriminierender Absicht verwenden (Kapitel 4), für illegal erklärt. Es gibt jedoch noch weitere Anwendungen (etwa für Pflege- oder Lebensversicherungen), bei denen ein erhöhtes Risiko für eine Krankheit oder Invalidität gegen Sie verwendet werden kann. Die DTC-Anbieter sichern ihren Kunden den Schutz der Privatsphäre zu, aber Sie werden sich selbst Gedanken machen müssen, wem Sie die Ergebnisse mitteilen.

12. Die drei hier vorgestellten Unternehmen betreiben ihr Geschäft auf wissenschaftlich ernst zu nehmende Weise. Es gibt

jedoch auch gewissenlose Anbieter mit „Wild-West-Manieren", wie man sie im Internet schnell finden kann. Sie sollten Internetseiten misstrauen, die DNA-Tests zur Verbesserung der Ernährungsweise anbieten und gleichzeitig für teuere Nahrungsergänzungsmittel werben, mit denen Sie die Defizite Ihrer DNA ausgleichen können. Die Wissenschaft der „Nutrigenomik" steht noch sehr am Anfang. Mit Ausnahme von wenigen bekannten Beispielen wie der PKU (Erinnern Sie sich noch an Tracy Beck?) gibt es relativ wenig gesicherte Informationen, um solche Ernährungsempfehlungen zu begründen. Einige dieser Anbieter arbeiten mit betrügerischen Tricks.

Wohin entwickeln sich DTC-Tests?

Da die Technik für die DNA-Analyse an Komplexität und Leistungsfähigkeit zunimmt, wird die Auswertung von bisher einer Million Varianten, die über das Genom verteilt sind, letztendlich die *gesamte* DNA-Sequenz umfassen, und das für jeden Menschen und zu einem Preis von weniger als 1 000 US-Dollar. Das lässt sich wahrscheinlich innerhalb der nächsten fünf Jahre erreichen. Die Interpretation der Genomsequenz jedes Einzelnen wird große Anforderungen stellen, da die Auswirkungen von seltenen Varianten, die nur bei einem Menschen vorkommen, unbekannt sind. Aber wir sind uns bewusst, dass der Geist aus der Flasche gelassen wurde, und große Informationsmengen über das Genom finden nun Eingang in die medizinische Versorgung, von der viele Menschen in nicht allzu ferner Zukunft werden profitieren können.

Es sollte schon bald möglich sein, die noch fehlenden Erbfaktoren (die „dunkle Materie") zu identifizieren, sodass Vorhersagen über ein künftiges Krankheitsrisiko noch aussagekräftiger und zuverlässiger sein werden. Aber darüber hinaus benötigen wir unbedingt weitere Informationen über äußere Einflüsse auf die häufigeren Krankheiten. Da wir jedenfalls so bald nicht in der Lage sein werden, unsere Genome jederzeit zu verändern, liegen unsere Hoffnungen auf Eingriffsmöglichkeiten vor allen darin, dass wir die äußeren Risikofaktoren bestimmen und diese dann für anfällige Individuen modifizieren können. Wir brauchen bessere Methoden, um Informationen über Umwelteinflüsse zu sammeln. Tatsächlich benötigen wir Populationsstudien im großen Maßstab mit Hunderten, Tausenden oder sogar Millionen von Testpersonen, um herauszufinden, wie Gene und äußere Faktoren interagieren, auch wenn diese Untersuchungen kompliziert und kostenintensiv sein werden. In Großbritannien wird zurzeit eine solche Studie, das UK-BioBank-Projekt, durchgeführt. Dabei werden 500 000 Menschen auf ihre genetischen Risikofaktoren untersucht und erhalten medizinische Informationen. Selbst hier kommt der Analyse der Umweltfaktoren eine eher geringere Bedeutung zu.

Ähnliche Studien gibt es auch in Japan, Deutschland und Estland. Und auf Island ist die gesamte Bevölkerung an einem solchen zukunftsweisenden Projekt beteiligt. Die Daten sind jedoch nicht frei zugänglich, da das Projekt bis jetzt als privates Unternehmen gilt. Seltsam ist dabei, dass es in den USA, wo schon immer die größten Investitionen in der biomedizinischen Forschung getätigt wurden, derzeit keinen Plan für eine Studie im großen Maßstab gibt, um die genetischen und äußeren Einflüsse auf die häufigeren Krankheiten endgültig zu bestimmen.

Fünf Jahre lang gab es Planungen für das AGES-Projekt (American Genes and Environment Study). Es wurde von einem Ausschuss mit über 60 hervorragenden Wissenschaftlern entwickelt, die sich darin einig waren, dass diese Untersuchung für die Zukunft der öffentlichen Gesundheit in den USA von außerordentlich großer Bedeutung sein würde. Aber das Vorhaben, mindestens 500 000 Personen einzubeziehen, sie mindestens vier Jahre lang zu untersuchen, all ihre medizinischen Daten zu digitalisieren und eine Vielzahl verschiedener Labortests durchzuführen (einschließlich der vollständigen Sequenzierung aller Genome), ergab schließlich geschätzte Kosten von etwa 400 Millionen US-Dollar pro Jahr. Die Regierung ist bis jetzt nicht bereit, das Projekt zu finanzieren.

Es ist tatsächlich eine große Menge Geld – aber es sind nur 0,017 Prozent der 2,4 Billionen US-Dollar, die im Jahr 2007 für die Gesundheitsversorgung ausgegeben wurden. Das ist einer dieser Augenblicke in der Geschichte – etwa vergleichbar mit den Diskussionen im Vorfeld des Humangenomprojekts in den späten 1980er-Jahren –, in dem die Wissenschaftsgemeinde und die Regierung gefordert sind, für eine einmalige Gelegenheit des medizinischen Fortschritts eine Führungsrolle zu übernehmen.

Es gibt noch einen weiteren Aspekt der staatlichen Aktivitäten in Bezug auf genetische Tests, dem unsere Aufmerksamkeit gelten soll. Obwohl bereits vor zehn Jahren Überlegungen angestellt wurden, dass genetische Tests für Privatkunden einer staatlichen Aufsicht unterliegen sollen, ist bis jetzt relativ wenig geschehen, um öffentlich sicherzustellen, dass diese Tests vertrauenswürdig sind. Positiv ist dabei zu vermerken, dass die Federal Trade Commission (FTC) eine genaue Kontrolle dieses Bereichs angekündigt und damit gedroht hat, Firmen zu schließen, die gefälschte Tests vermarkten. Eine gewissenhafte staatliche Aufsicht fehlt bislang jedoch.

Ein wichtiger erster Schritt könnte die Einrichtung einer öffentlich zugänglichen Datenbank sein, in der Informationen über alle genetischen Tests gespeichert sind, die direkt für Kunden angeboten werden. Eine solche Datenbank sollte am besten von der FDA betrieben werden und wäre für alle Unternehmen verpflichtend, die genetische Tests vermarkten. Die Datenbank sollte objektive Informationen über die Aussagekraft der Tests, die Bevölkerungsgruppen, für die diese Informationen relevant sind, die Qualität der wissenschaftlichen Beweise für den Nutzen und Informationen über die möglichen Risiken der Tests enthalten. Die Datenbank sollte auch den Zertifizierungsstatus des

Labors kenntlich machen, das die jeweiligen Tests durchführt, damit die Kunden abschätzen können, ob womöglich Zweifel an der Qualität der Daten angebracht sind.

Es besteht zwar anscheinend ein grundsätzliches Einvernehmen darüber, dass eine solche Datenbank von großem Wert wäre, aber bis zu dem Zeitpunkt, an dem dieser Text geschrieben wurde, hatte man keine wirklichen Schritte unternommen, um sie einzurichten.

Schlussbetrachtung

Das Zeitalter der personalisierten Medizin hat begonnen. Wir haben bereits riesige Mengen an wertvollen Informationen aus der DNA angehäuft, aber wichtige Einzelheiten fehlen immer noch. Ihr Genom ist einzigartig. Möchten Sie es kennen?

Viele Menschen sind darauf neugierig und hoffen, dass sich ihre Chancen auf ein langes Leben verbessern lassen. Einige wenige haben bereits umfangreiche DNA-Tests veranlasst und wurden so zu Pionieren dieser neuen Herangehensweise. Viele andere fühlen sich jedoch mit solchen Vorhersagen unwohl und erklären: „Das will ich nicht wissen, ich würde mir nur Sorgen machen. Ich gehe mit der Krankheit um, wenn sie ausbricht – wenn sie überhaupt ausbricht."

Versuchen Sie ein Gedankenexperiment. Stellen Sie sich vor, dass Sie folgende Risiken haben: 35 Prozent Wahrscheinlichkeit für Diabetes, 20 Prozent Wahrscheinlichkeit für Dickdarmkrebs und 38 Prozent Wahrscheinlichkeit für einen Herzinfarkt. Stellen Sie sich vor, dass Sie mit diesem Wissen schon eine Zeit lang leben. Würden Sie dadurch in Depressionen verfallen? Oder würde Sie das nicht anspornen, sich mehr sportlich zu betätigen, Ihre Ernährungsweise zu verbessern und sich endlich zur Darmspiegelung anzumelden, die Sie schon so lange aufschieben?

Wir alle haben einen freien Willen und die Enthüllung der Geheimnisse unserer DNA nimmt ihn uns in keiner Weise. Aber wir könnten dadurch unsere Optionen verbessern.

Was Sie heute tun können, um an der Revolution der personalisierten Medizin teilzuhaben

1. Sind Sie bereit, Ihre eigenen genetisch bedingten Risiken für künftige Erkrankungen zu erfahren? Wenn Sie mehr über den Testvorgang erfahren wollen, besuchen Sie eine der unten aufgeführten Internetseiten und blättern Sie die Informationsmaterialien durch, erkunden Sie die Tutorien. Wenn Sie sich für die Durchführung eines Tests entscheiden, sprechen Sie mit Ihren engeren Verwandten darüber, da das, was Sie über sich selbst herausfinden, auch für sie von Bedeutung sein kann.

   https://www.23andme.com
   http://www.decodeme.com
   http://navigenics.com

2. Fettleibigkeit ist ein Hauptrisikofaktor für Bluthochdruck, Diabetes, Herzerkrankungen, Gelenkbeschwerden und Krebs. Der Body-Mass-Index (BMI) ist zwar kein absolutes Maß, wird aber häufig für die Ermittlung von Fettleibigkeit angewendet. Dabei dividiert man das Gewicht in Kilogramm durch die Körpergröße (in Metern) zum Quadrat. Kennen Sie Ihren BMI? Sie können ihn unter http://www.nhlbisupport.com/bmi/ schnell berechnen. Wenn Ihr BMI einen Wert von 25 oder mehr erreicht, sollten Sie eine Diät machen und sich ernsthaft sportlich betätigen. Unter http://www.nhlbi.nih.gov/health/public/heart/obesity/lose_wt/control.htm finden Sie Vorschläge, wie Sie damit beginnen können.

3. Haben Sie das Risiko, innerhalb der nächsten zehn Jahre einen Herzinfarkt zu erleiden? Die Framingham-Langzeitstudie in Massachusetts hat zahlreiche Risikofaktoren für die koronare Herzkrankheit zusammengetragen. Sie können aufgrund Ihres Alters, Geschlechts, Cholesterin- und Blutdruckwertes Ihr eigenes Risiko berechnen: http://hp2010.nhlbihin.net/atpiii/calculator.asp?usertype=prof. Hier werden jedoch keine Informationen über die Familiengeschichte oder Ergebnisse von genetischen Tests berücksichtigt, durch die diese Berechnung in Zukunft noch verbessert werden könnte.

4

Persönliche Bekanntschaft mit dem großen K

Es war der Tag vor Halloween im Jahr 1992. In der Michigan Genetics Clinic hatten sich mehrere Personen zusammengefunden: die Tumorspezialistin Barbara Weber, die Genetikberaterin Barbara Biesecker, die Krankenschwester Kathy Calzone und ich. Wir wollten zu neuen Ufern aufbrechen. Unsere Mitabenteurer waren Angehörige einer großen Familie. Sie saßen im Wartezimmer und wollten herausfinden, ob sie ein großes Risiko für eine Erkrankung an Brust- oder Eierstockkrebs tragen. So etwas hatte es zuvor noch nicht gegeben, und ehrlich gesagt, wir fühlten uns ziemlich unwohl, da wir nicht wussten, wie wir mit der Situation umgehen sollten.

Die Abfolge der Ereignisse, die zu dieser ungewöhnlichen Visite führte, kam zwei Jahre zuvor ins Rollen, als ich während des Jahrestreffens der American Society of Human Genetics spät in der Nacht an einem außerplanmäßigen Vortrag teilnahm. An jenem Abend beeindruckte Dr. Mary-Claire King die Zuhörer, indem sie Beweise für den Zusammenhang zwischen einem bestimmten Gendefekt und Brustkrebs vorlegte. Bis zu diesem Abend hatte niemand den Beweis für diese hochgradig vererbbare Form von Brustkrebs, die von einem einzigen Gen abhängt, erbringen können und viele Zuhörer hatten Zweifel. Ich jedoch war ausgesprochen neugierig geworden, vor allem, da wir in meinem eigenen Labor vor wenigen Monaten in derselben Chromosomenregion (17.1) ein Gen für die Krankheit Neurofibromatose identifiziert hatten. Ich fragte Dr. King, ob sie an einer Zusammenarbeit interessiert sei. Sie stimmte zu und so begann für unsere Labors ein intensives gemeinsames Forschungsprojekt, um das zugehörige Gen einzugrenzen und zu identifizieren. Wir erwarteten, dass die Suche nach dem „Brustkrebsgen (br*east ca*ncer *gene*) Nummer 1" (*BRCA1*) genauso mühsam und anfangs enttäuschend verlaufen würde wie bei dem Gen für die Cystische Fibrose, was tatsächlich auch eintrat. (Dr. King wies gerne darauf hin, dass die Genbezeichnung auch als Abkürzung von „Berkeley, California" stehen könnte, weil sich damals dort ihr Labor befand.)

Um die Suche nach der genauen Position des Gens in Millionen von Basenpaaren DNA zu beschleunigen, mussten wir so viele Familien wie möglich finden, bei denen mehrere Mitglieder im frühen Lebensalter von Brustkrebs betroffen waren. Kurz nach dem damaligen Vortrag von Dr. King stellte sich heraus, dass die Angehörigen dieser Familien zweifellos auch für Eierstockkrebs ungewöhnlich anfällig sind, sodass uns nun Familien mit beiden Krebsformen besonders interessierten.

Ich konnte die Tumorspezialistin und Wissenschaftlerin Dr. Weber für das Projekt gewinnen, und sie begann in Michigan mit der Suche nach Familien. Die Familienmitglieder sollten anonym bleiben und ihre Teilnahme an der Studie sollte auf die Forschung begrenzt bleiben, eine medizinische Behandlung war nicht vorgesehen. Deshalb war es tatsächlich ein merkwürdiges Ereignis, als sich einige Monate später viele Mitglieder der „Familie 15" in die Klinik für medizinische Genetik versammelten.

Die Geschichte von Familie 15 ermöglicht tiefe Einblicke. Eine schematische Darstellung des Stammbaums findet sich in Abbildung 4.1. (Auf Bitte der Familie habe ich die Namen geändert.) Der erste Kontakt erfolgte über Dolly, bei der im Alter von 48 Jahren Brustkrebs diagnostiziert wurde. Zehn Jahre später erkrankten zwei von Dollys Töchtern, Janet und Lucy, wobei Lucy schließlich den Kampf gegen die schreckliche Krankheit verlor. Auch Dollys Schwester Mattie erkrankte an Brustkrebs.

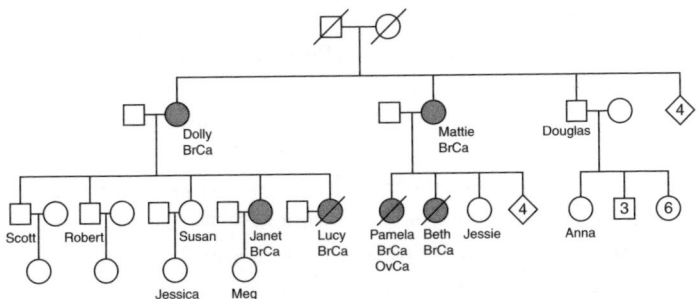

Abb. 4.1 Der Stammbaum von Familie 15. Viele Frauen sind an Brust-
(BrCa) und Eierstockkrebs (OvCa) erkrankt. Quadrate stehen für Männer, Kreise für Frauen.

Sie hatte drei Töchter, von denen zwei (Pamela und Beth) vor
Erreichen des 30. Lebensjahres an Brustkrebs starben. Pamela
hatte zudem noch Eierstockkrebs. Die dritte Tochter, Jessie, die
ein ähnliches Schicksal befürchtete, entschied sich vorsichtshal-
ber für eine Mastektomie.

Dolly hatte insgesamt sechs Geschwister. Die meisten Verwandten lebten in der Nähe und man hielt losen Kontakt. Motiviert durch den Wunsch herauszufinden, warum all diese jungen
Frauen schwere Schicksalsschläge erlitten hatten, folgte die Familie Dollys Drängen, bei unserem Forschungsprojekt mitzuwirken. Wir erhielten Blutproben und Einblick in die Krankenakten.
Wir gingen so weit, dass wir auch Biopsieproben von verstorbenen Familienangehörigen ausfindig machten – diese Proben
wurden in den Kliniklabors aufbewahrt –, sodass wir auch damit
DNA-Analysen durchführen konnten.

Bis zum Spätsommer 1992 stellte sich heraus, dass Mitglieder der Familie 15 tatsächlich eine Mutation auf Chromosom
17 tragen müssen, da anhand von genetischen Markern in dieser
Region genau vorherzusagen war, wer von Krebs betroffen sein
würde und wer nicht. Die Wahrscheinlichkeit, dass es sich hier

nur um statistische Zufallstreffer handelte, wurde jedes Mal geringer, wenn wir eine neue DNA-Probe testeten.

Inzwischen fühlte sich Dollys verbliebene Tochter Susan aufgrund der aktuellen Entwicklungen immer unwohler. Sie hatte miterlebt, wie ihre Schwester Lucy an den Metastasen des Brustkrebses gestorben war und dass ihre andere Schwester Janet gerade Diagnose, Operation und Chemotherapie hinter sich gebracht hatte. Susan konnte nicht mehr aufhören, immer nur an den Tag zu denken, an dem sie bei sich selbst einen Tumor entdecken würde. Sie machte sich auch große Sorgen um ihre elfjährige Tochter Jessica.

Aufgrund ihres hohen Risikos entschied sich Susan für denselben Weg wie ihre Cousine und wollte eine prophylaktische Mastektomie durchführen lassen. So rigoros diese Maßnahme auch sein würde, für Susan war es offenbar die beste Möglichkeit, um ihr Risiko zu verringern, das tragische Schicksal von so vielen ihrer Angehörigen zu teilen.

Dann geschah ein bemerkenswerter Zufall. Susan wollte irgendeinen Tumorspezialisten an der University of Michigan aufsuchen und traf auf Dr. Weber. Nachdem Susan ihre Geschichte erzählt und die Gründe für ihren Wunsch nach einem chirurgischen Eingriff erklärt hatte, erkannte Dr. Weber, dass sie ein Mitglied der Familie 15 vor sich hatte. Genauso schnell erkannte sie, dass unsere letzten Laborversuche möglicherweise darüber Auskunft geben konnten, inwieweit gravierende chirurgische Eingriffe erforderlich sein würden oder nicht. Dr. Weber verließ den Raum mit den Worten, die Laborergebnisse prüfen zu wollen, und stellte fest, dass Susan das *BRCA1*-Risiko, von dem ihre Mutter und ihre beiden Schwestern betroffen waren, *nicht* geerbt hatte. Die Wahrscheinlichkeit, dass sie an Brust- oder Eierstockkrebs erkranken würde, war nicht größer als bei jeder anderen Frau.

Dr. Weber rief mich an. Wir hatten nicht erwartet, dass wir mit unserem Forschungsprojekt so schnell in diese Lage geraten würden. Außerdem hatten wir keinesfalls eine Situation wie diese vorausahnen können, in der die Informationen so dringend benötigt wurden. Es blieb uns jedoch keine andere Wahl, wir mussten eine Entscheidung treffen. Bei einem Treffen mit Susan, ihrer erkrankten Schwester Janet und Susans Ehemann erklärte Dr. Weber, dass die Ergebnisse der Forschungsstudie zeigten, dass die geplante Operation mit ziemlich großer Sicherheit unnötig sein würde. Susan war sehr überrascht. Später erinnerte sie sich daran, dass es ihr so vorkam, als erlebte sie einen Traum. Zuerst konnte sie überhaupt nicht glauben, dass ein solches Ergebnis möglich sein könnte, aber schließlich war die Erleichterung groß.

Das war Ende August. Als Susan und Janet diese Neuigkeit zuhause erzählten, begriffen andere Familienmitglieder sehr schnell, was diese Geschichte bedeutete, und zogen daraus den richtigen Schluss, dass auch die Übrigen ihr Risiko ermitteln konnten. In der Klinik hatten wir uns schon darauf vorbereitet. Wir bestanden darauf, dass wir von allen Familienmitgliedern neue Blutproben erhielten, damit wir die DNA-Analysen wiederholen konnten, um sicherzugehen, dass es keine Fehler gegeben hatte. Die Ergebnisse waren alle eindeutig.

Zuerst dachten wir daran, jedes Familienmitglied zu einem eigenen Termin einzuladen, aber uns war klar, dass diese große und sehr eng verwobene Familie diese Erfahrung gemeinsam machen wollte. Und so kam es, dass am 30. Oktober 1992 etwa 25 Angehörige der Familie 15 im Wartezimmer der Klinik saßen, während unser Team die Beratungspläne durchging. Wir waren uns der Tatsache bewusst, dass einige unerwartete Ergebnisse zu verkünden waren.

In der Klinik waren nicht nur die Frauen erschienen. Das *BRCA1*-Risiko kann auch an Männer vererbt werden. Diese Männer unterliegen möglicherweise einem etwas erhöhten Risiko auf Prostatakrebs, Pankreastumoren und Brustkrebs, und sie können die Mutation an ihre Töchter vererben, die dann mit einer 80-prozentigen Wahrscheinlichkeit für Brustkrebs und einer 50-prozentigen für Eierstockkrebs konfrontiert sind.

Wie bei den meisten Familien hatten auch die Angehörigen von Familie 15 nicht daran gedacht, dass eine Vererbung durch den Vater möglich ist. Die Familienmitglieder wurden einzeln und getrennt voneinander in das Beratungszimmer geführt, in dem zunächst abgeklärt wurde, ob das Testergebnis überhaupt bekannt gegeben werden soll. Alle aus der Familie waren einverstanden. Dann bekam jeder die persönlichen Ergebnisse ausgehändigt und die Schlussfolgerungen, die daraus zu ziehen waren, wurden erklärt. Es zeigte sich, dass Susans Brüder, Scott und Robert, die *BRCA1*-Mutation trugen. Beide hatten Töchter, über die sie sich gleich große Sorgen machten. Robert forderte, dass seine Tochter sofort getestet werden sollte. Er wurde wütend, als wir darauf hinwiesen, dass wir es nicht für sinnvoll hielten, bei einer jungen Frau unter 18 Jahren einen *BRCA1*-Test durchzuführen.

Die Sitzung mit Janets Tochter Meg war emotional sehr bewegend. Sie war alt genug, um ihr Ergebnis zu erfahren. Janet hoffte inständig darauf, dass ihre Tochter von diesem Fluch der Familie verschont blieb, aber der Test war positiv.

Eine der Frauen, die ich zu beraten hatte, ging auf andere Weise mit dieser Art von Konfrontation um. Es war Matties Tochter Jessie. Sie hatte sich bereits einige Jahre zuvor die Brüste entfernen lassen, nachdem sie erleben musste, wie ihre beiden Schwestern an Brustkrebs starben. Der DNA-Test zeigte, dass Jessie die Mutation nicht geerbt hatte, und dass die Operation nicht notwendig gewesen war. Als ich ihr das Ergebnis mitteilte, schlug mir das Herz bis zum Hals. Jessie nahm die Neuigkeit jedoch mit großer Gelassenheit auf. Sie sagte, sie habe damals die beste Entscheidung getroffen, die ihr möglich gewesen war, und sie sei froh, dass ihre Tochter die Krankheit nicht mehr zu fürchten braucht.

Die erschütterndste Geschichte ist vielleicht die von Anna. Ihr Vater Douglas war ein Bruder von Dolly und Mattie. Er hatte deren Kampf gegen Brustkrebs mit großer Anteilnahme erlebt, hatte aber immer angenommen, dass seine Töchter nicht davon betroffen sein könnten. Anna hatte denselben Schluss gezogen. Sie war an diesem Tag auch in die Klinik gekommen, weil sie dachte, sie könnte so die übrige Familie unterstützen, aber sie hatte nicht erwartet, über sich selbst entscheidende Informationen zu erhalten.

Das erwies sich jedoch als Trugschluss. Douglas war nach seiner Beratung ziemlich aufgewühlt, da er erfahren musste, dass er die *BRCA1*-Mutation trug und bei jedem seiner zehn Kinder ein 50-prozentiges Risiko bestand, dass sie die Mutation ebenfalls geerbt hatten. Sieben dieser Kinder waren Töchter, von denen drei die Mutation trugen, und eine von ihnen war Anna. Als sie diese Nachricht erhielt, wurde ihr klar, dass der Brustkrebs, der zwei ihrer Tanten und vier ihrer Cousinen gequält hatte, auch sie bedrohte. Im Alter von 39 Jahren hatte sie sich noch nie selbst untersucht und auch noch keine Mammografie machen lassen.

Sie war ängstlich darauf bedacht, diese neue Erkenntnis sofort in die Tat umzusetzen, und fragte, ob man noch am selben Nachmittag eine Mammografie durchführen könne. Dr. Weber traf alle Vorbereitungen. Eine erste Durchsicht der Aufnahmen ergab keine Anomalien, aber als der Radiologe von Annas potenziell hohem Risiko erfuhr, machte er noch eine weitere Aufnahme, die dann einen besorgniserregenden Schatten zeigte. Eine Biopsie, die wenige Tage später durchgeführt wurde, lieferte das befürchtete Ergebnis: Anna hatte Krebs.

Innerhalb weniger Tage hatte sich Annas Situation vollkommen verändert. Am Anfang dachte sie, die familiäre Krankheitsgeschichte mit Krebs sei für sie ohne Bedeutung, dann erfuhr sie von ihrem hohen Risiko, hatte einen positiven genetischen Test und dann die Diagnose auf Krebs. Sie erkannte, dass das gleiche Risiko auch für ihre andere Brust galt und entschied sich für eine beidseitige Mastektomie mit anschließender Chemotherapie.

Seit jenem Tag in der Klinik sind 17 Jahre vergangen. Vor kurzem sprach ich mit Janet, um zu erfahren, wie es mit Familie 15 weitergegangen war. Janet geht es weiterhin gut, aber sie erzählte mir viele neue und desillusionierende Geschichten über diese Familie. Bei ihrem jüngsten Bruder Scott hatte man im Alter von 43 Jahren Speiseröhrenkrebs diagnostiziert, obwohl er weder rauchte noch übermäßig Alkohol trank. Für diese Krebsart besteht zwar statistisch kein Zusammenhang mit den BRCA1-Mutationen, aber es fällt schwer, diese mögliche Verbindung einfach zu ignorieren.

Janet hatte auch schlechte Neuigkeiten von ihrer Tante Mattie, bei der man, nachdem sie den Brustkrebs überlebt hatte, vor sechs Jahren auch noch Eierstockkrebs diagnostiziert hat, und das, obwohl sie die Eierstöcke vorsorglich hatte entfernen lassen. Wahrscheinlich war etwas Gewebe übrig geblieben, das aber ausreichte, um den bösartigen Tumor entstehen zu lassen, an dem sie letztendlich starb. Zur Familientragödie kam noch hinzu, dass einer von Matties Söhnen im Alter von 55 Jahren an Dickdarmkrebs starb, und bei einer Enkelin wurde im Alter von 35 Jahren Brustkrebs festgestellt.

Janets Tochter Meg, die auf die Mutation positiv getestet worden war, hat bis jetzt keine Anzeichen einer bösartigen Erkrankung gezeigt. Dennoch lässt sie sich in naher Zukunft die Eierstöcke operativ entfernen, und nicht viel später soll noch eine beidseitige Mastektomie mit anschließendem Wiederaufbau der Brust durchgeführt werden.

Ich fragte Janet, wie sie mit all diesen Tragödien umgeht. Als Mensch mit großer innerer Stärke antwortete sie einfach, dass es wohl keine großen Alternativen gebe. Sie sagte, dass es trotz allem ein Gutes hatte, die genetischen Grundlagen für das Krebsrisiko zu verstehen und für die Träger der Mutation Handlungsoptionen zu haben, wenn diese auch ziemlich rigoros sein mussten. Sie betonte, dass es tatsächlich Familienmitglieder gebe, deren Leben durch die gewonnenen Informationen gerettet werden konnte. Anna beispielsweise ist weiterhin ohne Befund und wahrscheinlich blieb ihr eine Tragödie erspart, weil sie durch den Test unerwartet eine frühe Diagnose erhielt.

Krebs ist eine Krankheit des Genoms

Im 20. Jahrhundert kamen zahlreiche Hypothesen über den Ursprung von Krebs auf, aber erst in den 1980er-Jahren konnte die Wissenschaft der molekularen Genetik zuverlässige Antworten liefern. In jener Zeit lag der Schwerpunkt der Krebsforschung auf der Untersuchung von Retroviren, die diese Krankheit bei anderen Spezies auslösen können. Das erstaunlichste Ergebnis war dabei, dass die Krebsgene, die diese Viren tragen, eigentlich aktivierte Formen der Gene sind, die es bereits in den Genomen gesunder Tiere gibt. Diese Arbeiten wurden von Michael Bishop und Harold Varmus durchgeführt, die dafür mit dem Nobelpreis ausgezeichnet wurden. Sie konnten zeigen, dass unsere Genome bestimmte Gene enthalten, die für die Zellteilung von großer Bedeutung sind. Wenn sie jedoch auf ungünstige Weise mutieren, können sich diese uns „wohlgesinnten" Gene zum Schlechten wenden und eine unbegrenzte Zellteilung hervorrufen, sodass Krebs entsteht.

Krebs kann fast alle Gewebe des Körpers betreffen, wobei sich sehr verschiedene Symptome und Spätfolgen zeigen können. Der zugrundeliegende Mechanismus ist bei allen Krebsarten eine Störung in der DNA-Sequenz, durch die Signale für eine unkontrollierte Zellteilung entstehen, ähnlich einem Fluchtauto ohne Bremsen. Die mutierten Zellen vermehren sich, wenn sie es nicht tun sollen, und schädigen so die angrenzenden Gewebe. Noch bedrohlicher ist, dass diese Zellen in den Blutkreislauf oder das Lymphsystem eindringen und sich so durch den Körper bewegen können. Dadurch können an anderen Stellen Metastasen entstehen, die dann ziemlich häufig zum Tod führen.

Die Erkenntnis, welche Bedeutung DNA-Mutationen für das Entstehen von Krebs haben, und der dringende Wunsch, diese Veränderungen besser zu verstehen, veranlassten Renato Dulbecco, einen weiteren Nobelpreisträger, im Jahr 1986 erstmals öffentlich zur vollständigen Sequenzierung des menschlichen

Genoms aufzurufen. Dulbecco argumentierte, dass wir die gesamte „Bedienungsanleitung" des Menschen kennen müssen, sowohl in normalem Gewebe als auch bei Krebszellen, wenn wir das Phänomen Krebs jemals so gut verstehen wollen, dass wir die Krankheit effektiv behandeln und ihr vorbeugen können. Heute, über 20 Jahre später, wird Dulbeccos Traum wahr.

Die Geschichte der neuen Art der Krebsbekämpfung ist komplex und spannend. Viele Veränderungen in Strategie und Taktik, durch die sich jetzt umfassende neue Erkenntnisse gewinnen lassen, gehen auf die Genomik zurück. Krebs ist deshalb ein wichtiger Bereich, an dem sich erkennen lässt, wie sich durch die Sprache des Lebens unsere Gesundheitsvorsorge von Grund auf neu gestaltet.

Bis jetzt teilt man die Gene, die an der Krebsentstehung beteiligt sein können, in drei Gruppen ein. Die erste sind die sogenannten *Onkogene*. Diese Gene codieren Proteine, die normalerweise die Zellteilung stimulieren. Offensichtlich sind solche Gene während der Entwicklung von entscheidender Bedeutung, da unsere Existenz mit einer einzelnen Zelle beginnt, die sich dann vielfach teilt. Diese Gene sind auch für die Reparatur von Schäden unverzichtbar, ebenso für den natürlichen Vorgang der Zellerneuerung, die für die Aufrechterhaltung der Gesundheit notwendig ist.

Onkogene sind normalerweise genau reguliert, sodass ihre Wachstumssignale nur unter den geeigneten Bedingungen gebildet werden. Eine Mutation in einem Onkogen kann jedoch dieses Wachstumssignal von seinen normalen Kontrollmechanismen entkoppeln. Das ist genauso, als ob das Gaspedal in Ihrem Auto klemmt (Abbildung 4.2a). Das erste Krebsgen, das im menschlichen Genom entdeckt wurde, war das *RAS*-Onkogen. Die Mutation von nur einem einzigen Buchstaben in der codierenden Region von *RAS* führt zur Produktion eines Proteins, das in der Position „angeschaltet" festgehalten wird. *RAS*-Mutationen treten häufig bei Darm- und Blasenkrebs auf.

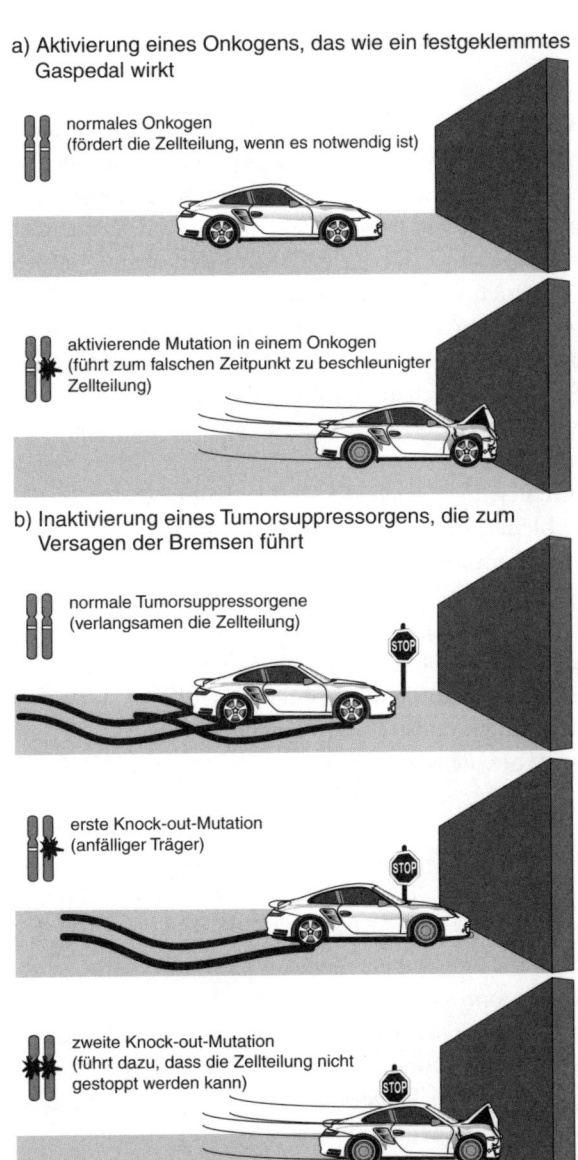

Abb. 4.2 Mutationen in spezifischen Genen können zu unkontrollierter Zellteilung führen.

Die Krebsgene der zweiten Gruppe bezeichnet man als *Tumorsuppressorgene*. Wenn die Onkogene das Yang sind, so sind die Tumorsuppressorgene das Yin, das Bremspedal und daher ein entgegengesetzt wirkendes Pendant des Gaspedals. Diese Gene verlangsamen die Zellteilung in den Zeiten, in denen sie nicht benötigt wird. Wenn jedoch eine Mutation ein Tumorsuppressorgen inaktiviert, geht diese Hemmung verloren. Ein wichtiger Aspekt der Tumorsuppressorgene betrifft die Tatsache, dass wir Menschen diploid sind. Wird eine Kopie eines solchen Gens inaktiviert, gibt es immer noch eine funktionsfähige Kopie, sodass die Auswirkungen allgemein nicht so signifikant sind. Geht jedoch auch die zweite Kopie verloren, beginnen die Probleme. Wenn die vorderen Bremsen versagen und die hinteren Bremsen weiterhin funktionieren, können Sie immer noch bremsen, bevor Sie gegen ein Hindernis stoßen. Wenn jedoch beide Bremsen defekt sind, bekommen Sie Schwierigkeiten (Abbildung 4.2b).

Das bekannteste Tumorsuppressorgen ist das Gen *TP53*, das das p53-Protein codiert und manchmal auch als „Wächter des Genoms" bezeichnet wird. Normalerweise wird *TP53* aktiviert, wenn die DNA geschädigt ist, um den Vorgang der Zellteilung anzuhalten, bis der Schaden repariert ist. Wenn das nicht möglich ist, tötet sich die Zelle selbst und verhindert so, dass die geschädigte DNA an die folgenden Zellgenerationen weitergegeben wird. Das *BRCA1*-Gen, das in Familie 15 und auch in meiner eigenen Familie so verheerende Auswirkungen hatte, ist ebenfalls ein Tumorsuppressorgen.

Es gibt noch eine dritte Art von Genen, die bei der Krebsentstehung eine Rolle spielen. Sie codieren Proteine, die an der Korrektur von Fehlern in der DNA beteiligt sind. Wenn Krebs eine Krankheit des Genoms ist und aufgrund von Mutationen entsteht, ist nicht schwer zu verstehen, dass der Verlust einer wirksamen Korrekturlesefunktion das Krebsrisiko erhöhen kann. Das betrifft besonders eine Gruppe von Proteinen, die an der „DNA-Fehlpaarungsreparatur" mitwirken. Diese Proteine funktionieren ähnlich wie die Rechtschreibfunktion ihres Textverarbeitungsprogramms. Nachdem die DNA kopiert wurde, überprüfen die Proteine, ob die beiden Stränge der Doppelhelix (wie vorgegeben) perfekt zusammenpassen. Wenn es eine Fehlpaarung gibt, wird diese durch die Reparaturenzyme korrigiert, sodass die richtige DNA-Sequenz erhalten bleibt. Wenn die Rechtschreibfunktion nicht korrekt arbeitet, können im Genom vielfältige Fehler auftreten. Die meisten von ihnen wirken sich entweder negativ oder neutral aus, aber letztendlich können auch Mutationen in Tumorsuppressorgenen oder Onkogenen entstehen, sodass sich das Krebsrisiko erhöht.

Gene, die Faktoren des DNA-Fehlpaarungsreparatursystems codieren, sind unter anderem *MLH1*, *MSH2* und *MLH3*. Wie wir noch erfahren werden, können Mutationen in diesen Genen das Risiko für Dickdarm- und Gebärmutterkrebs beträchtlich erhöhen.

Krebsentstehung ist ein mehrstufiger Prozess

Wenn eine einzige Mutation in einem Onkogen oder Tumorsuppressorgen ausreichte, um eine progressive bösartige Erkrankung hervorzurufen, gäbe es uns nicht mehr. Die Fehlerrate beim Kopieren von sechs Milliarden Basenpaaren DNA in den 400 Billionen Zellen in Ihrem Körper ist hoch genug, dass solche Mutationen bei jedem Menschen jeden Tag in vielfacher Anzahl auftreten können. Etwa jeder Dritte von uns wird letztendlich an Krebs sterben, aber die meisten können diesem Schicksal ent-

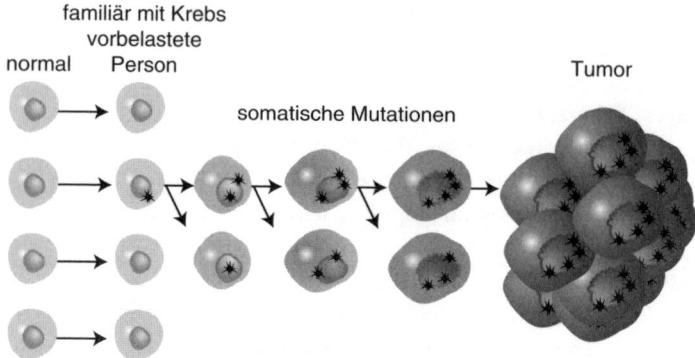

familiär mit Krebs
vorbelastete
normal   Person

Tumor

somatische Mutationen

Abb. 4.3 Krebs ist ein mehrstufiger Prozess, bei dem sich Mutationen anhäufen, bevor sich ein bösartiger Tumor entwickelt.

gehen. Es stellt sich immer mehr heraus, dass die vollständige Umwandlung einer normalen, sich korrekt verhaltenden Zelle in eine bösartige Zelle mehrere Prozesse erfordert, die dann in ihrer Gesamtheit wirken. Wie in Abbildung 4.3 dargestellt ist, entwickelt sich nur nach einer schrittweisen Anhäufung von solchen Mutationen ein bösartiger Tumor.

Diese Grafik soll auch verdeutlichen, warum die Vererbbarkeit das Risiko erhöht. Menschen, die wie die Träger der *BRCA1*-Mutation aus Familie 15 bereits den ersten Mutationsschritt in allen Zellen ihres Körpers aufweisen, sind der Erkrankung einen Schritt näher. Zu bedenken ist hier, dass die meisten Mutationen, die in einer Krebszelle vorkommen, nicht vererbbar sind, sich aber im Lauf eines Menschenlebens anhäufen. Wie wir noch erfahren werden, spielen äußere Einflüsse eine wichtige Rolle bei der Entstehung von erworbenen Mutationen. Aber selbst ohne jegliche Einwirkung von außen bringt es die Hintergrundfehlerrate beim Kopieren der DNA mit sich, dass solche Mutationen auftreten können.

Zurück zu *BRCA1*

Damit sich Brust- und Eierstockkrebs entwickeln können, muss es zu einer Kaskade von Ereignissen kommen. Das erklärt, warum nicht alle *BRCA1*-Träger in Familie 15 erkrankten. Einigen gelang es, eine ausreichende Zahl von erworbenen Mutationen zu reparieren, die im Verlauf eines Lebens auftreten müssen, damit eine bösartige Krankheit ausbrechen kann.

Die Geschichte von *BRCA1* ist sehr lehrreich, da hier mehrere Aspekte von vererbbarem Krebs kombiniert sind. Mutationen in *BRCA1* und dem ähnlichen Gen *BRCA2*, das wenige Jahre später entdeckt wurde, sind für eines der häufigeren familiären Krebssyndrome verantwortlich.

Trotz der intensiven Bemühungen in den Labors von King und Collins wurde das *BRCA1*-Gen im Jahr 1993 von Mark Skolnick und seinen Mitarbeitern bei dem Unternehmen Myriad Genetics entdeckt. Ausgehend von diesen Arbeiten konnten wir zeigen, dass alle betroffenen Mitglieder von Familie 15 eine bestimmte *BRCA1*-Mutation trugen. Es fehlten nur vier Buchstaben der codierenden Region. Ich empfinde diese Art von Entdeckung immer noch faszinierend. Gemessen an der Größe des menschlichen Genoms – drei Millionen Basenpaare – ist es geradezu unglaublich, dass eine so geringfügige Änderung wie das Fehlen von vier Buchstaben für Janet, Anna und ihre betroffenen Verwandten solch gravierende Folgen hatte.

Mit der Identifizierung der Gene *BRCA1* und *BRCA2* wurden DNA-Tests für die Identifizierung von spezifischen Mutationen möglich, und Myriad Genetics bot umgehend diesen Laborservice an. Die Umstände, unter denen das zustande kam, verursachen jedoch weiterhin Kontroversen. Myriad Genetics hat für die beiden Gene *BRCA1* und *BRCA2* ein Patent beantragt und erhalten, und dieses Patent verschafft dem Unternehmen eine Monopolstellung für die diagnostische Anwendung dieser Entdeckungen. Myriad Genetics hat sein Patentrecht aggressiv verteidigt, indem das Unternehmen alle anderen Labors verklagt hat, die versucht hatten, Tests anzubieten. Das hat dazu geführt, dass alle konkurrierenden Diagnoseverfahren für *BRCA1/2* verdrängt wurden. Myriad Genetics besitzt ein absolutes Monopol auf den Test, der von vielen Frauen nachgefragt wird, in deren Familie Brust- und Eierstockkrebs häufiger auftreten.

Der von Myriad Genetics angebotene Test ist zwar äußerst genau, aber das Fehlen jeglicher Konkurrenz auf dem Markt führt dazu, dass der Preis für einen Test mit 3 500 US-Dollar relativ hoch und damit für viele unerschwinglich ist, die diese Information benötigen. Krankenversicherungen übernehmen häufig die Kosten bei Patienten mit hohem Risiko, aber viele Menschen wagen es gar nicht, danach zu fragen, um nicht bei einem positiven Test von ihrer Versicherung schlechter eingestuft zu werden.

Während Sie das lesen, kommt es Ihnen sicher unglaublich vor, dass es offenbar möglich ist, ein Gen zu patentieren, auf dessen Nutzung wir alle von Geburt an das Recht haben. In den 1990er-Jahren kam es zu einem regelrechten Goldrausch bei der Patentierung von Genen, und wahrscheinlich wurden für nicht weniger als ein Drittel der menschlichen Gene Patente beantragt. Und viele dieser Patente sind jetzt erteilt worden.

Die gesetzliche Argumentation für die Patentierung besteht darin, dass sich der Anspruch auf das zu patentierende Gen nicht auf dessen natürliche Form bezieht, sondern auf ein Produkt der experimentellen Forschung, bei der das Gen in einen *rekombinanten DNA-Vektor* eingefügt, sequenziert und analysiert wurde. Die Patentbehörde der USA (United States Patent and Trademark Office) akzeptiert das Argument, dass es sich in Analogie zu Patenten der Chemie um eine „Zusammensetzung von Materialien" handelt, was für einen Patentschutz ausreicht. Letztendlich hat sich die Regierung dafür entschieden, Personen für Forschungsleistungen mit Patenten zu belohnen. Diese Haltung wurde vor kurzem von der American Civil Liberties Union infrage gestellt, deren Mitglieder Klage eingereicht haben, um die Patente von Myriad Genetics zu widerrufen.

In den vergangenen 15 Jahren hat es erheblichen Streit darüber gegeben, inwieweit Patente im Zusammenhang mit dem menschlichen Genom angemessen sind. Um die verschiedenen Argumentslinien beurteilen zu können, sollte man sich in Erinnerung rufen, warum Patentgesetze ursprünglich formuliert wurden. Es ging nicht einfach darum, dass sich Erfinder bereichern, sondern um für einen Erfinder, der eine Entdeckung von potenziellem öffentlichen Interesse gemacht hat, einen Anreiz zu schaffen, zu investieren, damit die Erfindung zu einem nützlichen, vermarktbaren Produkt werden kann. Das Patent schützt die Monopolstellung auf dem Markt für eine begrenzte Zeit (17 bis 20 Jahre), in der es dem Erfinder ermöglicht werden soll, die Entwicklungskosten zu decken und sogar einen Gewinn zu erzielen.

Es ist jedoch nicht genau geklärt, inwieweit sich dieses Argument auf Patente für menschliche Gene anwenden lässt. Die Entdeckung eines Gens, das direkt zu einem Reaktionsweg und zu einem erfolgversprechenden Behandlungsansatz für eine Krankheit führt, könnte vielleicht die Kriterien erfüllen, da der lange Weg von der zugrundeliegenden wissenschaftlichen Entdeckung zu einem zugelassenen Medikament viele Jahre dauert und Hunderte Millionen US-Dollar an Investitionskosten erfordert. Gäbe es keinen Patentschutz, würden biotechnische oder pharmazeutische Unternehmen wahrscheinlich keine Medikamente mehr entwickeln.

Andererseits bin ich der Meinung, dass dieses Argument seine Gültigkeit verliert, wenn es um diagnostische Anwendungen geht. Die Technik für die Sequenzierung oder Genotypisierung von DNA, um nach spezifischen Mutationen zu suchen, ist bereits hoch entwickelt und wird in Zukunft noch kostengünstiger und zuverlässiger werden. Die mutmaßliche Notwendigkeit, den Unternehmen einen Anreiz zu bieten, Verfahren für die DNA-

Diagnose zu entwickeln, überzeugt nicht. In dieser Situation werden viele argumentieren, es sei besser für die Gesellschaft, wenn am Markt eine Konkurrenzsituation herrscht, um einen Anreiz für höhere Qualität und niedrigere Preise zu schaffen.

In Anerkennung dieses Grundgedankens bestanden mein eigenes Labor und das von Lap-Chee Tsui darauf, dass die Entdeckung des CF-Gens (im Jahr 1989) jedem Labor, das Tests anbieten will, zur Verfügung stehen soll. Viele Rechtswissenschaftler haben darauf hingewiesen, dass dies ein besseres Beispiel dafür ist, wie man einen gesellschaftlichen Nutzen erzeugt.

Darüber hinaus habe ich meine eigenen Patentrechte aus der Entdeckung des CF-Gens für die Cystische Fibrose der Cystic Fibrosis Foundation übergeben, um die weitere Forschung für Behandlungsmethoden zu unterstützen. Als Direktor des Humangenomprojekts habe ich zusätzliche Schritte unternommen, um die ungerechtfertigte Patentierung von Genen zu verhindern. Ich habe darauf bestanden, dass die gesamte Information der menschlichen DNA-Sequenz der Öffentlichkeit direkt zugänglich gemacht werden soll. Die Informationen, die unsere gemeinsame Bedienungsanleitung enthält, ist so grundlegend und erfordert so viele weitere Forschungsanstrengungen, wenn wir einen Nutzen aus diesem Wissen ziehen wollen, dass Patentierungen in der ersten Phase nichts anderes bedeuteten, als dass man auf dem Straße der Entdeckungen lauter überflüssige Mautstellen errichten würde.

Wollen Sie etwas über Ihr Krebsrisiko erfahren?

Die allgemeine Verfügbarkeit von *BRCA1/2*-Tests hat viele Frauen mit einer familiären Krankheitsgeschichte von Brust- und Eierstockkrebs veranlasst, sich einem solchen Test zu unterziehen. Als wir im Jahr 1992 Familie 15 kennenlernten, wussten wir überhaupt nicht, was wir den Familienmitgliedern empfehlen sollten, die die Mutationen trugen. Aber seit damals hat man durch sorgfältig geplante Forschungsstudien zahlreiche Erkenntnisse gewonnen. Empfehlungen und Schlussfolgerungen entwickeln sich ständig weiter, wenn neue Ergebnisse bekannt werden, und alle, die mit einer solchen Erkrankung leben, sollten regelmäßig einen Experten aufsuchen. Dennoch lassen sich einige Empfehlungen hier zusammenfassen:

- Frauen mit Mutationen in *BRCA1* und *BRCA2* sollten über ihr hohes Risiko für Brust- und Eierstockkrebs beraten werden; und die verschiedenen chirurgischen und nichtchirurgischen Optionen sollen klar und verständlich erläutert werden, mit ausreichend Zeit für die Beantwortung von Fragen.
- Eine Frau, die sich für ein „vorsichtiges Abwarten" entscheidet, ist gut beraten, sich regelmäßig einer Magnetresonanztomografie zu unterziehen. Die Mammografie allein, die unter anderen Bedingungen brauchbare Ergebnisse liefert, reicht vielleicht nicht aus, um bei Frauen, die mit einem hohen Risiko belastet sind, erste Anzeichen von Krebs zu erkennen.
- Besteht ein Risiko für Eierstockkrebs, ist vorsichtiges Abwarten keine Option. Ein Bluttest, der eine Substanz mit der Bezeichnung CA-125 nachweist, kann das Auftreten von Eierstockkrebs anzeigen, häufig aber erst, nachdem der Krebs sich ausgebreitet hat. Ähnliches gilt für Ultraschalluntersuchungen durch die Vagina. Sie werden zwar ebenfalls empfohlen, doch gibt es jedoch nur eingeschränkte Belege dafür, dass sich Eierstockkrebs dadurch rechtzeitig erkennen lässt.
- Das prophylaktische Entfernen der Eierstöcke, nachdem Kinder geboren wurden, ist eine Option, die ernsthaft in Betracht gezogen werden sollte, da sich dadurch das Risiko auf Eierstockkrebs fast auf null verringern lässt. Wichtig ist, dass die Eileiter ebenfalls entfernt werden, da auch hier Krebs entste-

hen kann. Der chirurgische Eingriff führt zwangsläufig zur Menopause, was sich jedoch in den meisten Fällen durch Hormongaben ausgleichen lässt.

- Sich für eine prophylaktische Mastektomie zu entscheiden, ist vielleicht am schwierigsten. Wenn die Operation korrekt ausgeführt wird, kann sich dadurch das Brustkrebsrisiko auf fast null verringern. Viele Frauen schrecken verständlicherweise vor diesem drastischen Eingriff zurück. Alle Frauen in dieser Situation sollten aber die Gelegenheit haben, sich über Maßnahmen zum Brustaufbau zu informieren. Dieser kann heute im Zuge der ersten Operation gleich mit ausgeführt werden und ist in seiner kosmetischen Wirkung für viele Frauen durchaus zufriedenstellend.

- Männer mit Mutationen in *BRCA1* oder *BRCA2* sind einem viel geringeren Krebsrisiko ausgesetzt, müssen jedoch mit einer etwas erhöhten Wahrscheinlichkeit für Prostata- und Bauchspeicheldrüsenkrebs leben. Männer mit einer *BRCA2*-Mutation unterliegen auch dem Risiko für Brustkrebs und sollten sich daher über entsprechende Vorsorgemaßnahmen beraten lassen.

- Niemand sollte sich einem DNA-Test für Krebsanfälligkeit – oder auch für jede andere Krankheit – unterziehen, ohne sich über die möglichen Folgen informiert zu haben. Die Verantwortung, diese Informationen vor einem Test zur Verfügung zu stellen, liegt in hohem Maß bei den Unternehmen, die Tests direkt für Privatkunden anbieten. Die Bemühungen, dieser Anforderung zu genügen, sind jedoch bis jetzt unterschiedlich zu bewerten. In der Beratung muss auch auf die psychischen Folgen hingewiesen werden, die mit dem Befund für ein erhöhtes Risiko für eine schwere Erkrankung verknüpft sind. Die meisten Studien zeigen, dass die Betroffenen größtenteils nach einem Zeitraum von wenigen Monaten, in dem sie die schlechte Nachricht verarbeiten konnten, wieder zu ihrem normalen Grundbefinden zurückkehren. Das gilt selbst dann, wenn das Risiko sehr hoch ist, beispielsweise bei BRCA1, Alzheimer-Krankheit oder Chorea Huntington. Aber selbst ein Test mit einem negativen Ergebnis kann eine psychisch schwierige Situation nach sich ziehen. So durchlebte etwa Susan eine längere Phase, in der sie sich nach ihrem negativen BRCA1-Test „als Überlebende schuldig" fühlte, da so viele andere Familienmitglieder betroffen waren.

Zum genetischen Defekt noch Diskriminierung?

Eine Hauptsorge vieler Menschen war in der Vergangenheit das Risiko einer genetischen Diskriminierung, vor allem durch Krankenversicherungen und in Arbeitsverhältnissen. Die Furcht, dass die in einem Test festgestellte erhöhte Anfälligkeit für eine künftige Erkrankung zu einer solchen Diskriminierung führen könnte, hat viele veranlasst, genetischen Tests aus dem Weg zu gehen. Andere zahlen den Test selbst oder geben einen fiktiven Namen an (oder auch beides), sodass die Informationen nicht in die Krankenakten eingehen können. Eine besonders traurige Geschichte, die wenige Jahre zurückliegt, veranschaulicht, wie diese Situation die Gesundheit eines Menschen zerstören kann.

Ich möchte von einer Ärztin in Chicago berichten, die einen Ashkenazi-jüdischen Hintergrund hatte und durch eine umfangreiche Familiengeschichte mit Brust- und Eierstockkrebs belastet war. Da sie wusste, dass das Risiko einer BRCA1-Mutation in dieser Bevölkerungsgruppe etwas höher ist als in der allgemeinen Bevölkerung, ließ sie sich privat testen und zahlte auch selbst. Die Testergebnisse, die sie erhielt, zeigten eine Mutation im BRCA1-Gen. Sie informierte ihren Hausarzt, bat aber darum, das Testergebnis nicht in ihre Krankenakte aufzunehmen. Obwohl bei Gruppenpolicen von Krankenversicherungen eine genetische Diskriminierung durch ein Gesetz aus dem Jahr 1996 (Health Insurance Portability and Accountability Act, HIPAA) verboten ist, befürchtete diese Frau, wenn sie vielleicht einmal eine individuell zugeschnittene Police benötigen würde, am Ende überhaupt nicht mehr krankenversichert sein zu können.

Etwa ein Jahr später hatte sie Schmerzen im Unterleib. Da sie Angst hatte, möglicherweise Krebs zu bekommen, ging sie zu ihrem Arzt, der eine Ultraschalluntersuchung veranlasste. Der Radiologe, der nichts von ihrer BRCA1-Mutation wusste, nahm an, dass es sich um eine Routineuntersuchung handelte, und interpretierte das Ergebnis als ohne Befund. Das ungute Gefühl der Frau wich und sie war überzeugt, dass sie einfach überempfindlich reagiert hatte. Nach einem Jahr traten die Schmerzen wieder auf und hielten dieses Mal länger an. So wurde eine erneute Ultraschalluntersuchung notwendig. Die Frau und der Arzt erschraken über das Ergebnis, das Eierstockkrebs im vierten Stadium zeigte. Als man das erste Ultraschallbild noch einmal vor dem Hintergrund des hohen Erkrankungsrisikos betrachtete, entdeckte man in einem Eierstock geringfügige Veränderungen, die möglicherweise schon ein Jahr zuvor zur selben Diagnose geführt hätten, als der Krebs noch auf seinen Ursprungsort begrenzt war. Dies ist wirklich eine Tragödie, bei der ein Leben vielleicht tatsächlich aufgrund der Angst vor einer Benachteiligung vorzeitig endete.

Auf die Notwendigkeit, sich mit dem Problem der genetischen Diskriminierung zu befassen, war bereits im Jahr 1990 hingewiesen worden. In Zusammenarbeit mit verschiedenen Rechtsanwälten und vor allem auch mit Brustkrebs-Selbsthilfegruppen, die die Einführung von BRCA1/2-Tests fordern, rief eine unserer Arbeitsgruppen zur Formulierung eines Gesetzes auf, das sich gegen die genetische Diskriminierung durch Krankenversicherungen oder Arbeitgeber richten sollte. Die Abgeordnete des Repräsentantenhauses Louise Slaughter aus New York reagierte und leitete im Jahr 1996 das erste Gesetzgebungsverfahren zu diesem Thema ein. Der Grundgedanke ist vollkommen einleuch-

tend: Da sich niemand seine DNA aussuchen kann, darf sie auch
für niemandem einen materiellen Nachteil bedeuten – genauso
wenig wie die Hautfarbe.

Aber die Sequenzierung des menschlichen Genoms erwies sich
als ein Spaziergang im Vergleich dazu, einen gut ausgearbeiteten
Gesetzentwurf durch beide Kammern des Kongresses zu bringen, bis endlich das Gesetz in Kraft treten konnte. Einwände der
mächtigen Krankenversicherungen und verschiedener Arbeit-
geberverbände (vor allem der Handelskammer) verhinderten bis
zum 25. April 2007 den Fortschritt verschiedener Gesetzentwür-
fe. An diesem Tag jedoch passierte ein Gesetz das Repräsentantenhaus. Rein zufällig und nicht ohne eine gewisse Ironie ist aber
auch der 25. April schon immer der Tag, an dem die Schulen in
den USA den „DNA-Tag" feiern, da an diesem Datum im Jahr
1953 die Beschreibung der Doppelhelix von Watson und Crick
veröffentlicht worden war. Welch schönes Geschenk zum Anlass
des DNA-Tages.

Erst am 24. April 2008 (kurz vor dem nächsten DNA-Tag)
passierte ein damit zusammenhängender Gesetzentwurf den Se-
nat und bald danach auch das Repräsentantenhaus.

Am 14. Mai 2008 unterschrieb Präsident Bush das Gesetz
im Oval Office, wo sich einige von uns um ihn versammelt hatten. Es hatte zwölf Jahre gedauert, um diesen Sieg zu erringen.
Wäre dieses Gesetz schon einige Jahre zuvor in Kraft getreten,
wären meiner guten Freundin in Chicago vielleicht die schrecklichen Folgen von Eierstockkrebs im vierten Stadium erspart
geblieben.

Andere vererbbare Krebsarten

Die vererbbaren Formen von Brust- und Eierstockkrebs haben
aufgrund der schwerwiegenden Folgen für die Mitglieder der
betroffenen Familien viel öffentliche Aufmerksamkeit erlangt.

Aber viele andere Krebsarten können ebenfalls hochgradig vererbbar sein und eine umfangreiche Familiengeschichte von Erkrankungen mit sich bringen. Das gilt besonders für Krebsformen, die schon relativ früh im Leben auftreten. Hier sind weitere Forschungen notwendig. Zu diesen hochgradig vererbbaren Krebserkrankungen gehören Tumoren des endokrinen Systems (multiple endokrine Neoplasien), Augentumoren bei Kindern (Retinoblastome), erbliche Tumoren der Niere, der Bauchspeicheldrüse und des Nervensystems (Hippel-Lindau-Syndrom) sowie eine relativ verbreitete Erkrankung, die Neurofibromatose (NF1).

Von der Neurofibromatose ist etwa einer von 3 000 Menschen betroffen, die Vererbung erfolgt nach einem dominanten Muster. Das verantwortliche Gen zeigt eine hohe Mutationsrate, sodass häufig neue Fälle auftreten, ohne dass es eine Familiengeschichte gibt. Ein Kennzeichen der Krankheit sind sogenannte „Milchkaffeeflecken", gutartige, flache braune Flecke auf der Haut und Neurofibrome, fleischige Hauttumoren, die häufig während der Pubertät auftreten. Sie können außerordentlich zahlreich sein und entstellend wirken. Darüber hinaus können sich auch große Tumoren bilden, die schnell wachsen und Körperfunktionen beeinträchtigen. Die Erkrankung ist auch mit einem Risiko für Lernschwächen und die Entwicklung von Krebs verbunden, vor allem von Tumoren des Augennervs. Im Jahr 1990 haben wir in meinem Labor das Gen für NF1 identifiziert. Die derzeitige Forschung zielt darauf ab, die Informationen über die normale Funktion des Gens zu nutzen, um eine gezielte und wirksame Therapie zu entwickeln, doch lassen große Fortschritte trotz der Bemühungen bislang auf sich warten.

Die bedeutendste Krebsart nach Brust- und Eierstockkrebs sind vielleicht Tumoren des Dickdarms. Anders als andere Körperregionen ist der Dickdarm mithilfe moderner Spiegelungsverfahren für eine Untersuchung leicht zugänglich. Darüber hinaus folgt die Entwicklung von Dickdarmkrebs einem festgelegten

Ablauf von der Bildung gutartiger Polypen über einen lokalisierten Tumor bis hin zu einem invasiven Krebs. Die Entwicklung vollzieht sich über viele Jahre, sodass Personen mit hohem Risiko durch eine intensive medizinische Überwachung und das Entfernen der Polypen gerettet werden können.

Bei einer bestimmten dominant vererbten Erkrankung, der familiären adenomatösen Polyposis (FAP), bilden sich bereits in der Kindheit im gesamten Dickdarm Hunderte oder Tausende von Polypen. Dadurch ist es unmöglich, einzelne Polypen zu beseitigen, stattdessen muss der Dickdarm vollständig entfernt werden (Kolektomie). Wird die Krankheit nicht erkannt, führt das ohne Ausnahme zur Entstehung von Krebs, normalerweise im Alter von etwa 40 Jahren. Selbstverständlich würde sich niemand freiwillig einer Kolektomie unterziehen, aber durch die Operation hat ein Patient die Möglichkeit, ein im Grunde normales Leben zu führen, und jeder Angehörige einer Familie mit FAP, der selbst davon betroffen ist, wäre sehr schlecht beraten, auf die Operation zu verzichten.

FAP kommt relativ selten vor, viel häufiger ist jedoch ein anderer, hochgradig vererbbarer und zudem schwer zu diagnostizierender Dickdarmkrebs, der zwar mit einer nur geringen Anzahl von Polypen einhergeht, aber ein hohes Bösartigkeitspotenzial besitzt. Die Krankheit wird entweder als Lynch-Syndrom (nach Dr. Henry Lynch, der sie als Erster beschrieben hat) oder als hereditäres non-polypöses kolorektales Karzinom (*hereditary nonpolyposis colon cancer*, HNPCC) bezeichnet. Letzteres beschreibt zwar die Erkrankung besser, lässt sich aber schwieriger aussprechen. Menschen mit dieser Mutation unterliegen einem Risiko von 60 Prozent für Dickdarmkrebs und 30 Prozent für Gebärmutterkrebs.

Die Identifizierung der genetischen Ursache dieser Krankheit – Mutationen in den Genen *MLH1*, *MSH2* oder *MLH3* – erwies sich als spannende Detektivgeschichte. Diese Gene codieren Proteine, die zum DNA-Überwachungssystem des Genoms gehören. Da diese Gene in allen Körpergeweben exprimiert werden, lässt sich nur schwer erklären, warum hauptsächlich der Dickdarm und die Gebärmutter von diesen Mutationen betroffen sind. Wahrscheinlich gibt es in den übrigen Geweben noch andere Faktoren mit einer ausgleichenden Wirkung.

Die sorgfältige Untersuchung des HNPCC hat zu ausdrücklichen Empfehlungen geführt, wie Familien zu identifizieren seien, in denen eine der Mutationen auftritt, und welche Maßnahmen man den Betroffenen vorschlagen solle, die ein besonders hohes genetisch bedingtes Risiko tragen. Das heißt im Einzelnen, dass Personen mit einem oder mehreren Verwandten, die im Alter von 55 Jahren oder jünger an Dickdarmkrebs erkrankten, eine Familienanalyse durchführen lassen sollten. Für Personen, bei denen Krebs diagnostiziert wurde, sind genetische Tests auf Mutationen in *MLH1*, *MSH2* und *MLH3* erforderlich. Sobald eine Mutation festgestellt wurde, können andere Familienmitglieder bei Interesse getestet werden, ob sie die spezifische fehlerhafte Sequenz tragen. Bei Personen mit einem positiven Befund sollten ab einem Alter von 25 oder 30 Jahren Darmspiegelungen durchgeführt werden, und zwar regelmäßig einmal im Jahr. Das ist deutlich häufiger als die allgemeine Empfehlung, nach der man im Alter von 50 Jahren beginnen und die Untersuchung alle fünf bis zehn Jahre wiederholen sollte. Bei Frauen mit einer HNPCC-Mutation sollten auch regelmäßig Abstriche von der Gebärmutterschleimhaut entnommen werden. Auch sollten Frauen nach der Geburt ihrer Kinder in Betracht ziehen, die Gebärmutter entfernen zu lassen, um ein Risiko für Gebärmutterkrebs auszuschließen.

Durch die Identifizierung dieser vererbbaren Krebserkrankung und die Einführung von wirksamen präventiven Maßnahmen ließen sich bereits vielfach Leben retten. Eines davon ist das von Jim Green.

Jim (Name geändert) erinnert sich an die Zeit, als HNPCC in seiner Familie Realität wurde. Er hatte so etwas wie eine böse

Vorahnung, als er am anderen Ende der Leitung die Stimme seines Bruders Steve hörte. Steve, der das Leben immer auf die leichte Schulter nahm, klang dieses Mal sehr ernst. „Jim", sagte er, „bei mir hat man Dickdarmkrebs festgestellt. Ich bin erst 32 Jahre alt, und die Ärzte gehen davon aus, dass es in unserer Familie noch mehr Menschen gibt, die in jungen Jahren Krebs bekommen. Es kann also sein, dass Du auch betroffen bist."

Jim war wie betäubt. Er wusste, dass seine Großmutter an irgendeinem Krebs erkrankt war, aber in der Familie hatte man früher kaum darüber gesprochen. Wie konnte sein Bruder, ein vor Gesundheit strotzender Marineoffizier, in so jungen Jahren Krebs bekommen?

Innerhalb weniger Monate kamen dann die Fakten ans Licht. Die Großmutter von Jim und Steve hatte Gebärmutterkrebs gehabt, aber sie war letztendlich an Dickdarmskrebs gestorben. Auch zwei ihrer Geschwister waren an Krebs gestorben, genauso wie ihre Mutter. Nur die Mutter von Jim und Steve, die in diesem Fall die genetische Verbindung darstellte, war offenbar gesund.

Steve entschloss sich, dem Ganzen auf den Grund zu gehen und ließ sich auf Dickdarmkrebs untersuchen, um vielleicht Hinweise auf die Ursache zu bekommen. Er suchte sowohl die Mayo Clinic als auch die Johns Hopkins University auf, wo eine DNA-Analyse durchgeführt wurde. Man stellte fest, dass er im *MSH2*-Gen eine erbliche Deletion trug. Das bedeutete, dass in der Familie tatsächlich ein Risiko besteht, und durch den Nachweis der Mutation konnten nun weitere Mitglieder untersucht werden.

Jim entschied sich ebenfalls für einen Test. Irgendwie ahnte er, dass der Test positiv sein würde, und das war auch der Fall. Jim war jedoch entschlossen, selbst aktiv zu werden. So begann er fast unmittelbar nach dem Test mit den jährlichen Darmspiegelungen. Die ersten zwei oder drei Untersuchungen zeigten keine Auffälligkeiten. Vor einem Jahr wurden dann zwei Polypen entdeckt und entfernt. Sie hätten sich zu bösartigen Tumoren entwickeln können, wie es bei seinem Bruder der Fall war. Zum Glück lebt Jim in einem Gesundheitssystem, in dem diese Untersuchungen größtenteils von den Krankenversicherungen übernommen werden.

Jims größte Sorge gilt jedoch seinen Kindern. Seine beiden Söhne und eine Tochter sind zwar noch keine zehn Jahre alt, aber sie fangen bereits an zu fragen, warum sich ihr Vater jedes Jahr untersuchen lassen muss. Er ist sich darüber im Klaren, dass er ihnen ziemlich bald wird erklären müssen, dass auch sie möglicherweise von dieser Krankheit betroffen sind. So können sie sich selbst entscheiden, ob sie sich testen lassen, wobei die Tests normalerweise erst ab einem Alter von 18 Jahren vorgesehen sind.

Diese Familiengeschichte war für Jim eine sehr beunruhigende Erfahrung. Heute sagt er, dass die Familie dadurch enger zusammenrückte und seinem Bruder und ihm geht es gut.

Schwächere genetische Risikofaktoren für Krebs

Die meisten Krebsarten unterscheiden sich von den Beispielen, die wir hier besprechen und bei denen nur eine einzige Mutation ausschlaggebend ist. Tatsächlich machen Fälle mit Mutationen in den *BRCA1/2*- und HNPCC-Genen nur fünf bis zehn Prozent aller Brustkrebs- und Dickdarmkrebserkrankungen aus. Aber auch bei den übrigen 90 bis 95 Prozent gibt es Einflüsse durch das Erbgut. Durch genomische Assoziationsstudien (Kapitel 3) konnte man in vollkommen anderen Gengruppen eine viel größere Zahl von Anfälligkeitsvarianten identifizieren. Jede Variante erhöht das Risiko für eine bestimmte Art von Krebs. Solche neuen Erkenntnisse gibt es bereits für Brustkrebs, Prostatakrebs und Dickdarmkrebs, und weitere werden bald folgen.

Diese vor kurzem entdeckten Risikofaktoren sind zwar quantitativ schwächer, aber sie kommen bei vielen Menschen vor, sodass ihre Auswirkungen auf die Entstehung von Krebs wahrscheinlich von grundlegender Natur sind. In der Person von Jeff Gulcher haben wir bereits einen solchen Fall kennengelernt. Bei ihm war ein potenziell lebensbedrohlicher Prostatakrebs festgestellt worden, nachdem Jeff sich auf diese Risikofaktoren hatte testen lassen. Weniger Informationen gibt es jedoch darüber, wie Personen, die aufgrund dieser neu entdeckten Faktoren ein mäßiges Risiko tragen, ihr gesundheitsrelevantes Verhalten im Einzelnen ändern sollten, um das Risiko zu verringern. Das ist heute ein bedeutendes Forschungsgebiet.

Krebs ist eine Krankheit des Genoms, aber die meisten Krebsmutationen sind nicht vererbbar

Wie in Abbildung 4.3 dargestellt ist, sind zahlreiche Schritte erforderlich, bis eine ehemals normale Zelle ein vollständig bösartiges Stadium erreicht hat. Der überwiegende Teil dieser Mutationen tritt nach der Geburt auf, zu irgendeinem Zeitpunkt im Leben eines Menschen. Jede weitere Mutation, die die Zellteilung beeinflusst, sei es nun in einem Onkogen, einem Tumorsupressorgen oder in einem Gen für die DNA-Fehlpaarungsreparatur, prädisponiert die Zelle dafür, sich ein wenig öfter als ihre Nachbarn zu teilen. In einem Prozess, der gewisse Ähnlichkeiten mit dem „Überleben der am besten Angepassten" in der biologischen Evolution besitzt, häufen sich diese Mutationen an, und einige wenige Zellen mit zusätzlichen Mutationen gewinnen gegenüber den anderen Wachstumsvorteile. Zum Glück erkennen das Immunsystem und andere Abwehrmechanismen des Körpers die meisten dieser frühen Krebsformen, bevor sie sich zu weit entwickeln. Nur diejenigen Krebszellen, die der Kontrolle entgehen, können lebensbedrohlich werden.

Wie entstehen diese Mutationen? Die Vermutung liegt scheinbar nahe, dass sie alle nur durch äußere Einflüsse verursacht werden und dass die Menschheit in einem vollkommen naturbelassenen Zustand von solchen Unannehmlichkeiten unbehelligt sein müsste. Das trifft jedoch mit ziemlicher Sicherheit nicht zu: Zufällig auftretende Fehler beim Kopieren der DNA gehören einfach zum Leben dazu. Tatsächlich ist es bemerkenswert, wie wenig biologische „Verwüstung" wir erleben, trotz der 6,2 Milliarden DNA-Buchstaben, die jedes Mal kopiert werden müssen, wenn sich eine Zelle teilt. Die meisten Ihrer Zellen haben seit Ihrer Entstehung bereits Dutzende von Kopiervorgängen durchlaufen.

Es wäre jedoch ein Fehler anzunehmen, dass alle Mutationen nur auf ein ungünstiges Geschick zurückzuführen sind. Ein anderer wichtiger Einfluss kommt nun einmal aus der Umwelt. Von allen äußeren Einflüssen bei der Krebsentstehung ist das Rauchen am gefährlichsten. Durch Rauchen wird die DNA im Mund, in der Speiseröhre und in den Lungen direkt verändert, und auch in der Bauchspeicheldrüse, der Blase, dem Dickdarm und an anderen Stellen steigt das Krebsrisiko. Zigarettenrauch ist ein ausgezeichneter Erzeuger von Mutationen. Die Beweise für die Erhöhung des Lungenkrebsrisikos durch Zigarettenrauch sind überwältigend: Annähernd 87 Prozent aller Fälle von Lungenkrebs sind direkt auf Zigarettenkonsum zurückzuführen. Die Anzahl der Todesfälle in den USA durch Lungenkrebs aufgrund von Zigarettenrauch ist so hoch, als würde jeden Tag ein Jumbojet abstürzen, und hinzu kommen noch die zahlreichen Fälle von Lungenemphysem und Herzerkrankungen. Die meisten Tumoren im Bereich des Kehlkopfes und der Mundhöhle werden ebenfalls durch Zigaretten verursacht. Im Durchschnitt verlieren Raucher zwölf Jahre ihres Lebens. Zigarettenrauch enthält nicht nur einen, sondern zahlreiche Bestandteile, die die DNA schädigen und dadurch Mutationen verursachen. Diese chemischen Verbindungen, die man als Karzinogene bezeichnet, kommen auch in nicht zum Rauchen bestimmten Tabakerzeugnissen vor und führen bei Personen, die Tabak kauen oder schnupfen, zu einem erhöhten Risiko für Tumoren beispielsweise der Mundhöhle.

Bis auf wenige Ausnahmen ist es sehr unwahrscheinlich, dass jemals irgendein genetischer Faktor gefunden wird, der ein ähnlich hohes Krebsrisiko mit sich bringt wie Zigarettenrauch. Es handelt sich um ein vollständig vorhersagbares Risiko, aber die Aufgabe, die Bevölkerung davor zu schützen, ist zweifellos gewaltig. Junge Menschen, die durch Gruppendruck, Filmhelden und die überall präsente Werbung die gefährliche Angewohnheit des Rauchens attraktiv finden, werden schnell nikotinsüchtig. Die Kombination aus dieser körperlichen Abhängigkeit und dem jugendlichen Gefühl der Unsterblichkeit führt dazu, dass das Interesse, das Rauchen aufzugeben, so gut wie nicht existiert. Ein Zustand, der bis zu einem späteren Zeitpunkt im Leben anhält. Leider ist dann die Nikotinabhängigkeit vollständig ausgeprägt und es ist erheblich schwerer, mit dem Rauchen aufzuhören. Doch selbst für jemand, der Jahrzehnte lang stark geraucht hat, kann das Aufhören erhebliche Vorteile mit sich bringen. Zehn oder 15 Jahre nach dem Ende ist das Risiko für eine Herzerkrankung bei einem ehemaligen Raucher genauso groß wie bei jemandem, der nie geraucht hat, und das Risiko für Lungenkrebs ist noch halb so groß wie bei einem Raucher.

Wenn Sie Raucher sind, ist das Beste, was Sie für Ihre künftige Gesundheit tun können, damit aufzuhören. Am Ende dieses Kapitels finden sich einige Informationen, die über 30 Millionen Amerikanern geholfen haben, dieses Ziel zu ereichen. Gehören Sie auch dazu!

Ultraviolette Strahlung, die an einem sonnigen Tag von der ungeschützten Haut absorbiert wird, schädigt die DNA in den exponierten Bereichen auf sehr spezifische Weise. Die Auswirkungen sind besonders für Kinder gefährlich, da ein Risiko besteht, dass sich zu einem späteren Zeitpunkt Melanome entwickeln, die eine besonders bösartige Form von Hauttumoren darstellen. Kinderärzte raten heute dringend davon ab, Kinder lange der Sonne auszusetzen und einen Sonnenbrand oder auch eine starke Bräunung zu riskieren.

Die kosmische Strahlung, die unseren Planeten aus den Tiefen des Alls bombardiert, kann für einige der Mutationen verantwortlich sein, die sich bei uns allen anhäufen. Auch die Strahlung, die für medizinische Zwecke eingesetzt wird, kann die DNA schädigen. Die Dosis ist jedoch auf das notwendige Mindestmaß begrenzt, bei dem das Risiko als sehr niedrig eingeschätzt wird. Die therapeutische Strahlung, die zur Krebsbehandlung eingesetzt wird, kann zu der paradoxen Situation führen, dass die Krebszellen abgetötet werden, aber ein erhöhtes Risiko für einen unabhängigen, sekundären Tumor besteht, der viele Jahre später auftritt.

Man macht sich zwar große Sorgen um die Wirkung von Industriechemikalien und welche Bedeutung sie für ein erhöhtes Krebsrisiko in vielen Regionen dieser Welt besitzen, aber es war schon immer schwierig, spezifische Anschuldigungen zu formulieren. Eine Ausnahme ist dabei die organische Verbindung Benzol, die vom Körper in karzinogene Verbindungen umgewandelt werden kann, was möglicherweise zu einem erhöhten Leukämierisiko führt. Andere Substanzen sind Asbest und radioaktive Elemente wie Uran.

Selbst Verbindungen, die von anderen Organismen auf natürliche Weise erzeugt werden, können Krebs auslösen. Ein eindrückliches Beispiel ist Aflatoxin, das von einem bestimmten Schimmelpilz produziert wird und potenziell Leberkrebs auslösen kann. Das Toxin tritt manchmal in Nahrungsmitteln wie Erdnüssen auf, die während der langen Lagerung mit Schimmelpilzen kontaminiert wurden.

Andere Krebsfaktoren, die von Nahrungsmitteln herrühren, sind weiterhin erheblich umstritten. Einige Experten befürworten leidenschaftlich spezifische Ernährungsvorschriften, um das Krebsrisiko zu verringern. Langzeitstudien mit zahlreichen Teilnehmern haben zweifelsfrei ergeben, dass eine Ernährung mit viel Obst und Gemüse und wenig rotem Fleisch ein verringertes Krebsrisiko mit sich bringt. Aber die genauen Ursachen für diesen Schutzeffekt bleiben unklar.

In Asien hat man das erhöhte Risiko für Magenkrebs immer mit der Ernährung in Verbindung gebracht, besonders mit der Methode, Fisch zu kochen. Neuere Erkenntnisse deuten aber darauf hin, dass *Helicobacter pylori*, ein im Magen lebendes Bakterium, die Hauptursache für Magenkrebs in Asien sein könnte (besser bekannt ist das Bakterium als Ursache von Magengeschwüren).

Zu weiteren relevanten Faktoren, die zum Krebsrisiko beitragen, gehört eine bestimmte Gruppe von onkogenen Viren. Da eine Prävention möglich ist, kommt ihnen eine besondere Bedeutung zu. Durch die Entdeckung, dass die meisten Fälle von Gebärmutterhalskrebs auf das Humanpapillomvirus (HPV) zurückzuführen sind und dass dieses Virus fast immer durch Sexualkontakte übertragen wird, hat sich unser Verständnis grundlegend gewandelt. Das Ergebnis war die Entwicklung eines Impfstoffs, der nun in einer groß angelegten öffentlichen Gesundheitskampagne zur Vorbeugung gegen diese lebensbedrohliche Krankheit eingesetzt wird. Klinische Studien haben ergeben, dass der Impfstoff sehr wirksam ist. Das ist besonders dann der Fall, wenn man jungen Mädchen den Impfstoff vor ihrem ersten sexuellen Kontakt verabreicht. Es spricht auch viel dafür, dass Jungen geimpft werden sollen, da Männer das Virus ebenfalls tragen und verbreiten können, wobei sie jedoch keinem so hohen Krebsrisiko ausgesetzt sind. Andere Viren, die stark mit der Krebsentstehung zusammenhängen, für die es aber noch keine so wirksamen Präventionsmaßnahmen und Eingriffsmöglichkeiten gibt, sind Hepatitis B (Leberkrebs) und das Epstein-Barr-Virus (Tumoren im Kopf- und Halsbereich), vor allem in Asien.

Auf dem Weg zu einem umfassenden Verständnis von Krebs

Die Behandlung von Krebs hat in den vergangenen 50 Jahren einen weiten Weg zurückgelegt. Einige Beispiele seien hier genannt. Die akute Leukämie bei Kindern, eine früher fast immer tödlich verlaufende Krankheit, wird heute durch eine aggressive Chemotherapie in 85 bis 90 Prozent aller Fälle geheilt, wobei die Therapie zugegebenermaßen ziemlich toxisch ist. Ähnlich liegt der Fall beim Hodgkin-Lymphom, von dem häufig junge Menschen betroffen sind. Die Erkrankung ist heute fast immer heilbar, selbst wenn sie sich im gesamten Körper auf zahlreiche Lymphknoten ausgebreitet hat. Und wer ist nicht berührt von der Geschichte von Lance Armstrong, dem siebenmaligen Gewinner der Tour de France? Er wurde von einer besonders bösartigen Form von Hodenkrebs geheilt, der sich bereits in seinem ganzen Körper und sogar in seinem Gehirn ausgebreitet hatte.

Allerdings gibt es neben diesen beeindruckenden Erfolgen auch viele tragische Geschichten von Operationen, Bestrahlungen und Chemotherapien, mit denen es nicht gelang, die ersehnte Heilung herbeizuführen. Es gilt nach wie vor, dass trotz der 40 Jahre, die der Kampf gegen den Krebs nun schon dauert, die meisten der Behandlungsmethoden nur stumpfe Werkzeuge sind. Sie greifen zwar die Krebszellen an, da sie gegen schnelle Zellteilung gerichtet sind, aber sie verursachen bei anderen, sich normal teilenden Zellen, schwere „Kollateralschäden", besonders im Knochenmark und im Verdauungstrakt. Unsere Krebstherapien sind viel zu oft nur Flächenbombardements.

Wir benötigen jedoch „intelligente Waffen". Eine Waffe kann allerdings nur intelligent sein, wenn das genaue Ziel bekannt ist. Bis vor kurzem hatten wir noch nicht ausreichend verstanden, welche Ziele geeignet sein könnten.

Hinter den Frontlinien des Krebses

Dieselben Methoden, die auch im Humangenomprojekt angewendet wurden, dienen nun dazu, die vollständigen DNA-Sequenzen aus Zellen zahlreicher unterschiedlicher Krebsarten zu bestimmen. Wenn Krebs eine Krankheit des Genoms ist, benötigen wir als Erstes ein Werkzeug, das dessen Geheimnisse entschlüsselt: einen sehr effizient und genau arbeitenden und zudem noch preisgünstigen DNA-Sequenzierer. Ein solches Gerät gibt es jetzt.

Sogar schon vor dem Aufkommen der Hochdurchsatz-DNA-Sequenzierung hatte man etwa 300 Gene identifiziert, die bei einer oder mehr Krebsarten charakteristische Mutationen tragen. Jedoch hatte man von allen Genen des Genoms nur eine kleine Untergruppe untersucht. Ein besonders interessantes Beispiel für eine viel umfassendere Vorgehensweise ist das Projekt The Cancer Genome Atlas (TCGA). Es wurde vor kurzem als gemeinsames Vorhaben des National Cancer Institute und des National Human Genome Research Institute, das ich früher geleitet habe, ins Leben gerufen. Es war zuerst als Pilotprojekt gedacht, das sich auf drei Krebserkrankungen beschränkt: Gehirntumoren, Eierstockkrebs und Lungenkrebs. Das Ziel bestand darin, mithilfe der neuen leistungsfähigen Methoden der Genomik bei mehreren Hundert Krebsarten jedes Typs alle Mutationen zu erfassen. Die ersten Daten des TCGA-Projekts zum besonders bösartigen Gehirntumor Glioblastoma multiforme führten zu einer Reihe unerwarteter Erkenntnisse, beispielsweise zur Identifizierung von mehreren Genen, von denen man bis dahin nicht wusste, dass sie mit diesem Tumor zusammenhängen. Interessanterweise gehört zu diesen Genen auch *NF1*, das trotz der Entdeckung in meinem Labor 20 Jahre zuvor bis jetzt nicht mit Gehirntumoren in Verbindung gebracht worden war. Ein weiteres Gen, *ERBB2*, zeigte eine Art von Mutationen, die darauf hindeuten, dass bestimmte gezielte Therapieformen, die bis jetzt nicht bei Hirntumoren angewendet wurden, bei bestimmten Patienten tatsächlich wirksam sein könnten.

Etwa zur selben Zeit ergab eine Studie an fast 200 Lungen-krebsfällen, die als Adenokarzinom eingestuft waren, mehrere neue Zielgene, die bis dahin trotz jahrzehntelanger Forschung an genau dieser Krebsart unbekannt waren. Weitere Studien über Brust-, Dickdarm- und Bauchspeicheldrüsenkrebs lieferten ähnlich unerwartete Ergebnisse, und diese Flut von neuen Entdeckungen kann sich noch die nächsten Jahre fortsetzen.

Vor kurzem wurde für eine bestimmte Art von Leukämie die erste Sequenz eines Krebsgenoms veröffentlicht, die sich nicht nur auf wenige Gene beschränkt, sondern das gesamte Genom abdeckt. Auch hier ließen sich einige bedeutende neue Erkenntnisse gewinnen.

Diese vielfältige Herangehensweise vervollständigt unsere Vorstellung von den einzelnen, bei der Umwandlung von einer normalen zu einer bösartigen Zelle stattfindenden Schritten, bei denen sich offenbar eine signifikante Anzahl von Mutationen anhäuft. Die Befunde deuten auch darauf hin, dass sich Tumoren von verschiedenen Patienten, die aufgrund ihrer unter dem Mikroskop analysierten Morphologie als identisch erachtet wurden, auf DNA-Ebene erheblich unterscheiden können. Das wiederum hat Auswirkungen auf die Prognose und die Therapie. Einige dieser bemerkenswerten Entdeckungen finden bereits Eingang in die medizinische Praxis, wie etwa im Fall von Karen Vance in Kapitel 1. Bei ihr hatte die Analyse der Genexpression ihres Brusttumors eine nur geringe Wahrscheinlichkeit für ein Rezidiv (Rückfall) ergeben und ihr so eine überflüssige und körperschädigende Chemotherapie erspart.

Von den Entdeckungen auf molekularer Ebene zur Wunderpille

Unsere grundlegenden Kenntnisse von Krebs haben sich in den vergangenen 25 Jahren, seitdem die Entdeckung des ersten Onkogens gezeigt hat, dass Krebs auf die Schädigung der DNA zurückgeht, zweifellos enorm weiterentwickelt. Es ist die große Hoffnung aller Patienten, Ärzte und Forscher, dass diese neuen Erkenntnisse so schnell wie möglich zur Entwicklung von hoch spezifischen Therapien führen, die sehr wirksam sind und keine Nebenwirkungen haben. Das klingt vielleicht noch wie Science-Fiction, aber in einigen Fällen beginnt der Traum bereits Wirklichkeit zu werden. Letztendlich sollte sich diese Herangehensweise durchsetzen und eine ganz neue Generation von Krebstherapeutika hervorbringen. Um einen kurzen Eindruck von den Möglichkeiten zu bekommen, die sich hier ergeben, betrachten wir die Geschichte von Judy.

Bei Judy Orem wurde im Jahr 1995 eine chronische myeloische Leukämie (CML) festgestellt. Ein Bluttest hatte ergeben, dass ihre Leukocytenzahl bei 66 000 lag und damit zehnmal höher als der Normalwert war. Da ihre Großmutter an dieser Krankheit gestorben war und ihre Mutter an einer anderen Form von Leukämie litt, wusste Judy, dass ihre Situation sehr ernst war. Sie wurde zuerst mit Interferon behandelt, was bei ihr die Symptome einer schweren Grippe auslöste, aber trotz dieser Chemotherapie und der Behandlung mit einem weiteren Medikament ein Jahr später schritt ihre Krankheit weiter voran.

Im Herbst 1998 wurde ihr mitgeteilt, dass sie nur noch wenige Monate zu leben habe. Sie wollte mit ihrer Familie eine Reise nach Neuseeland unternehmen, um ihren Angehörigen Lebewohl zu sagen und noch eine schöne Zeit, die allen in Erinnerung bleiben würde, mit ihnen zu verbringen, während sie sich auf ihr Lebensende vorbereitete. In dieser Zeit traf sie Dr. Brian Druker, von dem sie schon bei der Leukemia and Lymphoma Society gehört hatte. Er berichtete ihr von Glivec, einem neuen, noch nicht zugelassenen Medikament, und schlug ihr die Teilnahme an einer klinischen Studie vor, Voraussetzung war allerdings, dass sie alle anderen medikamentösen Behandlungen beendet.

Nach der Rückkehr von ihrer Reise mietete Judy in Lake Oswego (Oregon), dem Ort, an dem die Studie stattfand, eine

Wohnung. Sie war der neunte Patient, der Glivec erhielt. Judy organisierte eine Selbsthilfegruppe und gab eine Informationsschrift für andere Patienten heraus, die an diesem Experiment beteiligt waren, und sie traf sich regelmäßig mit Dr. Druker. Die Treffen der Selbsthilfegruppe erwiesen sich als geeignetes Forum, um einige Probleme anzusprechen, mit denen die Beteiligten konfrontiert waren. Eines dieser Probleme war die Übelkeit, die sich jedoch leicht verhindern ließ, indem man das Medikament während der Mahlzeiten einnahm.

In den folgenden Monaten ging es Judy zunehmend besser. Sie war aufgeregt und erfreut zugleich, als sie nach nur fünf Monaten erfuhr, dass ihre Leukocytenzahl auf einen Normalwert gesunken war und dass der chromosomale Leukämiemarker, das sogenannte Philadelphia-Chromosom, nur noch bei fünf Prozent der Knochenmarkzellen zu finden war.

Niemand konnte voraussagen, wie lange diese Reaktion andauern würde, aber je mehr Monate vergingen, umso mehr hatte Judy das Gefühl, dass sich ihr Leben wieder normalisierte. Jedes weitere Jahr ist wie ein wunderbares Geschenk. Heute, zehn Jahre nach Behandlungsbeginn, ist das Philadelphia-Chromosom bei ihr nicht mehr auffindbar, wobei sich mit einem sehr empfindlichen molekularen Test noch einige wenige bösartige Zellen nachweisen lassen. Judy geht davon aus, dass sie das Medikament ihr Leben lang einnehmen muss. Als ich mit ihr sprach, passte sie gerade glücklich auf ihre beiden Enkelkinder auf. „Ich habe nicht einmal davon zu träumen gewagt, sie jemals kennenzulernen", sagte sie, „und jetzt genieße ich als Großmutter jeden Tag."

Ich fragte sie, was sie den Menschen über diese neuen Entwicklungen bei der Leukämiebehandlung mitteilen wolle. Sie antwortete ohne zu zögern: „Es besteht wirklich Hoffnung."

Was war nun das Geheimnis des Medikaments, das Judy an der Schwelle zum Tod rettete? In diesem Fall erstreckt sich die Geschichte über mehrere Jahrzehnte. In den 1960er-Jahren setzten Dr. Janet Rowley und ihre Arbeitsgruppe bestimmte Methoden ein, um menschliche Chromosomen sichtbar zu machen. Dadurch sollte gezeigt werden, dass die meisten Patienten mit Judys Krankheit (CML) eine charakteristische Umstrukturierung ihrer Chromosomen aufweisen. Das heißt, dass bei den Leukämiezellen Teile der Chromosomen 9 und 22 miteinander verknüpft sind und ein kleines neues Chromosom bilden. Es handelt sich um das oben erwähnte Philadelphia-Chromosom, das nach dem Ort benannt wurde, an dem die Forscher es das erste Mal beschrieben haben.

Als die Molekularbiologie weitere Fortschritte machte, ließ sich zeigen, dass die Translokation dieser beiden Chromosomen bei praktisch allen CML-Patienten sehr spezifisch auftritt. Dadurch wird ein Teil des *BCR*-Gens auf Chromosom 9 mit dem *ABL*-Gen auf Chromosom 22 verknüpft. Das Ergebnis ist ein Fusionsgen – ein chimäres Gen – das ein chimäres Protein codiert. Dieses Protein, das in normalen Zellen nicht vorkommt, besitzt offenbar eine nachteilige Aktivität, durch die es eine normale weiße Blutzelle veranlasst, unkontrolliert zu wachsen. Das führt zu dem klinischen Bild, das wir als Leukämie (im übertragenen Sinn „weißes Blut") bezeichnen. Die ungebremste Teilung von bösartigen weißen Blutzellen verdrängt die übrigen Bestandteile des Knochenmarks, infiltriert andere Organe und führt ohne Behandlung schließlich zum Tod. Da dieses chimäre Protein in normalen Zellen nicht vorkommt, ist es ein ideales Angriffsziel für die Entwicklung eines Medikaments. Jede chemische Verbindung, die dieses Protein blockiert, könnte gegen CML wirksam sein, und die Nebenwirkungen sollten eher gering sein.

Zwischen Dr. Brian Druker, einem Wissenschaftler an der Universität, und dem pharmazeutischen Unternehmen Novartis ergab sich eine interessante Zusammenarbeit. Man wollte herausfinden, inwieweit niedermolekulare chemische Verbindungen, die auf ähnliche Weise hergeleitet werden sollten, wie es in Kapitel 2 und Anhang D für die Cystische Fibrose beschrieben ist, die Aktivität dieses Proteins blockieren können. Druker und Novartis erstellten eine lange Liste von Kandidatenwirkstoffen.

Eine dieser Verbindungen erwies sich in Zellkulturen als verhältnismäßig wirksam und war offenbar auch bei Mäusen effektiv, die genetisch so verändert waren, dass sie CML entwickelten. Aber all diese indirekten Hinweise reichten nicht aus, um genau vorhersagen zu können, wie menschliche Patienten auf das Medikament reagieren würden.

Beim ersten Versuch mit Glivec wurde 32 Patienten, die alle an CML litten und nur noch eine kurze Lebenserwartung hatten, das Medikament oral verabreicht. Judy gehörte auch zu dieser Gruppe. Alle Beteiligten waren erstaunt und erfreut, dass bei 31 dieser Patienten (darunter auch Judy) die Leukocytenzahl sofort abnahm und innerhalb weniger Wochen eine vollständige Besserung eintrat. Bei den meisten hält dieser Zustand auch heute noch an. Eine kürzlich durchgeführte Wahrscheinlichkeitsstudie mit CML-Patienten, die mit Glivec behandelt werden, ergab, dass 95 Prozent von ihnen eine vollständige Besserung erwarten können, die mindestens fünf Jahre anhält, wobei sie das Medikament aber weiterhin einnehmen müssen. Das Medikament hat offenbar nur wenige Nebenwirkungen, kann als Tablette einmal täglich verabreicht werden und wird sehr gut toleriert.

Im Zusammenhang mit Glivec ist aber noch ein weiterer wichtiger Punkt zu beachten: Da es auf diesem Gebiet keine weitere Konkurrenz gibt und Novartis daran interessiert ist, die Investitionskosten zu amortisieren, müssen Patienten, die die Therapie fortsetzen wollen, annähernd 40 000 US-Dollar pro Jahr bezahlen. Diese Kosten werden von den Kassen übernommen, aber über 46 Millionen aller US-Bürger sind nicht krankenversichert. Es ist also eine Herausforderung, allen, die die lebensrettende Therapie benötigen, diese auch zugänglich zu machen.

Dr. Druker ist zufällig Judys Arzt, aber heute ist diese Therapie, die von der FDA als Erstlinientherapie für die Behandlung von CML anerkannt wurde, bei jedem Onkologen möglich.

Interessant ist dabei, dass es für Glivec inzwischen auch erste andere Anwendungen gibt. Das chimäre Protein tritt anscheinend nur bei CML auf, aber bei anderen Tumorarten werden verwandte Proteine aktiviert, die Bindungsstellen mit einer ähnlichen Form besitzen.

Der Fall meines Freundes Marvin Frazier ist ein eindrückliches Beispiel dafür, wie sich molekulare Verwandtschaften zwischen Tumoren, die scheinbar nichts gemeinsam haben, als lebensrettend erweisen können.

Im Jahr 1998 hatten sich die Leiter des Humangenomprojekts auf den Bermudainseln versammelt, um die ersten Fortschritte des kühnen Vorhabens zu besprechen, alle Buchstaben in der DNA-Bedienungsanleitung des Menschen entschlüsseln zu wollen. Ich war für den Ablauf des Projekts in den USA verantwortlich und eigentlich war meine volle Konzentration gefragt, doch war ich durch eine schlechte Nachricht sehr aufgewühlt und beunruhigt. Bei unserem nicht an der Besprechung teilnehmenden Kollegen Marvin Frazier, dem Leiter des Genomprogramms aus dem Energieministerium, war im Bauchraum ein massiver Tumor diagnostiziert worden. Der Tumor hatte sich bereits auf die Leber ausgebreitet und man ging davon aus, dass die Krankheit sehr schnell voranschreiten würde. Wir übermittelten ihm unsere Anteilnahme und die besten Wünsche und erwarteten nicht, ihm jemals wieder bei einer wissenschaftlichen Zusammenkunft zu begegnen.

In den folgenden zwei Jahren unterzog sich Marvin vier großen Bauchoperationen, bei denen Teile des riesigen Tumors entfernt wurden. Es war ein gastrointestinaler Stromatumor (GIST). Trotz der Operationen und intensiver Chemotherapie erwies sich der Krebs als unverändert progressiv. Zwei Jahre nach der Diagnose war Marvin soweit, in ein Hospiz zu gehen, er musste starke Schmerzmittel in hohen Dosen nehmen und bereitete sich und seine Familie auf das Ende vor. Im Internet stieß Marvin jedoch auf die neue Information, dass zumindest einige Fälle von GIST mit einer Aktivierung des Onkogens *KIT* einhergingen. Marvin wusste, dass das Produkt dieses Gens zur selben Molekülklasse gehört wie das Zielprotein von Glivec. Es bestand also die Chance, dass Glivec ihm helfen könnte, wobei ihm diese Vorstellung doch ziemlich aussichtslos vorkam.

Marvin beteiligte sich an einer der ersten klinischen Studien, aber durch seinen schweren Krebs im Endstadium war die Wahrscheinlichkeit einer Besserung nur gering. Innerhalb von nur einer Woche gingen jedoch seine Schmerzen so weit zurück, dass er die Medikamente dagegen absetzen konnte. Nach einem Monat zeigte sich, dass seine Tumoren um 50 Prozent geschrumpft waren. Und diese Entwicklung hielt an. Nach nur wenigen weiteren Wochen konnte Marvin wieder zur Arbeit gehen. Ich bin froh darüber, dass ich seitdem viele Gelegenheiten hatte, mit Marvin über wissenschaftliche Themen zu diskutieren. Er weiß, dass sein Krebs wahrscheinlich nicht geheilt ist. Tatsächlich traten sieben Jahre nach Beginn der Behandlung mit Glivec erneut Tumoren auf, die nun eine höhere Dosis des Medikaments erforderten. Und die Behandlung wurde um eine Komponente erweitert, von der man hofft, dass sie einer möglichen Medikamentenresistenz entgegenwirkt. Marvin ist dankbar für jeden neuen Tag in seinem Leben, und er ist glücklich darüber, dass seine Geschichte für alle, die eine hoffnungslose Diagnose erhalten haben, eine Botschaft der Hoffnung sein kann.

Marvins Geschichte zeigt sehr deutlich, dass die Klassifizierung von Tumoren künftig nicht darauf beruhen sollte, welche Organe betroffen sind, wie die Zellen unter dem Mikroskop aussehen oder wo sie sich ausbreiten, sondern es ist eine umfassende molekulare Charakterisierung der beteiligten Gene erforderlich.

Die Personalisierung der Krebstherapie

Unsere Vorstellungen von Krebs haben mittlerweile eine außerordentliche Entwicklung durchlaufen. Wir wissen jetzt, dass Krebs eine Krankheit des Genoms ist und durch Mutationen in spezifischen Genen entsteht, die eine unangebrachte Zellteilung fördern. Die spezifischen Gene, die bei bestimmten Krebsarten von Bedeutung sind, werden derzeit in schneller Folge katalogisiert. Wir nutzen diese Informationen, um neue Ideen für gezielte Therapien zu entwickeln, und wir lernen auch, dass sich jeder Tumor immer ein wenig von den anderen unterscheidet.

Anhand dieser Informationen werden Tumoren auf molekularer Ebene neu klassifiziert. Manchmal können wir Tumoren, zwischen denen wir bis jetzt keinerlei Beziehung festgestellt haben, aufgrund gemeinsamer molekularer Anomalien nun doch einander zuordnen. Bei einer zunehmenden Anzahl von Fällen ermöglichen diese Informationen eine genauere Prognose als alle bisherigen Verfahren und können – anstelle der bisherigen „Ein-Mittel-für-alle"-Methode – sogar für die Entwicklung einer individuellen und spezifischen Therapie hilfreich sein.

Es fällt nicht schwer zu erkennen, wo das letztendlich hinführt. In nicht allzu ferner Zukunft wird jede Tumorart auf molekularer Ebene genau charakterisiert sein, demnächst auch einschließlich der vollständigen DNA-Sequenz. Für jede Tumorart wird dann eine Liste aller Mutationen erstellt. Durch Abgleich der Reaktionswege, die bei einem bestimmten Tumor betroffen sind, mit dem Verzeichnis der Therapeutika, die auf diese Wege abzielen, lassen sich personalisierte und hoch wirksame Behandlungsmethoden entwickeln.

In Zukunft wird es wahrscheinlich eine Kombinationstherapie aus verschiedenen „Designerwirkstoffen" geben, da sich Tumoren generell mehrerer anormaler Reaktionswege bedienen. Am erfolgreichsten sind wahrscheinlich Verfahren, die gegen möglichst viele solcher Ziele gerichtet sind.

Das Zeitalter der personalisierten Krebstherapie beginnt bereits. Zum Abschluss wollen wir noch die dramatische Geschichte von Kate Robbins kennenlernen, als Beispiel für ein Leben, das durch diese neue Herangehensweise gerettet wurde.

Im Spätsommer 2002 begann Kate Robbins ein „Tagebuch des Todes" zu führen. Bei ihr war ein metastasierender Tumor diagnostiziert worden, der trotz zweier Operationen, Bestrahlung und Chemotherapie eine schnelle Progression zeigte. So beschloss Kate, alltägliche Ereignisse aufzuschreiben, um ihrer neunjährigen Tochter und ihrem elfjährigen Sohn etwas als Erinnerung zu hinterlassen. Sie schrieb über die Liebe ihrer Tochter zu Pferden und die Begeisterung ihres Sohnes für Kinder-Baseball in der amerikanischen Little League. Das Schreiben bereitete ihr zwar Schmerzen, wirkte aber befreiend.

Kate hatte ihre Krebsdiagnose am Valentinstag erhalten. Kate, eine Krankenschwester, und ihr Ehemann Mark, ein Radiologe, begannen sich Sorgen zu machen, als sie Kopfschmerzen bekam, die nicht aufhörten. Eine Magnetresonanztomografie zeigte schließlich einen Hirntumor. Bei der präoperativen Untersuchung wurde auch in ihrer rechten Lunge eine große Gewebemasse festgestellt. Es war ihr Ehemann, der als Radiologe als Erster das Ergebnis der Tomografie sah und ihr die Nachricht überbrachte. Der Hirntumor ging zweifellos auf eine Metastase aus der Lunge zurück. Kate war erst 44 Jahre alt, lebte vegetarisch und hatte nie Drogen oder Tabak konsumiert, sodass diese Entdeckung eines metastasierenden Lungentumors vollkommen unbegreiflich erschien.

Kate gehört nicht zu denen, die eine hoffnungslose Situation einfach akzeptieren, und sie stellte sich der Herausforderung mit größtem Optimismus. Kate unterzog sich einer Gehirn- und Lungenoperation, mehreren Einheiten einer aggressiven Chemotherapie und einer Bestrahlung. Trotz allem stellte man im Spätsommer in der Bauchspeicheldrüse und in der Leber neue Metastasen fest. Da begann Kate, ihr Tagebuch des Todes zu führen. Dennoch dachte sie nie daran, sich aufzugeben, und als ihr der Vorschlag gemacht wurde, an einer klinischen Studie für ein neues Medikament (Iressa) teilzunehmen, sagte sie sofort zu.

Sie dachte, selbst wenn es ihr nicht helfen würde, vielleicht aber jemand anders.

Anfang 2003 begann sie, täglich eine Iressa-Tablette einzunehmen. Sie hatte 20 Kilogramm an Gewicht verloren, fühlte sich ziemlich schwach und war auch etwas enttäuscht, da die Tablette aussah, als enthielte sie nur ein paar Vitamine. Sollte das tatsächlich das starke Medikament sein, das sie sich erhoffte? Einen Monat später zeigten ihre CT-Aufnahmen, dass die Tumoren aufgehört hatten zu wachsen. Sie begann sich ein wenig kräftiger zu fühlen. Und im Mai waren dann erfreulicherweise sogar einige ihrer Tumoren verschwunden. Sie und ihr Arzt Dr. Tom Lynch hatten diese erhebliche Veränderung nicht erwartet, besonders da sich bei anderen Patienten, die mit diesem Medikament behandelt wurden, nicht dieselbe positive Wirkung zeigte. Nach und nach fand man dafür jedoch eine Erklärung: Das Medikament zielte darauf ab, die Funktion von EGFR zu blockieren – ein Protein, das bei manchen Tumoren aktiviert ist. Als DNA aus Kates Lungengewebe sequenziert und auf das entsprechende Gen untersucht wurde, stellte sich heraus, dass das Gen eine sehr spezifische Mutation enthielt, durch die das Protein auf die Medikamentenwirkung besonders empfindlich reagierte. Ähnliche Mutationen waren nur bei knapp zehn Prozent der Patienten in der Studie nachgewiesen worden, und diese sprachen am stärksten auf Iressa an. Die übrigen 90 Prozent trugen solche Mutationen nicht und zeigten keine Reaktion. Hier haben wir es also mit einem besonders eindrücklichen Beispiel für personalisierte Medizin zu tun. In diesem Fall hatte Kate in der DNA-Lotterie gewonnen.

Dies war ein ganz neues Gebiet der Medizin und die Nachhaltigkeit von Kates Reaktion ließ sich nicht vorhersagen. Sechs Jahre nach ihrer Diagnose lässt Kate nun alle zwei Monate Aufnahmen machen, und in Lunge, Leber und Bauchspeicheldrüse sind bislang keine Tumoren mehr nachweisbar. Ihr einziges Problem sind noch übrig gebliebene kleine Metastasen im Gehirn, auf die die Wirkung des Medikaments wegen der Blut-Hirn-Schranke keinen Einfluss hat. Medikamente können deshalb häufig nicht in ausreichender Konzentration ins Gehirn gelangen.

Die Metastasen im Gehirn entwickeln sich aber nur sehr langsam und lassen sich, sofern es notwendig ist, durch chirurgische Eingriffe kontrollieren. Als ich mit Kate sprach, war sie mit ihrer Geschichte im Reinen, sie war dankbar für die Zeit, die ihr geschenkt wurde, und freute sich über ihren Sohn, der jetzt das College besucht und ihre Tochter, die es ihm gleichtut. Vor fünf Jahren hat sie aufgehört, ihr Tagebuch des Todes zu führen.

Durch unser Gesundheitssystem hat die ganze Geschichte noch eine merkwürdige Wendung erfahren. Die FDA hatte Iressa aufgrund von Berichten über spektakuläre Heilungserfolge wic dem von Kate im Jahr 2003 erstmals für die Behandlung von Lungenkrebs zugelassen. Aber die FDA bestand darauf, dass eine umfangreiche randomisierte Studie durchgeführt werden sollte, bei der Iressa mit herkömmlichen Behandlungsmethoden von Lungenkrebs verglichen werden sollte.

Bei dieser Studie, die mit Hunderten von Probanden durchgeführt wurde, zeigte Iressa gegenüber der Standardtherapie keine Vorteile, wenn man die Patienten insgesamt betrachtete, sodass die FDA die Zulassung 2005 wieder zurückzog. Zum Glück befürwortete die FDA dann doch, dass das Medikament für Patienten wie Kate, die damit bereits positive Erfahrungen gemacht hatten, weiterhin zur Verfügung stehen sollte. Es wird auch in anderen Ländern weiterhin angeboten. Bei einer kürzlich in Japan durchgeführten Studie für Patienten mit nachgewiesenen Mutationen im EGFR-Gen, sprachen 63 Prozent der Patienten positiv auf das Medikament an. Zweifellos lehrt die Erfahrung hier Folgendes: Da die personalisierte Behandlung von Krebs immer mehr Eingang in die Praxis findet, muss die FDA bei der Entscheidung über die Zulassung eines Medikaments auch die Daten von spezifischen genetischen Tests berücksichtigen. Ein Medikament mag bei 90 Prozent der Krebspatienten versagen, kann aber bei zehn Prozent lebensrettend wirken. Wenn diese Gruppe im Voraus durch DNA-Analysen ermittelt werden kann, muss das Medikament schnell zugelassen werden, um für diese Patientengruppe verfügbar zu sein.

Wenn über die Wirtschaftlichkeit von medizinischen Maßnahmen entschieden werden soll, haben individuelle Unterschiede zwischen Patienten eine neue Bedeutung erlangt, da die steigenden Gesundheitskosten in den USA den Ruf nach „vergleichenden Wirksamkeitsstudien" laut werden ließen. Befürworter dieses Ansatzes argumentieren, dass wir es uns nicht länger leisten können, jedem Einzelnen alle möglichen medizinischen Behandlungen angedeihen zu lassen, unabhängig davon, ob es Belege für ihren Nutzen gibt oder nicht. Stattdessen, so heißt es, sollten Forschungsstudien durchgeführt werden, um verfügbare Behandlungsmethoden in einer bestimmten medizinischen Situation zu vergleichen. Aufgrund der Ergebnisse solcher Studien würden dann nur die Optionen mit dem besten Gesamtergebnis von den Krankenversicherungen übernommen. Wenn jedoch solche Vergleichsstudien die individuellen Unterschiede nicht berücksichtigen, wie sich bei dem oben geschilderten Fall gezeigt hat, in dem die FDA die Genehmigung für Iressa zurückzog, würde der personalisierten Medizin erheblicher Schaden zugefügt. Vergleichende Wirksamkeitsstudien sind nur dann wissenschaftlich sinnvoll, wenn in die Studien auch DNA-Untersuchungen aufgenommen werden, um die Patientengruppen zu identifizieren, für die eine bestimmte medizinische Behandlung besonders hilfreich sein kann, welche aber sonst als zweitrangig eingestuft würde.

Als Kate im Jahr 2002 ihre erste Diagnose erhielt, begann sie nach Menschen zu suchen, die auch an metastasierendem Lungenkrebs erkrankt waren und längere Zeit überlebt hatten. Als sie niemanden ausfindig machen konnte, der mehr als zwei Jahre damit gelebt hatte, war sie sehr erschrocken. Anders herum betrachtet ist Kate durch die Entwicklung der gezielten Krebstherapie, durch ihre eigene Beharrlichkeit, die für sie beste Option zu finden, und durch eine gehörige Portion Glück selbst zu der Person geworden, die sie gesucht hat.

Schlussbetrachtung

Von den vielen Krankheiten, die bei uns und unseren Familien Ängste auslösen, steht Krebs ganz oben auf der Liste. Wie ein Räuber in der Nacht stiehlt dieser Übeltäter die Hoffnung auf ein langes und glückliches Leben, peinigt seine Opfer durch den Verlust ihrer Kräfte, durch Appetitlosigkeit, unerträgliche Schmerzen und einen vorzeitigen Tod. Es ist bekannt, dass die Methoden für die Behandlung von Krebs, etwa Bestrahlung und Chemotherapie, gravierende Nebenwirkungen haben, da sie nicht nur die sich schnell teilenden Krebszellen angreifen, sondern auch die normalen Körperzellen beeinträchtigen.

Aber die Bemühungen, die Übeltäter zu fangen und zu verurteilen, gewinnen schnell an Boden. Durch unsere Fähigkeit, das Genom sowohl nach erblichen als auch nach erworbenen Mutationen zu durchsuchen, erhalten wir ein zunehmend genaueres Bild davon, wie diese „böse gewordenen Gene" ihre unheilvollen Taten vollbringen. Und indem wir ihre Taktik ausspähen, können wir ihre Angriffe viel wirksamer vereiteln, etwa durch Vorbeugung, was besser ist, als hinterher das ganze Durcheinander sortieren zu müssen. Wie die einzelnen Fälle zeigen, die wir in diesem Kapitel kennengelernt haben, sind „Recht und Ordnung" ein durchaus realistisches Ziel.

Das menschliche Genom erweist sich als inhaltsschweres und persönliches Lehrbuch der Medizin. Aber das ist es nicht nur. Es ist auch ein persönliches Geschichtsbuch. In Ihre DNA sind die Lebensgeschichten Ihrer Vorfahren eingeschrieben. Beim Lesen dieser Geschichten können Sie vielleicht etwas erfahren, das Ihre bisherige Vorstellung von dem, wer Sie sind und in welcher

Beziehung Sie zu Ihren Mitmenschen stehen, vollkommen infrage stellt. Wären Sie bereit für solch eine grundlegende Veränderung?

Was Sie heute tun können, um an der Revolution der personalisierten Medizin teilzuhaben

1. Dies ist ein Hinweis, der zeitlich zwar noch vor der genomischen Revolution Bedeutung erlangte, aber immer und überall wiederholt werden muss. Wenn Sie Raucher sind, besteht der wichtigste Schritt darin, mit dem Rauchen aufzuhören, wenn Sie Ihr Risiko für Krebs, Herzerkrankungen und Emphyseme verringern wollen. Rauchen macht süchtig und es fällt schwer, damit aufzuhören. Aber es gibt Hilfe. Beginnen Sie bei http://www.cancer.gov/cancertopics/smoking und lassen Sie sich von den vielen hilfreichen Ideen unterstützen, die bereits Millionen von Menschen zum Erfolg verholfen haben, diese Angewohnheit über Bord zu werfen (so bietet beispielsweise das National Cancer Institute auch kostenlose persönliche Beratungen an).

2. Da heutzutage eine von acht Frauen irgendwann während ihres Lebens von Brustkrebs betroffen ist, machen sich viele Frauen große Sorgen über ihr Risiko, daran zu erkranken. Mithilfe genetischer Risikofaktoren wie *BRCA1/2* lässt sich feststellen, für welche Frauen das Risiko besonders hoch ist. Auf der Grundlage von Familiengeschichte, Alter, Geschichte der Brustanomalien, Alter bei der ersten Menstruation und der ersten Niederkunft (falls relevant) können Sie unter http://www.cancer.gov/cancertopics/factsheet/estimating-breast-cancer-risk Ihr eigenes Risiko ermitteln. Wenn Ihr Risiko deutlich über eins zu acht liegt, sprechen Sie mit Ihrem Arzt. Weitere Informationen über den *BRCA1/2*-Test finden Sie unter http://www.cancer.gov/cancertopics/factsheet/risk/BRCA.

3. Dickdarmkrebs ist eine weitere Erkrankung, bei der eine frühe Diagnose die besten Heilungschancen bietet. Zurzeit wird empfohlen, ab einem Alter von 50 Jahren regelmäßig einmal im Jahr eine Darmspiegelung durchführen zu lassen. Das National Cancer Institute hat vor kurzem eine Internetseite eingerichtet, mit deren Hilfe man aufgrund der Familiengeschichte, Ernährung, sportlichen Aktivitäten und Tabakkonsum die Risiken abschätzen kann: http://www.cancer.gov/colorectalcancerrisk/.

4. Wenn Sie familiär mit Krebs vorbelastet sind oder es für Sie aufgrund früherer genetischer Tests oder erster Warnzeichen irgendwelche Hinweise auf ein erhöhtes persönliches Risiko gibt, sollten Sie Ihren Arzt aufsuchen, damit Sie alle heute möglichen Methoden der Vorsorge und Früherkennung nutzen können. Unter http://www.cancer.gov/cancertopics/prevention-genetics-causes können Sie sich immer aktuell über die neuesten Entwicklungen der Krebsprävention und -genetik informieren.

5

Was hat die Zugehörigkeit zu einer ethnischen Gruppe mit dem Ganzen zu tun?

Wayne Joseph war 51 Jahre alt und ein erfolgreicher Geschäftsmann schwarzer Hautfarbe. Er hatte hart gearbeitet, um sich und seiner Familie ein gutes Leben zu ermöglichen. Er war auf einer Highschool für Schwarze, heiratete eine schwarze Frau und erzog seine Tochter (die den Namen Kenya trug) und seinen Sohn dazu, auf ihre schwarze Herkunft stolz zu sein. Er arbeitete sich in der Hierarchie der Schule nach oben, um schließlich Direktor zu werden, und war so eine Säule der afroamerikanischen Gesellschaft. Gleichzeitig aber sehnte er sich nach dem Tag, an dem der ethnischen Herkunft nicht mehr so viel Aufmerksamkeit gewidmet würde und veröffentlichte in der Zeitschrift *Newsweek* einen etwas polemischen Artikel mit dem Titel *Warum ich Veranstaltungsreihen über die Geschichte der Schwarzen schrecklich finde*. Darin legte er dar, dass es für Menschen mit schwarzer Hautfarbe sinnvoller wäre, wenn sie sich für eine „farbenblinde" Gesellschaft einsetzen würden, anstelle nur ihre Errungenschaften zu pflegen.

Als Wayne die Anzeige des Unternehmens AncestryByDNA entdeckte, ärgerte er sich darüber, dass die Firma Unterstützung bei der Aufklärung der eigenen schwarzafrikanischen Herkunft anbot. Auf der anderen Seite vermutete er ein interessantes Thema für den nächsten Artikel und unterschrieb einen Vertrag.

Als Wayne das Ergebnis erhielt, war er tief erschüttert. Der DNA-Bericht besagte, dass er zu 57 Prozent Indoeuropäer, zu

39 Prozent amerikanischer Ureinwohner, zu vier Prozent Ostasiat und zu null Prozent Afrikaner ist.

Er hatte gehört, dass einige Mitglieder der Familie seiner Mutter Mischehen eingegangen waren, aber null Prozent Afrikaner? Er fragte nach, ob das Unternehmen vielleicht die Proben verwechselt haben könnte, aber das war nicht der Fall.

Er zog dann den Schluss, dass er wohl adoptiert wurde. Aber als er seine Mutter mit dieser Idee konfrontierte, überzeugte sie ihn schnell vom Gegenteil. Er stieß auf seinen Geburtsschein. Im Feld „Rasse" stand „Negro" („Neger"). Und seine dunkle Haut passte sehr gut dazu. Aber als er mehr über die Herkunft seiner Familie in New Orleans erfuhr, wurde ihm klar, dass sein Familienstammbaum viele interessante Wurzeln hatte, doch trotz allem offenbar keine in Afrika.

Die anderen Familienmitglieder reagierten mit Skepsis auf diese Neuigkeit. „Sie wollten mich weiterhin in derselben Schublade sehen, in der ich schon immer gesteckt hatte", erzählte mir Wayne. Seine Mutter erklärte, sie sehe sich weiterhin als Frau mit schwarzer Hautfarbe, zu alt und zu müde für eine Veränderung. Waynes Bruder erklärte, da der Test nicht mit seiner DNA durchgeführt worden sei, sei er weiterhin ein Schwarzer. Der Sohn und die Tochter von Wayne waren schockiert. Einige von Waynes schwarzen Freunde spotteten: „Wir hätten es wissen müssen, du bis gar kein richtiger Schwarzer." Einige Studenten, die es darauf anlegten, seine Verhaltensregeln an der Highschool zu unterlaufen, meinten, er sei ihnen noch nie wie ein Schwarzer vorgekommen. Am einschneidendsten war jedoch der Kommentar von Waynes zweiter Frau, deren Hautfarbe weiß war: „Aber du musst ein Schwarzer sein. Schließlich habe ich mich dem Wunsch meiner Mutter widersetzt, um dich zu heiraten."

In den fünf Jahren, nachdem Wayne die Neuigkeit erfahren hatte, konnte er sich allmählich mit seiner Identität anfreunden. Er war sich sicher, dass es ihm geholfen hat, bereits 51 Jahre alt gewesen zu sein, als er davon erfuhr, und dass er wohl eine Therapie nötig gehabt hätte, wenn er 30 Jahre jünger gewesen wäre. Nach Waynes Entdeckung war noch nicht viel Zeit vergangen, als seine Mutter, seine Frau und sein bester Freund innerhalb von nur neun Monaten starben. Wayne bemerkte, dass sie nicht über ihre ethnische Herkunft sprachen, als sie starben; es war einfach nicht so wichtig.

Wayne hat versucht, seine eigenen Erfahrungen mit dem DNA-Test in Gesprächen mit den Studenten an der Highschool für Schwarze für Gespräche darüber zu nutzen, dass die ethnische Herkunft bedeutungslos ist – aber die Identifizierung mit ihrer Rasse ist den Schülern wichtig, und sie sind nicht bereit, diese aufzugeben.

Was bedeutet nun die ethnische Herkunft?

Was soll das eigentlich? Ist es tatsächlich möglich, dass eine DNA-Probe einen genauen Blick auf die Vorfahren ermöglicht? Kann man einem solchen Ergebnis trauen? Und was sagt unsere DNA darüber aus, wie wir uns traditionell selbst einordnen?

Fast alle gewöhnen wir uns als Kinder schnell daran, physische Unterschiede zwischen einzelnen Gruppen zu bemerken, und bald darauf lernen wir die verschiedenen sozialen Etiketten kennen, die uns oder anderen angeheftet werden und die auf Hautfarbe, Haartextur, Gesichtszügen, Sprache, Vorfahren oder kulturellem Kontext beruhen. Das wurde einmal von Evelyn Brooks Higginbotham besonders treffend formuliert: „Wenn wir über den Rassenbegriff sprechen, denken die meisten Menschen, dass sie darüber Bescheid wüssten, sie reagieren jedoch mit großer Verwirrung, wenn sie gebeten werden, ihn zu definieren."

Vielleicht sollten Sie dieses Experiment einmal mit sich selbst durchführen. Wenn Sie aufgefordert würden, eine Definition für

„Rasse" zu verfassen, die auf den Menschen zutrifft, wie lautete dann ihre Antwort?

Das Wort „Rasse" ist wissenschaftlich definiert als „eine geografisch isolierte, sich fortpflanzende Population, deren Mitglieder bestimmte gemeinsame Merkmale besitzen, durch die sie sich von anderen Populationen derselben Spezies unterscheiden." Das ist wohl kaum eine verständliche Definition. Aber selbst unabhängig von der Frage, welche Merkmale und Populationen für eine Qualifizierung herangezogen werden sollen, besteht ohnehin das Problem, dass sich Menschen – von wenigen Ausnahmen einmal abgesehen – selten für einen längeren Zeitraum in geografisch isolierten Gruppen aufhalten. Wenn Sie beispielsweise im Osten von China losgewandert sind und beständig nach Westen bis zur äußersten Spitze von Portugal unterwegs waren, so werden Sie weder auf exakte Trennungslinien zwischen den einzelnen Menschen mit ihren unterschiedlichen physischen Merkmalen gestoßen sein, noch auf irgendwelche Barrieren in Bezug auf eine wechselseitige Fortpflanzung. Dennoch haben die Biologen, die im 17. Jahrhundert Spezies von Pflanzen und Tieren systematisieren wollten, versucht, Rassenmerkmale für Menschen zu definieren. Linné entwickelte eine Klassifizierung für vier Rassen: Americanus, Europaeus, Asiaticus und Africanus. Die Merkmale, die Linné jeder dieser Rassen zuordnete, spiegeln die starken Vorurteile seiner Zeit und seiner Lebenswelt wider. Europäer seien, so hieß es bei ihm, „scharfsinnig, erfinderisch, freundlich und von Regeln geleitet", während er Afrikaner als „geschickt, träge, nachlässig und von eigenen Launen oder den Anweisungen ihrer Herren geleitet" beschrieb.

Und es kam noch schlimmer. Johann Blumenbach, der sich an Linnés Vorstellungen orientierte, schuf den Begriff des „Kaukasiers" für Menschen mit heller Hautfarbe und hat damit für Verwirrung gesorgt. Jedenfalls hat es niemals irgendwelche Hinweise gegeben, dass Menschen mit heller Hautfarbe aus dem Kaukasusgebirge stammen. Blumenbach hat sich den Begriff nur deshalb ausgesucht, weil er der Meinung war, dass die Menschen dieser geografischen Region besonders attraktiv seien. Geradezu katastrophal war jedoch, dass Blumenbach die waagerechte Anordnung der Rassen von Linné senkrecht stellte und die „Kaukasier" an die Spitze setzte.

Es gibt keinerlei wissenschaftliche Begründung für eine solche Anordnung. Alle heute lebenden Menschen stammen über gleich lange Äste im Stammbaum von unseren gemeinsamen Vorfahren ab. Aber die Ansichten, wie sie bei Blumenbach zu finden sind, haben das europäische Bewusstsein unterwandert und das Verständnis der Menschen voneinander für die nächsten drei Jahrhunderte vergiftet. Auch heute ist davon immer noch ein Widerhall zu vernehmen. Stephen Jay Gould hat es so ausgedrückt: „Die Übertragung einer geografischen Einteilung der menschlichen Vielfalt in eine Hierarchie gehört zu den besonders verhängnisvollen Veränderungen in der Geschichte der westlichen Wissenschaften – denn was hatte, außer der Erfindung der Eisenbahn und der Atombombe, stärkere Auswirkungen, in diesem Fall sogar fast ausschließlich negativer Art, auf unser Zusammenleben?"

Gibt es irgendeine biologische Grundlage für die gegenwärtige Einteilung der „Rassen"? Die Antwort ist ein schlichtes „Nein", da die vorhandenen Kategorien ungenau sind und auf einem Irrglauben beruhen. „Afroamerikanisch" ist eine Bezeichnung, die viel mehr verwirrt als erklärt – und viele Menschen mit schwarzer Hautfarbe wie Wayne Joseph haben gar keine Verbindungslinien zu Afrika. Unsere DNA *kann* uns jedoch etwas über unsere geografische Herkunft sagen. Einige Varianten in der menschlichen DNA stellen eine historische Aufzeichnung der Wanderbewegungen unserer Vorfahren auf dem gesamten Globus dar. Diese werden jetzt von kommerziellen Unternehmen genutzt, um DNA-Tests anzubieten. So kam auch Wayne Joseph zu seinem überraschenden Ergebnis.

In unserer Gesellschaft verbirgt sich hinter dem Begriff der Rasse erheblich mehr, als nur die biologische Herkunft. Rassenbezeichnungen wie „Afroamerikaner", „Ureinwohner von Alaska" oder „Asiat" enthalten entscheidende nichtbiologische Komponenten wie Geschichte, Sprache und Kultur. In diesem Kapitel wollen wir einige dieser Themen besprechen und dann zu der Frage zurückkehren, inwieweit diese Dinge für eine personalisierte Medizin von Bedeutung sein können oder nicht.

Die DNA-Sequenzen aller Menschen stimmen grundlegend überein

Die DNA-Sequenzen von zwei beliebigen Menschen sind zu 99,6 Prozent identisch, unabhängig davon, aus welchen Teilen der Welt ihre Vorfahren stammen. Im Vergleich zum übrigen Tierreich sind sich die Menschen ungewöhnlich ähnlich: Bei den meisten übrigen Spezies zeigen die DNA-Sequenzen erheblich größere Unterschiede. Die meisten genetischen Varianten bei unserer Spezies treten jeweils innerhalb geografischer Populationen auf. Nur etwa zehn Prozent dieser Unterschiede sind geeignet festzustellen, welcher Bevölkerungsgruppe jemand angehört.

Ich erinnere mich noch daran, als ich zum ersten Mal mit Präsident Clinton über diese Art der Ähnlichkeit zwischen den Menschen sprach. Während seiner Präsidentschaft und auch danach war Clinton immer sehr am Humangenomprojekt interessiert. (Er meinte, dass ihm die Informationen darüber dabei helfen würde, mit seinem „inneren Dummkopf" in Kontakt zu bleiben.) Clinton erkannte sofort die soziale Bedeutung dieser grundlegenden DNA-Übereinstimmungen und hielt den Serben und Kroaten in den Balkanländern einen Vortrag über die Sinnlosigkeit ihres „ethnischen Krieges". Ich weiß nicht, wie seine Argumente auf diese Menschen wirkten, aber er traf einen wichtigen Punkt. Und wenn wir Menschen weiterhin an rassistischen Vorurteilen festhalten oder sogar gegeneinander Kriege führen wie die Serben und Kroaten, die Protestanten und Katholiken in Nordirland oder die Tutsi und Hutu in Ruanda, ist die Biologie zumindest keine Rechtfertigung dafür.

Die grundlegenden Übereinstimmungen zwischen den Menschen auf DNA-Ebene sind ein Zeichen für die nicht sehr weit zurückliegende Ankunft des Menschen auf der Erde. Populationsgenetiker, die überall auf der Welt nach Varianten im menschlichen Genom suchen, nehmen an, dass die über sechs Milliarden Angehörigen der Spezies *Homo sapiens* aus einer gemeinsamen Vorfahrengruppe mit etwa 10 000 Individuen hervorgegangen sind. Diese Begründer der menschlichen Spezies lebten vor 100 000 bis 150 000 Jahren mit größter Wahrscheinlichkeit in Ostafrika. Ein großer Teil der Varianten, die bei den modernen Menschen zu finden sind, waren bei diesen 10 000 Gründern bereits vorhanden, wurden dann aber neu gemischt und rekombiniert, in dem Maße, in dem die Gruppen von einem Ort zum anderen wanderten.

Andere Zweige der Gattung *Homo*, etwa die Neandertaler, haben sich von dieser Linie vor etwa 500 000 Jahren abgetrennt und starben schließlich aus. Vor kurzem ist es gelungen, die DNA des Neandertalergenoms (aus fossilen Knochen) zu sequenzieren. Es ergeben sich bis jetzt keine Hinweise auf eine Kreuzung mit *Homo sapiens*, obwohl die beiden Spezies anscheinend in Europa bis vor etwa 30 000 Jahren nebeneinander existierten.

Die Häufigkeit bestimmter genetischer Varianten kann weltweit unterschiedlich sein

Die meisten genetischen Varianten, die wir heute vorfinden, kamen zwar bereits bei unseren gemeinsamen Vorfahren vor, aber die DNA-Vielfalt hat sich nicht gleichmäßig verteilt, seitdem sich der

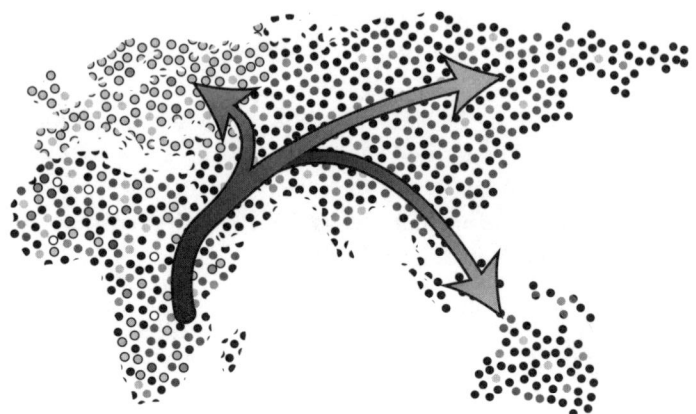

Abb. 5.1 Ausbreitung der genetischen Varianten des Menschen ausgehend von Afrika, wie sie in den vergangenen 30 000 Jahren stattgefunden hat. Die größte Zahl an Varianten gibt es immer noch in Afrika, wobei es wiederum Untergruppen der Varianten gibt, die von einzelnen Populationen nach Europa und Asien getragen wurden, als diese sich dort ansiedelten.

Mensch von Ostafrika kommend ausgebreitet hat. Abbildung 5.1 stellt die Wanderbewegungen des Menschen dar, wie sie sich aus DNA-Befunden herleiten lassen. Bei den Wanderungen von Menschengruppen aus Afrika nach Europa und Asien waren wahrscheinlich immer nur relativ wenige Individuen unserer Vorfahren unterwegs. Wenn einer dieser Vorfahren zufällig eine Variante trug, die in Afrika relativ selten war, so konnte sich diese in einer neuen Umgebung viel stärker ausbreiten. Dieser sogenannte *Gründereffekt* kann für die deutlichen Häufigkeitsunterschiede bestimmter genetischer Varianten verantwortlich sein und auch künftigen Nachkommen eine Art „Vorfahrensignatur" mit auf den Weg geben.

Neben diesen Gründereffekten hat sich durch die zufällige langsame Veränderung der Häufigkeit bestimmter Varianten im Lauf der Zeit auch ein Phänomen entwickelt, das man als *geneti-*

sche Drift bezeichnet. Demnach kann eine Variante, die in Ostafrika mit einer Häufigkeit von 20 Prozent vorkommt, bei Asiaten mit 40 Prozent Häufigkeit vorkommen, allein aufgrund von Zufallswahrscheinlichkeiten. Eine einzige solche Variante sagt zwar nur sehr wenig über die mutmaßliche Herkunft eines Menschen aus, aber eine große Auswahl an Varianten mit ungleichmäßiger Verteilung könnte eine belastbare statistische Einschätzung der Herkunft eines Menschen liefern. Soweit bei den Menschen, die Afrika bereits verlassen hatten, auch neue Mutationen auftraten, können diese ebenfalls Informationen über die Populationsgeschichte liefern.

Teile des menschlichen Genoms wurden durch die Selektion geformt

Die sorgfältige Untersuchung von Ereignissen der letzten 50 000 Jahre hat gezeigt, dass die Evolution dem Genom schon immer ihren Stempel aufgedrückt hat und dies auch vor kurzem noch tat. In einigen Fällen wurde der Druck der natürlichen Selektion durch die physikalischen Bedingungen der Umgebung ausgeübt. Am deutlichsten zeigt sich das bei der Hautfarbe. Es gibt gute Belege dafür, dass die Vorfahren des modernen Menschen ursprünglich dunkelhäutig waren. Eine solche Pigmentierung der Haut war tatsächlich eine Notwendigkeit für haarlose Lebewesen, die sich in der Nähe des Äquators aufhielten und in die Savanne ausschwärmten. Die dunkle Haut schützt entscheidend vor ultravioletter Strahlung. Ohne diesen Schutz würden sich schon in jungen Jahren Hauttumoren entwickeln, mit den entsprechend dramatischen Folgen. In den 1990er-Jahren arbeitete ich im freiwilligen Dienst als Arzt in Nigeria. Dabei kümmerte ich mich auch um mehrere Patienten mit Albinismus, die stark unter den Folgen litten. Sie kamen im Alter von nur 20 Jahren mit entsetzlich weit fortgeschrittenen Hauttumoren in das Krankenhaus; Ursache war die fehlende Pigmentierung der Haut.

Andererseits mussten Menschen, die aus Afrika in nördlichere Landstriche zogen, Probleme bekommen, einen ausreichend hohen Vitamin-D-Spiegel aufrechtzuerhalten. Für diese Reaktion ist die Absorption von Sonnenlicht durch die Haut erforderlich. Dunkelhäutige Menschen neigen in Gegenden, in denen die Sonneneinstrahlung begrenzt ist, zu Vitamin-D-Mangel. Die Folge ist eine Erkrankung mit der Bezeichnung Rachitis. In ihrer vollständig ausgeprägten Form kommt es zu Verformungen des Knochenskeletts und mit hoher Wahrscheinlichkeit zu Komplikationen bei Schwangerschaft und Geburt, die für Mutter und Kind tödlich enden können. Für Menschen mit hellerer Haut konnte sich demnach in den nördlicheren Klimazonen ein Fortpflanzungsvorteil ergeben haben, sodass letztendlich die hellere Haut dominierte.

Vor kurzem konnte man die molekulare Ursache für diese Hautveränderung bei Europäern ermitteln. Es handelt sich um das Gen *SLC24A5*, das für die Produktion von Melanin, dem vorherrschenden dunklen Pigment in Haut und Haaren, von entscheidender Bedeutung ist. Bei Afrikanern ist das Gen wie bei den meisten anderen Wirbeltieren voll funktionsfähig. Aber praktisch alle Europäer tragen in diesem Gen eine Mutation, die die Funktion des Proteins stark beeinträchtigt. So ist es durchaus angebracht, dass man hellhäutige Europäer wie mich als Mutanten bezeichnet. Interessanterweise besitzen auch Asiaten eine voll funktionsfähige Variante von *SLC24A5*. Sie haben aber in anderen Genen Mutationen entwickelt, die zu einer helleren Haut führen, während die Haare weiterhin schwarz sind.

Eine andere Triebfeder der natürlichen Selektion ist die menschliche Ernährung. Das auffälligste Beispiel betrifft die Fähigkeit, als Erwachsener Milchzucker abbauen zu können. Die Befunde deuten darauf hin, dass diese Funktion bei unseren gemeinsamen afrikanischen Vorfahren im Alter von etwa zwei

Jahren abgeschaltet wurde. Ab diesem Zeitpunkt wurde das *Enzym* Lactase nicht mehr in ausreichender Menge im Darm produziert, sodass Lactose nicht mehr abgebaut werden konnte. Wenn keine Lactase vorhanden ist, führt eine größere Menge Milch in der Nahrung von Erwachsenen zu Blähungen und Durchfall, und Milchzucker kann nicht mehr als Nährstoff verwertet werden. Aber bestimmte Bevölkerungsgruppen in Mitteleuropa, im Mittleren Osten und in Ostafrika hatten allmählich eine Landwirtschaft entwickelt, zu der auch die Haltung von Kühen und Ziegen gehörte, deren Milch man nutzte. Menschen, die die Lactose in der Milch verwerten konnten, hatten demnach einen Vorteil. Heute stellt man fest, dass die meisten Erwachsenen in diesen Populationen die Lactaseproduktion fortsetzen. Auch hier ließ sich die molekulare Grundlage ermitteln. Die meisten Mittel- und Nordeuropäer tragen eine Mutation in einem regulatorischen Signal für das Lactasegen, sodass es im Erwachsenenalter „eingeschaltet" bleibt. Bestimmte afrikanische Volksgruppen wie die Massai, die Milch trinken, zeigen auch eine andauernde Lactaseproduktion, aber hier ist eine andere Mutation ausschlaggebend. Dies ist ein ausgezeichnetes Beispiel dafür, wie die natürliche Selektion in der jüngeren menschlichen Geschichte gewirkt hat. Das Auftreten von zwei unterschiedlichen molekularen Veränderungen, die zu demselben Ergebnis führen, bezeichnet man als „konvergente Evolution".

Eine andere starke Kraft der natürlichen Selektion, die auf das menschliche Genom einwirkt, ist die Notwendigkeit, Infektionen zu überstehen. Wir haben bereits die auffällige Verteilung der Sichelzellenmutation bei Menschen aus Westafrika kennengelernt, die darauf zurückzuführen ist, dass das Sichelzellenmerkmal einen Schutz vor Malaria mit sich bringt. Tatsächlich kommt dieselbe Mutation auch um das Mittelmeer herum vor und zeigt bei einer Kartierung ziemlich genau das gleiche Muster wie das Verbreitungsgebiet von Malariaparasiten in den letzten Jahrtausenden. In anderen Malariaregionen treten andere „hilfreiche" Mutationen ebenfalls häufiger auf, was auch hier dadurch begründet ist, dass Merkmalsträger vor einem frühen Tod durch eine Infektion mit dem aggressiven Blutparasiten geschützt sind. Andere Belege für die Selektion, die in Westafrika auf das menschliche Genom einwirkt, zeigen sich bei bestimmten Genen, die eine Resistenz gegen das Lassa-Fieber vermitteln. Es gab schon Spekulationen, dass die weltweite HIV/AIDS-Epidemie letztendlich auch einen Fußabdruck hinterlassen wird, da diejenigen, die aufgrund ihrer genetischen Prädisposition gegen eine Infektion resistent sind, eine größere Aussicht auf einen Fortpflanzungserfolg haben könnten.

Das alles sind sehr geringe Unterschiede, die zu den zehn Prozent der menschlichen Varianten gehören, die auf geografischen Gegebenheiten beruhen. Was ist mit den weniger eindeutigen Unterschieden? Gibt es irgendeine Variante beispielsweise in Bezug auf Athletik oder Intelligenz, die auf einem geografisch bedingten Druck basiert? Zweifellos können Unterschiede in der physischen Statur zu athletischen Fähigkeiten beitragen – Nachfahren der Massai, die schon immer sehr groß waren, können wahrscheinlich beim Basketball erfolgreicher sein als ihre Nachbarn, die afrikanischen Pygmäen. Für Intelligenz gibt es jedoch bis jetzt keinerlei Belege, dass die genetischen Anlagen auf dem Globus ungleichmäßig verteilt sein könnten.

Die DNA ermöglicht Vorhersagen über die Herkunft

Wenn Sie mir vier DNA-Proben überreichen würden und erklärten, dass eine von einer Person stammt, die in Japan lebt, eine andere Probe aus Spanien sei, noch eine aus Nigeria und die vierte von einem amerikanischen Ureinwohner aus Arizona, so würde ich ins Labor gehen, ein wenig Zeit mit DNA-Analysen zubringen und könnte mit ziemlicher Sicherheit sagen, welche Probe zu welcher Person gehört. Mein Erfolg würde jedoch davon abhängen, dass alle Personen Vorfahren haben, die eine gewisse Zeit in der jeweiligen geografischen Region gelebt haben, damit ihre DNA auch die Merkmale der „Gründer-DNA" besitzt.

Wenn Sie mir andererseits eine DNA-Probe des Golfspielers Tiger Woods geben würden, hätte ich größere Schwierigkeiten. Nach eigenen Angaben ist er zu einem Viertel Chinese, zu einem Viertel Thailänder, zu einem Viertel Afroamerikaner, zu einem Achtel amerikanischer Ureinwohner und zu einem Achtel Holländer. Wenn ich eine genügende Anzahl von DNA-Varianten testen würde, die überall auf der Welt in unterschiedlichen Verteilungen vorkommen, könnte ich wahrscheinlich dennoch eine vernünftige Mutmaßung über seine gemischte Herkunft formulieren. Wayne Joseph, dessen Geschichte Sie am Anfang dieses Kapitels kennengelernt haben, ließ seine eigene gemischte Herkunft mit genau der gleichen Art von DNA-Analyse feststellen. Und obwohl die Prozentangaben in seinem Ergebnis wahrscheinlich etwas von der Realität abweichen, trifft die Kernaussage dieser Analyse mit großer Wahrscheinlichkeit durchaus zu.

In einigen Fällen haben sich jedoch die kommerziellen Herkunftstests etwas von der Wissenschaft entfernt. Einige der Anbieter von Tests behaupten sogar, sie könnten bei Afroamerikanern feststellen, aus welchem afrikanischen Dorf ihr Vorfahr als Sklave ursprünglich gekommen ist. Das könnte funktionieren, wenn es innerhalb Afrikas während der letzten Jahrtausende nur eine relativ geringe Migration gegeben hätte. Solche genauen geografischen Zuordnungen würden aber auch voraussetzen, dass es von allen Dörfern in Afrika eine umfassende Sammlung von DNA-Proben gibt. Und das ist bis jetzt nicht der Fall.

Da die DNA-Analyse hinsichtlich der Aussagen über die Herkunft genauer geworden ist, wird dieses Verfahren inzwischen auch in der Gerichtsmedizin auf eine neue und teilweise umstrittene Weise angewendet. Vor kurzem waren Ermittler der Strafverfolgungsbehörden auf der Spur eines Serienmörders, von dem man aus etwas Material, das von einem Tatort stammte, eine DNA-Probe isolieren konnte. Die Augenzeugen beschrieben die physischen Merkmale des Verdächtigen sehr unterschiedlich, einige berichteten, er habe eine schwarze Hautfarbe, andere meinten, die Haut sei weiß. Mithilfe eines psychologischen Profils, das das FBI erstellt hatte, konzentrierte man die Suche auf einen männlichen Weißen im Alter von 25 bis 35 Jahren. Man zog auch ein Unternehmen für DNA-Diagnostik hinzu, wo die Probe analysiert wurde und man feststellte, dass der Täter zu 85 Prozent ein Schwarzafrikaner und zu 15 Prozent ein amerikanischer Ureinwohner sei und wahrscheinlich eine dunkle Hautfarbe habe. Die Polizeiarbeit wandte sich daraufhin einer anderen Liste von Verdächtigen zu. Schließlich wurde ein Mann mit schwarzer Hautfarbe verhaftet und seine DNA passte zu der DNA in der Probe vom Tatort. In der Gerichtsverhandlung wurde er wegen Mordes verurteilt und verbüßt nun eine lebenslange Haftstrafe.

Einige mögen nun die Meinung vertreten, dass dies eine wichtige Ergänzung für die Polizeiarbeit sei, da es zu einer Festnahme und Verurteilung gekommen ist. Wenn wir jedoch in Betracht ziehen, dass es uns nicht möglich ist, Vorhersagen mit absoluter Genauigkeit zu machen, könnte man sich auch ein anderes Szenario vorstellen, bei dem eine solche Information die Ermittler von der richtigen Spur ablenkt und letztendlich Unschuldige belangt werden.

Die Erstellung des „DNA-Profils" wird mit der Zeit wahrscheinlich immer mehr an Bedeutung gewinnen. Wissenschaftler sind gerade dabei, DNA-Varianten zu identifizieren, die bei Merkmalen des Gesichts, der Haarstruktur und der Körpergröße von Erwachsenen eine Rolle spielen. Ob es in Zukunft möglich ist, dass der Polizeizeichner seine Informationen von Augenzeugen und aus einer DNA-Probe erhält?

Die Klassifizierung von Rassen ist widersinnig

Aufgrund der langen Zeit, in der zwischen den verschiedenen *Homo sapiens*-Populationen ein Genaustausch stattfindet, ist die Definition von Untergruppen von Individuen und ihre Abgrenzung von den übrigen Menschen wissenschaftlich in keiner Weise haltbar. Die Geschichte der menschlichen Spezies in den vergangenen 100 000 Jahren wird manchmal als ein sich verzweigender Baum dargestellt. Dieses Bild lässt jedoch den Eindruck entstehen, dass die Äste voneinander getrennt sind. Wir ähneln jedoch viel mehr einem Gitterwerk als einem Baum, wobei eine *Wisteria* als Metapher noch besser passen würde.[1] Dennoch gibt es in vielen Gesellschaften eine lange Tradition, *Homo sapiens* in eine Reihe von nicht miteinander verzahnten Untergruppen einzuteilen, ein Verhalten, das häufig von sozialen Vorurteilen getrieben ist. Die Folgen einer sich nach in Rassen einteilenden Gesellschaft wurden unter anderem in den USA schmerzhaft deutlich, das heißt in Form der Sklaverei, deren Spuren trotz der Befreiung vor fast 150 Jahren immer noch zu spüren sind.

Die Auswirkung der Sklaverei auf die vorurteilsbehaftete Klassifizierung von Rassen zeigt sich unmittelbar bei der sogenannten „One-Drop Rule", die in der frühen Geschichte der USA erstmals formuliert wurde. Viele Kinder, die geboren wurden, weil die weißen Plantagenbesitzer weibliche Sklaven auch sexuell ausbeuteten, erhielten den Status der schwarzen Sklaven. Diese Kinder waren zwar zur Hälfte Europäer, aber die Zuordnung brachte den Plantagenbesitzern wirtschaftliche Vorteile und zementierte auch die rassistische Anschauung der Überlegenheit der Weißen. Die One-Drop Rule trieb das Ganze auf die Spitze,

---

[1] *Wisteria* ist eine in Nordamerika und Asien heimische Kletterpflanze. In Deutschland ist sie als „Blauregen" bekannt.

indem sie verlangte, dass jeder als Schwarzer zu bezeichnen sei, der auch nur vor vielen Generationen einen schwarzen Vorfahren hatte. Da wir aber heute wissen, dass wir alle von schwarzen afrikanischen Vorfahren abstammen, ist die Basis der One-Drop Rule vollkommen absurd. Dennoch diente die Regel Jahrzehnte lang dazu, die ökonomische und soziale Überlegenheit der einen Gruppe über die andere aufrechtzuerhalten.

Die Regierung der USA hat beim Umgang mit dem Rassenbegriff ihre eigene verworrene Vergangenheit. Im Lauf der Jahrzehnte hat die Behörde für Bevölkerungsstatistik der USA auf verschiedenen Wegen versucht, die Menschen nach Rassen einzuteilen. Das Office for Management and Budget (OMB) unterscheidet zum Zweck der Volkszählung fünf Rassen: nordamerikanische Indianer/Ureinwohner von Alaska, Asiaten, Menschen mit schwarzer Hautfarbe oder Afroamerikaner, Ureinwohner von Hawaii/pazifische Inselbewohner und Menschen mit weißer Hautfarbe. Darüber hinaus werden alle Personen danach eingeteilt, ob sie spanischer Abstammung (Latinos) sind oder nicht. So wird der Kategorisierung nach Rassen noch eine sprachliche Zuordnung übergestülpt. Jeder darf sich selbst seiner Rasse und ethnischen Gruppe zuordnen und es ist zudem möglich, mehr als eine Kategorie anzukreuzen. Ein besonderes Lob sei hier für die neue Erkenntnis ausgesprochen, dass diese Zuordnungen in keiner Weise wissenschaftlich begründet sind. Das OMB stellt immerhin fest, dass „sie nicht so ausgelegt werden sollen, als seien sie von primärer biologischer oder genetischer Bedeutung".

Die Willkür dieser Klassifizierungen wird unmittelbar deutlich, wenn man sich in der Welt ein wenig umsieht. Als Folge der früheren Sklaverei in den USA und der One-Drop Rule werden Personen wie Präsident Obama, die zu 50 Prozent afrikanische und zu 50 Prozent europäische Vorfahren haben, als Schwarze oder Afroamerikaner bezeichnet. In Brasilien hingegen betrachtet man nur Personen mit vorherrschend afrikanischen Vorfahren und sehr dunkler Hautfarbe als Schwarze, sodass Obama hier ein Weißer wäre. Das zeigt, wie bedeutungslos diese Begriffe sind.

Gesundheitliche Ungleichheit

Sollen wir also die Rassenzuordnungen ein für alle Mal abschaffen, da ihre biologische Grundlage zweifelhaft ist und auch eine Geschichte der Diskriminierung eng damit verbunden ist? Eine solche Entscheidung würde zweifellos dazu beitragen, Vorurteile abzubauen. Es gibt jedoch ein wichtiges medizinisches Argument, es nicht zu tun, zumindest nicht jetzt: die gesundheitliche Ungleichheit.

Eine gesundheitliche Ungleichheit besteht, wenn eine bestimmte Krankheit in einer Bevölkerungsgruppe häufiger auftritt oder eine höhere Morbidität und Mortalität mit sich bringt als in der übrigen Bevölkerung. Dafür gibt es viele besorgniserregende und schon lange bekannte Beispiele. Greifen wir einige heraus. Prostatakrebs tritt bei männlichen Afroamerikanern deutlich häufiger auf und endet häufiger tödlich als bei europäischen oder asiatischen Männern. Diabetes Typ 2 nimmt bei allen Gruppen immer mehr zu, ist aber bei den amerikanischen Ureinwohnern und Afroamerikanern besonders häufig und gravierend; bei über 50 Prozent der Pima-Indianer wird im Alter von 50 Jahren Diabetes Typ 2 diagnostiziert. Magenkrebs ist bei Asiaten signifikant häufiger als bei Europäern oder Afrikanern. Morbus Crohn (eine entzündliche Darmerkrankung) findet sich häufiger bei Europäern als bei anderen Volksgruppen. Wenn wir davon überzeugt sind, dass eines unserer Ziele als Angehörige der menschlichen Spezies darin besteht, die Gesundheit aller Menschen zu verbessern, dürfen wir die gesundheitliche Ungleichheit keinesfalls außer Acht lassen.

Das führt dazu, ob wir es wollen oder nicht, dass wir uns wahrscheinlich noch eine Zeit lang über verschiedene Methoden

Gedanken machen müssen, um die Bevölkerung in Kategorien einzuteilen. Das gilt zumindest so lange, bis wir die Gründe für die unterschiedliche Gesundheit herausgefunden haben und Maßnahmen ergreifen können, diese zu beseitigen.

Man sollte jedoch nicht annehmen, dass die gesundheitliche Ungleichheit durch genetische Unterschiede entsteht. Wie bereits deutlich gemacht, sind die genetischen Unterschiede zwischen den Gruppen eher gering, und häufig spielen viele andere Faktoren, die mit der DNA gar nichts zu tun haben, eine viel wichtigere Rolle. Solche äußeren Faktoren wie der sozioökonomische Status, Bildungsmöglichkeiten, Kontakt mit Umweltgiften, Zugang zur Gesundheitsversorgung, kulturell bedingte Gewohnheiten, Ernährung und sogar Stresssituationen aufgrund von Diskriminierung können Krankheiten hervorrufen. Diese multiplen Faktoren aufzuschlüsseln, die zur gesundheitlichen Ungleichheit beitragen, ist zurzeit ein vorrangiges Ziel der biomedizinischen Forschung.

In Abbildung 5.2 sind Verbindungslinien dargestellt, die mögliche Zusammenhänge zwischen der Selbstzuordnung zu einer Rasse oder ethnischen Gruppe und der Gesundheitserwartung verdeutlichen sollen. Dabei spielen sowohl äußere als auch genetische Faktoren eine Rolle, wobei die Anteile bei den einzelnen Krankheiten jeweils unterschiedlich sind.

Obwohl nichtgenetische Faktoren zweifellos viel zur gesundheitlichen Ungleichheit beitragen, ist es in einigen Fällen möglich, den genetischen Faktoren die größte Bedeutung zuzuweisen. Das wurde bereits für eine Reihe von seltenen, rezessiv vererbten Krankheiten besprochen: etwa die Cystische Fibrose (von der vor allem Europäer betroffen sind), die Sichelzellenanämie (die primär bei Afrikanern auftritt) oder die Tay-Sachs-Krankheit (die vor allem bei Ashkenazi-Juden vorkommt). Die weite Verbreitung dieser Krankheiten in bestimmten geografischen Regionen lässt sich durch Gründereffekte oder natürliche Selektion erklären. Bei mindestens einer der häufigeren Krankheiten kann man die gesundheitliche Ungleichheit unmittelbar auf biologische

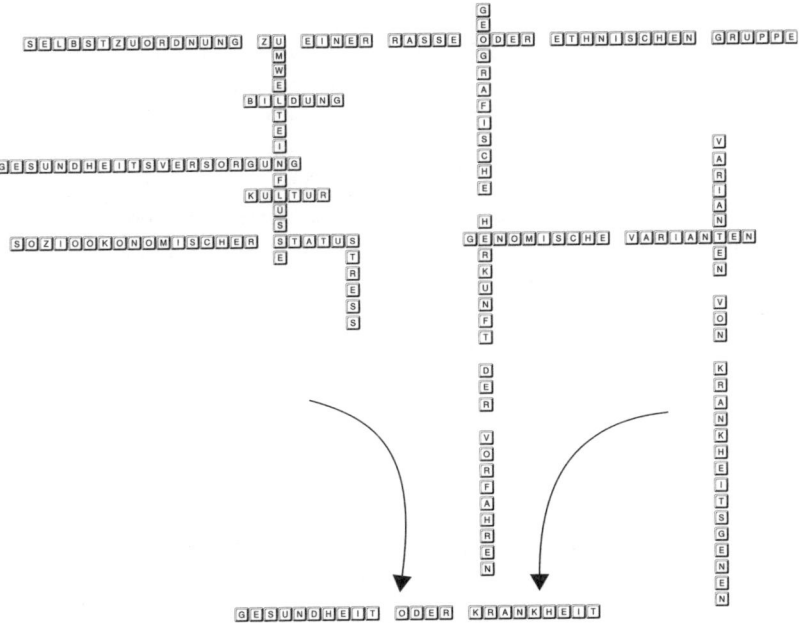

Abb. 5.2 Grafische Darstellung der komplexen Zusammenhänge zwischen der Selbstzuordnung zu einer Rasse und der Gesundheit.

Unterschiede zurückführen. Dunkle Haut schützt vor allen Formen von Hautkrebs, auch vor dem äußerst bösartigen Malignen Melanom. Darum ist nachvollziehbar, warum die Häufigkeit dieser Krebsarten bei Menschen mit europäischem Hintergrund viel höher ist als bei Afroamerikanern oder Südasiaten. (Hier sei jedoch angemerkt, dass dann, wenn dunkelhäutige Menschen doch einmal Hautkrebs bekommen, der Tumor mit größerer Wahrscheinlichkeit Metastasen bildet und die Prognose schlechter ist.)

Bei vielen anderen Krankheiten, bei denen die gesundheitliche Ungleichheit genau dokumentiert ist, sind die Ursachen weiterhin auf enttäuschende Weise unklar. Ich vermute, dass den genetischen Faktoren wahrscheinlich nur eine relativ geringe Bedeutung zukommt, um diese Ungleichheiten zu erklären. Bei mindestens einer Krankheit ließ sich jedoch ein signifikanter Beitrag der genetischen Faktoren nachweisen: bei Prostatakrebs. Afroamerikanische Männer zeigen die höchste Erkrankungsrate der Welt, sie sterben doppelt so häufig daran wie europäische Männer. Es wurden zahlreiche Hypothesen entwickelt, einmal liegt es an der Ernährung, dann am eingeschränkten Zugang zur Gesundheitsversorgung oder am sozialen Stress. Es gibt bis jetzt jedoch keine überzeugenden Daten, die eine dieser Hypothesen stützen könnten.

Vor kurzem konnte man mithilfe einer genetischen Analyse mehrere häufigere DNA-Varianten identifizieren, die bei allen Gruppen mit einem erhöhten Risiko für Prostatakrebs zusammenhängen. In Kapitel 3 haben wir von Jeff Gulcher erfahren, dessen Risiko aufgrund eines Tests auf diese Varianten als erhöht eingeschätzt wurde.

In einem Bereich von etwa einer Million DNA-Basenpaaren auf Chromosom 8 liegt ein Cluster dieser Risikovarianten. Der Cluster enthält nicht weniger als sieben unabhängige Risikovarianten, von denen jede das Risiko für Prostatakrebs um zehn bis 30 Prozent erhöhen kann. Als für die Forscher unerwartet erwies sich die Tatsache, dass die Risikovarianten von allen sieben Positionen bei afroamerikanischen Männern deutlich häufiger vorkommen als bei europäischen oder asiatischen Männern. Bemerkenswerterweise ist anscheinend diese eine Region auf Chromosom 8 für einen wesentlichen Anteil der gesundheitlichen Ungleichheit zwischen Europäern und Afroamerikanern bei Prostatakrebs verantwortlich. Wenn sich das bestätigen lässt, wäre dies der erste Fall, bei dem eine gesundheitliche Ungleichheit für eine häufigere Krankheit offenbar stark von genetischen Faktoren abhängt. Allerdings besteht auch die Wahrscheinlichkeit, dass die äußeren Faktoren auf eine Art und Weise dazu beitragen, die noch nicht vollständig erkannt wurde.

Kann die Zuordnung zu einer Rasse ein Notbehelf zur personalisierten Medizin sein?

Vor einigen Jahren hat eine praktizierende Ärztin einen Aufschrei der Empörung hervorgerufen, als sie in der *New York Times* einen Op-Ed mit dem Titel *Ich bin ein Arzt, der zwischen Rassen unterscheidet* veröffentlichte.[2] Die Autorin war Dr. Sally Satel und sie schilderte, wie sie offen erkennbare Rassenzugehörigkeiten ihrer Patienten nutzt, um zu entscheiden, welche Medikamente sie ihren Patienten bei Herzerkrankungen, Depressionen, Hepatitisinfektionen oder zur Schmerzlinderung verabreicht. Für all diese Beispiele zitierte sie veröffentlichte Daten, nach denen Gruppen von Afroamerikanern und Europäern etwas unterschiedlich auf die jeweilige Art der Behandlung reagierten. Sie argumentierte, dass ihre Art der medizinischen Unterscheidung von Rassen auf Befunden basiere und sie motiviert sei durch den Wunsch, für all ihre Patienten die bestmögliche medizinische Versorgung zu gewährleisten.

Diese Auffassung ist in gewisser Weise logisch. Niemand hätte Einwände gehabt, wenn Dr. Satel darauf hingewiesen hätte, dass sie bei ihren hellhäutigen Patienten mehr um das mögliche Auftreten eines Malignen Melanoms besorgt ist als bei ihren afroamerikanischen Patienten mit dunkelster Hautfarbe. Die Schwierigkeit bei ihrer Darstellung dieser anderen, an der Rasse orientierten Medizin bestand darin, dass die Schlussfolgerungen auf den relativ geringen Unterschieden zwischen den einzelnen Gruppen beruhen und daher für das einzelne Individuum wahrscheinlich vollkommen irrelevant sind.

---

[2] In den USA wird seit Ende der 1930er-Jahre die Institution des *opposite editorial* (kurz: Op-Ed) gepflegt. Das sind Kommentare von Kolumnisten, die häufig bewusst von der Redaktionslinie abweichen. Ursprünglich kommt der Ausdruck daher, dass diese Meinungsartikel im Zeitungsdruck den Herausgebereditorials gegenübergestellt wurden.

Betrachten wir noch einmal Abbildung 5.2. Die gesundheitliche Ungleichheit weist zwar auf eine Verbindung zwischen dem oberen Teil des Schemas (Selbstzuordnung zu einer Rasse oder ethnischen Gruppe) und dem unteren Teil (Gesundheitserwartung) hin, aber der tatsächliche Wunsch, dem Einzelnen zu helfen, erfordert die Auseinandersetzung mit den Schritten dazwischen, um eine Behandlung wirksamer zu individualisieren. Die Zuordnung zu einer Rasse mag zwar bei den naheliegenderen und eindeutigeren Faktoren als eine Art Notbehelf funktionieren, bei der medizinischen Versorgung gilt das jedoch nicht; man erhält auf diese Weise häufig ungeeignete Informationen, und die Qualität ist nicht mehr gewährleistet.

Ungünstig ist, dass die mäßig wirksamen Faktoren, sowohl die äußeren als auch die genetischen, bei den meisten medizinischen Ungleichheiten noch nicht identifiziert wurden. In der heutigen Zeit wird es immer wieder vorkommen, dass es keine besseren Optionen gibt und es notwendig wird, den Empfehlungen von Dr. Satel zu folgen. Das Gesundheitssystem sollte sich jedoch allgemein darauf verständigen, den ungenauen und potenziell mit Vorurteilen behafteten „Rassenbehelf" künftig nicht mehr anzuwenden, sondern stattdessen die einzelnen Faktoren unterscheiden zu lernen, die tatsächlich die Gesundheit beeinflussen. Ein wichtiger Bestandteil ist immer die jeweilige medizinische Familiengeschichte, die viel zu häufig übersehen wird, aber allgemein viel spezifischere Informationen liefert als irgendwelche Verallgemeinerungen aufgrund der Rasse oder ethnischen Zugehörigkeit.

Rasse und Verschreibungspflicht

Ein besonders lehrreiches Beispiel für die Unklarheiten und Missverständnisse bei einer Medizin auf Grundlage der Einteilung in Rassen ist die Geschichte von BiDil, einem Medikament für die Behandlung von kongestiver Herzinsuffizienz. BiDil war das erste Medikament, das die FDA ausschließlich für Afroamerikaner zugelassen hat, was sowohl Begeisterung als auch Entsetzen auslöste.

BiDil ist tatsächlich eine Kombination aus zwei generischen Arzneimitteln, die seit Jahrzehnten zu sehr geringen Kosten erhältlich waren. Diese Kombination, eine einzige Tablette, wird unter dem patentierten Markennamen BiDil mit einem erheblichen Preisaufschlag verkauft. Die beiden Medikamente erweitern die Blutgefäße und verringern so den Widerstand, gegen den das geschwächte Herz arbeiten muss. Die wissenschaftliche Grundlage für die Behandlung von Herzversagen mit dieser „Verringerung der Nachlast" ist ziemlich eindeutig, und klinische Studien dazu begannen bereits in den 1970er-Jahren. In den 1980er-Jahren wurden mit dieser Wirkstoffkombination zwei Studien durchgeführt, an der mehrere Hundert männliche Veteranen teilnahmen. Es zeigte sich insgesamt eine mäßige Verringerung der Sterberate, aber die Unterschiede zwischen der behandelten und der unbehandelten Gruppe überzeugten nach der statistischen Auswertung nicht, und die FDA verweigerte die Zulassung der Wirkstoffkombination. Das Unternehmen, das die Zulassung beantragt hatte, beendete das Projekt.

Zehn Jahre danach griff ein anderes Unternehmen (NitroMed) die Wirkstoffkombination erneut auf. Das Interesse war durch eine neue Analyse der Daten aus den damaligen Versuchsreihen geweckt worden. Darin zeigte sich, dass die afroamerikanischen Veteranen durch das Medikament tatsächlich eine nennenswerte Besserung erfahren hatten, wobei dieser Effekt in der kombinierten Studie mit Schwarzen und Weißen nicht zu erkennen war. Die neue Information diente nun als Begründung, für diese Wirkstoffkombination unter der Bezeichnung BiDil ein neues Patent zu beantragen, da das alte Patent bald auslaufen würde. Das US-Patentamt erteilte das Patent. Es war das erste rassenspezifische Patent, das bis dahin für ein Medikament vergeben wurde. NitroMed beantragte die Marktzulassung speziell für die Behandlung von Herzversagen bei Schwarzen. Die FDA forderte für eine solche Zulassung eine neue klinische Studie nur an Afroamerikanern, um zu prüfen, ob BiDil tatsächlich wirksam ist.

So bezog man über 1 000 Afroamerikaner mit einer kongestiven Herzinsuffizienz in die Studie ein; das war eine wesentlich größere Gruppe als bei den ersten Tests in den 1980er-Jahren. Die Ergebnisse waren so eindeutig, dass man die Studie vorzeitig beendete: Bei Männern und Frauen mit schwarzer Hautfarbe, die BiDil verabreicht bekamen, verringerte sich im Lauf von zwei Jahren die Zahl der Todesfälle um 43 Prozent. Auf Grundlage dieser Ergebnisse vervollständigte das Unternehmen schnell seinen Zulassungsantrag für die Behandlung von kongestiver Herzinsuffizienz bei Afroamerikanern. Die FDA erteilte die Genehmigung und ließ folgenden Satz auf die Packungen drucken: „BiDil ist angezeigt bei der Behandlung von Herzinsuffizienz als Ergänzung der Standardtherapie bei Patienten mit nach eigener Zuordnung dunkler Hautfarbe."

So etwas hatte es noch nie gegeben. Die meisten klinischen Studien werden an Patienten mit weißer Hautfarbe durchgeführt und die FDA verlangt nie auf der Packung die Angabe, dass das Medikament bei anderen Bevölkerungsgruppen nicht wirksam sein könnte.

Die Entscheidung der FDA spaltete die schwarze Bevölkerung. Viele Schwarze, darunter auch viele berufliche Aufsteiger, feierten dieses Ereignis als das erste Mal, dass ein Medikament zur Behandlung einer gravierende Krankheit speziell für sie entwickelt wurde. „Endlich!", riefen sie. Andere jedoch bezeichneten dieses rassenspezifische Ergebnis als wissenschaftlich unbegründet, wodurch der nachteilige und unzutreffende Eindruck hervorgerufen werde, dass die Selbstdefinition als Afroamerikaner einen biologischen Unterschied hervorrufe.

In der Rückschau waren die ersten Studien an gemischten Gruppen wahrscheinlich nicht umfangreich genug, um festzustellen, ob auch bei den nichtschwarzen Patienten, denen das Medikament verabreicht wurde, eine gewisse Besserung erzielt wurde. Die einzige definitiv große Studie wurde nur an Afroamerikanern durchgeführt. Deshalb war die Aussage eigentlich nicht gerechtfertigt, dass das Medikament bei anderen Bevölkerungsgruppen nicht genauso gewirkt hätte. Darüber hinaus finden sich in der Geschichte bestimmte Aspekte, die den Verdacht aufkommen lassen, dass es hier mehr um finanziellen Profit und weniger um einen medizinischen Nutzen ging. Jedenfalls verlängerte die Erteilung eines Patents auf Grundlage einer Rassenzugehörigkeit das vorhandene Patent um viele Jahre. Das verhinderte die Entwicklung eines generischen Medikaments, durch das die Patienten viel Geld hätten sparen können. Was das Profitstreben und das intensive Marketing des Medikaments bei Ärzten mit afroamerikanischen Patienten noch ärgerlicher macht, ist die Tatsache, dass BiDil eine feste Kombination von zwei preisgünstigen generischen Medikamenten ist. Auf diese Weise kann zu deutlich geringeren Kosten genau dieselbe Therapie durchgeführt werden, wenn ein Arzt nur bereit ist, zwei Rezepte auszustellen, und die Patienten einverstanden sind, einige Tabletten mehr einzunehmen.

Der Absatz von BiDil hat die Erwartungen von NitroMed nicht erfüllt, wahrscheinlich aufgrund der eben erwähnten, befremdlichen Punkte. Aber die Vorstellung, dass es möglich sein könnte, ein rassenspezifisches Medikament zu entwickeln, lebt weiter. Nach Ansicht von vielen, zu denen auch ich gehöre, hat die BiDil-Geschichte einen faden Beigeschmack.

Schlussbetrachtung

Im streng biologischen Sinn gibt es keine menschlichen Rassen. Wir Menschen bilden ein wunderbares kontinuierliches Spektrum von erstaunlicher Vielfalt, und wir alle sind in einer Abfolge von mehreren tausend Generationen aus einer Gruppe von gemeinsamen afrikanischen Vorfahren hervorgegangen. Wir alle sind tatsächlich eine Familie. Aber jede unserer DNA-Bedienungsanleitungen trägt die Spuren unserer Geschichte der letzten 100 000 Jahre. Eine genaue Untersuchung der spezifischen Kombinationen von genetischen Varianten kann das aufzeigen. Da außerdem bei fast allen Krankheiten Erbfaktoren eine Rolle spielen und genetische Varianten auf der Welt nicht gleichmäßig verteilt sind, hängt wahrscheinlich zumindest ein Teil unserer Risiken für eine künftige Erkrankung damit zusammen, wo unsere Vorfahren in den vergangenen Jahrtausenden gelebt haben. Um die gesundheitliche Ungleichheit verstehen zu können, ist es also notwendig, die DNA genau zu untersuchen. Nichts von alldem rechtfertigt eine Definition von menschlichen Untergruppen als biologisch unterschiedliche Rassen. Darüber hinaus enthält der Begriff der „Rasse", wie er im allgemeinen Sprachgebrauch vorkommt, viele Nebenbedeutungen, die deutlich über die Biologie hinausgehen, beispielsweise in Bezug auf Kultur, Geschichte und sozialen Status. Wir können zwar letztendlich darauf hoffen, dass der Rassenbegriff zur Bewertung menschlicher Gesellschaften nicht mehr verwendet wird, wenn wir aber in der aktuellen Situation auf einer Abschaffung bestünden, ließen wir die gesundheitliche Ungleichheit außer Acht und würden vielen Menschen Unrecht tun, für die die selbstdefinierte Rassenzugehörigkeit ein wichtiger Teil ihrer persönlichen Identität ist.

Das Ziel der personalisierten Medizin muss darin bestehen, so schnell wie möglich die individuellen Risikofaktoren bestimmen zu können, die bei einer Krankheit von direkter Bedeutung sind, seien sie nun äußerlich oder genetisch bedingt. Die Rassenunterscheidung in der Medizin ist ein nebulöser, irriger und potenziell mit Vorurteilen belasteter Ersatz für die Wirklichkeit und als Relikt aus der Vergangenheit zu betrachten.

Was Sie heute tun können, um an der Revolution der personalisierten Medizin teilzuhaben

1. Im Jahr 2008 veröffentlichte eine Gruppe aus 18 Genetikern, Sozialwissenschaftlern und Ethikern die *Ten Commandments of Race and Genetics* („Zehn Gebote für Rasse und Genetik"). Sie können sie unter http://www.newscientist.com/article/dn14345-ten-commandments-of-race-and-genetics-issued.html nachlesen.
2. Beschäftigen Sie sich eingehender mit der Wissenschaft der Vorfahrentests. National Geographic und IBM unterstützen das Genographic Project, das weltweit Tausende von Menschen erfassen soll, um eine DNA-Geschichte unserer Spezies zu entwickeln. Informationen finden Sie unter http://video.nationalgeographic.com/video/player/specials/in-the-field-specials/grand-central-genographic.html.
3. Eine ausführliche Stellungnahme der American Society of Human Genetics über die Wissenschaft der Vorfahrentests finden Sie unter http://ashg.org/pdf/ASHGAncestryTestingStatement_FINAL.pdf.

6

Gene und Keime

Mit 42 Jahren war Uri Davis (Name geändert) eigentlich viel zu jung, um gleich von zwei lebensbedrohlichen Krankheiten betroffen zu sein. Doch der in Berlin lebende Amerikaner war bereits an AIDS erkrankt, als bei ihm noch eine schnell voranschreitende Form von Leukämie diagnostiziert wurde. In seiner Krankheitsgeschichte erging es ihm wie vielen anderen AIDS-Patienten seit den 1990er-Jahren: Durch eine Kombinationstherapie mit drei Medikamenten ließ sich die Infektion gut eindämmen. Aber diese neue und sehr ernste Komplikation – die Leukämie – sprach auf die Chemotherapie nicht an. Uris Aussichten waren daher sehr schlecht.

Sein Arzt Dr. Gero Hutter war sich der außergewöhnlichen Notlage seines Patienten bewusst und entwickelte einen Doppelschlag gegen die beiden Krankheiten, der allerdings einen hohen Einsatz bedeutete. Versagt die Chemotherapie, dann wird zur Behandlung einer Leukämie normalerweise eine Stammzellentransplantation empfohlen, trotz des großen Risikos für das Auftreten von Komplikationen bis hin zum Tod. Dr. Hutter aber hatte eine andere Idee. Er ließ 80 potenzielle Stammzellenspender genau untersuchen, um den für Uri idealen Spender herauszufinden. Spender 61 hatte die geeigneten Merkmale und wurde deshalb für die Transplantation ausgewählt.

Für die Transplantation musste Uri die HIV-Medikamente absetzen, da sie die übertragenen Stammzellen während der instabilen Phase, in der die Zellen anwachsen, schädigen würden. Bis zu diesem Zeitpunkt ging man davon aus, dass Uri die Medikamente kurz danach wieder würde einnehmen müssen, um das AIDS-Virus weiterhin in Schach zu halten.

Es kam jedoch anders. Uri kann seit der Transplantation ganz auf HIV-Medikamente verzichten und auch zwei Jahre danach ist HIV in Uris Körper nicht mehr nachweisbar. Es besteht zwar die Möglichkeit, dass sich das Virus noch irgendwo versteckt, aber Wissenschaftler, die sich zusammengefunden hatten, um Uris Fall zu diskutieren, befanden den Patienten als „funktionell geheilt".

Was war hier geschehen? Warum bezeichnen Wissenschaftler Uris Fall als grundlegenden Beweis für die Erfolgsaussichten einer vollkommen neuen AIDS-Therapie? Und was hat das alles mit Genetik und personalisierter Medizin zu tun? Um diese Fragen zu beantworten, müssen wir uns mit einem komplexen Bestandteil der menschlichen Biologie näher beschäftigen – dem Immunsystem.

Ihre Gene wehren Krankheitserreger ab

Sie würden es vielleicht lieber verdrängen, aber Sie schwimmen ständig in einem Meer aus Mikroorganismen. Die meisten von ihnen sind gutartig, doch einige sind tatsächlich ziemlich virulent und wenn sie in Ihrem Körper an eine falsche Stelle gelangen, können fast alle eine schwere Infektion auslösen. Größtenteils leben Sie jedoch mit diesen Organismen in friedlicher Koexistenz, und Hunderte Billionen der kleinen Organismen tummeln sich auf und in ihrer Haut, in Ihrem Mund und Ihrem Verdauungstrakt.

Erfreulicherweise hat die Evolution Ihren Körper so gestaltet, dass diese Organismen nur wenig Gelegenheit finden, eine

Krankheit hervorzurufen. Das Blut in Ihrem Körper ist größtenteils vollkommen steril. (Es gibt einige Ausnahmen, wie die vorübergehende, starke Vermehrung von Bakterien in Ihrem Blut nach einem schweren zahnärztlichen Eingriff.) Die mechanischen Barrieren von Haut, Nase und Mund sowie des Verdauungstraktes und der Vagina leisten einen wichtigen Beitrag zur Abwehr von Infektionen. Auch verfügt Ihr Körper über eine komplexe und einzigartige Abfolge von Immunantworten, die von vielen verschiedenen Immunzellen und Proteinen vermittelt werden. Damit ist es ihm möglich, einen Mikroorganismus abzuwehren, wenn er an eine Stelle des Körpers gelangt ist, wo er nicht hingehört.

Da all unsere biologischen Funktionen im Genom codiert sind, verwundert es nicht, dass ein signifikanter Teil Ihrer 20 000 Gene an der Immunantwort beteiligt ist. Und da praktisch bei allen Genen des Körpers Varianten auftreten können, sollte es uns auch nicht in Erstaunen versetzen, dass sich unsere Immunsysteme schon bei der Geburt unterscheiden und einige dieser Varianten für die Anfälligkeit oder Resistenz gegenüber einer bestimmten Krankheit ausschlaggebend sein können.

HIV/AIDS und die genomische Medizin

In der Mitte des 20. Jahrhunderts hegte man die große Hoffnung, die Geißel der Infektionskrankheiten letztendlich besiegen zu können. Die Entwicklung von wirksamen Antibiotika gegen bakterielle Infektionen und die Einführung von Impfstoffen gegen gefährliche Viren, etwa gegen Kinderlähmung, deuteten darauf hin, dass virale und bakterielle Krankheitserreger in der Zukunft für den Menschen keine ernsthafte Bedrohung mehr sein würden.

Diese optimistische Sichtweise brach kurz darauf zusammen. Resistenzen gegen Antibiotika traten auf und erwiesen sich schnell als großes Problem. Ständig besteht die Gefahr, dass die Mikroorganismen die Medikamentenentwicklung überholen. Am gravierendsten war jedoch, dass im Jahr 1981 eine seltsame Krankheit in Erscheinung trat, die das Immunsystem zerstört und sich allmählich als echte Epidemie auf der ganzen Welt ausbreitete. Diese Krankheit, die inzwischen über 25 Millionen Todesopfer gefordert hat, ist AIDS (*acquired immune deficiency syndrome*, erworbenes Immunschwächesyndrom); Ursache ist das menschliche (humane) Immunschwächevirus (HIV).

AIDS wurde in den USA zum ersten Mal bei homosexuellen Männern aus Kalifornien nachgewiesen. Diese Männer waren von einer Vielzahl höchst ungewöhnlicher Infektionen und/oder von einer ungewöhnlichen Krebsart, dem Karposi-Sarkom, betroffen. Alles deutete darauf hin, dass ihr Immunsystem vollständig ausgefallen war. In der Folge konnte man als Ursache ein Virus identifizieren. Es stellte sich heraus, dass die Krankheit durch sexuelle (sowohl homo- als auch heterosexuelle) Kontakte, Blutprodukte oder die Weitergabe und Wiederverwendung von Injektionsnadeln übertragen wird und sogar bei der Geburt von der Mutter auf ihr Kind übergehen kann.

Das Virus erwies sich als teuflisch intelligent. Seine genetische Information ist nicht als DNA, sondern in Form von RNA codiert. Wenn das Virus in eine Zelle eindringt, wird die RNA durch ein Enzym, das vom Virus selbst mitgebracht wird, in DNA umgewandelt. Die virale DNA wird dann in das Genom der infizierten Zelle eingebaut und erzeugt dort Kopien von sich selbst. Der beim Menschen vor allem infizierte Zelltyp, die T-Zellen, ist ein wichtiger Bestandteil des Immunsystems. Im Verlauf der Infektion und mit zunehmender Zerstörung der T-Zellen wird so allmählich das Immunsystem zerstört. Außerdem kann das Virus schnell mutieren und „seine Kleidung wechseln", sodass es vom Immunsystem nicht mehr erkannt wird. Das menschliche Immunsystem wird dadurch immer wieder ausgehebelt.

Umfassende epidemiologische Untersuchungen deuten darauf hin, dass Vorläufer des AIDS-Virus schon seit langer Zeit bei Schimpansen vorkommen. Mit größter Wahrscheinlichkeit erfolgte der Übergang auf den Menschen etwa in den Jahren zwischen 1884 und 1924 in Afrika, vielleicht als man Schimpansen für den menschlichen Verzehr schlachtete.

Ohne Behandlung beträgt die Zeit von der Infektion bis zum Tod durch AIDS im Durchschnitt zehn Jahre. In den 1980er- und frühen 1990er-Jahren gab es nur wenige Ausnahmen dieser tödlichen Regel. Als Reaktion auf diese sich rasch ausbreitende Epidemie bildeten sich in einem bis dahin nicht gekannten Ausmaß private und staatliche Initiativen, um für HIV-Infizierte eine wirksame Therapie zu entwickeln. Das Ergebnis war HAART, eine „hoch aktive antiretrovirale Therapie". Durch diese Kombinationstherapie, bei der mehrere Medikamente verabreicht werden, um die Bildung von Resistenzen zu verhindern, hat sich die Sterberate drastisch verringert. In Ländern, in denen eine Therapie zur Verfügung steht, ist AIDS heute kein Todesurteil mehr, sondern eine chronische Krankheit. Die Medikamente bewirken jedoch keine Heilung, und Patienten, die die Therapie beendet haben, erleiden meist sehr schnell einen Rückfall. Bemühungen, wirksame HIV-Impfstoffe zu entwickeln, endeten trotz eines großen Forschungsaufwands bislang äußerst enttäuschend. Die schnelle Mutationsrate des Virus und die offensichtliche Unfähigkeit des Körpers, dagegen eine geeignete Immunantwort zu entwickeln, sind die Hauptursachen für die Misserfolge.

Unter diesen enttäuschenden Bedingungen ist wahrscheinlich Prävention das beste Mittel, um die Ausbreitung von HIV/ AIDS zu verringern. So bemüht man sich jetzt weltweit darum, die Menschen über Safer Sex aufzuklären, besonders über die Verwendung von Kondomen, um die Ausbreitung des Virus zu verhindern. Diese Bemühungen waren bislang jedoch nur teilweise von Erfolg gekrönt. Gleichzeitig mit der Etablierung von HAART kam es in den Industrieländern zu einem beunruhigenden Trend hin zu risikoreichen Sexpraktiken.

Während sich die HIV/AIDS-Epidemie weiter ausbreitete, erfuhren die Wissenschaftler zu ihrer Verwunderung gelegentlich von Menschen, die wiederholt dem Virus ausgesetzt waren, ohne jemals zu erkranken. Teilweise waren das homosexuelle Männer, die Hunderte von Sexualpartnern hatten. Am spektakulärsten waren vielleicht die Fälle von Bluterkranken, denen Hunderte von Einheiten an HIV-kontaminierten Blutprodukten verabreicht wurden, da es damals noch kein Screening für das Virus gab.

Die Geschichte von Bluterkranken und HIV ist besonders tragisch. Bei der Bluterkrankheit (Hämophilie) kommt es wiederholt zu Blutungen in Gelenken und inneren Organen. Die Krankheit wird X-gekoppelt vererbt, sodass vor allem Männer davon betroffen sind. Eine wirksame Behandlung ist die Infusion spezifischer Bestandteile des Blutes, die von Spendern stammen. Durch diese Infusionen wird der Blutgerinnungsfaktor übertragen, der bei den Erkrankten aufgrund genetischer Ursachen fehlt. Für die Herstellung von Konzentraten der benötigten Blutprodukte greift man auf große Pools an Spenderblut zurück, sodass sich das Virus durch einen einzelnen Spender mit HIV auf zahlreiche Empfänger ausbreiten kann. Dieser Effekt erwies sich in den frühen 1980er-Jahren für die Bluterkranken als katastrophal, als noch keine Screenings für Spenderblut zur Verfügung standen. Eine große Gruppe von Blutern wurde auf diese Weise mit HIV infiziert und starb.

Einige wenige Bluter jedoch, die wie die anderen wiederholt mit HIV in Kontakt gekommen waren, zeigten keine Anzeichen einer Infektion. Wissenschaftler vermuteten, dass bei diesen Personen eine genetisch bedingte Resistenz vorhanden ist und dass sich mit deren Hilfe womöglich wichtige Hinweise auf eine Prävention der Krankheit finden ließen. Die Jagd war sozusagen eröffnet.

Gleichzeitig entdeckten andere Forschergruppen, die untersuchten, wie HIV spezifische Immunzellen infiziert, dass das Virus über einen Andockmechanismus in die Zelle gelangt. Das Virus kann sich nur Zutritt verschaffen, indem es an eine bestimmte Gruppe von Proteinen bindet, die sich auf der Oberfläche dieser besonderen Zellen befinden (Abbildung 6.1). Eines der Proteine ist CCR5. Es wird wie alle Proteine der Zelle von einem menschlichen Gen codiert. Als man nun das *CCR5*-Gen der Bluter untersuchte, die HIV-resistent waren, stellte man er-

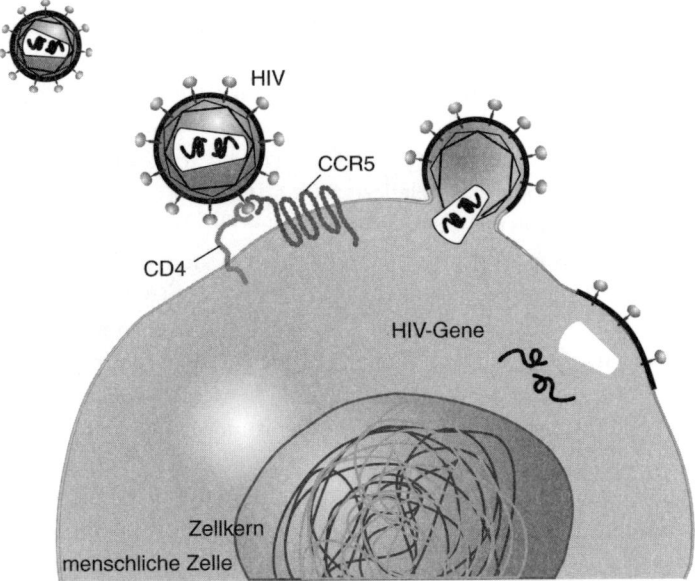

Abb. 6.1 Das „intelligente" AIDS-Virus (HIV) dockt an die normalen Oberflächenproteine CD4 und CCR5 an und gelangt so in die Zelle. Dort erzeugt es zahlreiche Kopien von sich selbst und zerstört bei dem Vorgang die Zelle. Unter www.boehringer-ingelheim.com/hiv/art/art_videos.htm finden Sie eine beeindruckende Computeranimation der einzelnen Schritte.

staunt fest, dass viele von ihnen in diesem Gen eine schwerwie-
gende Mutation aufwiesen: 32 Basenpaare des Gens fehlten.

Da Proteine aus *Aminosäuren* bestehen und drei DNA-Basen-
paare eine Aminosäure codieren, kann man in Analogie zur DNA
als Sprache sagen, dass ein DNA-Wort aus drei Buchstaben besteht. Eine Kette von Wörtern bildet dann einen „Proteinsatz".
Solche Sätze können 6, 9, 12, 15 (und so fort) Buchstaben lang
sein, umfassen also 2, 3, 4, 5 (und so fort) Wörter. Eine *Deletion*
von 32 Basenpaaren ist deshalb besonders schwerwiegend, weil
32 nicht durch drei teilbar ist. Eine solche Art der Mutation bezeichnet man als *Leserasterverschiebung*, da das Leseraster zerstört
ist. Wenn Ihre DNA eine solche Mutation aufweist, is tda sge-
naus oal swürde nSi esolch eWörte rlese n. Spätere Untersuchungen ergaben, dass bei dieser sogenannten *CCR5-Δ32*-Mutation
das CCR5-Protein vollständig fehlt.

Viele Menschen mit einer HIV-Resistenz haben von beiden
Eltern eine Kopie des deletierten Gens geerbt und besitzen daher überhaupt keine normale Kopie. Nur ein Prozent der Europäer (und wenn überhaupt, dann nur ganz wenige Afrikaner oder
Asiaten) zeigen diesen vollständigen Verlust des CCR5-Proteins,
aber diese Menschen sind vor einer Infektion durch die meisten
HIV-Stämme geschützt. Anschließende Studien haben gezeigt,
dass es noch einige weitere Gene gibt, die ebenfalls einen relativen Schutz vermitteln, aber bei keinem ist der Effekt so stark wie
bei *CCR5*. Etwa zwölf bis 16 Prozent der Europäer besitzen nur
eine Kopie des deletierten Gens und eine normale Kopie. Auch
sie haben einen teilweisen Vorteil dadurch, da sich bei ihnen die
vollständige Ausprägung von AIDS nach der HIV-Infektion um
zwei bis drei Jahre verzögert.

Erstaunlicherweise sind Menschen, denen das CCR5-Protein
vollständig fehlt, ansonsten normal, wobei neuere Befunde darauf hindeuten, dass sie gegenüber einer Infektion mit dem West-
Nil-Virus anfälliger sind. Wie aber kam es zu dieser Mutation
und wurde sie womöglich im Verlauf der Evolution in Mittel-

und Nordeuropa selektiert, weil sie in der Vergangenheit eine Resistenz gegenüber anderen Infektionen vermittelte?

Eine Vorstellung lautet, dass diese Mutation im 14. Jahrhundert die Merkmalsträger vor der Pest (dem „Schwarzen Tod") schützte; durch diese Krankheit kamen damals 30 bis 60 Prozent der europäischen Bevölkerung ums Leben. DNA-Analysen an Knochen von Menschen aus der Bronzezeit (vor 2900 Jahren), die man in Deutschland gefunden hat, zeigen, dass es die Δ32-Mutation damals schon gab, und zwar mit derselben Häufigkeit wie heute. Es gibt noch andere Vermutungen über die Vorteile, die diese Mutation möglicherweise mit sich gebracht hat, beispielsweise auch eine Resistenz gegen Pocken. Aber diese Hypothesen ließen sich bis jetzt nicht belegen.

Wenden wir uns also wieder der Geschichte von Uri Davis zu. Dr. Hutter, der die Δ32-Mutation im *CCR5*-Gen kannte, versuchte einen Stammzellenspender zu finden, der beide Kopien dieser Mutation trug. Er stellte die Hypothese auf, dass nach einer erfolgreichen Übertragung der Stammzellen auf den Patienten die Immunzellen des Spenders gegenüber der weiteren Ausbreitung von HIV resistent sein würden. Das hat tatsächlich funktioniert – als die übertragenen Stammzellen angewachsen waren, verschwanden alle Anzeichen auf HIV aus Uris Körper. Dr. Hutter zeigte sich darüber dann doch erstaunt. Dies war der spektakulärste Beweis, dass die Blockierung von CCR5 bei einem bereits mit HIV infizierten Patienten das Virus inaktivieren kann, vielleicht sogar dauerhaft.

Über Uris Fall wurde ausführlich wissenschaftlich diskutiert. Niemand Geringerer als der Nobelpreisträger und HIV/AIDS-Experte David Baltimore sprach von einem „grundlegenden Beweis" dafür, dass es mit einer Gentherapie möglich sei, AIDS zu behandeln. Der Gedanke ist wie folgt: dem infizierten Patienten werden Stammzellen oder Knochenmark entnommen und diese mit einem rekombinanten DNA-Vektor behandelt, um das *CCR5*-Gen abzuschalten. Anschließend werden die Zellen wieder auf den Patienten übertragen. Diese sollten dann einen Selektionsvorteil gegenüber den unbehandelten Zellen besitzen. Das ist bis jetzt nur eine hypothetische Methode, die wahrscheinlich einige technische Schwierigkeiten bereiten wird, aber es handelt sich um einen der aussichtsreicheren Therapievorschläge der letzten Jahre.

Mehrere pharmazeutische Unternehmen haben diese Erkenntnisse ebenfalls genutzt, indem sie Medikamente entwickelt haben, die an das normale CCR5-Protein an der Zelloberfläche binden und so das Virus daran hindern, an die Zellen anzudocken. Eines dieser Medikamente ist Celsentri (der generische Name ist Maraviroc). Das Medikament wurde im Jahr 2007 von der FDA für die Behandlung von AIDS zugelassen und erweist sich als recht vielversprechend.

Bei der HIV-Infektion kommen viele Aspekte der Wechselwirkungen zwischen Krankheitserreger und Wirt zum Tragen, aber auch die Einwirkung genetischer Faktoren spielt eine Rolle. Und bei der genaueren Betrachtung anderer Infektionskrankheiten trifft man auf ähnliche Fragestellungen.

Malaria

Als ich vor 20 Jahren in Nigeria freiwillig als Missionsarzt arbeitete, konnte ich unmittelbar erfahren, welche verheerenden Auswirkungen diese parasitäre Erkrankung hat. Der geradezu teuflische Zyklus aus Malariaparasit, Stechmücke und Mensch ist eine der schlimmsten Infektionskrankheiten, die die Menschheit derzeit heimsucht. Ein Mensch, der in einer mit Malaria verseuchten Gegend lebt, wird vor allem bei Nacht etliche Mal von Mücken gestochen und im Lauf seines Lebens Hunderte Mal infiziert. Die Sterberate ist außerordentlich hoch.

Während einer meiner Besuche wurden meine Tochter und ich infiziert. Wir erlebten nun selbst, wie die Krankheit einen

Menschen von Grund auf schwächt, durch die Behandlung mit wirksamen Medikamenten glücklicherweise nur für kurze Zeit. Häufig steht jedoch in den Ländern, in denen diese Krankheit weit verbreitet ist, für Menschen mit eingeschränkten finanziellen Mitteln häufig keine Therapie zur Verfügung. Kinder sind bei einer Infektion durch den Malariaparasiten besonders gefährdet, da sich bei ihnen durch wiederholte Infektionen noch keine zumindest partielle Immunität entwickeln konnte. Im südlichen Afrika sterben jedes Jahr fast eine Million Menschen an Malaria, und die meisten davon sind Kinder.

Wie bei HIV gibt es auch hier genetische Faktoren, die die Wahrscheinlichkeit beeinflussen, mit der ein Mensch an einer schweren Infektion mit dem Malariaparasiten erkrankt. Wie bereits erwähnt, tritt die Sichelzellenmutation deshalb so häufig auf, weil sie Menschen, die nur eine Kopie davon tragen, gegenüber Malaria eine relative Resistenz vermittelt. Das ist jedoch nicht die einzige Mutation, die in Malariaregionen selektiert wurde. Eine weitere Blutkrankheit, die β-Thalassämie, die vor allem im Mittelmeerraum verbreitet ist, betrifft auch die Hämoglobinproduktion in den roten Blutkörperchen, in denen sich der Malariaparasit aufhält. Träger der β-Thalassämie profitieren anscheinend ebenfalls von einer Resistenz gegenüber Malaria. In Südostasien kommt eine ähnliche Krankheit, die α-Thalassämie, häufig vor; auch sie vermittelt wahrscheinlich eine relative Malariaresistenz.

Darüber hinaus geht es Menschen, in deren roten Blutkörperchen das Enzym G6PD fehlt oder nur in geringen Mengen vorhanden ist, nach einem Kontakt mit dem Erreger offenbar ebenfalls besser als anderen, die das Enzym besitzen. Da das Gen für dieses Enzym auf dem X-Chromosom liegt, macht sich die Mutation am häufigsten bei Männern bemerkbar. Sie zeigen nur geringe Krankheitssymptome. Sie sollten allerdings bestimmte Lebensmittel wie Fava-Bohnen meiden, für deren Verdauung dieses Enzym benötigt wird und nach deren Verzehr die Betroffenen an einer gefährlichen Anämie erkranken. Außerdem gibt es eine ganze Reihe von Medikamenten, die bei Männern mit dieser Mutation erhebliche Nebenwirkungen haben.

Es bestehen jedoch große Hoffnungen, dass neue Methoden zur Vorbeugung und Behandlung von Malaria entwickelt werden. Neben Maßnahmen zur Verbesserung der öffentlichen Gesundheit, beispielsweise die Verwendung von Moskitonetzen, um Angriffe von Stechmücken während der Nacht zu verhindern, gewinnen Molekularbiologie und Genetik bei der Entwicklung neuer Behandlungsmethoden eine immer größere Bedeutung. Inzwischen hat man von vielen unterschiedlichen Malariastämmen die vollständige Genomsequenz ermittelt, sodass sich nun bessere Informationen darüber gewinnen lassen, welche Teile des Parasiten unveränderlich und daher für die Gewinnung von Impfstoffen am besten geeignet sind. Die Verfügbarkeit der DNA-Sequenz des „Malariagenoms" hilft auch bei der Entwicklung von neuen Medikamenten gegen den Erreger. Hier werden tatsächlich Erfolge erzielt. Erst vor kurzem ist es mit einem erfolgversprechenden Malariaimpfstoff gelungen, die Erkrankungshäufigkeit zu verringern. Möglicherweise ist es in Zukunft dann doch möglich, diese Krankheit auszurotten.

Tuberkulose (TB)

Als ich im Jahr 1977 in Chapel Hill (North Carolina) als Assistenzarzt arbeitete, erhielt ich eines Tages einen Notruf aus der klinischen Ambulanz. Ein junger Arbeiter mit Migrationshintergrund war im Baderaum zusammengebrochen, er lag in einer großen Lache aus hellrotem Blut. Wir brachten ihn schnell auf die Intensivstation und versuchten mithilfe von Flüssigkeit, seinen Blutdruck zu stabilisieren, außerdem beschafften wir Blut für eine Transfusion. Es war mir vollkommen unverständlich, dass ein junger Mann solch starke Darmblutungen hatte. Als er auf der Intensivstation das Bewusstsein wiedererlangte, fing er an, rasselnd zu husten und obwohl ich schnell nach einer Maske griff, war es zu spät – einige Monate später zeigte ein Hauttest, dass ich mich mit Tuberkulose angesteckt hatte.

Dieser Fall sorgte bei unseren regelmäßigen Klinikbesprechungen für einiges Aufsehen. Die starken Darmblutungen bei meinem Patienten waren durch die Tuberkulose hervorgerufen worden, die sich in seinem ganzen Körper ausgebreitet hatte. Als Folge brach die Milzarterie und öffnete sich in den Darm. Außerdem litt der Patient an einer extremen Form der kavernösen Lungentuberkulose, wodurch einige der „*red snappers*" (so nannten wir Assistenzärzte die Tuberkulosebakterien) auf mich übertragen wurden.

Viele betrachten Tuberkulose als eine Krankheit aus der Vergangenheit. In früheren Jahrhunderten war die Erkrankung mit Sicherheit eine schreckliche Geißel, an der junge und alte Menschen gleichermaßen starben. Viele gingen in die Sanatorien, wo man zwar guten Willens war Gutes zu tun, die Behandlungsmöglichkeiten der Krankheit jedoch begrenzt waren. Die Einführung von Antibiotika in den 1940er-Jahren wandelte die düstere Perspektive der Patienten jedoch grundlegend. Da aber das Tuberkulosebakterium sehr langsam wächst und in der Lunge in kleinen Gewebetaschen wirksam abgeschirmt ist, dauert eine Therapie häufig viele Monate, was die Behandlung erschwert. (Ich musste ein Medikament mit der Bezeichnung INH ein ganzes Jahr lang einnehmen.)

Mit Tuberkulose infizieren sich vor allem bereits geschwächte Personen und durch die zunehmenden HIV-Infektionen kehrt die Tuberkulose in erschreckendem Maß zurück. Ein weiterer Grund zur Sorge ist das verstärkte Auftreten von Mikroorganismen, die praktisch gegen alle bekannten Tuberkulosemedikamente resistent sind.

Ein großer Teil der Forschungsbemühungen gilt zurzeit der Entwicklung von neuen Antibiotika und Impfstoffen gegen

Tuberkulose. Auch hier hat vielleicht eine „genomische Strategie" die besten Chancen, die Schwachstellen der Bakterien aufzudecken, indem man die vollständigen DNA-Sequenzen einer großen Anzahl von unterschiedlichen Tuberkulosestämmen ermittelt. Inzwischen suchen die Forscher auch beim Menschen nach genetisch codierten Faktoren, die für die Anfälligkeit von Bedeutung sind. Vor kurzem wurden die Mühen belohnt. Das Gen *SLC11A1* besitzt eine verbreitete genetische Variante, die die Anfälligkeit beeinflusst. Und ein weiteres Gen, *TLR2*, trägt anscheinend zur Stabilisierung der Infektion bei, da Patienten mit einer weniger funktionsfähigen Variante von *TLR2* für die tuberkulöse Meningitis (Meningitis tuberculosa), die gefährlichste Tuberkuloseform, prädisponiert sind. Wie bei HIV/AIDS hat auch hier die Identifizierung der Wirtsfaktoren wichtige Hinweise für die Entwicklung neuer Präventions- und Behandlungsmethoden geliefert.

Influenza (Grippe)

Die schlimmste aller Pandemien der neueren Zeit war die „Spanische Grippe" in den Jahren 1918 bis 1919. Während dieser zwei Jahre war Schätzungen zufolge ein Drittel der Weltbevölkerung mit dem Erreger infiziert und zwischen 50 und 100 Millionen Menschen starben. Vor dieser Zeit hatte es bereits Grippeepidemien gegeben, und auch seit damals sind immer wieder Grippewellen aufgetreten, aber einen Stamm mit einer solchen Virulenz gab es zum ersten Mal.

Wie HIV und die meisten anderen Viren kann auch das Grippevirus durch schrittweise Mutationen seine biologischen Eigenschaften verändern. Vermutlich traten im Jahr 1918 Mutationen auf, durch die das Virus eine besondere Virulenz und sich die Übertragbarkeit vom normalen Wirt (Vögel) auf den Menschen entwickelte. Aber auch genetische Faktoren beim

Menschen entschieden darüber, wer überlebte und wer nicht. Wissenschaftler in Utah, die genealogische Aufzeichnungen und Totenscheine untersuchten, konnten zeigen, dass für Verwandte einer an Grippe verstorbenen Person eine größere Wahrscheinlichkeit bestand, ebenfalls an der Infektion zu sterben. Die genaue Art der genetischen Prädisposition für eine schwere Erkrankung ist noch unbekannt. Letztendlich ist es jedoch möglich, die Ursache tatsächlich zu finden, da die genealogischen Aufzeichnungen in Utah gut erhalten sind und sich die DNA-Sequenzen von Verstorbenen von denen ihrer Verwandten ableiten lassen.

Seit vier oder fünf Jahren befürchtet man weltweit, dass eine weitere Grippepandemie kurz bevorsteht. Ein Stamm von Grippeviren mit der Bezeichnung H5N1 dezimiert in Südostasien Vogelpopulationen, vor allem Hühner. Dieses Virus kann gelegentlich auch bei Menschen, die intensiv mit infizierten Vögeln in Kontakt gekommen sind, eine Erkrankung hervorrufen. Es wurden 250 Todesfälle gezählt. Es gibt auch große Befürchtungen für ein Schreckensszenario, in dem nur eine oder zwei Mutationen im Genom des Vogelgrippevirus ausreichen, um die Übertragung von Mensch zu Mensch zu ermöglichen. Bis jetzt gibt es jedoch nur 36 Fälle von erstinfizierten Personen, die das Virus auf andere Familienmitglieder übertragen haben. Interessanterweise ist nur bei vier dieser Fälle eine nichtverwandte Person (der Ehepartner) beteiligt. In allen übrigen Fällen sind die Infizierten miteinander verwandt. Das deutet darauf hin, dass sie eine Genvariante gemeinsam haben, die die Anfälligkeit für H5N1 erhöht. Diese gilt es nun vorrangig zu identifizieren, da hier wertvolle Hinweise für Prävention und Behandlung zu erhoffen sind, insbesondere, falls diese Krankheit pandemische Ausmaße annehmen sollte.

Als wenn es zu beweisen gälte, dass sich über die Grippe nichts vorhersagen lässt, trat im März 2009 in Mexiko ein neuer Virusstamm auf, der alle erstaunte. Dieses Virus, das mit H1N1

bezeichnet wurde, ist anscheinend eine ungewöhnliche Misch-
form aus genomischen Abschnitten von Viren, die bei Vögeln,
Schweinen und Menschen zirkulierten. Deshalb ist es auch im
Hinblick auf unsere „schweinischen Freunde" nicht gerechtfertigt, hier von der „Schweinegrippe" zu sprechen. Das Virus hat
sich schnell über zahlreiche Länder ausgebreitet, was seine hohe
Übertragbarkeit von Mensch zu Mensch belegt. Bis jetzt ist jedoch die Sterberate durch das Virus nicht ungewöhnlich hoch,
sodass eine Wiederholung der Situation von 1918 nicht zu erwarten ist. Man kann sich jedoch nicht sicher sein, dass die Letalität
des Virus nicht in den kommenden Monaten zunimmt. Daher
wird zurzeit ein wirksamer Impfstoff entwickelt.

Das Humanmikrobiomprojekt

Zum Ende dieses Kapitels möchte ich noch ein neues wissenschaftliches Forschungsgebiet vorstellen, das sich wahrscheinlich
in Zukunft stark auf die personalisierte Medizin auswirken wird.
Hier wird nicht das menschliche Genom untersucht, sondern
man befasst sich mit den Genomen der Mikroorganismen, die
auf und in uns leben. Diese Mikroben sind uns zahlenmäßig weit
überlegen. Ein menschlicher Körper besteht aus annähernd 400
Billionen Zellen. Wenn Sie jedoch alle mikrobiellen Zellen zu-
sammenzählen, die sich auf Ihrer Haut, in Ihrem Mund, Ihrer
Nase und Ihrem Darm befinden, kommen Sie auf eine Billiarde
(1 000 Billionen oder 1 000 000 000 000 000). Es gibt nicht nur
mehr mikrobielle als menschliche Zellen, sondern die Mikroorganismen sind auch noch außerordentlich vielfältig. Und die
Gesamtzahl der Gene, die sie enthalten, übersteigt unsere be-
scheidene Zahl von 20 000 Genen bei weitem.

Es ist daher angemessen, Menschen als Superorganismen auf-
zufassen, die mit diesen Mikroben in einer Symbiose leben. Der
größte Teil von ihnen trägt zu unserer normalen Gesundheit und

unserem Wohlergehen bei, da sie im Verlauf von Millionen von Jahren an uns angepasst wurden und wir an sie.

Diese Symbiose kann jedoch gestört werden. Die meisten Wissenschaftler vermuten, dass solche Störungen viel mehr Krankheiten verursachen als wir zurzeit annehmen. Eine große Schwierigkeit besteht darin, dass viele dieser Mikroorganismen nicht isoliert im Labor untersucht werden können, da sie sich offenbar nur auf und in ihrem menschlichen Wirt gut vermehren. Deshalb haben wir bis jetzt nur eine unzureichende Vorstellung davon, wie Störungen des normalen Mikrobioms tatsächlich eine größere Anzahl von Krankheiten verursachen können.

Ein aktuelles und eindrückliches Beispiel ist das Magengeschwür. Jahrzehnte lang betrachtete man diese Geschwüre als eine Folge von zu viel Magensäure, was häufig als Folge von Stress gedeutet wurde. Die Behandlung, die häufig erfolglos blieb, beruhte auf einer schonenden Diät und der Verabreichung von säureneutralisierenden Mitteln. Vor kurzem stellte sich jedoch heraus, dass Magengeschwüre tatsächlich durch das Bakterium *Heliobacter pylori* verursacht werden. Die geeignete Behandlung von Magengeschwüren erfolgt also nicht mit Säurehemmern, sondern mit Antibiotika.

Ich vermute stark, dass eine Reihe anderer seltsamer Krankheiten zu einem Großteil durch eine Störung des Mikrobioms hervorgerufen wird. Dazu gehören wahrscheinlich chronische Zahnfleischentzündung (Gingivitis), entzündliche Darmerkrankungen (Morbus Crohn und Colitis ulcerosa) sowie verschiedene andere Infektionen des Darms, der Haut und der Vagina.

Mit der Entwicklung von *DNA-Sequenzierungsmethoden* mit hohem Durchsatz und geringen Kosten haben sich neue Möglichkeiten ergeben, die Bedeutung des Mikrobioms bei Gesundheit und Krankheit zu untersuchen. Viele dieser Organismen lassen sich zwar nicht im Labor vermehren, da sie aber DNA enthalten, kann man ihr Vorhandensein durch eine umfassende DNA-Sequenzierung von Material aus verschiedenen Körperregionen nachweisen. Bei Hauterkrankungen von Kindern, das heißt bei Ekzemen, die offenbar mehr mit einer Veränderung des Mikrobioms der Haut zu tun haben als bisher angenommen, ließen sich bereits neue interessante Erkenntnisse gewinnen.

Ein besonders erstaunlicher Befund ist, dass Mikroorganismen des Darmtraktes möglicherweise bei Fettleibigkeit eine entscheidende Rolle spielen. Vor kurzem durchgeführte Untersuchungen an normalgewichtigen und fettleibigen Probanden zeigen, dass sich das dort vorhandene Spektrum an Mikroorganismen grundlegend unterscheidet. Bei Experimenten mit Mäusen führte die Übertragung von Mikroorganismen aus einer fettleibigen auf eine normalgewichtige Maus zu einer Gewichtszunahme des Empfängertiers. Das deutet darauf hin, dass die Mikroorganismen auf eine bestimmte synergistische Weise zur effizienten Nutzung von Kalorien beitragen. Diese Ergebnisse haben die Fantasie der biomedizinischen Forscher beflügelt, denn möglicherweise lassen sich neue Behandlungsmethoden gegen Fettleibigkeit entwickeln, bei denen man die Darmflora verändert.

Die Zukunft

Anders als bei den vorherigen Kapiteln gibt es im Zusammenhang mit den Themen dieses Kapitels zurzeit relativ wenige spezifische genetische Tests, die einen Menschen vor einem Risiko für künftige Infektionskrankheiten warnen könnten. Eine Ausnahme ist vielleicht der Test für die *CCR5-Δ32*-Mutation, durch den sich die Anfälligkeit für AIDS bestimmen lässt. Hier ist jedoch der Wert der Information über den eigenen Status eher fragwürdig. Tatsächlich sollten die Alarmglocken läuten, wenn in den einschlägigen Magazinen per Anzeige genetische Tests für diese Mutation angeboten würden. Zu bedenken ist, dass sich

Personen, bei denen festgestellt wird, dass sie zwei Kopien von *CCR5*-Δ32 besitzen, keine Gedanken mehr über ihr AIDS-Risiko machen und beim Sex mehr Risiko eingehen könnten. Das wäre insofern eine ungünstige Entscheidung, da *CCR5*-Δ32 vor den zahlreichen anderen sexuell übertragbaren Krankheiten keinen Schutz bietet.

Es lässt sich jedoch mit Sicherheit vorhersagen, dass solche Informationen über genetisch bedingte Anfälligkeiten für Infektionskrankheiten in der personalisierten Medizin von Bedeutung sein werden. Das wird sich auf unterschiedliche Weise zeigen:

1. Innerhalb weniger Jahre werden viele Menschen die Möglichkeit haben, ihr Genom vollständig sequenzieren zu lassen. Dadurch werden mit Sicherheit Faktoren entdeckt, anhand derer sich Anfälligkeiten für bestimmte Krankheiten vorhersagen lassen. Das kann zum Beispiel sinnvoll sein, wenn Sie in ein Malariagebiet reisen und abschätzen möchten, wie gefährlich eine Erkrankung für Sie sein könnte.

2. Reaktionen auf Impfstoffe werden sich ebenfalls vorhersagen lassen. Nicht alle Menschen zeigen bei einer geeigneten Dosis eines Impfstoffs gegen einen bestimmten Krankheitserreger dieselbe Reaktion. Hier spielen genetische Faktoren eine große Rolle. Für die Zukunft ergibt sich die Möglichkeit, die Dosis oder die Häufigkeit der Verabreichung auf Grundlage der genetischen Ausstattung eines Menschen zu optimieren.

3. Mit großer Wahrscheinlichkeit werden Probenentnahmen aus den individuellen Mikrobiomen zu einem wichtigen Faktor, um bestimmte Krankheiten wie Hautausschläge, Vaginalinfektionen und Darmbeschwerden zu diagnostizieren. Darüber hinaus fällt es nicht schwer sich vorzustellen, dass in Zukunft sogar routinemäßig Proben des Mikobioms an verschiedenen Körperregionen genommen werden, um auf diese Weise frühe Warnsignale zu entdecken, sogar noch bevor Symptome auftreten.

4. Wenn Sie in der Zukunft an einer Infektion erkranken, werden die dann verschriebenen Medikamente wahrscheinlich auf genomischen Daten basieren, die man aus Ihren Genen und den Genen des Krankheitserregers gewonnen hat, so wie es heute bereits bei *CCR5* und HIV der Fall ist.

5. Der Behandlung von Infektionskrankheiten mit Medikamenten wird auch künftig in den meisten Fällen die größte Bedeutung zukommen. Die Reaktion auf diese Medikamente ist jedoch bei den einzelnen Menschen unterschiedlich. Deshalb werden genetische Tests hier eine immer größere Bedeutung erlangen und es schließlich ermöglichen, für jeden Patienten das passende Medikament auszuwählen und die geeignete Dosis einzustellen. In Kapitel 9 werde ich mich noch ausführlicher dazu äußern.

Durch diesen Ausflug in die Infektionskrankheiten haben wir uns sehr weit von der klassischen Genetik entfernt, wie sie Mendel gekannt hat. Seien Sie jedoch auf der Hut, jetzt wollen wir uns auf noch unübersichtlicheres Terrain begeben. Stellen Sie sich folgende Frage: Könnten relevante Eigenschaften Ihrer Persönlichkeit, etwa die Vorliebe für Abenteuer oder ein leichter Hang zur Depression, auch in Ihre Gene eingeschrieben sein?

Was Sie heute tun können, um an der Revolution der personalisierten Medizin teilzuhaben

Ihr persönlicher Beitrag zur Vermeidung von Infektionskrankheiten können Kenntnisse über die Prinzipien des Safer Sex und deren praktische Anwendung sein. Zurzeit gibt es keine Heilung von HIV, und viele andere sexuell übertragbare Krankheiten können sich sehr gravierend auswirken und sind schwer zu behandeln, sodass Sie am besten alles tun, um eine Infektion zu vermeiden. Eine vertrauenswürdige Stelle für zuverlässige medizinische Informationen zu diesem und zahlreichen anderen Themen ist MedlinePlus, betrieben von der National Library of Medicine. Empfehlungen für Safer Sex finden sich unter http://www.nlm.nih.gov/MEDLINEPLUS/ency/article/001949.htm.

7

Gene und Gehirn

Wahrscheinlich haben sie aus den Medien schon von dem sensationellen Befund erfahren, dass man nun verschiedene Erkrankungen des Gehirns und sogar Persönlichkeitsmerkmale oder Verhaltensweisen mit spezifischen Genen in Verbindung gebracht habe. Und wie leicht erliegt man der falschen Vorstellung, wir könnten für alles, was wir tun, eine einfache genetische Erklärung finden. Preisfrage: Welche der folgenden Befindlichkeiten sind fast vollständig durch Gene bestimmt: Alkoholismus, Chorea Huntington, Spiritualität, Depression, sexuelle Orientierung, eheliche Treue oder Intelligenz? Hinweis: nur eine. Und zu welchen davon liefern genetische Faktoren zumindest einen Beitrag? Hinweis: Dies ist ein Buch über Vererbung.

Als ich mit dem Medizinstudium anfing, war gerade die DNA-Rekombinationstechnik erfunden worden. Die Möglichkeit, DNA-Fragmente neu zusammensetzen zu können, faszinierte die Wissenschaftsgemeinde und beunruhigte die Öffentlichkeit. Als ich gerade meinen PhD in Chemie abgeschlossen hatte, fühlte ich mich von der Schönheit und Eleganz des DNA-Moleküls angezogen und beschloss nach wenigen Monaten an der medizinischen Fakultät, dass ich mich zukünftig mit der Genetik befassen wollte.

Medizinische Genetik war allerdings noch ein geheimnisumwitternes Fachgebiet. So suchte ich mir an der Fakultät einen Dozenten, der an der Genetik der häufigeren Krankheiten forschte, und befasste mich mit seinen Arbeiten. Und eines Nachmittags fragte ich ihn, ob es seiner Ansicht nach irgendwelche Krankheiten gebe, die im Erwachsenenalter auftreten und bei denen die Vererbung überhaupt keine Rolle spiele. Er antwortete, dass dafür wahrscheinlich einige infrage kämen, aber das überzeugendste Beispiel sei die Parkinson-Krankheit. Hier hätten zahlreiche Studien eindeutig gezeigt, dass kein genetischer Faktor beteiligt sei. Aufgrund des späten Einsetzens und des allgemein sporadischen Auftretens könne die Parkinson-Krankheit nur durch einen noch unbekannten äußeren Faktor ausgelöst werden. So oder so ähnlich waren seine Worte.

20 Jahre später, im Jahr 1994: Als Direktor des National Human Genome Research Institute an den National Institutes of Health wurde ich von Wissenschaftlern angesprochen, die die Parkinson-Krankheit untersuchten. Sie waren recht frustriert, weil sie deren Ursache nicht herausfinden konnten und fragten sich, ob nicht ein genetischer Ansatz sinnvoll sein könnte.

Ich erinnerte mich an den Kommentar meines früheren Mentors, und so ließ mich dieser Vorschlag nur an eine Sackgasse denken. Aber mein Freund und Kollege Dr. Robert Nussbaum zeigte sich an der Frage sehr interessiert. Nicht einmal ein Jahr später stand ich in Bobs Labor und er präsentierte mir die Daten, die bei einer Gruppe von italienischen und griechischen Familien erhoben wurden und für die Parkinson-Krankheit eine genetische Ursache aufzeigten. Viele Angehörige dieser Familien waren schon ziemlich früh erkrankt, etwa im Alter von 40 oder 50 Jahren. Ihre Symptome waren jedoch charakteristisch: Zittern, Steifheit der Muskulatur, Verlust der Mimik, Schwierigkeiten beim Einleiten von Bewegungen, Neigung zu Stürzen bis schließlich ein Rollstuhl notwendig wurde oder sogar Bettlägerigkeit eintrat. Das Vererbungsmuster in diesen Familien deutete darauf hin, dass eine dominante Mutation eines einzelnen Gens zugrunde lag.

Dieses Gen hatte Bobs Arbeitsgruppe herausgefunden. Bei der mutierten Variante befindet sich in der Mitte der codierenden Region des α-Synuclein-Gens ein einziger falscher Buchstabe. Das Ergebnis ist eine scheinbar harmlose Veränderung einer einzigen Aminosäure, aber diese reicht aus, um bei Menschen, die diese Mutation tragen, die zerstörerische Krankheit auszulösen.

Kurz darauf stellte sich heraus, dass das α-Synuclein-Protein erheblich zur Degenerierung der Nervenzellen in der Substantia nigra beiträgt, also der Gehirnregion, die bei der Parkinson-Krankheit immer betroffen ist. Die Nervenzellen in dieser Region produzieren als Neurotransmitter Dopamin. Daher spielt bei der Behandlung der Parkinson-Krankheit L-Dopa, das die fehlende Substanz ersetzen soll, eine wichtige Rolle.

Aber Mutationen im α-Synuclein-Gen sind nur selten die Ursache für die Parkinson-Krankheit. Insofern entsprechen diese Mutationen den *BRCA1*-Mutationen bei Brustkrebs, die auch nur für eine geringe Zahl von Fällen verantwortlich sind. Was ist aber mit den übrigen? Durch anschließende Untersuchung weiterer Familien wurden nicht weniger als 13 verschiedene Stellen im Genom entdeckt, an denen geringe Veränderungen das Risiko für die Parkinson-Krankheit erhöhen. Eine der häufigsten Mutationen betrifft das *LRRK2*-Gen; sie war bei Sergey Brin, dem Mitbegründer von Google, und seiner Mutter gefunden worden (Kapitel 3).

Hatte mein Professor an der medizinischen Fakultät demnach vollkommen falsch gelegen? Ist die Parkinson-Krankheit also ausschließlich genetisch bedingt und spielen äußere Faktoren überhaupt keine Rolle? Nicht so voreilig. Im selben Jahr, als ich mit meinem Professor sprach, gab es einige Hundert Kilometer entfernt an einer anderen akademischen Institution ein seltsames, tragisches Ereignis.

Im Jahr 1976 war Barry Kidston (23 Jahre) ein graduierter Student der Chemie an der University of Maryland. Auf seinem Highschool-Senior-Foto, das immer noch im Internet aufgerufen werden kann, sieht er aus wie ein junger aufstrebender Wissenschaftler der 1970er-Jahre, mit ungekämmten Haaren und Hornbrille. Sein Interesse an der Chemie war jedoch offenbar nicht nur akademischer Art. Barry machte sich daran, die chemische Verbindung MPPP zu synthetisieren, ein Analogon des Betäubungsmittels Dolantin, das gedacht war für den eigenen Gebrauch. Er erwartete eine ähnliche Wirkung wie bei Heroin und injizierte sich schließlich das Syntheseprodukt. Offensichtlich war ihm jedoch ein großer Fehler unterlaufen, denn drei Tage später entwickelte er die voll ausgeprägten Symptome der Parkinson-Krankheit. Dieser ungewöhnliche Fall führte zu einer Untersuchung durch das National Institute for Mental Health (NIMH). Dabei wurde festgestellt, dass sich in den Laborgläsern, die Barry für die Synthese verwendet hatte, Spuren von MPTP befanden, einer anderen verwandten chemischen Verbindung. Die Ermittler am NIMH nahmen an, dass MPTP für die dopaminproduzierenden Zellen möglicherweise giftig ist, konnten aber bei Laborratten keine Schädigungen nachweisen. Barry war durch seine andauernden schweren neurologischen Symptome deprimiert und versank immer tiefer in der Drogensucht, bis er schließlich an einer Überdosis Kokain starb.

Sechs Jahre später wiederholten sich die Ereignisse. In einer Notaufnahme in Kalifornien wurden sieben junge Drogensüchtige mit akuten Symptomen der Parkinson-Krankheit eingeliefert. Dieses Mal gelang es den Ermittlern, die Spur der verantwortlichen illegalen Droge aufzunehmen, die in einer Garage hergestellt und unter dem Namen *China White* verkauft wurde. Auch hier stellte man eine signifikante Kontamination mit MPTP fest. Dieses Mal wurde die Verbindung an Primaten getestet und sie rief schwere Symptome der Parkinson-Krankheit hervor. (Noch ein Lerneffekt: Ratten können zwar in vieler Hinsicht als Stellvertreter des Menschen dienen, aber nicht immer.)

Eine Vergiftung mit MPTP ist eine sehr seltene Ursache für die Parkinson-Krankheit. Aber diese beiden Geschichten – die italienischen und griechischen Familien mit den α-Synuclein-Mutationen und Barrys verunglücktes chemisches Experiment – sind die Grenzfälle des gesamten Spektrums der Parkinson-Krankheit. Es reicht von einer rein genetischen Ursache bis hin zu einem äußeren Faktor als alleinigem Auslöser. Die meisten übrigen Fälle liegen dazwischen. Unter diesem Aspekt kann man die Parkinson-Krankheit als Modell für alle anderen häufigeren Erkrankungen des Menschen auffassen. Entscheidend wird sein, das Risiko frühzeitig zu erkennen, bevor es zu einer irreversiblen Organschädigung gekommen ist. Da unser Verständnis einer personalisierten Medizin immer umfassender wird, lässt sich bald jeder einzelne Krankheitsfall in einem Spektrum aus genetischen und äußeren Ursachen genau einordnen, um die wirksamste Behandlung zu finden.

Das komplizierteste Organ

Das menschliche Gehirn ist nicht nur Woody Allens zweitliebstes Organ, sondern auch das komplizierteste Organ aller Lebewesen auf der Erde. Es enthält schätzungsweise 50 bis 100 Milliarden Nervenzellen, die sich gegenseitig durch über 100 Billionen Verbindungen Signale zusenden. Dass die nur mehr 20 000 menschlichen Gene, die in einer DNA-Bedienungsanleitung mit über drei Milliarden Buchstaben enthalten sind, ausreichen, um solch ein wunderbares Organ hervorzubringen, erstaunt weiterhin alle, die sich damit nicht nur oberflächlich beschäftigen.

Das Gehirn exprimiert die meisten dieser 20 000 Gene – kaum eines ist während der Lebensdauer des Gehirns dauernd abgeschaltet. Die Feinheiten ihrer Expression in den verschiedenen Teilen des Gehirns werden gerade erst in Ansätzen erforscht. Ein Teil der unglaublichen anatomischen Komplexität des Gehirns entsteht durch eine exzellente zeitliche Abstimmung während der Entwicklung, in der Gene immer genau zum richtigen

Zeitpunkt an- oder abgeschaltet werden. Diese Komplexität wird dadurch noch erhöht, dass viele Gene im Gehirn durch das sogenannte alternative Spleißen mehr als nur ein einziges Protein hervorbringen. Ein besonders bemerkenswertes Gen im Gehirn produziert schätzungsweise 38 000 unterschiedliche Proteine!

Die Entwicklung des Gehirns ist nicht nur im Genom festgelegt. Das Gehirn ist das Organ im Körper, das von Wechselwirkungen mit der Umwelt am entscheidendsten beeinflusst wird. Die äußere Stimulierung während der frühen Kindheit ist für die normale Gehirnentwicklung essenziell und hat grundlegende Auswirkungen darauf, welche Verbindungen hergestellt oder wieder gelöst werden. Selbst im Erwachsenenalter verändert die Aufnahme neuer Informationen neuronale Verbindungen. Diese Verbindungen können durch Krankheiten oder Drogen zerstört werden.

Aufgrund der enormen Komplexität des Gehirns, des zugrunde liegenden Musters der individuellen genetischen Varianten und der ständig darauf einstürmenden äußeren Eindrücke erstaunt es nicht, dass sich die Gehirne zweier Menschen – auch von eineiigen Zwillingen – von Grund auf unterscheiden. Ungünstigerweise können jedoch einige dieser Unterschiede zu schweren Erkrankungen führen.

Neurodegenerative Erkrankungen

Mein Vater hatte in den 1930er-Jahren amerikanische Folk-Songs gesammelt, und während meiner Kindheit in den 1950er-Jahren waren häufig Folk-Musiker auf unserer Farm im Shenandoah Valley in Virginia zu Gast. So lernte ich damals die Lieder von Woody Guthrie kennen, die mir gut gefielen. Er war der beste Liedermacher Amerikas. Aber seine Stimme verstummte viel zu früh, als ich noch ein Kind war. Er litt an einer seltsamen

Krankheit, die ihn immer mehr schwächte und mit unberechenbarem Verhalten, unkontrollierten ruckartigen Bewegungen der Extremitäten und einem langsamen, unaufhaltsamen Abbau einherging, bis er schließlich im Jahr 1967 starb. Die Krankheit war Chorea Huntington. Woodys Mutter war daran gestorben, als er erst 15 Jahre alt war. Später erkrankten auch zwei seiner Töchter, nur sein Sohn Arlo, der selbst ein berühmter Sänger ist, bleibt anscheinend verschont.

Chorea Huntington ist ein klassisches Beispiel für eine im Erwachsenenalter einsetzende Erkrankung mit dominanter Vererbung. Für alle Kinder eines Betroffenen besteht eine Wahrscheinlichkeit von 50 Prozent, dass sie die Genmutation erben und die Krankheit entwickeln (Abbildung 2.3). Das Durchschnittsalter bei Ausbruch der Krankheit beträgt 37 Jahre. Im Jahr 1993 beteiligte sich mein Labor an einem Gemeinschaftsprojekt, das die der Krankheit zugrunde liegende Mutation aufspürte. Seit damals bemüht man sich auch intensiv um verbesserte Behandlungsmethoden. Aber auch heute warten die Forscher trotz einiger vielversprechender Ansätze immer noch auf den lang ersehnten Durchbruch.

Chorea Huntington ist nur ein Beispiel in einer langen Liste von hochgradig vererbbaren neurodegenerativen Krankheiten. Viele davon sind nur selten. Eine dieser Krankheiten ist die Charcot-Marie-Tooth-Hoffmann-Krankheit, von der schon in der Einleitung die Rede war, weil mein Schwiegervater davon betroffen ist und meine Frau sie möglicherweise auch geerbt hat. Darüber hinaus gibt es komplexere neurologische Erkrankungen, deren Vererbungsmuster generell nicht einfach zu verstehen ist, obwohl zweifellos genetische Faktoren eine Rolle spielen. Zu diesen Krankheiten gehört die Parkinson-Krankheit, die wir bereits besprochen haben, und außerdem die Alzheimer-Krankheit, mit der wir uns im Kapitel über das Altern noch beschäftigen werden.

Bedeutende psychische Erkrankungen

Das komplizierteste Organ des Körpers ist auch ein Bereich, der bei einer Fehlfunktion ein erhebliches Maß an Verhaltensstörungen und menschlichem Leid hervorrufen kann. Noch schlimmer ist, dass psychische Erkrankungen in der Vergangenheit stigmatisiert wurden, wodurch Betroffene und ihre Familien noch mehr belastet waren. Psychische Erkrankungen treten häufig bei jungen Menschen auf und sind als Entwicklungsstörungen besser verstanden als neurodegenerative Erkrankungen. Sie sind weiterhin eine Herausforderung für die medizinische Forschung, da Kenntnisse über die Ursachen sowie Diagnose- und Behandlungsmethoden alles andere als umfassend sind.

Wir wollen uns hier mit vier spezifischen psychischen Erkrankungen beschäftigen und dann in einer kurzen Zusammenfassung darauf eingehen, was man bis jetzt aufgrund von Untersuchungen des menschlichen Genoms über mögliche Ursachen weiß.

Schizophrenie

Im Gegensatz zu dem, was Sie vielleicht aus Romanen und Kinofilmen über Schizophrenie wissen, handelt es sich *nicht* um eine Erkrankung, bei der ein Mensch eine „gespaltene" Persönlichkeit besitzt (so etwas bezeichnet man als „multiple Persönlichkeitsstörung"). Tatsächlich ist diese häufige Krankheit (betroffen ist etwa ein Mensch von hundert) durch Halluzinationen, Wahnvorstellungen sowie unstrukturiertes und realitätsfremdes Denken gekennzeichnet. Ein etwas genaueres, aber immer noch sehr romantisierendes Bild zeigt der Film *Genie und Wahnsinn* (*A Beautiful Mind*), der das Leben von John Forbes Nash nachzeichnet, einem genialen Mathematiker, der 1994 mit dem Nobelpreis für Wirtschaftswissenschaften geehrt wurde. Das Traurige ist, dass sich Schizophrenie allgemein viel katastrophaler auswirkt als bei John

Forbes Nash. Es gibt zwar seit über 50 Jahren Medikamente, die einige der schlimmeren Symptome kontrollieren können, sodass viele Betroffene aus der psychiatrischen Klinik entlassen werden konnten, aber sie beseitigen nicht die kognitiven Schwierigkeiten und führen deshalb auch keine Heilung herbei. Die Tatsache, dass von Schizophrenie betroffene Menschen vielfach zu den Wohnungslosen gehören, weist auf das gesellschaftliche Versagen hin, mit dieser schwerwiegenden Krankheit angemessen umzugehen.

Manisch-depressive Erkrankung (bipolare affektive Störung)

In ihrem bewegenden Buch *Touched with Fire* zitiert die Autorin Dr. Kay Jamison am Anfang des ersten Kapitels den Dichter Lord Byron: „Wir von der künstlerischen Zunft sind alle verrückt. Einige sind vom Frohsinn angesteckt, andere von der Melancholie, aber alle sind mehr oder weniger nicht ganz bei Trost."

Im selben Buch analysiert die Autorin, die selbst manisch-depressiv ist, das Leben bedeutender literarischer und künstlerischer Personen, die in den letzten Jahrhunderten gelebt haben. Sie zieht den Schluss, dass ein wesentlicher Teil von ihnen an einer manisch-depressiven Erkrankung gelitten hat. Die Kreativität kann zwar in einer manischen Phase bemerkenswerte Höhen ereichen, aber die Abgründe der Depression, die diese Krankheit in ihrer vollständig ausgeprägten Form mit sich bringt und die viel zu häufig zur Selbsttötung der Betroffenen führten, sind eine Form der Finsternis, die sich niemand vorstellen kann, der nicht davon betroffen ist. Etwa ein Prozent der Menschen in allen Gesellschaftsschichten sind von dieser Erkrankung betroffen. Seitdem die Behandlung mit Lithium eingeführt ist, lassen sich zwar die extremen Stimmungslagen deutlich abmildern, aber man weiß noch kaum etwas über die Erkrankung.

Depression im eigentlichen Sinn

Nahezu alle Menschen machen in ihrem Leben die Erfahrung gelegentlicher Episoden einer situationsbezogenen Depression, etwa nach schweren Fehlschlägen und Unglücksfällen. Für das Einsetzen einer Depression im eigentlichen Sinn müssen solche Faktoren jedoch nicht unbedingt vorliegen. Von der Erkrankung Betroffene erleben lang anhaltende Traurigkeit, Reizbarkeit, Schlafstörungen, Appetitlosigkeit und verlieren die Fähigkeit, sich zu freuen. Ein solcher Zustand erstreckt sich über deutlich mehr als zwei Wochen und wirkt sich auch deutlich auf Arbeit und Beziehungen aus. Die Depression ist die häufigste der bedeutenden psychischen Erkrankungen, zwölf Prozent der Männer und 20 Prozent der Frauen sind davon betroffen. Die Depression zeigt einen variablen Verlauf und die Reaktion auf eine Behandlung ist nicht vorhersagbar, doch sobald die Diagnose gestellt wurde, kann fast allen Patienten mit dieser beschwerlichen Krankheit geholfen werden.

Autismus

Autismus ist eine äußerst tragische Erkrankung. Zurzeit wird sie bei einem von 150 Kindern diagnostiziert, Jungen sind viermal häufiger betroffen als Mädchen. Die Zahl der diagnostizierten Fälle hat sich in den vergangenen 30 Jahren deutlich erhöht. Hier hat sich eine erhebliche Kontroverse darüber entwickelt, ob dieser Trend einer tatsächlichen Erhöhung der Häufigkeit entspricht oder ob Ärzte und Eltern gegenüber Autismus einfach aufmerksamer geworden sind. Die Erkrankung setzt im Allgemeinen ein, bevor die Kinder drei Jahre alt sind. Sie ist gekennzeichnet durch eine Störung der Kommunikation und der sozialen Interaktionen, außerdem treten eingeschränkte und sich wiederholende Verhaltensweisen und Handlungen auf. Aufgrund des Alters, in dem die Erkrankung einsetzt, und ihres offensichtlich häufigeren Auftretens, wurden Bedenken geäußert, ob nicht bestimmte Impfungen, insbesondere solche, die das Konservierungsmittel Thiomersal enthalten, für das Auslösen von Autismus verantwortlich sein könnten. Wiederholte objektive Analysen durch ganze Kohorten ausgewiesener Experten haben jedoch für einen solchen Zusammenhang keine Belege gefunden. Zudem wird Thiomersal ab dem Jahr 1991 in Großbritannien nicht mehr in Impfstoffen verwendet, aber die Häufigkeit von Autismus nimmt dort weiterhin zu, genauso wie in den USA. Das fortgesetzte Bestreben, zwischen Impfstoffen und Autismus eine Verbindung herzustellen, wie es von einer sehr lautstarken kleinen Gruppe betrieben wird, die sich aus der Unterstützergemeinschaft für Autismusbetroffene rekrutiert, ist angesichts der Ergebnisse objektiver Studien kaum nachzuvollziehen. Es ist zwar verständlich, dass Eltern, deren Kinder von Autismus betroffen sind, verzweifelt nach Antworten suchen, aber das ständige Weiterführen einer wenig stichhaltigen Theorie droht allmählich die konsequente Immunisierung von Kindern zu behindern, und als Folge kommt es bereits zu neuen Masernepidemien.

Genetische Faktoren bei bedeutenden psychischen Erkrankungen

Für all diese Krankheiten – Schizophrenie, manisch-depressive Erkrankung, Depression und Autismus – gibt es deutliche Belege für genetische Faktoren als Ursache. Wenn man ein aufschlussreiches Experiment der Natur – *eineiige Zwillinge* – untersucht, zeigen sich bei allen vier Erkrankungen starke Übereinstimmungen. Für einen eineiigen Zwilling eines an Schizophrenie erkrankten Menschen besteht eine Wahrscheinlichkeit von 50 Prozent, dass er ebenfalls erkrankt. Bei einem *zweieiigen Zwilling* beträgt die Wahrscheinlichkeit nur 15 Prozent. Bei der manisch-depressiven Erkrankung beträgt die Übereinstimmung bei eineiigen Zwillingen etwa 60 Prozent und bei der Depression im eigentlichen Sinn etwa 40 Prozent. Bei Autismus hängt das Ergebnis von der Studie und der genauen Definition dieser Krankheit ab, die Übereinstimmung liegt jedenfalls bei 90 Prozent. Hier ließe sich einwenden, dass die gemeinsame Umgebung im Uterus diese hohen Übereinstimmungsraten bewirken könnte, ohne dass vererbbare DNA eine Rolle spielt. Die Tatsache aber, dass auch zweieiige Zwillinge zusammen neun Monate im Uterus verbringen, die Übereinstimmung aber viel geringer ist, deutet darauf hin, dass doch eher die Vererbung entscheidend ist.

Trotz der Anwendung von genomweiten Assoziationsstudien (GWAS, Kapitel 3) befinden sich die Mutationen für diese vier Erkrankungen weiterhin im Bereich der „dunklen Materie" des Genoms. Es gibt einige wenige gesicherte Befunde: Bei der Schizophrenie kommt es durch eine Variante des *ZNF804A*-Gens anscheinend zu einer geringfügigen Erhöhung des Risikos; mit der manisch-depressiven Erkrankung werden die Gene *ANK3* und *CACNA1C* in Verbindung gebracht; und bei Autismus gibt es Hinweise auf einen Zusammenhang mit den Genen *SHANK3* und *CAD10*. Aber mit diesen Befunden lässt sich nur ein geringer Teil des Risikos erklären.

Wenn wir die Evolution berücksichtigen, ist ein solches Ergebnis vielleicht nicht mehr ganz so unerwartet. Mit dem GWAS-Verfahren lassen sich bekanntermaßen nur die *häufigeren* Varianten in der Bevölkerung feststellen. Eine genetische Variante aber, die mit einer deutlichen Verringerung der Fortpflanzungsfähigkeit einhergeht, kann in einer Population niemals verbreitet sein, und Autismus und Schizophrenie verringern die Wahrscheinlichkeit, dass ein Mensch Nachwuchs bekommt, erheblich. Unter diesen Voraussetzungen ist anzunehmen, dass die genetischen Faktoren für Autismus und Schizophrenie relativ selten vorkommen und häufig als neue Mutationen auftreten, die ein hohes Risiko mit sich bringen, dass der Träger an einer psychischen Störung erkrankt, die Mutationen aber nach wenigen Generationen wieder aus der Population verschwinden.

Es gibt zunehmend Beweise, die dieses Modell stützen. So hat man beispielsweise festgestellt, dass bei Schizophrenie und Autismus bestimmte größere Umstrukturierungen des Genoms, die mit dem Zugewinn oder Verlust von Kopien einhergehen (Kopienzahlvarianten [CNV], Abbildung 3.7), mit größerer Häufigkeit auftreten als bei gesunden Menschen. Manchmal sind diese DNA-Abschnitte groß genug, dass es zur Verdopplung oder zum Verlust ganzer Gene kommt. So werden signifikante Auswirkungen auf die Funktion wahrscheinlicher. Wenn wir davon ausgehen, dass das Gehirn das komplizierteste Organ ist, erstaunt es nicht, dass diese Art der Genomumstrukturierung im Nervensystem die gravierendsten Effekte zeigt.

Um dieses Geheimnis zu lüften, benötigen wir die vollständigen DNA-Sequenzen von Menschen mit diesen Erkrankungen. So sollten sich neu entstandene CNV und andere seltene Varianten, die einen starken Effekt zeigen, auffinden lassen. Bis diese Arbeiten abgeschlossen sind, lässt sich nur schwer mit Sicherheit feststellen, ob diese Störungen zu einer großen Gruppe aus verschiedenen Erkrankungen gehören oder ob sich dahinter ein gemeinsames molekulares Muster verbirgt, mit dessen Hilfe man die Krankheiten besser verstehen lernt, um eine bessere Vorbeugung und Behandlung zu erreichen.

Inzwischen sind für Menschen, die an genetischen Diagnosen oder Tests auf Anfälligkeit gegenüber psychischen Erkrankungen interessiert sind, einige solcher Tests auf dem Markt, aber ihre Zuverlässigkeit bleibt zweifelhaft. So vertreibt beispielsweise das Unternehmen Psynomics einen DNA-Test für die Anfälligkeit für eine manisch-depressive Erkrankung. Es heißt seitens des Unternehmens, dass diese Information hilfreich sein könne, um in unsicheren Fällen eine Diagnose zu stellen. Der angebotene Test beruht jedoch auf einer Variante des *GRK3*-Gens, die noch nicht in einer groß angelegten Studie untersucht wurde. Das Ergebnis könnte also ziemlich nutzlos sein. Hinzu kommt, dass ein noch nicht abgesicherter Test dieser Art, der von Patienten oder ihren Ärzten angewendet wird, um in einer unklaren Situation eine ernste Diagnose zu stellen, möglicherweise mehr Schaden als Nutzen anrichtet. Dies ist ein weiteres Argument dafür, dass genetische Tests stärker kontrolliert werden müssen.

Verhaltensgenetik

Was ist mit Persönlichkeitsmerkmalen und Verhaltensweisen, die nicht so selten oder zerstörerisch sind? Selbst hier spielen genetische Faktoren eine Rolle. Darüber hinaus können solche Merkmale mit dem Gesundheitssystem in Wechselwirkung treten; sie können unsere Reaktion auf die Empfehlungen der personalisierten Medizin beeinflussen. Möglicherweise finden sie auch Eingang in die Ergebnisse von DNA-Tests, die von Unternehmen direkt für Privatkunden angeboten werden. Es handelt sich mit Sicherheit um Eigenschaften, für die sich Menschen aller Altersstufen sehr interessieren. Nichts von dem Folgenden soll dazu dienen, die Persönlichkeit medizinisch zu durchdringen (zu „medizinisieren") oder den freien Willen einzuschränken. Wenn überhaupt sollte die Genetik der Persönlichkeit dazu dienen, den freien Willen zu *stärken*.

Depressionen nach belastenden Ereignissen im Leben

Die klinische Depression im eigentlichen Sinn wurde oben bereits besprochen. Was lässt sich jedoch über Episoden mit situationsbedingter Depression aussagen? Die einzelnen Menschen erholen sich offensichtlich unterschiedlich von Ereignissen wie dem Ende einer Liebesbeziehung, Todesfällen, Krankheiten und beruflichen Krisen. Sind für diese Reaktionen Gene von Bedeutung?

Es gibt jedenfalls zunehmend Beispiele, die zeigen, dass Gene eine Rolle spielen. Eine Studie mit etwa 20-Jährigen in Neuseeland zeigte, dass 17 Prozent von ihnen im Alter von 19 Jahren eine Depression erlebt hatten. Die Forscher vermuteten, dass hier der individuelle Serotoninspiegel, eine der Gehirnsubstanzen für Wohlbefinden, von Bedeutung ist. Als schließlich Varianten eines Gens für ein Serotonintransportprotein im Gehirn untersucht wurden, stellte sich interessanterweise heraus, dass bei Probanden, die zwei Kopien des sogenannten „kurzen Allels" besaßen, welches die Serotinaufnahme verringert, die Wahrscheinlichkeit für eine depressive Reaktion deutlich erhöht war. Provokanter jedoch war das Ergebnis, dass Probanden mit dem kurzen Allel, die auch noch als Kinder missbraucht worden waren, für depressive Episoden besonders anfällig waren.

Wenn diese Schlussfolgerung korrekt ist (und das ist keinesfalls sicher, da neuere Studien das Ergebnis nicht bestätigen konnten), handelt es sich hier anscheinend um ein Beispiel dafür, dass die vererbten Gene die Basis bilden, auf die dann die Umwelt einwirkt. Matt Ridley hat dies in seinem interessanten Buch *Nature via Nurture* (sinngemäß: „Die genetische Anlage wirkt zusammen mit der Umwelt") im Einzelnen dargelegt. Ridley schreibt überzeugend über die Wechselwirkungen zwischen Erbanlagen und Umwelt: „Gene sind weder Puppenspieler noch Blaupausen. Und sie sind nicht einfach nur Erbfaktoren. Sie sind während des Lebens aktiv, sie schalten sich gegenseitig ein und aus, sie reagieren auf die Umgebung. Sie mögen zwar im Mutterleib den Aufbau des Körpers und des Gehirns steuern, aber dann bauen sie alles, was sie errichtet haben, ab und wieder neu auf – allein als Reaktion auf äußere Reize. Sie sind sowohl die Ursache als auch das Ergebnis unserer Aktivitäten. Manchmal sind die Anhänger der ‚Umweltseite' vor der Stärke und Zwangsläufigkeit der Gene so sehr erschrocken, dass sie die wichtigste Botschaft übersehen: „Die Gene sind auf ihrer Seite."

Obwohl Ridley die Zeilen geschrieben hat, bevor die Bedeutung der Gene bei den Reaktionen auf belastende Erlebnisse
entdeckt wurde, könnte er durchaus dieses Phänomen gemeint
haben.

Alkoholabhängigkeit

Alkohol verursacht in unserer Gesellschaft ein hohes Maß an
menschlichem Leid – seien es Todesfälle aufgrund von Alkohol
am Steuer oder zerstörte Familien durch Alkoholmissbrauch
– und enorme Gesundheitskosten durch die Folgen des Alkoholismus. Viele sind der Ansicht, dass Alkoholismus allein eine
Frage der persönlichen Entscheidung sei. Mit Sicherheit ist das
ein wichtiger Faktor für die Entscheidung, ob ein Mensch dieser Sucht erliegt. Jedenfalls ist Alkoholismus in der traditionellen
Gemeinschaft der Amish-People außerordentlich selten. Genauso ist jedoch klar erkennbar, dass die individuelle Anfälligkeit für
Alkoholismus aufgrund genetischer Faktoren variiert. Untersuchungen an eineiigen Zwillingen, die in unterschiedlichen Umge-
bungen aufgewachsen sind, bestätigen, dass genetische Faktoren
eine Rolle spielen müssen. Man hat zwei solcher Gene identifiziert, die ein brauchbares Modell liefern.

In Abbildung 7.1 ist der Stoffwechselweg dargestellt, durch
den aufgenommener Alkohol zu Acetat umgesetzt wird, das dann
vom Körper als Energiequelle genutzt werden kann. Diese Umwandlung erfolgt über einen Zwischenschritt, bei dem Acetaldehyd gebildet wird. Acetaldehyd ist mit Formaldehyd verwandt,
einer chemischen Verbindung, die traditionell im Anatomielabor

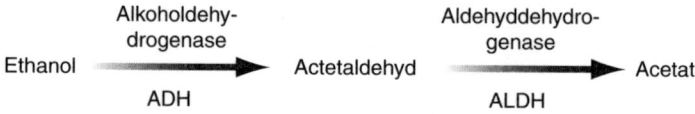

Abb. 7.1 Enzymatische Schritte beim Alkoholstoffwechsel.

zur Konservierung von Leichen verwendet wird. Acetaldehyd ist giftig und ruft in hohen Konzentrationen sehr unangenehme Symptome hervor, beispielsweise Hautrötung und Übelkeit. Ein Mensch mit einer hohen Acetaldehydkonzentration im Körper wird sozusagen „eingelegt".

Alkohol selbst kann ein angenehmes Gefühl der Hochstimmung hervorrufen, aber in dem Maß, in dem die Acetaldehydmenge zunimmt, wird dieses Gefühl durch weniger angenehme Symptome überlagert. Ist schließlich der gesamte Alkohol in Acetaldehyd umgewandelt, ist das Hochgefühl beendet. Alkoholkonsum ist so ähnlich wie Achterbahnfahren im Vergnügungspark: Beschleunigung, plötzliche Stürze aus großer Höhe und ein gewisser Nervenkitzel der Gefahr erzeugen bei vielen Menschen einen Rauschzustand. Aber bei einigen wird das erste Hochgefühl bald durch Unbehagen und Übelkeit ersetzt, und wenn die Fahrt zu Ende ist, sind sie bloß noch froh darüber, dort herauszukommen und einen ruhigen Platz zu finden, um sich zu erholen.

Sobald Alkohol getrunken wurde und der Rausch einsetzt, katalysiert ein Enzym den ersten Schritt des Alkoholabbaus und erzeugt Acetaldehyd, der ein Gefühl der Vergiftung hervorruft. Das zweite Enzym katalysiert den Abbau des Giftes. Die genetischen Faktoren, die die relative Wirksamkeit dieser beiden Enzyme bestimmt, können eine entscheidende Rolle spielen, wenn es darum geht, ob jemand durch Alkoholkonsum einen Rauschzustand erlebt oder das Ergebnis eher als unangenehm empfindet. Das heißt, dass Menschen, die von dem ersten Enzym eine effiziente Variante besitzen, von dem zweiten aber eine eher ineffiziente, hohen Konzentrationen von Acetaldehyd ausgesetzt sind und dadurch dem geringsten Risiko unterliegen, Alkoholiker zu werden.

Gemäß unserer Analogie sind das diejenigen, die Achterbahnfahren schon nach wenigen Minuten als unangenehm empfinden und deshalb wahrscheinlich überhaupt keine Fahrkarte kaufen

würden. Im Gegensatz dazu empfinden Menschen mit einer um-
gekehrten Chemie – also mit einem langsamen ersten und einem
sehr effizienten zweiten Enzym – die berauschende Wirkung von
Alkohol als recht angenehm und möchten diese bildhafte „Achterbahnfahrt" so oft wie möglich genießen.

Genetische Varianten dieser Enzyme kommen häufiger vor
und sind weltweit ungleichmäßig verteilt. Vor allem Menschen
mit asiatischer Herkunft sind mit größerer Wahrscheinlichkeit in
der ersten Gruppe zu finden. Vielleicht ist dieser Effekt auch
dafür verantwortlich, dass viele Asiaten von Übelkeit und Haut-
rötungen (Flush-Reaktion) berichten, nachdem sie Alkohol getrunken haben, und Alkoholismus ist in ihrem Teil der Welt
weniger verbreitet. Aufgrund der zahlreichen Verknüpfungen
zwischen genetischen Varianten und Herkunft handelt es sich
hier nur um eine statistische Aussage über Durchschnittszah-
len; mit Sicherheit gibt es auch in Asien zahlreiche Alkoholiker.
Ähnlich verhält es sich bei Menschen mit europäischem Hintergrund, die mit geringerer Wahrscheinlichkeit die unangenehmen
Nebenwirkungen von Alkohol erleben, wobei es dennoch mit
Sicherheit viele Menschen mit europäischer Herkunft gibt, die
aufgrund der potenziell unangenehmen physiologischen Folgen
übermäßigen Alkoholkonsum vermeiden.

Tabaksucht

Jeder Raucher kann bestätigen, dass ein Aufhören außerordentlich schwierig ist. Nikotin erzeugt eine echte physische Sucht.
Vor allem bei Menschen, die früh mit dem Rauchen anfangen,
führt diese Sucht zu einem tief verwurzelten Verlangen nach Tabak, dem man nur schwer widerstehen kann. Aber ähnlich wie
bei Alkohol haben auch hier Untersuchungen an Familien und
eineiigen Zwillingen gezeigt, dass die Tendenz zur Tabaksucht
bei den einzelnen Menschen variiert und anscheinend auch zu
einem gewissen Teil genetisch bedingt ist.

Nicht nur die Tabaksucht unterliegt gewissen genetischen Einflüssen, sondern auch die langfristigen gesundheitlichen Folgen des Rauchens variieren im Einzelfall aufgrund der genetischen Vererbung. Ein besonders interessanter Befund bringt diese beiden Effekte auf ungewöhnliche Weise zusammen. Drei Arbeitsgruppen, die unabhängig voneinander herausfinden wollten, warum einige Raucher Lungenkrebs entwickeln und andere dies bei äquivalentem Rauchverhalten nicht tun, durchsuchten das Genom nach Varianten, die für diese Anfälligkeit von Bedeutung sein könnten. Alle drei Gruppen gelangten schließlich zum selben Bereich auf Chromosom 15, wo drei Gene für Nikotinrezeptoren liegen. Das führte sofort zu der Frage: Haben diese Forscher Gene für Nikotinsucht entdeckt, oder handelt es sich um Gene, die das Krebsrisiko bei Menschen erhöhen, die aus anderen Gründen süchtig sind?

Nachfolgestudien kommen zu widersprüchlichen Ergebnissen, aber möglicherweise sind beide Antworten richtig. Wenn jemand zwei Kopien der Risikoversion dieser Rezeptorgene besitzt, erhöht sich das Suchtrisiko, aber bei starken Rauchern möglicherweise auch das Risiko für Lungenkrebs.

Persönliche Merkmale

Über Erbfaktoren zu sprechen, die bei der Entstehung von Krebs, Schizophrenie oder auch an der Hautfarbe beteiligt sind, ist die eine Seite. Sobald wir aber über die menschliche Persönlichkeit sprechen, wirken die Informationen beunruhigend. Jedenfalls sind wir alle davon überzeugt, dass unsere Identität auf mehr Faktoren beruht als nur auf unserer DNA. Wenn es darum geht, wer wir sind, sollten Erziehung und freier Wille eine zentrale Rolle spielen, vielleicht sogar mehr als die Vererbung. Besagt nicht die Unabhängigkeitserklärung, dass wir alle „gleich geboren" sind? „Gleich" schon, aber nicht „gleichmacherisch".

Haben Sie jemals einen Myers-Briggs-Persönlichkeitstest mitgemacht? Er ist ein Beispiel für ein häufig angewendetes Verfahren, das dazu dient, Merkmale der menschlichen Persönlichkeit zu quantifizieren. Der Test soll Erkenntnisse darüber liefern, wie Menschen ihre persönlichen Probleme angehen. In einigen Fällen nutzen auch Arbeitgeber die Ergebnisse, um herauszufinden, was sie von ihren Angestellten erwarten können. Sie tun das jedoch auf eigene Gefahr, da die Tests ziemlich seltsam sind und häufig mehr verwirren als zur Klarheit beitragen.

Persönlichkeitstests haben bereits eine lange und häufig unrühmliche Geschichte. So verwendete beispielsweise die Regierung der USA in den Zeiten der „Roten Angst" Tests, um Homosexuelle und andere „Loyalitätsrisiken" auszumerzen.[1] Sogar Genetiker haben argumentiert, dass Persönlichkeitstests sinnvoll sein könnten, wenn man dadurch vererbbare Komponenten des menschlichen Verhaltens identifizieren kann. Auch hier haben Untersuchungen mit Zwillingen wertvolle Informationen geliefert. Robert Cloninger untersuchte Zwillinge und identifizierte sieben Merkmale der menschlichen Persönlichkeit. Vier davon sind anscheinend hochgradig vererbbar: Neugier, Schmerzvermeidung, Belohnungsabhängigkeit und Beharrlichkeit. Es konnten noch drei weitere Persönlichkeitsmerkmale quantifiziert werden, die aber in einem wesentlich geringeren Maß vererbbar sind und sich anscheinend erst im Erwachsenenalter ausprägen: Selbstbestimmung, Kooperativität und Selbsttranszendenz.

Da die Vererbung bei den ersten vier Persönlichkeitselementen offenbar eine große Rolle spielt, bemüht man sich zurzeit verstärkt darum, spezifische Genvarianten zu identifizieren, die hier von Bedeutung sind. Als man vor zehn Jahren das Gen *DRD4*,

---

[1] Unter dem Begriff „Rote Angst" (engl. *red scare*) versteht man zwei verschiedene Perioden in der Geschichte der USA (1917–1920 und 1947–1957), die von einer antikommunistischen Hysterie gekennzeichnet waren, was dazu führte, dass politisch Linke, insbesondere auch Einwanderer, verfolgt wurden.

das am Dopaminstoffwechsel beteiligt ist, mit der menschlichen Neugier in Verbindung brachte, ging ein beträchtliches Raunen durch die Wissenschaftsgemeinde. Leider gelang es den zahlreichen Nachfolgestudien nicht, dies zu bestätigen. Bei einer kürzlich durchgeführten Studie wurde ein verwandtes Gen (*DRD2*) identifiziert, das ebenfalls mit der Neugier assoziiert sein soll – allerdings nur bei Frauen, und es trägt nur drei Prozent zur Merkmalsausprägung bei. Wahrscheinlich gibt es zahlreiche genetische Beiträge zur menschlichen Persönlichkeit, wobei jeder einzelne für sich nur sehr gering ist. Aussagen über die Vorhersagbarkeit von Persönlichkeitsmerkmalen durch DNA-Tests sollten daher mit erheblicher Vorsicht behandelt werden.

Kriminalität

Als ich im Jahr 1993 bei den NIH mit der Leitung des Humangenomprojekts begann, gab es eine große Aufregung über eine geplante Konferenz, auf der der Zusammenhang zwischen genetischen Faktoren und kriminellem Verhalten diskutiert werden sollte. Es gab zahlreiche Gründe für diese kontroverse Debatte, die leider noch durch unüberlegte Äußerungen eines prominenten Neurologen angeheizt wurde. Seine Anmerkungen legten scheinbar nahe, dass solche Gene bei den verschiedenen Rassen unterschiedlich verteilt sein könnten, doch gibt es dafür keinerlei Beweise. Diese rassistische Unterstellung rief verständlicherweise bei den Minderheiten eine starke Ablehnung hervor. Die Tagung musste abgesagt werden, um eine direkte und unkontrollierte Konfrontation zu verhindern.

Die Geschichte von Genetik und Kriminalität reicht weit zurück und ist durch die Eugenikbewegung in den USA und anderenorts auf bedauerliche und gefährliche Weise belastet. Diese Bewegung hatte im frühen 20. Jahrhundert erheblich an Einfluss gewonnen, was schließlich im Horror des Holocaust seinen Höhepunkt fand.

Der genetische Aspekt der Kriminalität tauchte in den späten 1960er-Jahren wieder aus der Versenkung auf, als die ersten Untersuchungen an Chromosomen möglich wurden. Ein paar kleinere Veröffentlichungen deuteten an, dass einige Männer in Strafanstalten ein zusätzliches Y-Chromosom besaßen. Dieser XYY-Status kommt bei etwa einem von 1 000 Männern vor, aber bei den ersten Studien lag der Schwerpunkt auf den Gefängnissen. Es gab die Vermutung, dass ein solcher „Supermann" mit größerer Wahrscheinlichkeit zu übermäßiger Aggression neigen und deshalb mit dem Gesetz in Konflikt geraten könnte. Spätere Untersuchungen zeigten, dass diese Schlussfolgerung nicht gerechtfertigt ist. Es könnte höchstens ein geringfügiger Zusammenhang zwischen XYY und einer leicht verringerten Intelligenz bestehen.

Im Jahr 1993 gab es ein erneutes Interesse an dem genetischen Aspekt der Kriminalität. In dem Jahr erschien eine Publikation über eine niederländische Familie, in der mehrere Männer eine Borderline-Persönlichkeitsstörung mit impulsiven Aggressionen zeigten und mehrfach kriminelle Handlungen begangen hatten, darunter Brandstiftung, versuchte Vergewaltigung und Exhibitionismus. All diese Männer waren so miteinander verwandt, dass eine X-gekoppelte Vererbung zugrunde liegen konnte. Die Sequenzierung des fraglichen *MAOA*-Gens auf dem X-Chromosom, das an der Neurotransmitterfunktion im Gehirn beteiligt ist, zeigte, dass alle betroffenen Männer in diesem Gen eine Knock-out-Mutation aufwiesen. Da Männer nur über ein X-Chromosom verfügen, hatten die Betroffenen diese Genfunktion vollständig verloren.

Spätere Untersuchungen des *MAOA*-Gens haben dieser Geschichte noch weitere Einzelheiten hinzugefügt, leider aber auch den Begriff des „Kriegergens" hervorgebracht. Die Knock-out-Mutation ist sehr selten, aber häufigere Varianten des *MAOA*-Gens beeinflussen zumindest die produzierte Enzymmenge. Eine Untersuchung an Männern aus Neuseeland zeigte, dass die

Variante, die mit einer geringeren *MAOA*-Aktivität verbunden ist, mit gewalttätigem Verhalten und kriminellen Handlungen einhergeht, allerdings nur dann, wenn der Betroffene als Kind selbst starke Misshandlungen erlebt hat. Diese *MAOA*-Variante allein hatte ohne Missbrauch keine Auswirkungen. Auch hier haben wir es mit einem Beispiel für Wechselwirkungen zwischen Genen und Umwelt im Zusammenhang mit dem menschlichen Verhalten zu tun.

Diese Befunde über Zusammenhänge zwischen genetischen Faktoren und Kriminalität führen zwangsläufig zu Fragen darüber, ob „genetisch anfällige" Personen für ihre Handlungen noch voll verantwortlich sein können. Könnte ein Mensch mit geringer *MAOA*-Aktivität vor Gericht zu seiner Verteidigung anführen, dass „ihn seine Gene zur Tat veranlasst haben", um mildernde Umstände geltend zu machen oder sogar einen Freispruch zu erreichen? Im Gegensatz dazu könnte das Vorhandensein einer genetisch bedingten Veranlagung für kriminelles Verhalten die Gerichte auch veranlassen, längere Haftstrafen zu verhängen, mit der Begründung, dass bei einem solchen Täter die Wahrscheinlichkeit für einen Rückfall größer sei. Bevor wir uns nun zu schnell für eine der beiden Schlussfolgerungen entscheiden, sollten wir daran denken, dass fast alle genetischen Faktoren im Zusammenhang mit kriminellem Verhalten nur sehr geringe Auswirkungen haben, sodass solche Gerichtsentscheidungen aufgrund von DNA-Befunden äußerst fragwürdig wären. Tatsächlich besteht zwangsläufig ein Vorbehalt, solche genetischen Faktoren überhaupt zu berücksichtigen, wenn es darum geht, die Verantwortlichkeit für moralische Entscheidungen zuzuweisen. Jedenfalls trägt etwa die Hälfte der Bevölkerung in den USA einen genetischen Risikofaktor, der für die Betroffenen eine gegenüber der anderen Hälfte 16fach höhere Wahrscheinlichkeit mit sich bringt, in einem Gefängnis zu landen. Es handelt sich dabei zufällig um das Y-Chromosom. Und bis jetzt hat sich die Gesellschaft nicht mit dem Gedanken anfreunden können, dass allein die Tatsache, ein von Testosteron berauschter Mann zu sein, als Entschuldigung für ein begangenes Verbrechen gelten könnte. Keiner der genetischen Faktoren, die wir heute ausfindig machen, hat wahrscheinlich auch nur annähernd einen so starken Einfluss auf die Kriminalität wie das Y-Chromosom.

Männliche Treue

Trompeterschwäne bilden grundsätzlich monogame Paare, die ein Leben lang zusammenbleiben. Viele andere Tierarten, darunter auch die Schimpansen, pflegen vielfach gemischte sexuelle Beziehungen ohne allzu feste Paarbindung. Wir Menschen zeigen evolutionäre Überbleibsel aus beiden Verhaltensweisen. Aber befördert durch die emotionalen Bedürfnisse, die eine Folge der höheren Gehirnfunktionen sind, durch den langen Zeitraum der Kindererziehung, der die Mitwirkung beider Eltern erfordert, sowie durch starke religiöse Traditionen und kulturelle Praktiken, gilt die lebenslange Monogamie eines Paares, das sexuell und emotional harmoniert, immer noch für viele als das Ideal menschlicher Beziehungen. Zweifellos sind einige Menschen im Hinblick auf dieses Ziel erfolgreicher als andere. Gibt es unter den zahlreichen Faktoren, die für Treueverhalten ausschlaggebend sind, auch genetische Varianten, die möglicherweise eine Rolle spielen?

Untersuchungen an Wühlmäusen, die in den Äckern von Nordamerika leben, haben aufschlussreiche Informationen über die biologischen Grundlagen der Monogamie geliefert. Präriewühlmäuse bleiben ein Leben lang als monogame Paare zusammen, während ihre nahen Verwandten, die Berg- und Wiesenwühlmäuse, das nicht tun, sondern stattdessen eine Folge von One-Night-Stands haben. Das Peptidhormon Arginin-Vasopressin (AVP), das über seinen Rezeptor (mit der Abkürzung V1aR) wirkt, spielt beim Paarungsverhalten eine entscheidende Rolle. Durch gentechnisch erzeugte Expressionsvarianten des Rezeptors lässt sich das Paarungsverhalten der beiden Wühlmausspezies grundlegend verändern.

Infolge dieser Beobachtung hat man natürliche Varianten des menschlichen *V1aR*-Gens analysiert um herauszufinden, ob diese für die männliche Treue von Bedeutung sind. Bei der Untersuchung von über 500 gleichgeschlechtlichen Zwillingspaaren und ihren Ehepartnern in Schweden hat man Varianten des menschlichen *V1aR*-Gens identifiziert, die statistisch signifikant mit den ermittelten glücklichen oder unglücklichen Ehen assoziiert sind. So berichteten beispielsweise 34 Prozent der Männer, die zwei Kopien der „Risikovariante" von *V1aR* trugen, von Ehekrisen oder drohender Scheidung im vorherigen Jahr, während von den Männern, die keine Kopie des Risikoallels trugen, nur 15 Prozent von solchen Problemen erzählten. Unverzüglich bot ein Unternehmen in Kanada jetzt für 99 US-Dollar genetische Tests für die *V1aR*-Varianten an, damit Frauen abschätzen können, ob ihr künftiger Ehemann womöglich dereinst die Augen schweifen lassen wird – oder damit herumschweifende Männer eine biologische Entschuldigung für ihr Verhalten an die Hand bekommen.

Lassen Sie sich durch diese Forschungsergebnisse nicht zu falschen Schlüssen verleiten. Die Zusammenhänge mögen zwar real sein und sie sind auch durchaus von wissenschaftlichem Interesse, aber ihr tatsächlicher Einfluss auf das Verhalten eines Mannes ist doch eher mäßig und sollte mit Sicherheit nicht als Auswahlkriterium für einen Ehepartner dienen oder als Entschuldigung herhalten, den Partner zu hintergehen.

Sexuelle Orientierung

Von allen Bereichen, in denen die Genetik des menschlichen Verhaltens zu Kontroversen geführt hat, steht die Erforschung der genetisch bedingten Einflüsse auf die Homosexualität an vorderster Stelle. In einem Anhang zu meinem vorherigen Buch *The Language of God* habe ich einige wissenschaftliche Daten zu diesem Thema aufgeführt, ohne den Ergebnissen irgendeine moralische Bedeutung beizumessen, sondern nur um zu berichten, was wir wissen und was nicht.[2] Dieser kurze Abschnitt wurde wiederholt in hetzerischen Internet-Blogs zitiert und auch falsch zitiert, häufig wurden Formulierungen aus dem Zusammenhang gerissen oder sogar im Wortlaut absichtlich verändert. Alle Blogger haben dabei eine der beiden Sichtweisen vertreten: Entweder sei Homosexualität vollständig biologisch bestimmt oder es gebe keinerlei biologische Grundlage für Homosexualität, alles sei nur erworben und könne daher rückgängig gemacht werden.

Die Wahrheit liegt zwischen diesen beiden Extrempositionen. Während ich dies hier schreibe, sind noch keine spezifischen Genvarianten bekannt, die für männliche oder weibliche Homosexualität prädisponieren (trotz der vielfachen Veröffentlichung solcher Befunde vor 14 Jahren). Die Daten aus Zwillingsstudien deuten jedoch zweifellos darauf hin, dass sich solche Erbfaktoren wahrscheinlich finden lassen, und das ist vielleicht auch demnächst der Fall. Im Einzelnen heißt das, wenn von einem eineiigen männlichen Zwillingspaar der eine Bruder homosexuell ist, beträgt die Wahrscheinlichkeit für den anderen 20 bis 30 Prozent (abhängig von der Studie), dass dies auch auf ihn zutrifft. Diese Übereinstimmung ist bei zweieiigen Zwillingen oder sonstigen Geschwistern deutlich geringer. Die Basislinie der Häufigkeit männlicher Homosexualität liegt bei zwei bis vier Prozent (wiederum abhängig von der Studie). Diese Tatsachen unterstützen signifikant die Schlussfolgerung, dass bei der Prädisposition für männliche Homosexualität Erbfaktoren eine Rolle spielen, aber diese Faktoren entscheiden nicht allein darüber – sonst müsste die Übereinstimmung bei eineiigen Zwillingen 100 Prozent betragen.

Es gibt noch einen weiteren abgesicherten Befund zur männlichen Homosexualität, der stark darauf hindeutet, dass biologi-

---

[2] deutsche Ausgabe: *Gott und die Gene*, Gütersloher Verlagshaus (2007)

sche Faktoren von Bedeutung sind. Dabei handelt es sich um die Beobachtung, dass die Geburtenreihenfolge eine Rolle spielt. Die Wahrscheinlichkeit, dass ein Mann homosexuell ist, nimmt mit jedem älteren Bruder um 30 Prozent zu. Ältere Schwestern und jüngere Brüder zeigen keine Auswirkungen. Das hat gelegentlich zu der Hypothese geführt, dass eine mütterliche Immunantwort gegen das Y-Chromosom die sexuelle Entwicklung der weiteren männlichen Nachkommen auf irgendeine Weise beeinflusst. Allerdings gibt es bis jetzt keine molekularen Daten, die eine solche Hypothese unterstützen könnten. Interessant ist dabei, dass der Anteil der männlichen Homosexuellen, für die eine solche brüderliche Geburtenreihenfolge zutrifft, bei 30 Prozent liegt.

Maßzahlen der Intelligenz

Intelligenz wird zweifellos durch die Vererbung beeinflusst. Viele seltene Erbkrankheiten, etwa das Fragile-X-Syndrom (Kapitel 2), wirken sich stark auf die Intelligenz aus. Welche Bedeutung kommt den Genen jedoch in der übrigen Bevölkerung zu? Man sollte hier mit Schlussfolgerungen aufgrund irgendeines spezifischen IQ-Tests vorsichtig sein, da solche Tests zweifellos durch Kultur, Sprache und Bildungsmöglichkeiten beeinflusst sind. In einer relativ homogenen Gruppe, in der solche äußeren Faktoren ausgewogen sind, unterliegt das Abschneiden bei einem IQ-Test etwa zu 50 Prozent der Vererbung und etwa 50 Prozent nicht-erblichen Faktoren. Daraus folgt, dass spezifische Gene eine Rolle spielen. Jedoch brachten genomweite Assoziationsstudien bei einer kürzlich durchgeführten Studie mit 6 000 Kindern, die man so ausgewählt hatte, dass nur der höchste und der niedrigste IQ-Bereich vertreten waren, fast kein Ergebnis. Nicht eine einzige Genvariante zeigte einen Effekt, der größer war als ein Viertel IQ-Punkt. Offensichtlich spielen sehr viele Gene bei der Intelligenz eine Rolle (vielleicht über hundert) und jede einzelne Variante trägt nur sehr wenig bei. Möglicherweise lässt sich dieser kom-

plexe Zusammenhang zwischen Genen und Intelligenz auf lange
Sicht noch entschlüsseln, aber in nächster Zeit sind gegenüber
Behauptungen, jemand habe „IQ-Gene" gefunden, die tatsäch-
lich irgendeine Signifikanz besitzen, äußerste Zweifel angebracht.

Spiritualität

Es erscheint vielleicht als Höhepunkt eines fehlgeleiteten genetischen Determinismus, wenn jemand die Hypothese aufstellt,
dass für das Interesse eines Menschen an Spiritualität genetische
Einflüsse von Bedeutung sein könnten. Dennoch wurde vor einigen Jahren in dem Buch *The God Gene*, das auf der Titelseite
des *Time Magazine* vorgestellt wurde, behauptet, dass man eine
genetische Variante entdeckt hätte, die mit Selbsttranszendenz
in Zusammenhang steht. Die Ergebnisse waren jedoch vollkommen übertrieben dargestellt. Die Korrelation ließ sich niemals
bestätigen, und selbst wenn sie zutreffen würde, hätte sie nur
einen äußerst geringen Effekt. Wenn ich diesen Sachverhalt be-
urteile, muss ich auch von mir selbst berichten. Ich habe mich
von einem überzeugten Atheisten im Alter von 20 Jahren zu
einem Menschen mit festem Glauben im Alter von 50 Jahren
entwickelt. (Ich beschreibe diesen Weg in meinem Buch *The Language of God*.) Während meiner Konvertierung gab es keinerlei
Belege dafür, dass sich meine DNA verändert hätte. Die Ansicht,
dass Spiritualität fest verankert sein soll, kann nicht vollkommen
korrekt sein.

Was sich über Gene und Gehirn lernen lässt

Die Funktionsweise unseres Gehirns vollständig zu erfassen, beispielsweise auch eine Vorstellung vom Bewusstsein zu gewinnen,
ist noch ein fernes Ziel der Wissenschaft. Die Aufgabe, die Funk-

tionen der Milliarden von Nervenzellen und all ihrer Verknüpfungen im Gehirn zu entschlüsseln, lässt im Vergleich dazu das Verstehen des menschlichen Genoms einfach erscheinen. Unser Gehirn ist möglicherweise einfach nicht komplex genug, um sich selbst zu verstehen.

Wahrscheinlich werden in den nächsten Jahren die genetischen Faktoren ermittelt, die eine Prädisposition für die wichtigsten psychischen Erkrankungen mit sich bringen. Durch diese Entdeckungen kann es dann möglich sein, Krankheiten genauer zu unterscheiden, die zurzeit noch aufgrund der Beschreibung der Symptome zusammengefasst sind. Bei der berühmten Anleitung *DSM-IV-TR*, die für Ärzte und Therapeuten zur Diagnose psychischer Erkrankungen gedacht ist, basiert die Klassifizierung auf spezifischen Symptomen, aber niemand, der auf diesem Gebiet arbeitet, ist davon überzeugt, dass dieses Verfahren optimal sei. Es ist unbedingt eine vollständige molekulare Neuzuordnung erforderlich, um bei diesen häufigeren und schweren Erkrankungen künftig zu einer besseren Diagnostik, Prävention und Behandlung zu gelangen.

Bei Erkrankungen, zu denen äußere Faktoren in signifikanter Weise beitragen, etwa bei situationsbedingten Depressionen, Alkoholismus und Nikotinabhängigkeit, sind ebenfalls deutliche Fortschritte zu erwarten, indem in naher Zukunft viele der genetischen Anfälligkeitsfaktoren entdeckt werden. Hier böte sich die Gelegenheit, Präventivmaßnahmen zu etablieren, da immer auch äußere Einflüsse entscheidend zur tatsächlichen Ausprägung der Erkrankung beitragen. Das wird jedoch nicht ohne Kontroversen möglich sein. Wäre es beispielsweise sinnvoll, schon bei der Geburt zu wissen, ob ein Mensch für Alkoholismus oder Nikotinabhängigkeit besonders anfällig ist, um Kind und Eltern in ihrer Wachsamkeit zu unterstützen, damit sich keine zerstörerischen Verhaltensweisen einstellen? Solche Maßnahmen wären abzuwägen gegenüber potenziellen Stigmatisierungen oder sogar sich selbst erfüllenden Prophezeiungen.

Ich bin mir jedoch fast sicher, dass die vollständige Sequenzierung des gesamten Genoms innerhalb der nächsten Jahre zu einem Bestandteil der Neugeborenendiagnostik wird. Dann würden diese Informationen mit ihrem Vorhersagepotenzial zugänglich, und wenn sowohl Eltern als auch Gesellschaft damit in angemessener Weise umgehen, sollte der Nutzen größer sein als der Schaden.

In Bezug auf die nichtmedizinischen Persönlichkeitsmerkmale – Intelligenz, Spiritualität, Treue, sexuelle Orientierung und so weiter – werden sich die Menschen in ihrer Freizeit auch weiterhin sehr für dieses Thema interessieren. Wir alle besitzen gegenüber diesen Dingen eine große gemeinsame Neugier. Aber aufgrund der Vielzahl von schwach wirksamen genetischen Faktoren und der großen Bedeutung der Umwelt und der freien Entscheidung des Einzelnen wird die DNA-Analyse hier wahrscheinlich nur eine eingeschränkte Bedeutung erlangen. Aufgrund der geringen Vorhersagekraft werden solche Tests für die Pränataldiagnostik und das Screening von Neugeborenen reichlich ungeeignet sein. Bei Erwachsenen wird es viel sinnvoller sein, das Merkmal selbst zu analysieren. Trotzdem habe ich mindestens einen Anbieter von genetischen Tests für Privatkunden entdeckt, der Gutachten über Merkmale wie „Fehlervermeidung", „Maßzahlen für Intelligenz" und „Gedächtnisleistung" erstellt, zumindest auf der Grundlage aktueller Forschungen. Viel Spaß mit diesen Tests, wenn Sie so etwas unbedingt wollen, aber nehmen Sie die Ergebnisse nicht ernster als jedes andere Gesellschaftsspiel auch.

Was Sie heute tun können, um an der Revolution der personalisierten Medizin teilzuhaben

1. Die Forschung ist dabei, die komplizierten Muster der Genexpression im menschlichen Gehirn zu entschlüsseln. Besonders das Allen Brain Project (unterstützt von Paul Allen, einem Mitbegrün-

der von Microsoft), hat diese Muster systematisch erfasst, zuerst mithilfe von Labormäusen, inzwischen aber am menschlichen Gehirn. Zur Unterhaltung können Sie einmal http://www.brainmap.org besuchen. Klicken Sie zum Beispiel auf *„human cortex"* und geben Sie als gesuchtes Gen *„MAPT"* ein (die Abkürzung steht für das mikrotubuliassoziierte τ-Protein, das bei der Alzheimer-Krankheit eine wichtige Rolle spielt). Die Tabelle, die dann erscheint, umfasst alle bekannten Regionen des menschlichen Gehirns, in denen *MAPT* exprimiert wird. Klicken Sie nun zuerst auf den Bildausschnitt 80561119 (von Spender 2898, einem 35-jährigen Mann), und es werden vier Gehirnausschnitte gezeigt. Die blaue Färbung gibt an, wo das *MAPT*-Gen exprimiert wird. Wenn Sie auf einen der Ausschnitte klicken, erscheint ein Bild in größerer Auflösung. Mithilfe der Schaltfläche *„pan"* können Sie sich umherbewegen und mikroskopische Einzelheiten weiter vergrößern. Bei maximaler Vergrößerung ist zu erkennen, dass die erkennbaren dunkelblauen dreieckigen Strukturen einzelne Neurone darstellen.

2. Die „Bibel" der USA zur Systematisierung der psychischen Erkrankungen ist das Handbuch *Diagnostic and Statistical Manual of Mental Disorders (DSM)*, herausgegeben von der American Psychiatric Association. Die neueste Ausgabe *DSM-IV-TR* erschien im Jahr 2000 und umfasst fast 1000 Seiten. Unter http://en.wikipedia.org/wiki/Diagnostic_and_Statistical_Manual_of_Mental_Disorders finden Sie weitere Informationen. Diese Systematisierung beruht fast vollständig auf der subjektiven Bewertung von Symptomen und Anzeichen. So gelangen verschiedene Therapeuten bei demselben Patienten durchaus zu unterschiedlichen Diagnosen. Die künftige Entwicklung der molekularen Systematisierung von psychischen Erkrankungen wird DSM wahrscheinlich vom Kopf auf die Füße stellen.

8

Gene und Altern

Möchten Sie wissen, ob Sie zufällig Gene besitzen, die Ihr Risiko erhöhen, im Alter von 85 Jahren mit einer Wahrscheinlichkeit von 80 Prozent an Alzheimer zu erkranken? Viele Menschen würden diese Frage mit „nein" beantworten, da es bis jetzt keine medizinische Maßnahme gibt, die das Einsetzen der Krankheit erwiesenermaßen verzögert oder verhindert. Viele von denen, die sich haben testen lassen und bei denen ein so hohes Risiko festgestellt wurde, erholen sich dennoch schnell von der schlechten Prognose und genießen das Leben umso mehr, solange sie es noch können. Da wir uns jetzt mit den zahlreichen neueren Entdeckungen im Zusammenhang mit Genen und Älterwerden beschäftigen wollen, behalten Sie diesen Gedanken im Kopf. Welche Informationen benötigen Sie, um jetzt intensiv zu leben?

Meg Casey war gerade einmal 105 Zentimeter groß, aber im Alter von 23 Jahren konnte sie fluchen wie ein Rohrspatz und hatte sich in ihrer Heimatstadt Milton, Connecticut, als Sprecherin für die Rechte von Behinderten einen Namen gemacht. Als Stipendiat der Genetik an der Yale University fühlte ich mich geehrt, im Zuge meiner Ausbildung als ihr Betreuer eingeteilt zu sein, war aber in gewisser Weise auch eingeschüchtert. Innerhalb der drei Jahre, in denen ich mich um sie kümmerte, lernte ich jedoch diese kleine Person in besonderer Weise zu bewundern.

Meg litt an einer Krankheit, die mit einem beschleunigten Alterungsprozess einhergeht. Sie sah aus wie eine Greisin und hatte eine lederartige fleckige Haut, litt an schwerer Osteoporose und hatte nur noch wenige Haare unter den eigenwilligen Perücken, die sie trug. Sogar was das Hutchinson-Gilford-Syndrom (Progerie, HGPS) anging, das bei ihr diagnostiziert worden war, zeigte sie sich als Außenseiterin, da sie bereits erheblich länger lebte als die 12 bis 13 Jahre, die sonst bei dieser Krankheit zu erwarten sind.

Progerie kommt unglaublich selten vor, nur einmal unter vier Millionen Lebendgeburten. Progerie trifft die Menschen wie ein Blitz aus heiterem Himmel. Megs Situation war insofern recht typisch, da es keine Familiengeschichte gab und keiner ihrer sechs Brüder betroffen war.

In der Zeit, in der ich Meg betreute, wurde diese Krankheit nur sehr wenig erforscht. So sah ich mich außerstande, den fortschreitenden Prozess zu verstehen, der Meg unausweichlich die körperlichen Kräfte raubte und ihr einige Jahre später den Tod bringen würde. Als junger Genetiker legte ich die Erforschung der Progerie irgendwo tief in meinem Inneren ab, als etwas, das vielleicht eines Tages einem molekularen Verständnis zugänglich sein würde. Im Jahr 1984 hatte ich jedoch überhaupt keine Vorstellung davon, wie das anzufangen sein könnte.

Sechzehn Jahre später traf ich auf einem dieser überall stattfindenden Empfänge in Washington einen jungen Notarzt für Kinder, der im Weißen Haus tätig war. Ich erschrak, als ich erfuhr, dass bei seinem vierjährigen Sohn Sam das Hutchinson-Gilford-Syndrom festgestellt worden war. Er und seine Frau, eine Medizinwissenschaftlerin, waren durch die unerbittliche Prognose dieser Krankheit verständlicherweise sehr aufgewühlt, eben auch deshalb, weil es keine relevanten Forschungsbemühungen gab, um eine Therapie zu entwickeln.

Einige Monate später lernte ich Sam persönlich kennen. Er hatte bereits sein gesamtes Kopfhaar verloren, und seine Haut zeigte Alterungserscheinungen. Aber wie Meg Casey war er sehr intelligent, couragiert und voller Energie und Tatendrang. Ich sagte zu, seine Eltern dabei zu unterstützen, Wege zu suchen, um die weitere Erforschung dieser Krankheit zu fördern. Doch kurz darauf steckte ich selbst mitten in dieser Forschung, da ich in meinem Labor einen gerade promovierten Wissenschaftler mit der Suche nach dem Progeriegen beauftragte. Es war ziemlich verrückt, sich ein solches Projekt vorzunehmen, da keiner der sonst üblichen Kniffe, die ein Genetiker anwenden würde, um das verantwortliche Gen zu lokalisieren, hier greifen würde. Die Krankheit tritt fast nie wiederholt in Familien auf. Es gab keinerlei Hinweise darauf, wo im Genom man nach dem verdächtigen Gen fahnden sollte.

Die Suche nach der Ursache für Progerie führte meinen Mitarbeiter und mich über zahlreiche verschlungene Pfade und ließ uns letztendlich einen Exkurs durch die nahezu vollständige Humangenetik machen. Nach weniger als einem Jahr führten die Untersuchungen zur Entdeckung eines einzigen mutierten Buchstabens im DNA-Code, ein T anstelle eines C in der Mitte des Gens, das das Protein Lamin A codiert.

Uns standen DNA-Proben von 25 Progeriepatienten zur Verfügung; es waren Proben, die andere Wissenschaftler über viele Jahre hinweg aufbewahrt hatten, in der Hoffnung, dass diese Entdeckung eines Tages möglich sein würde. Nahezu all diese Proben enthielten genau die gleiche Mutation von C zu T im Gen für Lamin A, wobei die DNA der Eltern immer normal war. Anders ausgedrückt handelte es sich bei jedem Fall um eine neue Mutation (in der Genetik als *de novo* bezeichnet). Durch indirekte Verfahren konnten wir zeigen, dass der Fehler fast immer in den Spermien auftrat. (Das erklärte auch, warum Progerie bei Kindern von älteren Vätern häufiger vorkommt, bei denen die Spermien schon mehr Zellteilungen durchlaufen haben und daher die Wahrscheinlichkeit größer ist, dass sich Fehler anhäufen.) Es ist tragisch, dass diese Mutation eines einzigen Buchstabens in einem Genom mit drei Milliarden Buchstaben eine so schreckliche Krankheit zur Folge hat.

Es gab einige DNA-Proben in unserer Sammlung, die diese Mutation nicht enthielten. Bei einer Probe fanden wir zwei unterschiedliche Fehler in demselben Lamin-A-Gen und stellten fest, dass die Krankheit bei dieser Patientin ungewöhnlich verlaufen war, da sie länger gelebt hatte als die Progeriepatienten in den übrigen Fällen. Als ich die klinische Beschreibung der Probe auf den Scanner legte, war ich wie vom Donner gerührt. Am unteren Ende des Formulars fand ich im Namensfeld für den Wissenschaftler, der die Probe eingereicht hatte, meine eigene Unterschrift. Das war die DNA-Probe von Meg Casey. Ich hatte inzwischen vergessen, dass sie mir vor 20 Jahren die Einwilligung gegeben hatte, diese Probe an die DNA-Bank zu schicken, in der Hoffnung, dass sie vielleicht einmal für jemanden von Nutzen sein könnte. Meg war nicht mehr da, aber sie konnte immer noch helfen.

Die Biochemie der Progerie

Da Biochemiker und Zellbiologen das Protein Lamin A schon seit vielen Jahren untersucht hatten, konnten wir fast sofort sagen, warum diese Mutation von C nach T eine solch verheerende Wirkung hat. Lamin A ist ein wesentlicher Bestandteil der Zellkernstruktur, der beispielsweise dessen ovale Form aufrechterhält. Außerdem trägt Lamin A dazu bei, dass sich der Zellkern jedes Mal, wenn sich die Zelle teilt, auflöst und wieder neu bildet. Lamin A enthält im schwanzförmigen Ende seiner komplexen Struktur ein ungewöhnliches Signalmotiv, mit dessen Hilfe das Protein in den Zellkern dirigiert wird, wo es seine Funktion ausübt. Man kann das Signalmotiv als eine Art Adressaufkleber auffassen. Damit das Protein normal funktionieren kann, muss der Aufkleber entfernt werden, sobald das Molekül sein Ziel erreicht hat. Wir haben herausgefunden, dass die Progeriemutation das Entfernen dieses Aufklebers verhindert. Um zu verstehen, was das bedeutet, stellen Sie sich eine Gruppe von Kindern vor, die mit dem Fahrrad zur Schule fahren. Das Entscheidende sind dabei die Fahrräder, denn die Schüler kämen sonst nicht zur Schule. Entscheidend ist aber auch, dass die Fahrräder in den Ständern außerhalb des Gebäudes bleiben und nicht in die Klassenzimmer mitgenommen werden, damit kein Chaos entsteht. Bei der Progerie sind zu viele Fahrräder im Klassenzimmer und ein normaler Schulbetrieb ist nicht mehr möglich.

Wir haben uns dann entschlossen, einige Schüler aufzufordern, zu Fuß ohne ihre Fahrräder in die Klasse zu kommen. Dafür gab es schon ein Medikament, das vorher für einen anderen Zweck entwickelt worden war. Das Medikament wirkte anscheinend gut bei Progeriezellen, die in einer Petrischale kultiviert wurden, aber würde es auch bei erkrankten Kindern wirken und wäre es sicher?

Warum altern wir überhaupt?

Bevor wir zu Sam und seiner schweren Alterungsstörung zurückkehren, hier noch einige Hintergrundinformationen zum Thema „Altern": Über die Jahrhunderte hinweg haben wir den Jungbrunnen herbeigesehnt und versucht, das unvermeidliche Fortschreiten des Alterns zu verhindern oder zu verzögern. Wir träumen davon, den ständigen Verlust an physischen Fähigkeiten abzuwenden und das Ende des Theaterstücks, das Shakespeare in unsterbliche Worte gefasst hat, neu zu schreiben: „Dies ist die allerletzte Szene, die diese seltsame und ereignisreiche Geschichte beschließt, wieder wie ein Kind und als reines Vergessen, ohne Zähne, ohne Augen, ohne Geschmack, ohne alles."

Warum muss das so sein? Ist Altern bei allen Lebewesen eine zwangsläufige Entwicklung? So weit wir wissen, haben Bakterien offenbar eine unbegrenzte Lebensdauer, wenn sie nur über ausreichend Nährstoffe verfügen, von denen sie leben können. Bei komplexeren Organismen gibt es jedoch Einschränkungen. Dafür sind zwei Gründe vorstellbar:

1. Der Niedergang des Systems geschieht zwangsläufig. Bei einem komplizierten vielzelligen Organismus besteht jedes Mal, wenn das Genom kopiert wird, das Risiko, dass Fehler entstehen. Wenn Organismen altern, häufen sich in den verschiedenen Zellen des Körpers immer mehr Fehler an. Ebenso können die Proteine, die in den Zellen aktiv sind, aufgrund von äußeren Einflüssen oder gelegentlichen, zufällig fehlerhaften Faltungen geschädigt werden. Das führt schließlich zu einer Anhäufung von nicht funktionsfähigen oder sogar toxischen Proteinen.

2. Die Evolution „will" nicht, dass Organismen ewig leben. Der Erfolg der natürlichen Selektion beruht auf der natürlichen Variabilität und einer vielfachen Reproduktion. Wenn ältere Generationen zu lange lebten, würden sie zusätzlich um wertvolle Ressourcen konkurrieren. So besteht in der Evolution die Tendenz, biologische Weiterentwicklungen zu bevorzugen, die in den früheren Lebensphasen eines Organismus den Fortpflanzungserfolg verbessern, selbst wenn – oder vielleicht besonders dadurch, dass – sich die gesamte Lebenszeit verkürzt.

Das sollte jedoch nicht zu weit getrieben werden. Einer Erklärung für die begrenzte Lebenszeit des Menschen allein aufgrund der Evolution widerspricht offenbar die Menopause bei Frauen, da dadurch der Beitrag der Frauen zur Fortpflanzung ohnehin schon auf einen Abschnitt ihrer maximalen Lebenszeit begrenzt ist. Interessanterweise gibt es eindeutige Befunde, die darauf hinweisen, dass sich dieser Sachverhalt durch einen „Großmuttereffekt" erklären lässt: Ältere, aber unfruchtbare Frauen unterstützen jüngere Eltern mit ihrer Lebenserfahrung, sodass sich der Fortpflanzungserfolg der Familie insgesamt erhöht.

Was wir vom Altern bei Tieren lernen können

Die Untersuchung von Hefen, Würmern, Fliegen und Mäusen führte zu einigen unerwarteten Entdeckungen. Vielfach wurde vorhergesagt, der Vorgang des Alterns sei so allgegenwärtig und von so vielen ineinandergreifenden Reaktionswegen beeinflusst, dass kein einzelnes Gen mehr als nur einen winzigen Effekt haben könne. Zumindest bei diesen Modellorganismen lassen sich einzelne Gene ausmachen, die die Lebenserwartung auf das Fünffache verlängern können. Stellen Sie sich vor, es wäre möglich, dass sich unsere Lebenserwartung plötzlich von der heutigen Zeitspanne auf 500 Jahre ausdehnt. Selbst Methusalems biblisches Alter von 969 Jahren schiene dann erreichbar zu sein. Wenn man aber die Veröffentlichungen über die Modellorganismen genauer liest, stellt sich heraus, dass es noch eine Zeit dauern wird, bevor sich diese Beobachtungen auf den Menschen anwenden lassen. Im Folgenden seien einige zentrale Ergebnisse dieser Forschungen aufgeführt.

Wichtig ist eine Begrenzung der Kalorienzahl

Hungernde Fadenwürmer können ihren Stoffwechsel herunterfahren. Haben sie sich von dem „Winterschlaf" erholt, verlängert sich die Lebensdauer der Würmer, wodurch vor allem die verloren gegangene Reproduktionszeit ausgeglichen wird. Der gleiche Mechanismus könnte bei Tieren generell vorkommen, allerdings gibt es beim Menschen bis jetzt noch keine Belege dafür. Veränderungen in der Umwelt, durch die sich die Kalorienaufnahme und damit auch die Signalgebung durch Insulin verringern, können die Lebenszeit verlängern, solange die Einschränkungen nicht zu gravierend sind und zu keiner Mangelernährung führen. Untersuchungen an der Bäckerhefe deuten darauf hin, dass es eine besondere Gruppe von Genen gibt, die bei diesem Effekt eine zentrale Rolle spielen. Diese Gene werden bei einer reduzierten Kalorienzufuhr hoch reguliert, was sich offenbar entscheidend auf den Alterungsprozess auswirkt. Wenn es darüber hinaus möglich ist, die Aktivität dieser Gene auch auf andere Weise künstlich zu steigern, etwa durch eine rekombinante DNA, kann sich die Lebenszeit verlängern. Ist das der genetische Jungbrunnen?

Der Gedanke, dass eine Stimulierung der Proteinprodukte dieser Gene, der sogenannten Sirtuine, zu einer Verlängerung der Lebenszeit führen könnte, hat große Beachtung gefunden. Interessant ist dabei, dass eine der ersten chemischen Verbindungen, für die man eine Aktivierung der Sirtuine festgestellt hat, das natürlich vorkommende Molekül Resveratrol ist, das in Rotwein vorkommt. Bei Menschen, die jeden Tag ein Glas Rotwein trinken, hat man eine leichte Abnahme der Herzerkrankungen nachgewiesen. Aber Resveratrol ist ein relativ schwacher Aktivator der Sirtuine, sodass biotechnologische Unternehmen nun versuchen, modifizierte Formen des Moleküls herzustellen, die eine deutlich stärkere Wirkung besitzen. Zwei solcher Wirkstoffe sind zurzeit Gegenstand klinischer Studien. Aber auch hier bedeutet das Kontrollsystem der USA ein Hindernis. Da die FDA für lebensverlängernde Medikamente keine Kategorie eingeführt hat, werden diese Medikamente danach bewertet, ob sie Diabetes und Herzerkrankungen vorbeugen können, mit der möglichen „Nebenwirkung", die Lebenserwartung zu erhöhen.

Es wäre jedoch etwas voreilig, wenn Sie jetzt Ihre Lebensversicherung kündigen würden. Nicht alle Wissenschaftler stimmen darin überein, dass die Sirtuine der zentrale Mediator für den normalen Alterungsprozess sind. Und zurzeit ist auch nicht geklärt, ob die Befunde, die bei bestimmten Tieren darauf hindeuten, dass eine Reduktion der Kalorienzufuhr von Vorteil ist, überhaupt auf den Menschen übertragbar sind. Und selbst wenn das der Fall sein sollte, so können doch nur wenige Menschen ihre normale Kalorienaufnahme für lange Zeit um 30 Prozent verringern. Letztendlich könnten wir vor folgender Wahl stehen: jeden Tag nur 1 200 Kalorien aufnehmen und dafür länger leben, oder essen, trinken und sich wohl fühlen, um vielleicht morgen zu sterben. Das wäre keine leichte Entscheidung.

Die Integrität der DNA

Wenn Sie wollen, dass Ihre Zellen gesund bleiben, muss deren DNA-Bedienungsanleitung sorgfältig geschützt werden. Jeder sich einschleichende Fehler könnte den Alterungsprozess beschleunigen. Beim Hutchinson-Gilford-Syndrom führt wahrscheinlich die starke Schädigung des Zellkerns durch die Mutation im Lamin-A-Gen zu fortschreitenden DNA-Schäden, wenn sich die Zellen teilen und dann Schwierigkeiten haben, ihre Zellkerne neu zu bilden. Andere seltene Erkrankungen, die zu einer beschleunigten Alterung führen, sind das Werner- und das Cockayne-Syndrom. Sie werden durch Mutationen im DNA-Reparatursystem ausgelöst, was noch einmal die Bedeutung der DNA-Integrität unterstreicht.

Ein besonders wichtiger Aspekt der „genomischen Gesundheit" beim Älterwerden ist ein spezieller Mechanismus, der verhindern soll, dass die *Telomere* – die Enden der Chromosomen – „ausfransen". Diese Telomere kann man sich wie Kappen aus Plastik oder Metall vorstellen, die sich an den Enden von Schnürsenkeln befinden und diese Enden schützen. Bei den Chromosomen gibt es kein Plastik, sondern das Enzym Telomerase. Die DNA-Sequenz aller menschlicher Telomere ist eine lange Wiederholung der sechs Buchstaben TTAGGG. Ohne Reparatur nimmt die Länge der TTAGGG-Wiederholung durch jede Zellteilung schrittweise ab. Je kürzer die Telomere werden, umso mehr gerät das Genom einer Zelle in Gefahr, bis schließlich ein Signal ausgelöst wird, das die Zelle zur Selbsttötung veranlasst. Die Telomerase ist ein Enzym, das die Wiederholungssequenz wieder verlängert und so den Tod der Zelle verhindert. *Stammzellen* enthalten interessanterweise eine große Menge Telomerase, sodass sich diese fast unbegrenzt teilen können. Entsprechend sind bei Krebszellen die Telomerasegene aktiviert. Aber die meisten anderen Zellen des menschlichen Körpers, die zum Altern und Sterben bestimmt sind, bilden dieses Enzym nicht mehr und besitzen deshalb nur ein begrenztes Potenzial, sich zu reproduzieren, bevor das System zusammenbricht.

Ist die Lebenszeit erblich?

Häufig sagt man von Familien, die eine hohe individuelle Lebenserwartung zeigen, sie hätten „gute Gene". Liegt in dieser Vorstellung ein wenig Wahrheit? Ich gebe zu, dass ich hoffe, die Antwort auf diese Frage sei „ja", da meine beiden Eltern 98 Jahre alt wurden. Mein Urgroßvater mütterlicherseits lebte 105 Jahre und er arbeitete bis zu seinem 100. Lebensjahr als Jurist. Wenn ich nächstes Jahr mit dem Motorrad gegen einen Baum fahre, kann mich meine genetische Ausstattung wahrscheinlich nicht vor einem frühen Tod retten. Wenn ich es jedoch schaffe, den Unwägbarkeiten von Unfällen oder Epidemien aus dem Weg zu gehen, könnte ich dann 100 Jahre alt werden?

Die Antwort ist „vielleicht". Untersuchungen mit Familien und eineiigen Zwillingen zeigen, dass offenbar etwa 20 bis 30 Prozent der Lebenszeit eines Menschen auf Vererbung zurückzuführen sind. Wenn man diese Analyse jedoch auf Menschen beschränkt, die ein Alter von 70 Jahren erreicht haben, werden die Belege für Vererbung viel deutlicher. Das bedeutet anscheinend, dass die Langlebigkeit bei Menschen, die den vielfältigen

Ursachen für einen vorzeitigen Tod entgehen, viel signifikanter auf den Genen als auf äußeren Faktoren beruht.

Die Bemühungen, spezifische Gene zu finden, die die individuelle maximale Lebenserwartung beeinflussen, stehen noch am Anfang, und bis jetzt gibt es nur wenige brauchbare Hinweise. Mein eigenes Labor hat einige häufigere Varianten des Lamin-A-Gens gefunden, die einen geringen, aber zumindest nachweisbaren Einfluss auf die Lebenserwartung haben. Es gibt zweifellos noch mehr dieser häufigeren Varianten, die geringe, aber statistisch signifikante Auswirkungen zeigen. Wie die Depression wird vielleicht auch der Alterungsprozess durch eine Anzahl von Genen kontrolliert. Die Bestimmung der zugehörigen Varianten reicht wahrscheinlich nicht aus, um Ihre Lebenserwartung vorauszusagen, aber es lassen sich dadurch wohl Hinweise auf wichtige Reaktionswege finden, die beim normalen Alterungsprozess eine Rolle spielen. Das wiederum kann dazu beitragen, dass immer mehr Menschen gesund alt werden.

Die Untersuchung der Telomere wird uns mit Sicherheit weitere Erkenntnisse über den menschlichen Alterungsprozess liefern. Tatsächlich haben bereits einige Studien zu Hinweisen geführt, dass die Telomerlängen in den zirkulierenden weißen Blutzellen mit der Lebenserwartung zusammenhängen. Längere Telomere korrelieren mit einer längeren Lebenszeit. Eine neuere Studie mit schwedischen Zwillingen deutet darauf hin, dass diese längeren Telomere sowohl mit genetischen als auch mit äußeren Faktoren korrelieren. Am erstaunlichsten, aber auch noch etwas umstritten, ist ein aktueller Befund, nach dem Menschen, die bei einem Optimismustest die vorderen Plätze belegen, auch über längere Telomere verfügen. Ob sich daraus ableiten lässt, dass lebenslanger Optimismus tatsächlich einen biologischen Mechanismus vermittelt, der die Lebenszeit verlängert, kann durch bereits vorhandene Daten nicht belegt werden, ist aber eine interessante Spekulation. Ist es letztendlich möglich, sich ein längeres Leben „herbeizuhoffen"?

Der Raub der goldenen Jahre – die Alzheimer-Krankheit

Viereinhalb Millionen Amerikaner sind von der Alzheimer-Krankheit betroffen. Deshalb verwundert es vielleicht, dass diese Erkrankung des Gehirns erst im Jahr 1906 beschrieben wurde. Möglicherweise spiegelt sich hier die fortschreitende Zunahme der Lebenserwartung im 20. Jahrhundert wider: Immer mehr Menschen leben lange genug, um diese schreckliche Krankheit zu bekommen. Die Alzheimer-Krankheit setzt normalerweise ab einem Alter von 60 Jahren ein. Es handelt sich dabei um eine unumkehrbare und fortschreitende Gehirnerkrankung, die die Gedächtnis- und Intelligenzfunktion langsam zerstört. Der pathologische Befund dieser Krankheit unter dem Mikroskop sind anormale Anhäufungen von Material (Amyloidplaques) und ineinander verschlungene Faserbündel (degenerative Neurofibrillen). Die Plaques bestehen fast vollständig aus dem Amyloid-β-Peptid (Aβ).

Bei etwa fünf Prozent aller Alzheimer-Patienten setzt die Krankheit bereits früher ein (mit 40 oder 50 Jahren). In diesen Fällen liegt häufig eine Familiengeschichte vor, in der ein früher Krankheitsbeginn deutlich hervortritt. Die meisten dieser Familien tragen Mutationen entweder im Amyloidgen oder in einem der Enzyme, die Amyloid zu Aβ umformen.

Bei den übrigen 95 Prozent der Fälle ist Vererbung ebenfalls von Bedeutung, aber das Muster ist weniger deutlich. Studien mit Familien und eineiigen Zwillingen zeigen, dass knapp 70 Prozent des Risikos für die spät einsetzende Alzheimer-Krankheit genetisch bedingt sind. Varianten des *APOE*-Gens, von denen in der menschlichen Population drei häufiger vorkommen, machen einen wesentlichen Bestandteil der beteiligten Erbfaktoren aus.

Das ε4-Allel des *APOE*-Gens ist ein signifikanter Risikofaktor für die Alzheimer-Krankheit. Das bedeutet, dass ein Mensch, der eine Kopie von ε4 trägt, mit einer Wahrscheinlichkeit von 30 Prozent im Alter von 85 Jahren die Alzheimer-Krankheit entwickelt. Im Vergleich dazu unterliegt die übrige Bevölkerung einer Wahrscheinlichkeit von zehn Prozent (Abbildung 8.1). Und

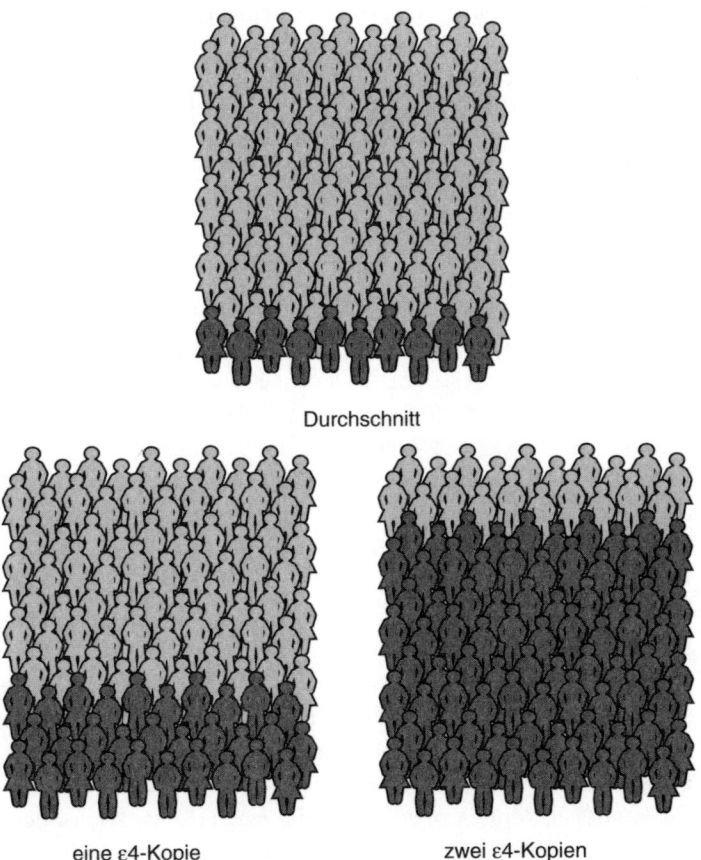

Durchschnitt

eine ε4-Kopie

zwei ε4-Kopien

Abb. 8.1 Risiko, im Alter von 85 Jahren die Alzheimer-Krankheit zu entwickeln, in Abhängigkeit vom *APOE*-Genotyp.

bei Trägern einer zweifachen Kopie von ε4 beträgt das Risiko 80 Prozent.

APOE ist jedoch nicht alles – es muss weitere genetische und äußere Risikofaktoren geben, die zu dieser schrecklichen Krankheit beitragen. Ein solcher möglicher Faktor ist ein Schädeltrauma, etwa durch eine kriegsbedingte Kopfverletzung, die mit Bewusstlosigkeit einherging. Auch Boxer, die während ihrer Laufbahn wiederholt Schläge gegen den Kopf erhalten haben, entwickeln manchmal eine früh einsetzende Demenz, die man als Boxerenzephalopathie (Dementia pugilistica) bezeichnet. Boxer mit derselben „schlechten" Variante von *APOE* sind dafür anscheinend besonders prädisponiert. Vielleicht sollte man jungen Männern einen genetischen Test anbieten, bevor sie sich für diesen Sport entscheiden.

Angesichts des häufigen Auftretens der Alzheimer-Krankheit hat man seit fast 20 Jahren über die Möglichkeiten debattiert, einen genetischen Test für *APOE* anzubieten. Würden Sie das Ergebnis wissen wollen? Betrachten wir einmal die RBI-Formel (Risiko × Belastung × Intervention) aus Kapitel 3. Das mit der schlechten ε4-Variante verknüpfte Risiko R ist signifikant und bewiesen. Die Belastung B für die Patienten und ihre Familien ist zweifellos beträchtlich. Aber wie verhält es sich mit dem Faktor I (Intervention)? Vor einigen Jahren hatte die Möglichkeit, dass Statine (die für die Absenkung des Cholesterinspiegels entwickelt worden waren) auch gegen die Alzheimer-Krankheit wirksam sein könnten, ein erhebliches Interesse geweckt, aber spätere Studien lieferten dafür keine Belege mehr. Es gab auch den Vorschlag, dass intensive geistige Betätigung (Kreuzworträtsel und Sudoku werden hier häufig genannt) das Einsetzen der Krankheit verzögern könnte – aber auch das ist alles andere als geklärt. Abgesehen von der Vermeidung von Schädeltraumata gibt es deshalb tatsächlich keine nachweislich wirksamen Maßnahmen zur Intervention, durch die anfällige Personen der Krankheit vorbeugen oder sie zumindest verzögern können. Die medizinische Behandlung der Alzheimer-Krankheit ist allgemein nicht zufriedenstellend, und die verfügbaren begrenzten Therapien mit Medikamenten unterscheiden offenbar nicht zwischen den verschiedenen *APOE*-Genotypen. In Bezug auf wirksame Interventionen liefert die RBI-Gleichung zurzeit keine befriedigenden Ergebnisse.

Dennoch sind manche Menschen tatsächlich daran interessiert, etwas über ihr künftiges Risiko zu erfahren, die Alzheimer-Krankheit zu entwickeln, und sie wollen die Möglichkeit nutzen, für die Zukunft zu planen. In diesem Fall kann die Planungssicherheit in den I-Faktor eingehen. Sollte diesen Menschen die Möglichkeit verwehrt bleiben, etwas über ihr genetisch bedingtes Risiko zu erfahren? Werden einige von ihnen womöglich aufgrund der Ergebnisse verzweifeln? Um herauszufinden, ob *APOE*-Tests Informationen liefern, die Menschen auf positive Weise nutzen können, hat man zehn Jahre lang eine groß angelegte Forschungsstudie durchgeführt: die *Risk Evaluation and Education for Alzheimer's Disease Study* (Studie zur Risikoabschätzung und Aufklärung bei der Alzheimer-Krankheit), kurz REVEAL. Die Teilnehmer waren erwachsene Kinder von Alzheimer-Patienten, sodass sie dafür in besonderer Weise sensibilisiert waren und sich auch Gedanken über ihre eigene Zukunft machten. Die freiwilligen Teilnehmer wurden zufällig zu Gruppen zusammengestellt, die dann entweder Informationen über ihren *APOE*-Genotyp erhielten oder eben nicht. Dann wurden sie ein Jahr lang begleitet um festzustellen, wie sie auf die Mitteilung der Informationen reagierten. Vorher hatte man sie noch darüber informiert, dass es in medizinischer Hinsicht keinerlei Vorteil bedeutet, den *APOE*-Genotyp zu kennen. Nach dem DNA-Test erhielten die Mitglieder der „Mitteilungsgruppe" ihre Ergebnisse und eine Abschätzung über ihr Risiko, die Alzheimer-Krankheit zu entwickeln. Bei dieser sorgfältig überwachten Studie gab es keine Hinweise darauf, dass Teilnehmer mit einem erhöhten Risiko im Verhältnis zu den anderen übermäßige Ängste erlebten. Interessanterweise zeigten die ε4-Träger eine größere Bereitschaft, ihr Gesundheitsverhalten zu ändern. Sie nahmen Vitamine, hielten Diät und betrieben Sport, obwohl ihnen erklärt worden war, dass keine dieser Maßnahmen die Alzheimer-Krankheit nachweisbar verhindern oder verzögern kann.

Ich sprach mit einem der REVEAL-Teilnehmer. Mark (Name geändert) war 67 Jahre alt und er hatte miterlebt, wie die Alzheimer-Krankheit seiner Mutter, seiner Tante und seinem Onkel die letzten Lebensjahre geraubt hatte. So war er nicht besonders überrascht, dass er eine Kopie von *APOE*-ε4 trug und für ihn ein knapp 30-prozentiges Erkrankungsrisiko ermittelt worden war. Als Physiker im Ruhestand war er mit Statistiken vertraut und wusste, dass dies auch eine Wahrscheinlichkeit von 70 Prozent bedeutete, nicht zu erkranken. Er teilte seinem Arzt das Ergebnis mit, bat aber darum, es nicht in seine Krankenakte aufzunehmen. Auf der Suche nach geeigneten Maßnahmen zur Verringerung seines Risikos erfuhr Mark von den Statinen, die möglicherweise die Entwicklung der Alzheimer-Krankheit verzögern können. Er nahm bereits ein Statin gegen seinen leicht erhöhten Cholesterinspiegel, und aufgrund des *APOE*-Ergebnisses ließ er sich von seinem Arzt beraten und verdoppelte die Dosis. (Hier gilt es zu bedenken, dass diese Maßnahme umstritten ist. Könnte er sich auch selbst schaden?) Er entschloss sich auch, einige Reisen ins Ausland zu unternehmen – nach Neuseeland und in die Schweiz –, die er sonst ständig verschoben hatte. Und er verfolgte weiterhin die Reihe der klinischen Studien unter www.clinicaltrials.gov (eine Internetseite der National Institutes of Health, die alle klinischen Studien zu menschlichen Krankheiten aufführt), um sich über neue Forschungsstudien zur Vorbeugung gegen die Alzheimer-Krankheit zu informieren.

So hat Mark die genetischen Informationen genutzt, um einige Entscheidungen für sein Leben zu treffen, wobei nicht alle Maßnahmen medizinisch abgesichert sind (beispielsweise die Verdopplung der Statindosis). Mark geht nicht davon aus, dass er durch diese Informationen psychisch gelitten hat, wobei er durchaus feststellt, dass er seine geistigen Fähigkeiten jetzt genauer beobachtet. Wenn er die Möglichkeit hätte, noch einmal zu entscheiden, würde er wieder über seinen Status Bescheid wissen wollen.

Bedeutet dies, dass ein Test für die Alzheimer-Krankheit allgemein angeboten werden soll? Dazu ist festzustellen, dass bei REVEAL eine intensive genetische Beratung stattgefunden hat und dass die Beteiligten vor und nach den Tests aufgeklärt und informiert wurden. Außerdem handelte es sich nur um eine einzige Krankheitsform und einen einzigen genetischen Test. Darüber hinaus hatte sich REVEAL spezifisch auf Personen beschränkt, die einen erkrankten Elternteil hatten und dadurch mit größerer Wahrscheinlichkeit über die Erkrankung informiert waren. Was ist nun mit Ihnen? Wollen Sie Ihr Alzheimer-Risiko kennen? Die Antwort hängt zu einem großen Teil davon ab, ob Sie der Meinung sind, dass Planungen für die Zukunft ein ausreichender Grund sind, das eigene Risiko zu kennen. Interessanterweise haben drei der ersten Menschen, die ihr gesamtes Genom sequenzieren ließen – Craig Venter, James Watson und Steven Pinker – mit dieser Frage auch gekämpft. Watson und Pinker entschieden sich dafür, nichts über ihren *APOE*-Status zu erfahren, veröffentlichten aber die übrige DNA-Sequenz. Venter machte den vollständigen genetischen Striptease und schloss *APOE* in die Analyse mit ein. Es stellte sich heraus, dass er ein erhöhtes Risiko trägt.

Als ich mich vor kurzem einem genetischen Test unterzog, fürchtete ich mich am meisten vor dem *APOE*-Ergebnis. Obwohl ich wusste, dass unsere Familie bezüglich der Alzheimer-Krankheit nicht vorbelastet ist, fragte ich mich, ob ich diesen Risikofaktor mit all seinen möglichen Folgen wirklich kennen wollte. Ich wusste auch, dass dieser DNA-Test nicht das Schicksal war, sondern es sollte nur eine Prädisposition bestimmt werden, aber trotzdem war ich mir unsicher, wie ein positives Ergebnis meinen

Blick auf die Zukunft verändern würde. Ich zog durchaus in Betracht, diesen Teil des Berichts zu ignorieren. Aber letztendlich siegte doch die Neugier. Der Befund, dass ich keine ε4-Kopien trug, schaffte Erleichterung. Aber dennoch kann ich die Alzheimer-Krankheit entwickeln – nur die Wahrscheinlichkeit ist mit eins zu dreißig geringer.

Lässt sich Altern verzögern?

Das nicht ernst gemeinte *Journal of Irreproducible Results* veröffentlichte einmal einen Artikel mit der Überschrift *The Genetics of Death* („Die Genetik des Todes"), worin der Schluss gezogen wurde, dass der Tod zu 100 Prozent die Folge einer dominanten Vererbung des Todesallels ist. Das ist zweifellos die Wahrheit: Der Tod und die Steuern sind offensichtlich absolut sicher. Einige Futuristen sehen vielleicht ein Zeitalter der regenerativen Medizin voraus, durch die es möglich sein soll, praktisch alle Körpergewebe zu ersetzen, aber man geht wohl am besten davon aus, dass die Todesrate weiterhin eins pro Person betragen wird. Was können Sie aber sonst tun, wenn Sie einen Dreifachgewinn vielleicht auf einen Fünffachgewinn oder mehr erhöhen wollen?

Der Ratschlag besteht im Grunde aus zwei wichtigen Teilen.

Zum einen tun Sie auf jeden Fall alles, um vermeidbare chronische Erkrankungen auszuschließen, da diese sowohl das Leben verkürzen als auch die Lebensqualität verschlechtern. Durch folgende Maßnahmen können Sie Ihre gesunde Lebenszeit verlängern: nicht rauchen, auf eine ausgewogene Ernährung achten, regelmäßig Sport treiben, (als Mann) jeden Tag eine geringe Dosis Acetylsalicylsäure einnehmen, extreme Sonneneinstrahlung vermeiden und sich anhand der eigenen Familiengeschichte regelmäßig medizinisch untersuchen lassen, damit Anzeichen von behandelbaren Krankheiten früh erkannt werden können.

Zweitens gibt es für hoch motivierte Leute, die vielversprechende, aber nicht abgesicherte Maßnahmen ausprobieren wollen, einige weitere Methoden, die den Alterungsprozess möglicherweise verlangsamen. Dazu gehört zum Beispiel die Verringerung der Kalorienaufnahme um etwa 30 Prozent gegenüber dem normalen Bedarf. Das wäre eine sehr karge Lebensweise, die vielen wahrscheinlich schwer fallen würde, könnte aber letztendlich zu einer längeren Lebenszeit beitragen. Achten Sie auch auf Fortschritte bei der Entwicklung neuer Medikamente, die darauf abzielen, die Sirtuine zu stimulieren. Solche Medikamente werden vielleicht innerhalb der nächsten Jahre allgemein zur Anwendung kommen, sodass es sich bestimmt lohnt, aufmerksam zu sein. Bis dahin mag gelegentlich ein Glas Rotwein (nicht die ganze Flasche) angenehm sein und potenziell lebensverlängernd wirken.

Andere Verfahren, die darauf abzielen, den Alterungsprozess zu verzögern, sollen den „oxidativen Stress" abbauen, etwa durch hohe Dosen an Vitamin E. Solche Anwendungen werden zwar in Gesundheitsläden besonders stark beworben, sollten aber mit einer gewissen Skepsis betrachtet werden, da es keine weiteren Daten gibt, die sie belegen (es gibt sogar Hinweise, dass sie eher schaden könnten). Letztendlich erscheint die Entwicklung weiterer pharmazeutischer Verfahren, die DNA-Schäden verringern, Telomere erhalten und Gewebe reparieren, das durch Alterung geschädigt wurde, durchaus möglich. Das ist jedoch mit Sicherheit ein Gebiet, in dem noch Zweifel angebracht sind. Ponce de Leon hat den Jungbrunnen nie gefunden, und das ist auch in den folgenden Jahren nicht zu erwarten.

Was ist eigentlich mit Sam?

Wir können den langsamen Fortschritt des normalen Alterungsprozesses gleichmütig hinnehmen, vor allem, wenn wir seine Auswirkungen nicht einmal wahrnehmen, aber für Sam und seine Eltern gibt es einen solchen Überfluss an Zeit nicht. Bei einem Kind mit Progerie tritt der Tod durchschnittlich im Alter von 12 Jahren ein, meist durch einen Herzanfall oder Hirnschlag. Während ich dies schreibe, hat Sam sein 12. Lebensjahr erreicht. Geht seine Zeit zu Ende? Vielleicht. Aber vielleicht nicht. Heute besteht für Sam und andere Kinder mit dieser Krankheit tatsächlich Hoffnung.

Wie bereits erwähnt, haben wir in unserem Labor einen Wirkstoff entdeckt, der offenbar die Menge an giftigen Proteinen in den Progeriezellen verringert. In Hinblick auf die in diesem Kapitel bereits verwendete Metapher überzeugte der Wirkstoff viele der Schüler, zu Fuß zu gehen und nicht mit dem Fahrrad in das Klassenzimmer zu kommen. Wir haben den Wirkstoff an einem Mausmodell für Progerie getestet, das in meinem Labor entwickelt worden war. Unbehandelt zeigten die Mäuse dieselben Herz-Kreislauf-Symptome, die bei den meisten Kindern mit Progerie zum Tod führen. Wenn die Mäuse aber mit dem Wirkstoff, einem Farnesyltransferaseinhibitor (FTI), der in den Laboruntersuchungen gut gewirkt hatte, behandelt wurden, ließ sich die Herz-Kreislauf-Erkrankung verhindern. Erstaunlicherweise konnte der Wirkstoff sogar die Schäden am Herz-Kreislauf-System beheben, die bei den Mäusen innerhalb einiger Monate aufgetreten sind, in denen man sie unbehandelt ließ.

Aufgrund dieses Befunds und der offensichtlich geringen Giftigkeit des Wirkstoffs begann im Jahr 2007 eine klinische Studie, an der 29 Kinder mit Progerie beteiligt waren. Sam war einer der ersten, der in das Programm aufgenommen wurde. Nach zwei Jahren geht es Sam offenbar gut. Es lässt sich zwar nur schwer feststellen, ob der Wirkstoff tatsächlich das Risiko auf einen Herzanfall oder Hirnschlag verringert, und es werden bis dahin noch einige Jahre vergehen, aber es bestehen große Hoffnungen, dass Sam diese experimentelle Behandlung hilft.

Sie fragen sich jetzt wahrscheinlich, was diese Erkenntnisse über die Genetik und Biochemie der Progerie mit dem normalen Alterungsprozess zu tun haben. Kinder mit Progerie altern anscheinend siebenmal schneller als normal, doch gilt dieses Verhältnis auch auf molekularer Ebene oder handelt es sich nur um einen oberflächlichen Zusammenhang? Interessanterweise ließ sich in den vergangenen drei Jahren zeigen, dass wir alle geringe Mengen des giftigen Lamin-A-Proteins produzieren, das bei Kindern Progerie hervorruft. Dieser Befund wirkt beunruhigend. Während wir altern, haben wir alle einige Fahrräder im Klassenzimmer! Die Menge des giftigen Proteins in unseren Zellen nimmt immer mehr zu und ist bei älteren Menschen einfach nachzuweisen. Es kann durchaus sein, dass die Aktivierung der Produktion dieses Proteins auf relevante Weise zur normalen Begrenzung der menschlichen Lebenserwartung beiträgt. Daher kann sich das, was wir über die Progerie herausfinden, direkt auf alle Menschen auswirken. Es ist noch etwas früh, um daran zu denken, den FTI-Wirkstoff dem Trinkwasser zuzusetzen, da er vielleicht bei normalen Menschen zahlreiche Nebenwirkungen hat, die sich erst langfristig zeigen. Durch die Untersuchung einer seltenen und drastischen Form des Alterns können wir vielleicht wichtige Merkmale des normalen Vorgangs herausfinden. Man fühlt sich an den berühmten Ausspruch von William Harvey im Jahr 1657 erinnert, der die Untersuchung von seltenen Krankheiten für sehr wichtig hielt: „Die Natur legt ihre Geheimnisse nirgends offener zutage als in den Fällen, in denen sich ihre Wirkungen abseits der ausgetretenen Pfade bewegen. Auch gibt es keine bessere Möglichkeit, die ordentliche medizinische Praxis voranzubringen, als dass wir unseren Geist der Entdeckung der normalen Naturgesetze widmen, indem wir die Fälle seltener Krankheiten sorgfältig erforschen. Denn es hat sich in fast allen Dingen gezeigt, dass das, was sie an nützlicher oder anwendbarer Natur enthalten, kaum wahrgenommen werden kann, sofern wir nicht ihrer beraubt werden oder sie auf irgendeine Weise durcheinander geraten."

Schlussbetrachtung

Durch die zunehmende Zahl von Befunden wird es immer offensichtlicher, dass die Vererbung bei fast allen Krankheiten und sogar beim Alterungsprozess eine Rolle spielt. Mithilfe der neuen Methoden der Genomik sind diese Erkenntnisse inzwischen nicht mehr ausschließlich von akademischem Interesse, sondern sie werden auch potenziell anwendbar. Was aber ist dann, wenn ein Mensch trotz aller Möglichkeiten der Prävention erkrankt und eine Behandlung mit Medikamenten benötigt? Sollte man dann über das richtige Medikament und die richtige Dosis ohne Zugriff auf eine DNA-Analyse entscheiden? Keinesfalls – dieser Teil der therapeutischen Medizin gehört wahrscheinlich zu den allerersten Bereichen, in denen die Personalisierung das „Ein-Mittel-für-alle"-Konzept zu Fall bringen wird.

Was Sie heute tun können, um an der Revolution der personalisierten Medizin teilzuhaben

1. Es gibt im Internet mehrere Seiten, auf denen Sie Ihr „biologisches Alter" schätzen lassen können, das – anders als Ihr tatsächliches Alter – auf Ihren persönlichen gesundheitlichen Gewohnheiten und Ihrer Familiengeschichte beruht. Bei einigen Anbietern erhalten Sie auch Empfehlungen, wie Sie Ihr Ergebnis verbessern können, wobei sich nicht alle auf belastbare Daten stützen. Wenn Sie diese Art von Informationen kennenlernen wollen, versuchen Sie es bei RealAge unter http://www.realage.com/ralong/entry4.aspx?cbr=GGLE626&gclid=CJKh8Pal_ZkCFeRM5QodKk0iGQ und erfahren Sie, wie es um Sie bestellt ist.

2. Das National Institute of Aging der National Institutes of Health (NIH) bietet nützliche Informationen über Gesundheit im Alter an. Besuchen Sie http://www.nia.nih.gov/HealthInformation/.

3. Die Centers for Disease Control and Prevention (CDC) bieten auch Informationsmaterial für Gesundheit im Alter an, einschließlich der Möglichkeit, sich in einen E-Mail-Verteiler einzutragen, um so aktuelle Informationen zu erhalten. Das ist möglich unter http://www.cdc.gov/aging/.

9

Das richtige Medikament in der richtigen Dosierung für den richtigen Patienten

McKenzie ging es überhaupt nicht gut. Sie war immer ein glückliches und aktives junges Mädchen, aber jetzt, im Alter von zwölf Jahren, litt sie an Appetitlosigkeit, unerklärlichen Magenschmerzen und wirkte apathisch. Nach mehreren Arztbesuchen stand schließlich die schreckliche Wahrheit fest – McKenzie hatte eine akute lymphatische Leukämie (ALL).

Zutiefst besorgt brachten ihre Eltern sie zur Mayo-Klinik. Dort erfuhren sie von den Experten der pädiatrischen Onkologie, dass eine akute lymphatische Leukämie bei Kindern heute mithilfe einer kombinierten Chemotherapie in 85 bis 90 Prozent aller Fälle heilbar ist, und waren wieder etwas beruhigt. Aber die Nebenwirkungen dieser wirkungsvollen Medikamente können gravierend sein. McKenzie biss die Zähne zusammen und bereitete sich innerlich auf den Verlust der Haare, Übelkeit, Erschöpfungszustände, Gewichtszunahme und die Gefahr von Infektionen vor.

Doch McKenzie blieb eine ernsthafte Begegnung mit dem Tod erspart, aber nicht allein aufgrund der Leukämie. Hätte man ihr die Medikamente in der Standarddosierung verabreicht, wäre sie daran möglicherweise gestorben. Ein Glück für sie war, dass die Mayo-Klinik im Jahr 2000 zu den wenigen Krankenhäusern gehörte, die Kinder darauf testeten, ob sie eines der wirksamsten Chemotherapeutika gegen ALL, 6-Mercaptopurin (6-MP), überhaupt vertrugen. Genetiker an der Mayo-Klinik und am St. Jude's Hospital hatten vor einigen Jahren herausgefunden, das etwa einem von 300 Menschen ein Enzym für die Verarbeitung von 6-MP im Stoffwechsel fehlt. Wenn man Patienten mit diesem Defekt das Medikament entsprechend ihrem Alter und Gewicht in der Standarddosierung verabreicht, reichern sich im Körper gefährlich hohe Konzentrationen an, durch die die Bildung aller lebenswichtigen Zellen im Knochenmark unterdrückt wird und ein potenziell tödliches Risiko gegenüber Infektionen und Blutungen besteht.

Es stellte sich heraus, dass McKenzie eines dieser seltenen Kinder war, denen das Enzym fehlt. Da die Ärzte in der Klinik dies mithilfe eines einfachen Bluttests rechtzeitig vor der Therapie erfahren hatten, konnten sie den Behandlungsplan entsprechend anpassen. McKenzie sollte 6-MP bekommen, allerdings weniger als ein Fünftel der Standarddosis. Sie und ihre Eltern erinnerten sich später daran, dass sie eine sehr kleine Tablette in noch kleinere Stücke teilen mussten und sich fragten, ob ein so winziger Krümel von einer Tablette überhaupt helfen könne.

Aber McKenzie erging es wunderbar. Ihre Leukämie verschwand innerhalb von Wochen, und sie vertrug die zwei Jahre dauernde medikamentöse Therapie außerordentlich gut. Sie konnte sogar fast während der gesamten Zeit zur Schule gehen. Heute ist McKenzie 21 Jahre alt und es gibt keine Anzeichen der Krankheit mehr.

Warum wirken Medikamente nicht immer so, wie sie sollen?

Eine hauptsächliche Ursache für Enttäuschungen bei Ärzten wie auch Patienten besteht darin, dass eine medikamentöse Therapie nicht immer das Ergebnis zeigt, das man sich erhofft hat. Wenn 100 Patienten die korrekte Diagnose für eine bestimmte Krankheit gestellt und ihnen die am besten geeignete zugelassene Medikation in der Standarddosierung verabreicht wird, stellt sich bei 70 bis 80 von ihnen ein Behandlungserfolg ein. Bei den übrigen ist das nicht der Fall, und einige wenige zeigen sogar eine Unverträglichkeit. Der Anteil der Patienten in jeder dieser Gruppen hängt vom spezifischen Medikament ab, aber praktisch kein Medikament erhält hier perfekte Noten.

Es ist schon schlimm genug, wenn ein Medikament nicht hilft, wenn es aber zu unerwünschten Nebenwirkungen kommt, wird eines der Grundprinzipien der medizinischen Ethik verletzt: „Als Erstes füge keinen Schaden zu." Leider geschieht dieses alltäglich. Nach einer kürzlich durchgeführten Studie erleiden in den USA jedes Jahr über zwei Millionen stationär aufgenommene Patienten Symptome schwerer Nebenwirkungen von Medikamenten, wobei in über 100 000 Fällen der Tod eintritt. Solche nachteiligen Wirkungen von Medikamenten gehören in den USA zu den fünf hauptsächlichen Todesursachen. Unverträglichkeitsreaktionen auf Medikamente kommen bei ambulanten Patienten zweifellos noch häufiger vor, aber solche Fälle gelangen nur dann an die Öffentlichkeit, wenn die beteiligten Ärzte sie der FDA melden. Das System ist rein freiwillig. Im Hinblick auf eine Gesellschaft, in der man tendenziell überhaupt nicht bereit ist, den negativen Ausgang einer medikamentösen Behandlung zu akzeptieren, ist es schon erschreckend, dass es kein systematisches Netzwerk gibt, in dem die Daten solcher Vorkommnisse gesammelt werden.

Was sind die Ursachen für unerwünschte Nebenwirkungen von Medikamenten?

Für die Häufigkeit unerwünschter Wirkungen von medikamentösen Behandlungen kann es unzählige Gründe geben. Eine erstaunlich große Zahl ist allein die Folge einer schlechten Handschrift: Der Arzt stellt ein unleserliches Rezept aus und der Apotheker gibt dem ahnungslosen Patienten das falsche Medikament oder die falsche Dosierung. Selbst wenn bis jetzt noch keine Verpflichtung besteht, Krankenakten digital im Computer zu führen, sollte man sie angesichts dieser Tatsachen einführen! Darüber hinaus werden Anweisungen über die Dosierung und die Häufigkeit der Einnahme eines Medikaments oftmals bei der Übermittlung an den Patienten durcheinander gebracht. Das Problem wird in denjenigen Fällen noch gravierender, wenn jeden Tag viele verschiedene Medikamente eingenommen werden müssen. Kurz gesagt, die größte Ursache für potenziell tödliche Nebenwirkungen ist der menschliche Irrtum. Aber das ist nicht der einzige Grund. Bereits vorhandene Erkrankungen, besonders der Leber oder der Nieren, können sich grundlegend auf die Art und Weise auswirken, wie Medikamente im Stoffwechsel verarbeitet und vom Körper ausgeschieden werden. Werden Störungen dieser Organsysteme nicht erkannt und entsprechend berücksichtigt, kann es leicht zu einer gegenteiligen Medikamentenwirkung kommen.

Andere Probleme können dadurch entstehen, dass bei Verabreichen mehrerer Medikamente die unterschiedlichen Wirkstoffe miteinander in Wechselwirkung treten können, sodass der Effekt eines oder mehrerer Medikamente viel stärker oder schwächer ist als erwartet. Viele solcher Wechselwirkungen wurden in einem Katalog zusammengefasst, und viele Apotheker haben sich darauf eingerichtet, mögliche Probleme zu erkennen, sobald ein neues Rezept ausgestellt wurde. Allerdings bleiben solche Interaktionen dennoch viel zu oft unerkannt.

Und selbst wenn all diese möglichen Verwirrungen bedacht werden, ist die Variabilität der individuellen Reaktion auf eine medikamentöse Therapie *weiterhin* beträchtlich. Wenn Sie beim Lesen in diesem Buch bis hierher durchgehalten haben, erstaunt es Sie wahrscheinlich nicht, zu erfahren, dass ein großer Teil dieser Variabilität in der DNA wurzelt. Das Forschungsgebiet, das sich mit dem Einfluss des Genoms auf die Medikamentenwirkungen befasst, bezeichnet man als *Pharmakogenomik*.

Wie können Ihre Gene Ihre Reaktion auf Medikamente beeinflussen?

Um zu verstehen, wie die genetische Variabilität die Reaktion auf Medikamente beeinflussen kann, ist es hilfreich, erst einmal die spezifischen Schritte zu betrachten, die mit der Wirkung eines Medikaments einhergehen (Abbildung 9.1). Erstens werden einige Medikamente nicht in ihrer aktiven Form verabreicht, sondern müssen erst durch ein Enzym (A) in die Verbindung umgewandelt werden, die den gewünschten Effekt biologisch hervorruft. Als nächstes beginnt ein Tauziehen des Stoffwechsels, da andere Enzyme (B) im Körper die aktive Form des Medikaments abbauen und in eine inaktive Substanz umwandeln, die letztendlich ausgeschieden wird. Inzwischen muss jedoch die aktive Form des Medikaments mit biologischen Bestandteilen des Körpers in Wechselwirkung treten, um den gewünschten Effekt zu erzielen. Ein derartiger Bestandteil ist häufig ein Rezeptor (C). Da die Anleitungen für alle drei Schritte (A, B und C) in Abbildung 9.1 durch Gene codiert werden und die meisten Gene einige häufigere Varianten aufweisen, ist es nicht verwunderlich, dass sich die individuellen Reaktionen der Menschen auf Standarddosen eines Medikaments unterscheiden.

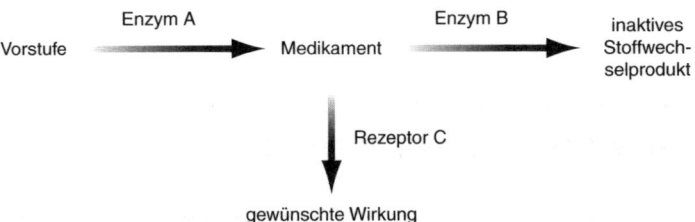

Abb. 9.1 Die potenzielle Wirkung eines Medikaments kann von den Enzymen abhängen, die seine Aktivierung (A) oder seinen Abbau (B) bewerkstelligen, oder von der Art und Weise, wie es an seinen Rezeptor (C) bindet.

Enzyme, die Medikamente metabolisieren (A und B in Abbildung 9.1), sind häufig, aber nicht immer, in der Leber lokalisiert. Es ist nicht immer möglich vorherzusagen, ob jemand, der von einem der drei Enzyme eine relativ wenig aktive Form besitzt, eine höhere oder niedrigere Dosis des Medikaments benötigt, da bekannt sein muss, ob die übliche Form des Medikaments die aktive Form oder die Vorstufenform ist. Für einen Patienten, der die Vorstufenform nur sehr langsam umsetzt (Enzym A) und nur eine ungenügende Menge der aktiven Form erzeugt, ist ein solches Medikament wahrscheinlich nur eingeschränkt hilfreich. Andererseits könnte es bei einem Patienten mit einem langsamen Abbau der aktiven Form desselben Medikaments (Enzym B) zu Vergiftungserscheinungen kommen.

Nicht nur die Enzyme, die bei der Aktivierung oder dem Abbau des Medikaments eine Rolle spielen, können als Varianten vorkommen, auch der Rezeptor C, auf den das Medikament wirkt, kann bei verschiedenen Patienten unterschiedlich sein. Wenn ein Rezeptor nur eine geringe Affinität für ein Medikament besitzt, wird das Ergebnis enttäuschend sein. Ein Rezeptor mit einer außerordentlich hohen Affinität kann hingegen eine unerwünschte Nebenwirkung hervorrufen, selbst wenn das Medikament im Blut in einer normalen Konzentration vorliegt.

Ein kurzer Einschub über die Bezeichnung von Medikamenten

Als ich im Jahr 1973 mit dem Medizinstudium begann, war ich von der Vorstellung nicht begeistert, mir eine große Menge Lernstoff aneignen zu müssen – ich hatte gehofft, dass sich die Medizin mit allgemeinen Prinzipien beschäftigen würde. Deshalb war es für mich ein kleiner Schock, dass ich tatsächlich nicht lernen konnte, wie man Medizin praktiziert, ohne mir nicht auch Hunderte von verschiedenen Medikamentenbezeichnungen aneignen zu müssen und ihre Wirkweise und korrekte Anwendung zu verstehen. Mein Unbehagen steigerte sich noch, da alle Medikamente, die in den USA für den allgemeinen Gebrauch zugelassen sind, grundsätzlich *zwei* Bezeichnungen haben, und ein Arzt muss generell mit beiden vertraut sein. Eine dieser Bezeichnungen, der sogenannte generische Name, gibt ein wenig Auskunft über die chemische Verbindung (so bedeutet zum Beispiel die Endung „mab", dass es sich um monoklonale Antikörper handelt). Die andere Bezeichnung ist der Handelsname, der durch den Medikamentenhersteller vergeben wird, wenn er die Zulassung durch die FDA erhält und das Medikament für die Allgemeinheit vermarktet wird. Handelsnamen werden häufig so gewählt, dass sie eingängig sind und etwas darüber aussagen, welchem Zweck das Medikament dienen soll. Tabelle 9.1 enthält einige Gattungs- und Handelsbezeichnungen von häufiger verschriebenen Medikamenten.

Tab. 9.1 Beispiele für häufiger verschriebene Medikamente

Generischer Name	Handelsname	Anwendung
Atorvastatin	Sortis	Cholesterinsenker
Clopidogrel	Plavix	Verhinderung der Blutgerinnung
Esomeprazol	Nexium	Reflux
Imatinib	Glivec	Leukämie
Levofloxacin	Levaquin	Infektionen
Paroxetin	Seroxat	Ängste, Depressionen
Sildenafil	Viagra	erektile Dysfunktion
Trastuzumab	Herceptin	Brustkrebs

Bestimmung der passenden Dosis

Ein Hauptanliegen der Pharmakogenomik wird darin bestehen herauszufinden, wie sich Erkenntnisse über genetische Varianten nutzen lassen, um für einen bestimmten Patienten die richtige Dosierung zu finden. In der Vergangenheit haben die Ärzte das dadurch versucht, indem sie Faktoren wie Alter, Geschlecht, Körpergewicht, mögliche Wechselwirkungen mit anderen Wirkstoffen und das Vorhandensein von Erkrankungen der Leber oder Nieren berücksichtigt haben, aber das führte nicht immer zum Erfolg. Wir können das jetzt besser.

6-Mercaptopurin und Leukämie bei Kindern

Am Anfang dieses Kapitels steht die Geschichte von McKenzie, die an akuter lymphatischer Leukämie – einer Kinderleukämie – erkrankte und zur Heilung eine aggressive Chemotherapie benötigte. McKenzie besaß eine funktionslose Variante des Enzyms Thiopurin-Methyltransferase (TPMT), das normalerweise 6-Mercaptopurin inaktiviert, sodass es ausgeschieden werden kann (TPMT entspricht Enzym B in Abbildung 9.1). Da dieser Defekt erkannt worden war, konnte McKenzie das Medikament in einer viel niedrigeren Dosis einnehmen. Seltsam ist dabei, dass diese Information zwar schon seit einiger Zeit bekannt ist, die FDA aber weiterhin nicht verlangt, dass vor Verabreichung von 6-Mercaptopurin ein TPMT-Test durchgeführt wird.

Die akute lymphatische Leukämie ist zwar eine relativ seltene Erkrankung, aber mehrere verwandte Medikamente werden ebenfalls durch TPMT metabolisiert. Diese Befunde wirken sich also auch in anderen Bereichen aus. So wird beispielsweise das Medikament Azathioprin häufig bei schweren Fällen von rheumatoider Arthritis verschrieben, aber Patienten mit nur schwach funktionsfähigen TPMT-Varianten können aufgrund dieses Medikaments Vergiftungserscheinungen entwickeln, wenn die Dosierung nicht genau eingestellt wird.

Clopidogrel (Plavix)

Durch die Entwicklung von Medikamenten, die die Bildung von Blutgerinnseln im Arteriensystem verhindern, hat die Behandlung und Vorbeugung von Herzinfarkten (koronare Herzkrankheit) große Fortschritte gemacht. Solche Gerinnsel entstehen durch die Aggregation von Blutplättchen, sodass Wirkstoffe, die solche Aggregationen verhindern, sehr hilfreich sind. Tatsächlich lässt sich mit Acetylsalicylsäure in niedriger Dosierung dieses Ziel erreichen, deren Einnahme gesunden Männern, die älter als 40 Jahre sind und einen oder mehrere Risikofaktoren für die koronare Herzkrankheit aufweisen, auch empfohlen wird. Ähnliches gilt für Frauen über 65 Jahre. Ein stärkerer Inhibitor der Blutplättchenaggregation ist das Medikament Plavix (Clopidogrel). Die individuelle Reaktion auf dieses häufig verschriebene Medikament ist zweifellos nicht einheitlich, und neuere Befunde deuten darauf hin, dass ein Teil dieser Variabilität dem Enzym CYP2C19 zuzuschreiben ist. Plavix ist eine Medikamentenvorstufe, sodass es Patienten mit einer CYP2C19-Variante, die nur eine geringe Aktivität besitzt, nur wenig nutzt. Möglicherweise lässt sich aber diese Variabilität der Medikamentenwirkung durch eine höhere Dosierung auffangen, was zurzeit untersucht wird.

Antidepressiva

Die Behandlung klinischer Depressionen mit Medikamenten hat in den letzten Jahren große Fortschritte gemacht. Zu Beginn kann eine solche Therapie jedoch enttäuschend verlaufen, weil es normalerweise mehrere Wochen dauert, bis sich eine Wirkung einstellt. Viele Patienten reagieren nicht auf das erste Medikament, sodass weitere Alternativen empirisch ermittelt werden müssen, wodurch sich die Qualen der Depression häufig um Monate verlängern.

Um die Auswahl des richtigen Medikaments für jeden individuellen Fall zu erleichtern, ohne sich in „Versuch und Irrtum" zu verlieren, sucht man nach genetischen Varianten, die gute Indikatoren für die optimale Wahl von Medikament und Dosis sein können. Das ist jedoch ein hoch komplexes medizinisches Unterfangen. Nicht alle Fälle von klinischer Depression sind gleich. Andere Ereignisse im Leben können darauf hinwirken, dass sich eine Depression verschlechtert oder bessert, und es ist nicht einfach, die Reaktion auf das Medikament zu definieren. Deshalb hatten zumindest bis zu der Zeit, als dieser Text geschrieben wurde, die Bemühungen, mithilfe genetischer Analysen die Behandlung von Depressionen zu verbessern, noch nicht das Stadium einer wirksamen Anwendung erreicht.

Coumadin (Warfarin)

Viele Beobachter sind der Ansicht, dass Coumadin das erste Medikament sein wird, bei dem das sogenannte Dx-Rx-Prinzip – ein genetischer Test (Dx) geht einer Medikamentenverschreibung (Rx) voraus – Eingang in die alltägliche medizinische Praxis findet. Dieses Medikament hat eine lange und wechselvolle Geschichte. In den 1920er-Jahren waren die Bauern in Wisconsin durch eine in ihren Viehbeständen epidemisch auftretende Bluterkrankheit sehr beunruhigt. Schon kleinste Verletzungen konnten schwere Blutungen hervorrufen, auch spontane Blutungen wurden beobachtet. Die Erforschung möglicher Ursachen führte schließlich zu einer Fuhre verschimmelter Silage aus Honigklee, die an die erkrankten Tiere verfüttert worden war.

Zwanzig Jahre später gelang es einem Chemiker, der an der University of Wisconsin arbeitete, die Verbindung aus der Silage zu isolieren, die die Blutungen verursacht hatte. Man erkannte, dass dies ein geeignetes Mittel sein konnte, um bei richtiger Anwendung und Dosierung Blutgerinnsel beim Menschen zu verhindern. Der Wirkstoff erhielt die Handelsbezeichnung Warfarin, in Anerkennung der Wisconsin Alumni Research Foundation, die die Forschungen unterstützt hatte.

Präsident Eisenhower war im Jahr 1955 nach seinem Herzinfarkt einer der Ersten, denen das Medikament verabreicht wurde. Allmählich erweiterten sich dann die Anwendungsmöglichkeiten von Coumadin, es diente nun auch der Verhinderung von Venenthrombosen in den Beinen und zur Gehirnschlagprävention bei Personen mit Herzrhythmusstörungen.

Im Jahr 2004 wurde Coumadin 31 Millionen Mal verschrieben. Allerdings gehört Coumadin auch zu den zehn Medikamenten, die in diesem Jahr die meisten gravierenden Nebenwirkungen hervorriefen. Auf den in den USA ausgestellten Totenscheinen liegen Gerinnungshemmer, und hier vor allem Coumadin, als Todesursachen bei medikamentös ausgelösten Nebenreaktionen an vorderster Stelle. Zu diesen Todesfällen kommt es häufig aufgrund einer versehentlichen Überdosierung, die dann einen Blutsturz im Darm oder Blutungen im Gehirn hervorruft. Nicht weniger als 29 000 Notaufnahmen sind jedes Jahr auf zu hohe Dosierung von Coumadin zurückzuführen.

Die geeignete Dosierung von Coumadin herauszufinden, ist ein Alptraum für Arzt und Patient. Die Dosis muss durch einen Bluttest unmittelbar kontrolliert werden, der die jeweilige Wirkung auf die Blutgerinnungsfaktoren bestimmt, und der Beginn einer Therapie ist immer eine Phase höchster Anspannung. Eine Unterdosierung setzt den Patienten gerade in einem Zustand besonderer Anfälligkeit womöglich dem Risiko eines Blutgerinnsels aus, und eine Überdosierung kann zu einer schwerwiegenden oder sogar tödlichen Blutung führen. Allerdings unterscheiden sich die Dosen, die den Patienten individuell verabreicht werden müssen, um die gewünschte therapeutische Wirkung zu erzielen, um den Faktor zehn. Ein Teil dieser Variabilität lässt sich aufgrund von Alter, Geschlecht, Body-Mass-Index und Tabakkonsum vorhersagen, aber über die Hälfte der Variabilität kann auf diese Weise nicht abgeschätzt werden.

Deshalb stieß die Entdeckung, dass einige häufigere Varianten der beiden Gene *CYP2C9* und *VKORC1* für etwa 40 Prozent der Variabilität der therapeutischen Dosis verantwortlich sind (Abbildung 9.2), auf großes Interesse. Das Gen *CYP2C9* codiert ein Enzym, das Coumadin metabolisiert (Enzym B in Abbildung 9.1), sodass weniger aktive CYP2C9-Varianten toxische Wirkungen hervorrufen können, wenn die tägliche Dosis nicht verringert wird. Das *VKORC1*-Gen wirkt sich auf andere Weise aus. Dabei spielt der Mechanismus eine Rolle, durch den Coumadin gerinnungshemmend wirkt. Wie in Abbildung 9.3

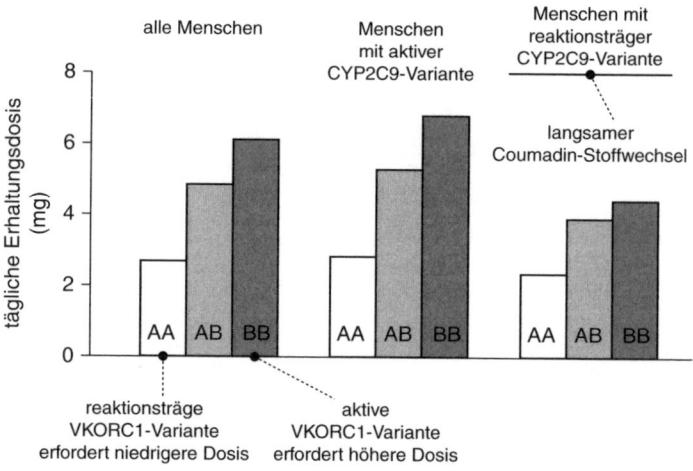

Abb. 9.2   Wenn die optimale Erhaltungsdosis für Coumadin ermittelt werden soll, spielen die Varianten der Gene *CYP2C9* und *VKORC1* eine wesentliche Rolle. Das *VKORC1*-Gen kommt in zwei verschiedenen Formen vor: Die A-Form ist weniger aktiv, die B-Form hingegen aktiver. Mögliche Genotypen sind AA, AB oder BB (Daten aus Rieder M. et al (2005) *N Engl J Med* 352: 2285–2293).

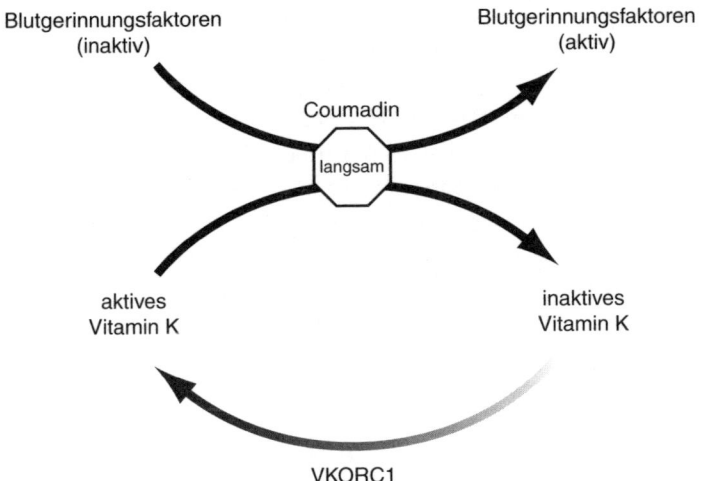

Blutgerinnungsfaktoren
(inaktiv)

Blutgerinnungsfaktoren
(aktiv)

Coumadin

langsam

aktives
Vitamin K

inaktives
Vitamin K

VKORC1

Abb. 9.3 Vitamin K ist für die Aktivierung von mehreren Blutgerinnungsfaktoren unbedingt erforderlich. Coumadin blockiert diesen
Schritt. Aber Vitamin K selbst muss nach jeder Verwendung reaktiviert
werden; diese Reaktion führt das Enzym VKORC1 aus. Menschen mit
einer reaktionsträgen VKORC1-Variante benötigen deshalb weniger
Coumadin, um ein bestimmtes Maß an Blutverdünnung zu erreichen.

dargestellt ist, blockiert Coumadin dabei einen Reaktionsschritt,
der notwendig ist, um vier Blutgerinnungsfaktoren zu aktivieren.
Dieser Aktivierungsschritt erfordert auch Vitamin K. Das Vitamin muss nach jeder Verwendung regeneriert werden, und das
Enzym VKORC1 führt diese Reaktion aus. Bei Menschen, die
eine weniger aktive Variante des Enzyms besitzen, verlangsamt
der relative Mangel an Vitamin K die Aktivierung der Blutgerinnungsfaktoren, sodass von Coumadin eine geringere Dosis
benötigt wird, um dieselbe Wirkung zu erzielen. Das ist ein kom-
plizierterer Mechanismus als der in Abbildung 9.1, zeigt aber,
dass die komplexen Reaktionswege des Stoffwechsels von Me-

dikamenten und der Biochemie des Körpers auf verschiedene Weise die Dosierung eines Medikaments beeinflussen können.

Die Ergebnisse der Untersuchung in Abbildung 9.2 wurden im Nachhinein aus DNA-Tests einer früher durchgeführten Studie ermittelt. Im Februar 2009 wurde jedoch von einer großen Prospektivstudie berichtet, in der man feststellte, dass sich die stabile therapeutisch wirksame Dosierung aufgrund der genetischen Tests für die Gene *CYP2C9* und *VKORC1* deutlich besser einstellen lässt. Die FDA hatte bereits im Jahr 2008 auf der Coumadin-Verpackung einige Anmerkungen hinzugefügt. Den Ärzten wird mitgeteilt, sie sollten daran denken, dass sie mithilfe von Tests diejenigen Patienten ermitteln könnten, bei denen die Standarddosis nicht ideal ist. Dieser Verpackungshinweis bleibt jedoch hinter der Empfehlung zurück, dass alle Patienten getestet werden sollten, die Coumadin erhalten. Zurzeit gibt es eine noch größere Studie, und es wird erwartet, dass der Test innerhalb der nächsten Jahre endlich empfohlen wird. Da dieses Medikament in der medizinischen Praxis so breite Anwendung findet, könnte dies das erste Mal sein, dass zahlreiche Mediziner angehalten sind, dem Dx-Rx-Prinzip zu folgen.

Das vorzeitige Erkennen unerwünschter Nebenwirkungen von Medikamenten

Wenn ein Medikament zur Behandlung einer Krankheit verschrieben wird, aber keine therapeutische Wirkung zeigt, so ist das ein ernsthaftes Problem. Wenn das Medikament aber eine gravierende Nebenwirkung hervorruft, kann das tragische Folgen haben. Es besteht daher sehr großes Interesse, solche seltenen toxischen Reaktionen zu verstehen, um anfällige Patienten zu erkennen und ihnen den entsprechenden Wirkstoff nicht zu verabreichen. In einigen Fällen hat man die Grundlagen dieser Reaktionen ermittelt, aber künftig werden es noch deutlich mehr sein.

Abacavir (Ziagen)

In den 1990er-Jahren führte die intensive Forschungsarbeit, die der Entwicklung von Medikamenten gegen HIV gewidmet war, zur schnellen Zulassung von mehreren dieser Wirkstoffe durch die FDA. Dazu gehörte auch Abacavir, ein Medikament, das die Replikation des AIDS-Virus blockieren soll. Abacavir ist gegen HIV hoch wirksam, aber nach kurzer Zeit trat eine gravierende Nebenwirkung auf. Etwa sechs Prozent der Patienten, die das Medikament erhielten, entwickelten eine schwere Hypersensitivitätsreaktion, die mit Fieber, Hautausschlag, Symptomen im Verdauungstrakt und mit Atembeschwerden einherging. Wenn das Medikament nicht abgesetzt wurde, konnte die Hypersensitivität für den Patienten bedrohlich werden und sogar tödlich enden.

Eine Untersuchung des Genoms, mit deren Hilfe die genetische Grundlage der Hypersensitivitätsreaktion ermittelt werden sollte, lieferte eine ziemlich einfache Antwort. Praktisch das gesamte Risiko für eine Überempfindlichkeit gegenüber Abacavir hängt mit einer genetischen Variante auf Chromosom 6 zusammen, die in der HLA-Region liegt. Mit HLA wird eine Gruppe von Genen bezeichnet, die viele Proteine der Immunantwort codieren. Träger einer bestimmten Variante, die man mit HLA-B*5701 bezeichnet, sind auch für die Hypersensitivität anfällig. Im Jahr 2004 zeigte eine Studie in Australien, dass bei einer Behandlung von HLA-B*5701-positiven AIDS-Patienten ohne Abacavir die Überempfindlichkeitsreaktion fast vollständig ausblieb. Aber das strenge System der USA für die Bewertung von Daten machte eine weitere große Studie mit fast 2 000 Patienten notwendig. Als die Ergebnisse veröffentlicht wurden, bestätigte sich, dass die Hypersensitivität im Grunde auf HLA-B*5701-positive Patienten beschränkt ist. Im Juli 2008 fügte die FDA der Verpackung des Medikaments die Information hinzu, dass Patienten auf diese genetische Variante getestet werden sollten, bevor man ihnen Abacavir verabreicht. Dies ist ein besonders einfaches Beispiel für angewandte Pharmakogenomik, da nur ein einziges Gen ein starker Indikator für eine toxische Wirkung ist.

Statine

Zu dieser Klasse von Medikamenten gehören die meistverkauften Arzneimittel der Geschichte. Sie senken den Cholesterinspiegel im Blut sehr effektiv und werden heute von Millionen Menschen eingenommen. Statine sollen das langfristige Überleben von Personen mit einem früheren Herzinfarkt oder koronarer Herzkrankheit deutlich verbessern. Es ist nur noch umstritten, ob Statine bei Patienten mit einem hohen Cholesterinspiegel aber ohne erkennbare Herzerkrankung ebenfalls lebensverlängernd wirken, doch es gibt gewichtige Hinweise, die darauf hindeuten.

Wenn Sie jedoch zu den zwei Prozent gehören, die bei den zurzeit verschriebenen höheren Dosen von Statinen Schwächesymptome und Muskelschmerzen entwickeln, halten Sie von dieser Art von Medikamenten wahrscheinlich nicht so viel. Diese Nebenwirkung ist zwar grundsätzlich reversibel, kann aber sehr belastend sein, und biochemische Untersuchungen des Blutes von Betroffenen deuten darauf hin, dass die Muskulatur stark geschädigt wird.

Da 98 Prozent der Menschen, die teilweise Statine in recht hohen Dosen einnehmen, diese Nebenwirkung nicht zeigen, war es nur selbstverständlich, nach genetischen Varianten zu suchen, die für die Anfälligkeit verantwortlich sein könnten. Erst vor kurzem kam man bei dieser Frage zu einem interessanten Ergebnis. Ein einziges Gen (*SLCO1B1*) ist anscheinend für einen wesentlichen Teil des Risikos verantwortlich, dass Statine in der Muskulatur Nebenwirkungen entfalten. Träger von einer Kopie einer häufigeren *SLC01B1*-Variante zeigen ein vierfach höheres Risiko, bei Trägern von zwei Kopien erhöht sich das Risiko sogar auf das 16-Fache. Die biologische Erklärung ist in diesem Fall ziemlich eindeutig: *SLC01B1* codiert einen Transporter in der Leber, der die Aufnahme der Statine vermittelt. Das ist eine relativ neue Information, und die Tatsache, dass die toxische Wirkung der Statine auf die Muskulatur reversibel ist, macht die Identifizierung von anfälligen Personen weniger problematisch. Wahrscheinlich werden aber in Zukunft Träger von zwei Kopien der *SLC01B1*-Variante auf eine Einnahme von Statinen eher verzichten oder zumindest eine viel niedrigere Dosierung benötigen.

Das Vorhersehen einer fehlenden Wirkung des Medikaments

Es macht überhaupt keinen Sinn, einem Patienten ein Medikament zu verabreichen, wenn sich zuverlässig vorhersagen lässt, dass er darauf nicht anspricht. Die Anwendung eines Medikaments in einem solchen Fall setzt den Betroffenen nur dem Risiko einer unerwünschten Nebenwirkung aus, ist reine Geldverschwendung und verhindert eine alternative Therapie, die vielleicht erfolgreicher wäre. In der Vergangenheit waren die meisten dieser Fälle unerklärlich und auch unvorhersagbar, und man konnte sie immer erst spät erkennen. Die Situation verändert sich jedoch allmählich, wie an den folgenden Beispielen deutlich wird.

Herceptin

Die erste umfassende Anwendung des Prinzips, dass ein genetischer Test (Dx) erforderlich ist, bevor ein Medikament verabreicht werden kann (Rx), betrifft Herceptin (Trastuzumab) bei der Behandlung von Brustkrebs. Vor 20 Jahren hatte man entdeckt, dass Krebszellen aus Brusttumoren bei einigen Frauen an der Oberfläche ein Molekül exprimieren, das als Angriffsziel für Medikamente infrage kommt. Dieses Molekül mit der Bezeichnung HER2 ist ein Rezeptor für Wachstumsfaktoren und spielt daher für das Wachstum des Tumors eine entscheidende Rolle. Die Forscher kamen zu dem Schluss, dass die Blockierung des Rezeptors für die Krebstherapie vorteilhaft sein müsste. Also stellte man einen monoklonalen Antikörper (Trastuzumab) gegen HER2 her. Klinische Studien ergaben eine deutlich günstigere Prognose, allerdings nur bei Tumoren, die HER2 exprimierten. Das führte dazu, dass die FDA nun verlangt, dass Krebszellen aus dem Brusttumor einer Frau auf HER2 getestet werden müssen, und Herceptin darf nur verschrieben werden, wenn der Test positiv ist.

Bei dieser Anwendung des Dx-Rx-Prinzips treten jedoch Schwierigkeiten auf. Der genetische Test auf HER2 ist nicht einfach durchzuführen und die Ergebnisse sind nicht immer zuverlässig. Darüber hinaus halten sich die Ärzte trotz der Empfehlungen der FDA nicht immer an die Vorgaben. Ein bedeutendes Versicherungsunternehmen berichtete vor kurzem, dass acht Prozent der Frauen, die mit Herceptin behandelt wurden, für HER2 negativ getestet worden waren, und dass weitere vier Prozent überhaupt nicht getestet wurden.

Festzuhalten ist hier auch, dass der HER2-Test nicht mit DNA aus Blut, Speichel oder einem Wangenabstrich durchgeführt werden kann, sondern nur mit den Krebszellen selbst, da die Expression von HER2 durch Mutationen hervorgerufen wird, die während der Entwicklung des Tumors aufgetreten sind. Das hat mit der Ermittlung von vererbungsbedingten Risiken nichts zu tun. Es sind zahlreiche weitere Beispiele für diese Art von genetischen Tests bei Tumorproben vorstellbar, durch die sich erkennen lässt, ob eine bestimmte Maßnahme geeignet ist. Weitere Beispiele dieser Art sind die Fälle von Karen Vance (Kapitel 1) sowie Judy Orem, Marvin Frazier und Kate Robbins (Kapitel 4). Ein weiteres aktuelles Beispiel betrifft die Feststellung, dass zwei neue therapeutische monoklonale Antikörper – Cetuximab (Erbitux) und Panitumumab (Vectibix) – die gegen den Wachstumsfaktorrezeptor EGFR gerichtet sind, den Patienten, deren Tumoren eine aktivierende Mutation des Onkogens *KRAS* aufweisen, anscheinend nicht helfen. Das mag auf den ersten Blick unverständlich erscheinen, da die Krebszellen wahrscheinlich weiterhin EGFR an der Oberfläche tragen. Es stellte sich jedoch heraus, dass KRAS im Signalweg stromabwärts von EGFR liegt. Wenn KRAS mutiert ist und in der aktivierten Form festgehalten wird, spielt es keine Rolle, ob EFGR durch das Medikament abgeschaltet wird oder nicht. Um noch ein anderes Bild zu verwenden: Wenn der Fahrer seinen Fuß vom Gaspedal nimmt, verlangsamt sich das Auto nicht, wenn das Gaspedal bereits festgeklemmt ist.

Tamoxifen

Es sind nicht nur Medikamente in der Erprobungsphase, bei denen genetisch bedingt unterschiedliche Reaktionsstärken auftreten. Tamoxifen ist ein Östrogenantagonist und war über 30 Jahre lang das wichtigste Medikament für die Behandlung von Brusttumoren, die für den Östrogenrezeptor positiv sind. Und dennoch machten nicht alle betroffenen Frauen gute Erfahrungen mit Tamoxifen (ein Effekt, wie er bei praktisch allen Medikamenten vorkommt). Bis vor kurzen nahm man an, dass dies eine Folge der unterschiedlichen biologischen Verhaltensweisen der Tumoren wäre: Einige seien eben zu aggressiv, um durch die Hormonbehandlung unterdrückt zu werden. Aber neuere Befunde stellen diese Erklärung infrage. Tamoxifen ist eine Medikamentenvorstufe (Abbildung 9.1) und muss erst durch das Enzym CYP2D6 in die aktive Form Endoxifen überführt werden. Bei Patientinnen mit genetischen Varianten im *CYP2D6*-Gen, die zu

einer geringeren Aktivität des Enzyms führen, zeigt die Standarddosis von Tamoxifen nicht die erhoffte Wirkung, sodass sie für
diese spezielle Behandlungsmethode nicht infrage kommen. Bis
jetzt wurden keine maßgeblichen Empfehlungen herausgegeben,
aber eine Frau, der dieses Medikament verabreicht wird, sollte
verlangen, dass man auf der Grundlage der genetischen Varianten von *CYP2D6* feststellt, ob sie darauf überhaupt anspricht.

Hindernisse für die pharmakogenomische Revolution

In diesem Kapitel haben wir etwa ein Dutzend Beispiele besprochen, die deutlich darauf hinweisen, dass die genetische Information klinisch relevante Auswirkungen auf die Reaktion des
Patienten auf ein Arzneimittel haben kann. Wenn wir davon ausgehen, dass die Ergebnisoptimierung der medikamentösen Therapie besonders im Hinblick auf unerwünschte Nebenwirkungen
und Unwirksamkeiten einen hohen Stellenwert besitzt, stellt sich
die Frage, warum die Pharmakogenomik in der Medizin noch
nicht zum Alltag gehört.

Erstens ist die Durchführung aussagekräftiger Studien, bei
denen genetische Faktoren ermittelt werden sollen, die seltene
unerwünschte Nebenwirkungen hervorrufen, mit Schwierigkeiten verbunden. Wenn die toxische Reaktion nur bei einem von
1 000 Patienten auftritt, erfasst eine Studie mit 20 000 behandelten Patienten nur 20 solcher Fälle. Das reicht oftmals nicht aus,
um die Ursache zu finden. Hier ist unbedingt ein effektives Do-
kumentationssystem erforderlich, das Berichte über unerwünschte Nebenwirkungen von Medikamenten zentral sammelt, wenn
Millionen Menschen das Mittel nehmen. Wenn von Betroffenen
auch Blutproben genommen werden, könnte ein solches System
schnell dazu führen, dass die Ursachen entdeckt werden. Das

Fehlen eines Dokumentationssystems dieser Art ist ein gravierender Mangel in den USA, der so schnell wie möglich behoben werden sollte. Wenn zweitens die Fragestellung dahin geht, ob Mitglieder einer Patientengruppe – in diesem Fall mit einer bestimmten Diagnose – wahrscheinlich nicht auf eine medikamentöse Therapie reagieren, sollte die Studie einfacher gestaltet werden. Doch wird hier die Motivation, eine solche Studie durchzuführen, aus wirtschaftlichen Gründen begrenzt sein. Ein Arzneimittelhersteller hat wahrscheinlich kein Interesse daran eine Studie durchzuführen, die den Markt für ein bestimmtes Medikament verkleinert, in dessen Entwicklung das Unternehmen viel investiert hatte. Solche Studien wird es vermutlich nur dann geben, wenn die entstehenden Kosten von einer anderen Stelle übernommen werden, etwa von den National Institutes of Health.

Drittens ist die FDA, die Regulierungsbehörde der USA, anscheinend wenig gewillt, für jedes Medikament einen genetischen Test vorzuschreiben, sofern nicht mehrere unabhängige Studien überzeugende Daten geliefert haben. Trotz deutlicher Hinweise gibt es für die Verwendung von 6-MP gegen Leukämie bei Kindern keine derartigen Empfehlungen. Dadurch werden Kinder wie McKenzie dem Risiko einer schweren Arzneimittelvergiftung ausgesetzt. Im Fall von Abacavir gab es bereits vor fünf Jahren Hinweise, dass ein genetischer Test notwendig ist, um Hypersensitivitätsreaktionen zu vermeiden, aber erst nach einer zweiten großen Prospektivstudie ließ die FDA diese Anforderung auf die Packung drucken.

Viertens werden die Mediziner nur langsam damit beginnen, die Vorteile des Dx-Rx-Prinzips zu nutzen, selbst wenn die Daten dies zwingend nahelegen und die FDA darauf hinweist, dass ein Test notwendig ist. Wie oben erwähnt, erhalten selbst bei Herceptin, wofür diese Anforderung bereits seit einem Jahrzehnt besteht, zwölf Prozent der Patientinnen keine auf sie persönlich zugeschnittene, optimale Behandlung.

Fünftens kann auch die Logistik ein Hindernis darstellen. Bei einigen Medikamenten gegen chronische Erkrankungen ist zwar eine Verzögerung von wenigen Tagen noch tolerierbar, während man auf das Ergebnis eines genetischen Tests wartet, in zahlreichen anderen Fällen muss jedoch mit der Arzneimittelgabe sofort begonnen werden. Zurzeit werden fast alle pharmakogenomischen Tests in zentralen Labors durchgeführt. Das bedeutet, dass die Proben zu einem solchen Labor transportiert und dort analysiert werden und die Ergebnisse zurück in die Arztpraxis oder Klinik gelangen müssen. So können leicht mehrere Tage vergehen, bis ein Ergebnis vorliegt – ein Zeitraum, der bei vielen medikamentösen Therapien nicht akzeptabel ist. Kurzfristige Lösungen dieses Problems können darin bestehen, den Transport zu beschleunigen oder die am häufigsten verwendeten genetischen Tests in den Kliniklaboratorien und Arztpraxen zu etablieren. Doch solche Lösungen sind häufig unbefriedigend. Problematisch ist teilweise auch, dass Krankenversicherungen nicht bereit sind, die Kosten für die Tests zu übernehmen.

Eine zielführendere Lösung bestünde darin, dass die vollständige Genomsequenz eines jeden von uns bestimmt würde und diese Informationen in die Krankenakten eingehen, wo man dann bei Bedarf nachsehen könnte. Sobald die Kosten für eine solche Sequenzierung bezahlbar geworden sind (was wahrscheinlich innerhalb der nächsten fünf Jahre der Fall sein wird), ist es viel kostengünstiger, die DNA-Informationen im Voraus zu beschaffen, damit sie sofort zur Verfügung stehen, wenn die medizinische Situation es erfordert. Die zwingende Notwendigkeit, die Pharmakogenomik in der medizinischen Praxis zu verankern, ist daher eine der stärksten Triebkräfte dafür, dass künftig für alle Menschen eine Sequenzierung des gesamten Genoms möglich sein wird.

Die Vorhersage des Risikos für künftige Erkrankungen, die Optimierung der medizinischen Therapie und die Entwicklung neuer Methoden für die Behandlung von Krankheiten befinden

sich zurzeit mitten im Umbruch. Der Wandel der Gesundheitsversorgung ist bereits atemberaubend. Jetzt wollen wir jedoch
die heutige Realität hinter uns lassen und uns einmal vorstellen,
wohin sich die Medizin der Zukunft entwickeln könnte. Das wird
mit Sicherheit eine rasante Fahrt.

**Was Sie heute tun können, um an der Revolution der
personalisierten Medizin teilzuhaben**

1. Wenn Sie bereits eines der Angebote von umfassenden genetischen Analysen für Privatkunden genutzt haben (Kapitel 3),
   suchen Sie speziell nach den Ergebnissen, die mit Pharmakogenomik zu tun haben. Enthält Ihr Bericht solche Informationen?
   Wenn nicht, nehmen Sie mit dem Anbieter Kontakt auf und fragen Sie nach, ob Sie diese Informationen erhalten können.
2. Wenn Sie das bis jetzt nicht gemacht haben oder wenn der Anbieter, den Sie gewählt haben, solche Informationen nicht zur
   Verfügung stellt, sollten Sie möglicherweise daran denken, sich
   diese selbst zu beschaffen, um die Verschreibung von Medikamenten künftig entsprechend lenken zu können. Ein möglicher
   Anbieter für solche Tests ist DNA Direct (http://www.dnadirect.
   com/web/consumers). Interessant sind hier die Informationen
   unter „Testing for Drug Response".
3. Nehmen Sie zurzeit verschreibungspflichtige oder nicht verschreibungspflichtige Medikamente? Sind Sie sicher, dass kein Risiko
   von unerwünschten Nebenwirkungen besteht? Die meisten Apotheken prüfen das bei jedem neu verschriebenen Medikament,
   aber nicht jeder erhält verschriebene Medikamente immer von
   derselben Apotheke, und frei verkäufliche Medikamente sind von
   dieser Überprüfung im Allgemeinen ohnehin ausgenommen. Es
   gibt mehrere Internetdienste, die Sie kostenlos nutzen können,
   um Wechselwirkungen zwischen verschiedenen Medikamenten
   zu überprüfen, beispielsweise unter http://www.healthline.com/
   druginteractions (das Angebot zeichnet sich durch einfache Be-
   dienbarkeit aus).

10

Eine Zukunftsvision

Als ich im Februar 2001 in Lyon in Frankreich das Flugzeug verließ, war ich sehr erfreut, dass ich auf dem Flughafen Antoine de Saint-Exupéry gelandet war. Eines meiner Lieblingsbücher als Kind war Saint-Exupérys Buch *Der kleine Prinz*. In der seltsamen kleinen Erzählung über den Prinzen, der auf einem Asteroiden lebte, finden sich viele Wahrheiten über das Leben und die Liebe.

Ich befand mich in Lyon, um einen Vortrag darüber zu halten, welche Informationen wir aus der ersten Rohfassung der menschlichen Genomsequenz ziehen konnten. Außerdem war ich gebeten worden, einige Vorhersagen für die Zukunft zu machen.

Diese Art von Blick in die Kristallkugel war nicht immer gut gegangen. Im Jahr 1943 mutmaßte Thomas Watson, der oberste Boss von IBM: „Ich denke, dass es weltweit vielleicht einen Bedarf für fünf Computer gibt." Einige Jahre später schrieb ein Professor, der einen hypothetischen Geschäftsplan eines Studenten beurteilte: „Das Konzept ist interessant und gut durchdacht, aber um eine bessere Note als 3 zu erhalten, sollte diese Idee auch durchführbar sein." Der Student war Frederick W. Smith, der sein Konzept zur Gründung von FedEx präsentiert hatte.[1] Und im Jahr 1962 wies DECCA Records das Demo-Band eines

---

[1] Die FedEx Corporation, früher Federal Express, ist heute ein weltweit operierendes Kurier- und Logistikunternehmen in den USA.

Quartetts zurück mit der Begründung: „Uns gefällt dieser Sound nicht, und Gitarrenmusik wird ohnehin unmodern." Bei der Gruppe handelte es sich um die Beatles.

Niemand anderer als Saint-Exupéry sagte einmal: „Deine Aufgabe liegt nicht darin, die Zukunft vorauszusehen, sondern sie zu ermöglichen." Da das Humangenomprojekt einen Rohtext der menschlichen DNA-Bedienungsanleitung geliefert hatte, befanden wir uns bestimmt in der Lage, etwas zu ermöglichen. So versuchte ich meine Vorhersagen auf diese Grundlage zu stellen.

Welche Vorhersagen machte ich nun? Hier sind die sechs für das Jahr 2010:

1. Für ein Dutzend Krankheiten stehen vorausschauende genetische Tests zur Verfügung.
2. Für mehrere dieser Krankheiten wird es Eingriffsmöglichkeiten geben, die das Risiko verringern, tatsächlich zu erkranken.
3. Viele Ärzte und Kliniken werden damit beginnen, genetische Medizin zu betreiben.
4. Präimplantationsdiagnostik für befruchtete Eizellen wird weithin zur Verfügung stehen und ihre Grenzen werden Gegenstand erbitterter Debatten sein.
5. In den USA wird es keine Benachteiligung aufgrund genetischer Merkmale geben.
6. Der Zugang zur genetischen Medizin wird weiterhin ungerecht verteilt sein, vor allem in den Entwicklungsländern.

Mein Publikum hielt die Vorhersagen 1 bis 5 für zu gewagt, es wurden zahlreiche Zweifel geäußert. Während ich jedoch diesen Text kurz vor dem Jahr 2010 niederschreibe, ist es durchaus gerechtfertigt, wenn ich feststelle, dass ich eigentlich zu konservativ war. Wenn ich vorhergesagt hätte, dass DNA-Tests für Privatkunden zu moderaten Preisen angeboten würden, hätte man mich wahrscheinlich von der Bühne gejagt.

Es ist nun an der Zeit für die nächsten Vorhersagen. Wohin wird sich die personalisierte Medizin in den folgenden Jahrzehnten entwickeln?

Bevor diese Frage beantwortet wird, müssen wir uns zuerst mit zwei neuen Therapieansätzen beschäftigen, die wir bis jetzt noch kaum angeschnitten haben. Inwieweit die beiden Herangehensweisen tatsächlich zu Hoffnungen berechtigen, bleibt weiterhin umstritten, aber bei erfolgreicher Anwendung könnten sie bei der Behandlung zahlreicher Krankheiten zu einem tatsächlichen Durchbruch führen.

Gentherapie

Hoffnungen auf die *Gentherapie* haben innerhalb von zwei Jahrzehnten wie der Mond zu- und wieder abgenommen. In den 1990er-Jahren konzentrierten sie sich zuerst auf extreme Fälle von Immunschwäche. David Vetter, der berühmte „Junge in der Hülle", der von 1971 bis 1983 lebte, hatte kein Immunsystem und durfte daher niemals mit etwas direkt in Berührung kommen, das nicht sterilisiert war. Am Ende versuchten seine betreuenden Ärzte aus Verzweiflung eine Knochenmarktransplantation, obwohl sie keinen optimal passenden Spender finden konnten. Anfangs schien die Transplantation erfolgreich verlaufen zu sein, aber dann entwickelte David eine bestimmte Form von Krebs, die letztendlich auf ein Virus zurückzuführen war, das sich im Knochenmark des Spenders befunden hatte. Während die Welt zusah und trauerte, war David nicht mehr zu helfen. Auf seinem Grabstein stehen diese Worte: „Er konnte diese Welt niemals berühren, aber die Welt war von ihm angerührt."

In der medizinischen Terminologie bezeichnet man Davids Krankheit als schwere kombinierte Immunschwäche (*severe combined immunodeficiency*, SCID). Die besondere Form, an der David erkrankt war, bezeichnet man als *X-gekoppeltes* SCID-Syndrom; davon sind ausschließlich männliche Patienten betroffen. David hatte einen älteren Bruder, der schon als Kleinkind starb, wodurch die Ärzte auf Davids Krankheit aufmerksam wurden.

Sechs Jahre nach Davids Tod gab es an den National Institutes of Health einen weiteren dramatischen Fall. Ashanthi DeSilva, ein vierjähriges Mädchen, war an einer anderen Form von SCID erkrankt, die auf einer Mutation im *ADA*-Gen zurückzuführen ist. Sie unterzog sich der ersten experimentellen Gentherapie, die bei einem Menschen durchgeführt wurde.

Das Ziel war, eine normale Kopie des *ADA*-Gens auf eine genügende Anzahl ihrer Immunzellen zu übertragen, sodass die Zellen ihre Funktionsfähigkeit zurückgewinnen und wirksam vor Infektionen schützen können.

Eine Gentherapie kann in einigen Fällen so durchgeführt werden, dass man Zellen aus dem Körper entnimmt, die fehlende DNA hinzufügt und die Zellen dann wieder auf den Patienten überträgt. Dieses Verfahren wird als *ex vivo*-Gentherapie bezeichnet (Abbildung 10.1). Aber viele Körpergewebe (etwa Gehirn oder Herz) können nicht entfernt und auf diese Weise ersetzt werden, sodass bei anderen gentherapeutischen Verfahren die Gene direkt in den menschlichen Körper übertragen werden müssen. Das bezeichnet man als *in vivo*-Gentherapie.

Es gab drei Gründe, warum der ADA-Mangel für das erste gentherapeutische Experiment beim Menschen ausgewählt wurde. Zum einen handelt es sich um eine potenziell tödlich verlaufende Krankheit, sodass man es wagen wollte, unbekannte Risiken einzugehen. Zum anderen lassen sich die Zellen des Immunsystems aus dem Knochenmark isolieren, sodass ein *ex vivo*-Verfahren möglich ist, das für die erste Anwendung einer Gentherapie einfacher und sicherer zu sein schien. Und drittens ließ sich voraussehen, dass alle Immunzellen, die durch die Aufnahme einer normalen Kopie des *ADA*-Gens erfolgreich „korrigiert" wurden, gegenüber den anderen „unkorrigierten" Zellen

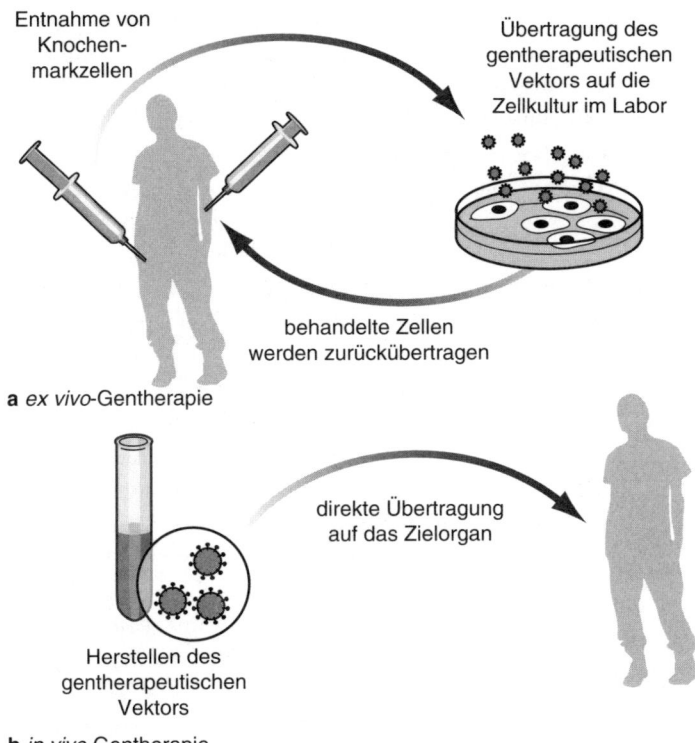

Entnahme von
Knochen-
markzellen

Übertragung des
gentherapeutischen
Vektors auf die
Zellkultur im Labor

behandelte Zellen
werden zurückübertragen

a *ex vivo*-Gentherapie

direkte Übertragung
auf das Zielorgan

Herstellen des
gentherapeutischen
Vektors

b *in vivo*-Gentherapie

Abb. 10.1   *Ex vivo*- und *in vivo*-Verfahren bei der Gentherapie.

einen Wachstumsvorteil besitzen würden. Deshalb war anzunehmen, dass die veränderten Zellen ihre defekten Nachbarn verdrängen würden, was eine vollständige Wiederherstellung des
Immunsystems möglich machte, selbst wenn der Prozess der
eigentlichen genetischen Veränderung ziemlich ineffizient verlaufen sollte.

Vor diesem Experiment wurde viel darüber diskutiert, ob es
ethisch vertretbar sei, fremde Gene in die Zellen eines Menschen zu

übertragen, selbst wenn dies mit den besten Absichten geschieht. Spielte man auf diese Weise bereits Gott? Die Durchführung von Organtransplantationen jedoch war bereits seit Jahrzehnten ethisch anerkannt und die Übertragung eines Herzens oder einer Niere bedeutete sicherlich einen viel umfangreicheren Transfer fremder Gene als die Übertragung eines einzigen therapeutischen Gens. Zum Schluss blieb noch der Einwand übrig, ob es irgendeine Möglichkeit geben könnte, dass das fremde Gen tatsächlich, womöglich mit unabsehbaren Folgen, an die nächste Generation weitergegeben wird. Aber bei jedem Gentherapieprotokoll, das jemals bei Menschen angewendet wurde, war die Wahrscheinlichkeit, dass die fremde DNA Eingang in Spermien oder Eizellen der behandelten Patienten finden würde, außerordentlich gering.

Ashanthis Organismus tolerierte die Gentherapie sehr gut. Anscheinend verbesserte sich tatsächlich ihre Immunfunktion, doch wurde eine erneute Behandlung notwendig. Offensichtlich waren die Zellen, die das *ADA*-Gen aufgenommen hatten, doch nicht so langlebig wie erhofft. Die Situation wurde noch komplizierter, als für die Krankheit eine neue medikamentöse Therapie zur Verfügung stand, die aufgrund ethischer Überlegungen zur selben Zeit bei Ashanthi angewendet wurde. Heute besucht Ashanthi das College und es geht ihr gut, wobei sie weiterhin die Medikamente erhält. Es lässt sich aber nur schwer feststellen, wie viel die Gentherapie dazu beiträgt.

Trotz des ungewissen Ausgangs bei diesem ersten Versuch schien die Gentherapie Anfang der 1990er-Jahre kurz davor zu stehen, die Medizin von Grund auf zu verändern. Viele junge klinische Wissenschaftler beteiligten sich an den Bemühungen, geeignete Anwendungen zu entwickeln. Der frühe Enthusiasmus der Forscher verschwand jedoch allmählich aufgrund dreier großer ungelöster Fragen:

1. Übertragung. DNA ist ein großes geladenes Molekül, und es ist keine einfache Aufgabe, sie zu veranlassen, die Zellmembran

und die Kernmembran zu durchdringen. Darüber hinaus muss ein erheblicher Anteil der Zellen des Zielorgans die fremde DNA aufnehmen, damit die Therapie erfolgreich sein kann. Daher hat man sich in der Forschung auf die Verwendung natürlich vorkommender Viren verlegt, die jedenfalls in der Evolution dahingehend optimiert wurden, dass sie genau diese Übertragung bewerkstelligen können. Die Viren werden zuerst inaktiviert, damit sie nicht selbst eine Krankheit auslösen, und dann als „Transportvehikel" genutzt, um die gewünschte DNA-Sequenz in den Zellkern der passenden Zielzellen zu übertragen. Das alles hat sich als sehr schwierig herausgestellt.

2. Funktion. Die Übertragung der DNA in die passenden Zellen nützt gar nichts, solange sie nicht tatsächlich in RNA transkribiert und diese anschließend zum gewünschten Proteinprodukt translatiert wird. Wenn der virale Vektor so konstruiert ist, dass er sich selbst in eines der menschlichen Chromosomen integriert (im Gegensatz zu einem frei beweglichen DNA-Fragment), dann kommt der tatsächlichen Integrationsstelle eine entscheidende Bedeutung zu. Wie beim Einpflanzen eines Samenkorns, spielt die Verträglichkeit der Umgebung eine Rolle. Manchmal wird die neue DNA erfolgreich integriert, aber dann von den Nachbarsequenzen inaktiviert. Wird die DNA nicht in ein Chromosom integriert, besteht andererseits die Wahrscheinlichkeit, dass sie im Lauf der Zeit durch die Zellteilungen ausgedünnt wird.

3. Immunreaktion. Mit Viren ist es möglich, die DNA effizient zu übertragen, sie codieren aber auch Fremdproteine, die das Immunsystem schnell erkennt. Trotz großer Anstrengungen, Viren genetisch so zu verändern, dass sie einer Erkennung entgehen, erweist sich das Immunsystem dem menschlichen Erfindungsgeist häufig als überlegen. Gerade in dem Augenblick, wenn die Gentherapie beginnt, eine gewisse positive Wirkung zu entfalten, „entdeckt" das Immunsystem häufig die Zellen, die das therapeutische Gen exprimieren, und zerstört sie.

Trotz dieser Hindernisse wurde die Forschung unter Hochdruck fortgesetzt. Dann gab es im Jahr 1999 einen tragischen Rückschlag. Ein 18-jähriger freiwilliger Teilnehmer an einem *in vivo*-Gentherapie-Experiment, das ein fehlendes Enzym in der Leber zum Ziel hatte, starb plötzlich drei Tage nach Übertragung des therapeutischen Virus. Der junge Mann, Jesse Gelsinger, starb offenbar aufgrund einer massiven Aktivierung seines Immunsystems als Reaktion auf diese Fremdsubstanz.

Eine genaue Untersuchung ergab, dass bestimmte Sicherheitsmaßnahmen nicht vollständig erfüllt worden waren. Noch ungünstiger war, dass sich der Forschungsleiter offensichtlich in einem Interessenkonflikt befand, da er an einem Biotechnologieunternehmen beteiligt war. Das war das Ende der Unschuld in der Gentherapieforschung. Die Wissenschaftler waren Enttäuschungen gewöhnt, aber sie hatten nie damit gerechnet, dass sie jemandem tatsächlich Schaden zufügen könnten.

Nach einigen größeren Umstrukturierungen der Arbeitsgruppen blieb noch eine kleine Fraktion von Forschern übrig, die die Arbeiten fortsetzte. In den letzten Jahren ist man wieder optimistischer geworden, wobei es auch erneute Rückschläge gab. Bei den Gentherapieversuchen der zweiten Generation waren wiederum Kinder mit SCID die erste Zielgruppe. Zwanzig Jungen mit X-gekoppeltem SCID-Syndrom, der Krankheit, an der David Vetter 20 Jahre zuvor gestorben war, wurden gentherapeutisch behandelt. Auf erste Berichte, dass sich ihr Immunsystem neu aufgebaut habe, reagierte die Wissenschaftsgemeinde sehr erfreut. Die Begeisterung war allerdings nur von kurzer Dauer, da fünf der 20 Patienten unerwartet an einer bestimmten Form von Leukämie erkrankten. Dieser unglückliche Ausgang des Experiments war höchstwahrscheinlich eine direkte Folge der Gentherapie, da durch das Einschleusen des Virus offenbar ein Onkogen aktiviert wurde.

Zum Glück konnten vier der fünf Jungen erfolgreich gegen die Leukämie behandelt werden. Trotz dieses Rückschlags bietet die Gentherapie für Jungen, die am X-gekoppelten SCID-Syndrom erkrankt sind und keine Geschwister haben, die als Knochenmarkspender infrage kommen, auf lange Sicht eine bessere Überlebenschance als jede andere Alternative. David Vetter würde wahrscheinlich heute noch leben, wenn diese Methode bereits in den 1970er-Jahren zur Verfügung gestanden hätte.

Weitere Neuigkeiten erscheinen sogar noch vielversprechender. Aus Italien wird berichtet, dass von zehn Jungen und Mädchen mit ADA-Mangel (die Krankheit, von der Ashanti betroffen ist), für die es keinen geeigneten Knochenmarkspender gab, immerhin acht Kinder offenbar durch die Gentherapie geheilt wurden, ohne dass es zu unangenehmen Nebenwirkungen gekommen war.

Wird aber die Gentherapie weiterhin nur bei seltenen Störungen des Immunsystems anwendbar sein? Was ist mit der Anwendung bei anderen Krankheiten. Um darauf eine Antwort zu finden, lernen wir nun Dale Turner kennen.

Dale schien während seiner frühen Kindheit in jeder Hinsicht normal zu sein. Im Alter von fünf Jahren zeigte sich jedoch, dass sein Sehvermögen eingeschränkt war. Nach zahlreichen Besuchen bei Spezialisten wurde schließlich eine kongenitale Leber-Amaurose diagnostiziert.[2] Dies ist ein „klassisches" Beispiel dafür, dass medizinische Begriffe die Realität durchaus verwirrend wiedergeben können − „Amaurose" bedeutet eigentlich „Blindheit". Es handelt sich um eine rezessive Erkrankung, die auf eine Mutation im *RPE65*-Gen zurückzuführen ist. Eine Behandlung gab es nicht.

Im Lauf der Zeit bekam Dale immer größere Schwierigkeiten, sein Leben normal zu führen. Er konnte sich am College einschreiben, benötigte aber spezielle technische Hilfsmittel, die gedruckte Texte in gesprochene Sätze umwandeln können.

Dale war sehr überrascht, als er im November 2005 einen Brief von seinem Arzt erhielt, der ihn fragte, ob er daran interessiert

---

[2] Der Name geht auf den deutschen Ophthalmologen Theodor Carl Gustav von Leber (1840–1917) zurück.

sei, an einem gentherapeutischen Versuch für seine Erkrankung teilzunehmen. Experimente mit einem Hundemodell der Leber-Amaurose seien erfolgreich verlaufen, sodass es nun an der Zeit sei, Menschen in die Versuche einzubeziehen.

Dale benötigte zwei Monate, um sich für eine Teilnahme an dem gentherapeutischen Versuch zu entscheiden. Die Formulare der Einverständniserklärung wirkten abschreckend, und er hatte die Befürchtung, dass etwas schief gehen könnte. Aber am 31. Januar 2008 wurde er in einen Operationssaal für Gentherapie gefahren. In einen kleinen Bereich an der Rückseite seines rechten Auges wurde ein Virus injiziert. Dale empfand die Prozedur als sehr unangenehm, vor allem als der Chirurg währenddessen sagte: „Ich habe hier einen Netzhautriss, reichen sie mir bitte den Laser." Dennoch wurde die Operation als technischer Erfolg gewertet.

Dale wartete nun auf Besserung. An den ersten drei Tagen sollte er im Gebäude bleiben, am vierten Tag ging er jedoch hinaus, wobei er eine Sonnenbrille trug. Er konnte nicht widerstehen und wagte einen kurzen Blick zum Himmel. Er war erstaunt, wie blau der Himmel war, und erkannte, dass er bis dahin nur stumpfe und düstere Farben hatte wahrnehmen können. Innerhalb der nächsten Wochen wurde die Sehkraft seines rechten Auges immer besser. Er bemerkte, dass er seine Nase sehen konnte, wenn er das linke Auge schloss. Schon über einfache Dinge wie die klar erkennbaren Details einer Wiese oder die Holzmaserung eines Tisches konnte er sich sehr freuen.

Tests zeigten, dass sich die Lichtsensitivität des behandelten Teils von Dales Retina um das 100-Fache verbessert hatte (Abbildung 10.2). Diese Besserung blieb über ein Jahr lang uneingeschränkt erhalten. Das gab Dale so viel Auftrieb, dass er sich im Herbst 2008 an der juristischen Fakultät einschrieb. Er kam nun mit den Anforderungen des Lesens ziemlich gut zurecht und benötigte keine besonderen Hilfsmittel mehr. Die Behandlung des anderen Auges ist bereits geplant.

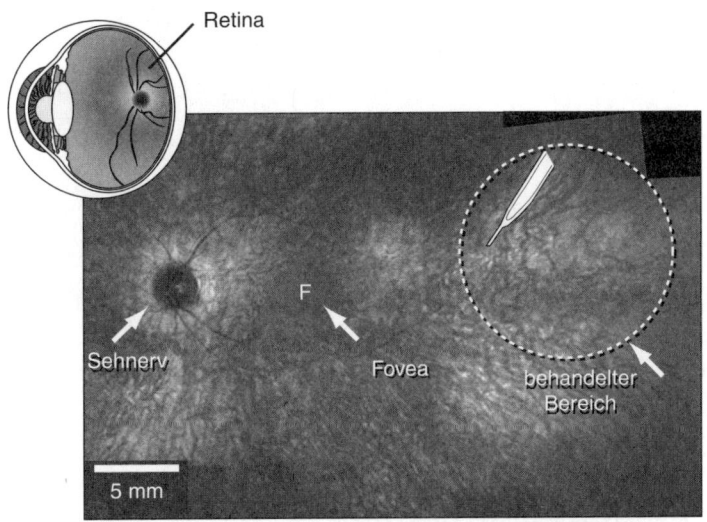

1–3 Monate nach Behandlung

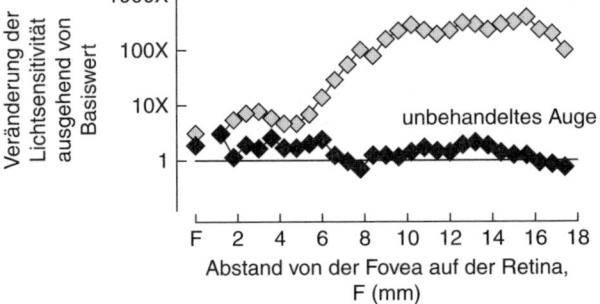

Abb. 10.2 Nach der gentherapeutischen Behandlung von Dale Turners Sehstörung verbesserte sich sein Sehvermögen erheblich. Der behandelte Bereich der Retina ist im Foto von Dales Auge mit einem gestrichelten Kreis markiert. Die Grafik zeigt eine über 100-fache Verbesserung des Sehvermögens des behandelten Auges. (Die klinischen Daten wurden freundlicherweise von Dr. Artur Cideciyan und Dr. Samuel Jacobson von der University of Pennsylvania zur Verfügung gestellt.)

Dale ist Teil einer bemerkenswerten Erfolgsgeschichte und keinesfalls der einzige. Sowohl in den USA als auch in Großbritannien wurden Patienten mit Leber-Amaurose gentherapeutisch behandelt. Die Ergebnisse sind zwar nicht durchweg erfolgreich, erweisen sich aber als vielversprechend. Die Gentherapie befand sich zweifellos in den vergangenen 20 Jahren auf einer Art Achterbahnfahrt mit zahlreichen enttäuschenden Talfahrten. Die Erfolge bei der Behandlung von Immunschwächen, Leber-Amaurose und einigen weiteren Krankheiten sind außerordentlich. Gibt es aber womöglich eine Alternative zur Virusübertragung, wodurch sich die Situation deutlich verändern würde?

Die aufkommende Revolution bei der Stammzellentherapie

Eine solche Alternative gibt es tatsächlich. Wenn die Übertragung von Genen auf Zellen potenziell hilfreich, aber technisch aufwendig ist, warum sollte man dann nicht einfach die Zellen übertragen? Jedenfalls wird das bereits bei Organtransplantationen genau so durchgeführt – wobei hier allerdings die Organknappheit und die immer drohende Abstoßungsreaktion die Möglichkeiten einschränken. Vor kurzem hat man entdeckt, dass es entgegen den Erwartungen doch möglich ist, menschliche Zellen umzuprogrammieren. So eröffnen sich vollkommen neue Möglichkeiten für Therapien. Um das zu verstehen, müssen wir uns ein wenig mit Entwicklungsbiologie und dem Prinzip der Stammzellen beschäftigen.

Entscheidend ist, dass sich eine *Stammzelle* selbst erneuern und nach einem geeigneten Reiz in unterschiedliche Zelltypen umprogrammieren kann (Wissenschaftler bezeichnen das als „Differenzierung"). Es gibt viele verschiedene Arten von Stammzellen. Die Mutter aller Stammzellen ist der einzellige Embryo, der durch die Fusion von Spermium und Eizelle entsteht und in der Lage ist, sich im Uterus einzunisten, und aus dem schließlich ein Kind hervorgeht. Solche Stammzellen bezeichnet man als „totipotent". Während sich der menschliche Embryo erst in zwei, dann in vier, dann in acht Zellen (und so weiter) teilt, bleibt diese Totipotenz nur kurze Zeit erhalten. Wenn schließlich 100 Zellen vorhanden sind, haben diese sich bereits zu Zellen differenziert, die dann entweder den Körper des Fetus oder die Plazenta bilden.

Während der kugelförmige Embryo nur so groß ist wie eine Bleistiftspitze, besitzen Zellen einer bestimmten Gruppe (der „inneren Zellmasse") weiterhin die Fähigkeit, sich zu allen Geweben des menschlichen Körpers zu differenzieren, wobei sie die Fähigkeit, sich zur Plazenta zu entwickeln, inzwischen verloren haben. Diese Zellen bezeichnet man als „pluripotent". Experimente an Mäusen, die im Lauf mehrerer Jahrzehnte durchgeführt wurden, haben gezeigt, dass diese Zellen unter Laborbedingungen unbegrenzt wachsen können und ihre Pluripotenz beibehalten.

Wie verhält es sich mit erwachsenen Menschen? In deren Körper sind offenbar keine totipotenten und auch keine pluripotenten Zellen mehr vorhanden, aber in den verschiedenen Körperkompartimenten, vor allem im Knochenmark, befinden sich andere Typen von Stammzellen. Diese Zellen sind jedoch in ihrer Fähigkeit, sich zu anderen Zelltypen zu differenzieren, noch stärker eingeschränkt und werden daher als „multipotent" bezeichnet. Das Vorhandensein von adulten Stammzellen ermöglicht die Übertragung von Knochenmark von einem Spender (Donor) auf einen Empfänger (Rezipient). Dadurch wird das gesamte Blutbildungs- und Immunsystem des Empfängers durch die multipotenten Stammzellen des Spenders neu gebildet. Es besteht sogar die Vermutung, dass sich adulte Knochenmarkstammzellen zu anderen Geweben differenzieren können und möglicherweise sogar zur Regeneration des Herzmuskels nach einem Herzinfarkt beitragen.

Aufgrund der stärker eingeschränkten Fähigkeit von multipotenten Stammzellen zur Selbsterneuerung und Differenzierung ist zu erwarten, dass sie bei vielen Krankheiten, für die eine Therapie dringend gesucht wird, wahrscheinlich gar nicht zu einer Lösung des Problems beitragen können. In der Fachsprache der Zellbiologie ist Pluripotenz viel leistungsfähiger als Multipotenz. Deshalb sind auch embryonale Stammzellen ein heiß diskutiertes Thema. Ihr fast uneingeschränktes Potenzial, sich zu jedem gewünschten Zelltyp entwickeln zu können, ist von großem wissenschaftlichen Interesse und hat einen Aufruhr in der Bioethik hervorgerufen. Die Standardmethode, embryonale Stammzellen von Menschen herzustellen (Abbildung 10.3a), die vor zehn Jahren zum ersten Mal durchgeführt wurde, besteht darin, aus der inneren Zellmasse eines menschlichen Embryos, der durch *in vitro*-Fertilisation (IVF) entstanden ist, Zellen zu entnehmen. Wenn diese Zellen sorgfältig im Labor kultiviert werden, können sie fast unbegrenzt wachsen; man spricht von einer „Stammzelllinie".

Für Menschen, die davon überzeugt sind, dass das menschliche Leben mit der Empfängnis beginnt, ist die Verwendung von menschlichen Embryonen zu Forschungszwecken unerträglich. Der Vorgang der *in vitro*-Fertilisation, der von vielen als Mittel der „assistierten Reproduktion" akzeptiert wird, bringt jedoch immer mehrere Embryonen hervor. Wenn man einer Frau zu viele davon in die Gebärmutter einsetzt, besteht die große Wahrscheinlichkeit einer multiplen Schwangerschaft, was sowohl für die Mutter als auch für die Nachkommen ein großes Risiko bedeutet. Das führt dazu, dass in den IVF-Kliniken Hunderttausende menschliche Embryonen tiefgefroren aufbewahrt werden.

Es lässt sich nicht vermeiden, dass der überwiegende Teil dieser tiefgefrorenen Embryonen letztendlich verworfen werden muss. Ist es nun ethisch besser, sie auf diese Weise zu zerstören oder einen kleinen Teil von ihnen zu verwenden, um neue embryonale Stammzelllinien zu erzeugen, die vielleicht hilfreich sind, so schwe-

a Herkömmliche Erzeugung von embryonalen Stammzellen des
Menschen (hESC)

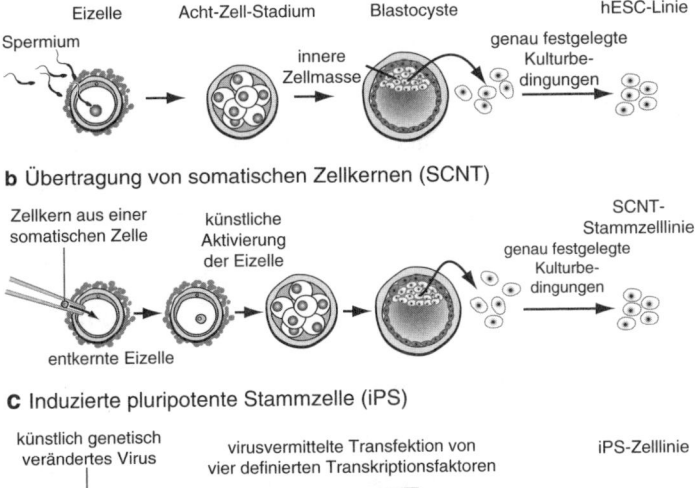

b Übertragung von somatischen Zellkernen (SCNT)

c Induzierte pluripotente Stammzelle (iPS)

Abb. 10.3 Drei unterschiedliche Typen von menschlichen Stammzellen, die auf verschiedene Weise erzeugt wurden.

re Erkrankungen wie Rückenmarkverletzungen, Diabetes oder die
Parkinson-Krankheit zu behandeln? Diese Debatte ist in den USA
vehement geführt worden. Im Jahr 2001 sagte Präsident Bush
Forschungsvorhaben staatliche Unterstützung zu, die embryonale
Stammzelllinien verwenden, welche bis zum 9. August desselben
Jahres erzeugt worden waren, nicht jedoch danach. Diese ziemlich
willkürliche Grenze stellte nur sehr wenige Leute zufrieden und
wurde von Präsident Obama im Jahr 2009 aufgehoben.

Ich teile die Überzeugung, dass das Produkt aus Spermium
und Eizelle ein potenzielles menschliches Lebewesen ist und

mit Achtung und Würde behandelt werden sollte. Darum halte ich auch nichts davon, menschliche Embryonen ausschließlich zu Forschungszwecken zu erzeugen. Ich fühle mich daher bestätigt, wenn ich feststelle, dass die Regierung unter Präsident Obama die staatliche Förderung von Stammzellforschung untersagt, falls die Zellen auf diese Weise erzeugt wurden. (Ich war für den Bereich von Barack Obamas Transition Team tätig, der sich intensiv mit der Stammzellenfrage auseinandersetzte.[3]) Wenn jedoch die Eltern zustimmen und keine unangemessenen Anreize gegeben werden, erscheint mir die Verwendung von überzähligen Embryonen, die bei einer *in vitro*-Fertilisation gewonnen wurden und sonst nur verworfen würden, für Forschungszwecke ethisch durchaus gerechtfertigt – besonders auch aufgrund der bestehenden ethischen Forderung, dass Menschen geholfen werden soll, die an sonst unheilbaren Krankheiten leiden.

Im Januar 2009 wurde der erste Versuch am Menschen zugelassen, mithilfe von menschlichen embryonalen Stammzellen Rückenmarkverletzungen zu behandeln. Viel zu häufig kommt es vor, dass Menschen, die sich beispielsweise bei einem Verkehrsunfall eine Verletzung des Rückenmarks zugezogen haben, unterhalb der Verletzung am übrigen Körper gelähmt sind. Andere Methoden, mit denen versucht wurde, eine solche Lähmung zu beseitigen, hatten generell keinen Erfolg. Vor kurzem durchgeführte Experimente an Ratten haben gezeigt, dass Stammzellen die erneute Verbindung des durchtrennten Rückenmarks unterstützen können. Dieser erste Versuch am Menschen soll weniger dazu dienen, die Wirksamkeit zu ermitteln, sondern es soll damit getestet werden, ob unerwartete Nebenwirkungen auftreten. Jedenfalls ist dieser Versuch ein Meilenstein.

---

[3] Im Transition Team wurden während des Präsidentschaftswahlkampfs von Barack Obama im Jahr 2009 Konzepte für politische und technologische Reformen in den USA entwickelt.

Sobald man damit beginnt, über das Potenzial von Stammzellen für den Ersatz oder die Reparatur von Gewebe nachzudenken, nimmt die Anzahl von Krankheiten, die auf diese Weise behandelt werden könnten, immer mehr zu. Infrage kommende Ziele sind beispielsweise Diabetes, eine Krankheit, bei der in der Bauchspeicheldrüse zu wenige insulinproduzierende Zellen vorhanden sind, und die Parkinson-Krankheit, bei dem eine bestimmte Gruppe von Nervenzellen im Gehirn abstirbt. Noch haben die Wissenschaftler mit mehreren praktischen Problemen zu kämpfen, die uns von der Beschäftigung mit der Gentherapie bekannt vorkommen. Die Übertragung der Zellen an den geeigneten Ort kann ein schwieriges Unterfangen sein, dasselbe gilt wenn es darum geht sie dazu zu bringen, an diesem Ort die richtige Funktion auszuführen; und über allem steht drohend die Abstoßung durch das Immunsystem, wenn die Zellen von einer anderen Person stammen.

Zwei neuere, sehr interessante Entwicklungen deuten darauf hin, dass es für das Problem der Abstoßung möglicherweise eine Lösung gibt. Wenn pluripotente Zellen aus den Patienten selbst gewonnen werden könnten, wäre überhaupt keine Unterdrückung des Immunsystems notwendig. Bis vor kurzem schien eine solche Vorstellung von einer Verwirklichung weit entfernt zu sein. Aber das war vor der Zeit, als das Schaf Dolly über die Titelseiten der Weltpresse spazierte.

Dolly wurde durch ein Verfahren erzeugt, dass man mit „Übertragung von somatischen Zellkernen" (*somatic cell nuclear transfer*, SCNT) bezeichnet (Abbildung 10.3b). Dabei wird eine Zelle aus einem erwachsenen Tier (häufig aus der Haut, bei Dolly aus dem Euter), die das gesamte Genom des Tieres enthält, dazu gebracht, in der Zeit zurückzureisen und wieder ihre Totipotenz zu erlangen. Dieses erstaunliche Kunststück gelingt dadurch, dass man den Zellkern der Haut- oder Euterzelle entnimmt und in eine Eizelle überträgt, aus der man den Zellkern entfernt hat. Signale aus dem Cytoplasma können die Zellkern-DNA irgendwie umprogrammieren. Bei Dolly wurde diese Zelle dann in den Uterus eines nicht verwandten Schafs eingesetzt, und es wuchs ein genetischer Klon des ursprünglichen Schafs heran.

Dieser Vorgang der sogenannten der reproduktiven *Klonierung* erregte die Welt vor zehn Jahren und wurde seit damals auch erfolgreich bei Kühen, Pferden, Katzen und Hunden durchgeführt. Es ist jedoch noch unklar, ob diese Umprogrammierung zur Totipotenz auch beim Menschen funktionieren würde. Ein erster Bericht, dass es einer koreanischen Forschungsgruppe gelungen sei, durch SCNT eine totipotente menschliche Zelle zu erzeugen, erwies sich als Falschmeldung.

Die grundlegenden ethischen Bedenken gegenüber dem SCNT-Verfahren beziehen sich auf die Möglichkeit, dass eine solche totipotente Zelle auch in die Gebärmutter einer Frau eingepflanzt und so für die reproduktive Klonierung von Menschen verwendet werden könnte. Auf diese Weise würde dann die „Kopie" einer lebenden Person erzeugt. Nach Auffassung nahezu aller – Wissenschaftler und Nicht-Wissenschaftler – wäre das ethisch in besonderer Weise abzulehnen. Es wäre vor allem auch ein sehr unsicheres Verfahren, da praktisch alle bisherigen Klone von Säugern (einschließlich Dolly) auf die eine oder andere Weise anormal waren. (Dolly litt an Arthritis und Fettleibigkeit und starb früh.) Darüber hinaus ergeben sich schwere Bedenken in Bezug auf die großartigen Erwartungen, die an solch einen neuen „Klon" gerichtet würden. Es gibt keinerlei zwingende Notwendigkeit, die sich moralisch so einfach begründen ließe. Und schließlich würde hier eine Grenze überschritten, die außerordentlich heikel ist: Die menschliche Fortpflanzung sollte ausschließlich durch die Vereinigung von Spermium und Eizelle stattfinden.

Aber wäre die Erzeugung von totipotenten menschlichen Zellen nach dem SCNT-Verfahren an sich ethisch abzulehnen? Es ist jedenfalls schwierig, einer Hautzelle eine ethische Bedeutung zuzuordnen, genauso wenig wie eine menschliche Eizelle, der man den Zellkern entfernt hat und die nur eine Hülle mit Cytoplasma ist, einen moralischen Status besitzt. Warum also sollte die Fusion dieser beiden Einheiten im Labor – ein sehr unnatürlicher Vorgang – einen solchen Status erwerben? Wenn das Einsetzen einer solchen Zelllinie in eine Gebärmutter absolut verboten wäre, könnten zahlreiche besorgte Beobachter, darunter auch religiöse Menschen wie ich, einer SCNT-Forschung mit menschlichen Zellen zustimmen.

Eine neuere und noch bedeutendere Entwicklung in der Stammzellforschung könnte jedoch sowohl praktische wie auch ethische Fragestellungen auf sehr effektive Weise lösen. Dr. Shinya Yamanaka, der in Japan arbeitet, zog aus den Erfahrungen, die man mit der SCNT-Technik gemacht hatte, den Schluss, dass das Cytoplasma der Eizelle ein bestimmtes Maß an Signalen senden muss, um eine menschliche Hautzelle umzuprogrammieren. Wenn es gelingt, diese Signale zu identifizieren, lassen sich Stammzellen möglicherweise viel einfacher herstellen, ohne dass zusätzliche Eizellen benötigt werden. Die meisten anderen Wissenschaftler hielten das für ein Hirngespinst, aber Yamanaka beharrte auf seiner Idee.

In meiner Laufbahn habe ich nur wenige Male eine wissenschaftliche Entwicklung miterlebt, die eine echte Revolution darstellte. Genau daran dachte ich jedoch, als ich im Jahr 2006 Yamanakas Artikel las, in dem gezeigt wurde, dass die Übertragung von nur vier Genen ausreichte, um die Hautzelle einer Maus in eine pluripotente Stammzelle umzuwandeln, die sich zu praktisch allen Geweben der Maus differenzieren konnte. Nur ein Jahr danach zeigten Yamanaka und eine andere Forschungsgruppe, dass dasselbe auch mit menschlichen Hautzellen möglich ist. Und noch neuer ist die Entdeckung, dass dafür sogar die Zelle eines menschlichen Haares genügt.

Dieser neue Zelltyp, den man als induzierte pluripotente Stammzelle (iPS-Zelle) bezeichnet (Abbildung 10.3c), hat für die Forschung und die potenzielle klinische Anwendung eine Tür geöffnet. In der kurzen Zeit seit Yamanakas Veröffentlichung ist es anderen gelungen, die Anzahl der für diesen Transformationsprozess notwendigen Gene auf nur noch eines zu verringern. Schnell wurden aus Hautzellen von Patienten mit erblichen Krankheiten zahlreiche verschiedene iPS-Zelllinien erzeugt. Diese Zellen bilden nun eine ausgezeichnete Grundlage um zu untersuchen, wie diese Krankheiten im Einzelnen Schäden hervorrufen, ohne dass man Menschen einem Risiko aussetzt.

Der therapeutische Nutzen der iPS-Zellen ist noch sehr unsicher, erscheint aber möglich. Jedenfalls kann man von jedem Menschen iPS-Zellen gewinnen und sie ohne Abstoßungsrisiko wieder zurückübertragen. So wird die Selbstheilung auf eine neue Stufe gehoben.

Bevor wir uns von dem Potenzial der iPS-Zellen, zahlreiche degenerative Erkrankungen zu heilen, zu stark mitreißen lassen, sollte hier noch erwähnt werden, dass durchaus ernsthafte Bedenken bestehen, ob solche Zellen nicht ein zu großes Potenzial besitzen, sodass sie womöglich bei den Patienten, auf die sie übertragen werden, Tumoren auslösen. Das Risiko wird noch durch die Tatsache erhöht, dass eines der Gene, das zum Erreichen des pluripotenten Stadiums eingesetzt wird, ein Onkogen ist.

Es werden noch mehrere Jahre vergehen, bis sich das Potenzial der iPS-Zellen für therapeutische Zwecke bestimmen lässt, aber es ist sehr wohl möglich, dass dieses Verfahren bei einer Reihe von Krankheiten eine klinische Anwendung findet, etwa wenn Gewebe absterben und ersetzt werden müssen. Dafür kommen beispielsweise Leber, Herz, Nieren, die Inselzellen in der Bauchspeicheldrüse (die Insulin herstellen) und sogar das Gehirn infrage.

Es könnte auch Therapiepläne geben, bei denen eine Gentherapie mit iPS-Zellen kombiniert wird. Um beispielsweise eine Sichelzellenanämie zu behandeln, könnte man einem Patienten Hautzellen entnehmen, in iPS-Zellen umwandeln und dann durch eine *ex vivo*-Gentherapie „fixieren", wodurch die Sichelzellenmutation entfernt würde. Diese Zellen könnten im Labor so behandelt werden, dass sie sich zu Knochenmarkstammzellen differenzieren, um dann in den Patienten zurückübertragen zu werden (möglicherweise nach einer Chemotherapie, um für das übertragene Knochenmark „Platz zu schaffen"). Dieser Therapieplan klingt vielleicht wie Science-Fiction, wurde aber bereits bei einer Maus mit Sichelzellenanämie erfolgreich angewendet. Die Maus wurde geheilt.

Die Zukunft ermöglichen

Diese beiden Entwicklungen im Bereich der Therapie – Gentherapie und Stammzellentherapie – wecken Hoffnungen für die Zukunft, wenn sie auch noch unsicher sein mögen. Dennoch würde ich hier einige Wetten abschließen. In Kombination mit allen anderen Komponenten der personalisierten Medizin in Bezug auf Diagnostik, Prävention und Therapie, wie sie in den bisherigen Kapiteln beschrieben wurden, kündigt sich hier eine bedeutsame Veränderung der Medizin an. Man sollte nie die erste Technikregel vergessen: Die Folgen einer vollkommen neuen Technik werden kurzfristig fast immer überschätzt und langfristig unterschätzt. Folgen wir einmal dem Lebenslauf eines hypothetischen Angehörigen der menschlichen Spezies im 21. Jahrhundert.

Sie wurde am 1. Januar 2000 geboren, ein Kind des neuen Jahrtausends. Die Eltern des kleinen Mädchens nannten sie Hope.

Hope erlebte eine typische Kindheit in der Kleinstadt, verließ als Graduierte die Highschool und ging danach ans College. Wie die meisten Kinder und Jugendlichen dachte Hope nicht viel über Sterblichkeit nach, allerdings wurde diese Grundhaltung erschüttert als sie 20 war und ihr Lieblingsonkel im Alter von 48 Jahren an einem Herzinfarkt starb. Da Hopes Mutter sehr unter dem Verlust litt und sich um die übrige Familie Sorgen machte, begann sie mit genauen Nachforschungen über die Krankengeschichte der weit verstreuten Familie. Sie nutzte eine neuere Version des ursprünglichen Computerprogramms von der obersten Gesundheitsbehörde, mit dem sich alle Informationen einer familiären Krankengeschichte digital sammeln und in ein Schema eingeben lassen. Das machte sie dann auch den anderen Familienmitgliedern zugänglich. Aus der Übersicht ging hervor, dass Hopes Großvater mütterlicherseits ebenfalls an einem Herzinfarkt gestorben war. Auf der familiären Seite ihres Vaters gab es einige Angehörige, die an Diabetes oder Krebs erkrankt waren.

Von ihrer Mutter ermuntert, suchte Hope einen Allgemeinarzt auf und besprach mit ihm, was sie gegen ihr mögliches Risiko für eine Herzerkrankung tun könnte. Der Arzt untersuchte die familiäre Krankengeschichte und stimmte zu, dass jetzt der geeignete Zeitpunkt gekommen sei, eine vollständige Evaluierung durchzuführen. Neben den standardmäßigen Bluttests empfahl er eine Sequenzierung des gesamten Genoms, die im Jahr 2020 nur noch 300 US-Dollar kostete. Hopes Eltern und ihr jüngerer Bruder hatten diese Analyse auch schon durchführen lassen.

Hope erhielt ihre Ergebnisse einen Monat später. Sie fühlte sich von der großen Menge an Einzelinformationen überfordert und sprach daraufhin mit einem Assistenzarzt, der auf personalisierte Medizin spezialisiert war und solche Konsultationen häufig durchführte. Hope erfuhr unter anderem, dass sie Trägerin der Cystischen Fibrose war, dass sie im Vergleich zum Durchschnitt unter einem etwas erhöhten Brustkrebsrisiko stand und dass sie genetische Faktoren besaß, die zu einem mäßig erhöhten Risiko auf Bluthochdruck führten, vor allem wenn sie übergewichtig würde.

Der am meisten belastende Befund war jedoch eine Reihe von genetischen Varianten, durch die sich ihr Herzinfarktrisiko auf das Dreifache des Durchschnittswertes erhöhte, obwohl ihre Cholesterinwerte normal waren. In ihrem Fall waren die Lipide in ihrem Blut nicht ausschlaggebend, doch ihre Blutplättchen, die für die Blutgerinnung zuständig sind, hafteten zu stark. Diese besondere Kohäsion hatte vielleicht für ihre Vorfahren in der Steinzeit gewisse Vorteile mit sich gebracht, die täglich der Gefahr größerer Verletzungen ausgesetzt waren, aber für Hope bedeutete dies nur die Prädisposition für einen Verschluss der Koronararterien.

Hope und der Assistenzarzt besprachen Möglichkeiten, wie sich einem künftigen Herzinfarkt durch ein Programm aus Ernährungsumstellung, sportlicher Betätigung und der Einnahme eines speziellen Medikaments zur Hemmung der Blutplättchenaggregation vorbeugen ließe.

Hope hatte ihrer Gesundheit bis dahin keine größere Aufmerksamkeit geschenkt, und die Nachricht über ihr Risiko einer Herzerkrankung war ein schwerer Schlag. Doch ihre neu gewonnene Motivation verstärkte sich, als sie erfuhr, dass sich ihre Zuzahlungen zur Krankenversicherung verringern könnten, wenn sie ihr ausgearbeitetes Programm umsetzen und dokumentieren würde.

Fünf Jahre später lernte Hope Mr. Right kennen. George war von ihren täglichen Ritualen beeindruckt und räumte ein, dass er bis jetzt den Risiken für seine Gesundheit nur wenig Aufmerksamkeit geschenkt hätte. Aber nach ihrer Verlobung beschloss er, dass es nun Zeit sei, mehr über sich und seine Zukunft nachzudenken. Auch er stellte eine Familiengeschichte zusammen und erfuhr, dass Angehörige seiner Familie von Diabetes, Fettleibigkeit, Parkinson-Krankheit und Darmkrebs betroffen waren. Und George entschied sich, sein Genom sequenzieren zu lassen.

Hope war sehr aufgeregt. Sie machte sich Sorgen, dass George auch ein CF-Träger sein könnte und dass eine solche Nachricht schwierige Entscheidungen bezüglich der Familienplanung mit sich bringen würde. Als sie den Bericht in Händen hielten, erwies sich Georges CF-Gen als normal. Aber an anderer Stelle ergab sich ein zweifach erhöhtes Risiko für Fettleibigkeit und Dickdarmkrebs. Hope erfuhr auch, dass George eine Genvariante trug, die mit einer reduzierten ehelichen Treue assoziiert war – aber sie machte sich bewusst, dass es sich hier nur um einen statistischen Befund handelte, der für ihren verliebten Verlobten keine Bedeutung besaß. Die Hochzeit fand statt wie geplant.

Drei Jahre später beschlossen Hope und George, eine Familie zu gründen. Sie wussten, dass sie sich keine Sorgen um Cystische Fibrose oder eine andere schwere Erkrankung machen mussten. Dennoch zogen sie die Möglichkeit in Betracht, eine Präimplantationsdiagnostik durchführen zu lassen, um den potenziellen Embryo auf risikoreiche Varianten testen zu lassen, die sie nicht weitergeben wollten. Aber Hope und George beschlossen, dass keines der Risiken groß genug sei, um einen solchen Eingriff zu rechtfertigen, und es machte viel mehr Spaß, das Kind auf die übliche Weise erzeugen. Ihr junger Sohn Raymond, den George begeistert als seinen Lichtblick (*ray of hope*) bezeichnete, war offensichtlich in jeder Hinsicht gesund. Hope und George wurden gebeten, einer Genomsequenzierung bei dem Neugeborenen zuzustimmen, was sie bereitwillig taten. Man teilte ihnen mit, dass sie nur über Ergebnisse informiert würden, die während der Kindheit Maßnahmen der Eltern erforderlich machen würden. Die übrigen Informationen würden schrittweise übermittelt, sobald die einzelnen Schlussfolgerungen wissenschaftlich abgesichert seien.

Der Bericht über Baby Rays Genom war allgemein beruhigend. Es bestand jedoch ein 60-prozentiges Risiko für Fettleibigkeit, da Ray die Prädisposition von George geerbt hatte, hinzukamen die Risikovarianten von Hope. In Zusammenarbeit mit dem Kinderarzt entwickelten Hope und George einen Ernährungsplan für Ray, in dem im Vergleich zu den sonst üblichen Empfehlungen für Neugeborene weniger Fett und Kalorien enthalten waren, der aber für normales Wachstum und normale Entwicklung vollkommen genügte. Da Wechselwirkungen zwischen dem menschlichen Verdauungstrakt und Mikroorganismen bei Fettleibigkeit ebenfalls eine Rolle spielen, wurde Rays Ernährung noch mit probiotischen Präparaten angereichert, die dann seinen Darm mit einer Mischung von Mikroorganismen neu besiedelten, welche zur Stabilisierung eines normalen Körpergewichts beitragen.

Im Jahr 2035 ging es allen drei Mitgliedern dieser kleinen Familie gut. Wie viele andere Menschen in dieser Zeit, hatten auch sie damit begonnen, „intelligente Kleidung" zu tragen, die Sensoren und Transmitter enthielten, um die verschiedenen Körperfunktionen aufzuzeichnen, die dann drahtlos an die jeweiligen Arztpraxen übermittelt wurden und Alarm auslösten, sobald besorgniserregende Befunde auftraten (Abbildung 10.4).

Abb. 10.4 Die Gesundheitsstation der Zukunft für zuhause. Die Ausstattung umfasst eine Einheit für die Aufzeichnung der lebenswichtigen Körperfunktionen, ein Speichelgefäß für die Überwachung von Stoffwechselprodukten und des Mikrobioms im Mund, eine Station für sportliche Übungen, in der von einer Person in Ruhe und bei körperlicher Anstrengung Bilder aufgenommen werden, sowie einen Probensammler für Innen- und Außenluft.

Die intelligente Kleidung ermöglichte es Hope zudem, Rays sportliche Betätigung und Nahrungsaufnahme nachzuvollziehen, sodass sie ihn dabei unterstützen konnte, ein gesundes Gewicht zu halten.

Im Jahr 2045 hatte George wegen seines genetischen Risikos auf Dickdarmkrebs seine erste nichtinvasive Untersuchung auf Darmpolypen. Zwei Polypen wurden erkannt und entfernt. Wären sie nur wenige weitere Jahre unentdeckt geblieben, hätten sie sich zu einem Tumor entwickeln können.

Während die Jahre vergingen, verbesserten sich die Möglichkeiten, das menschliche Leben zu verlängern. Hope und George nutzten die Gelegenheit und begannen ein neues Medikament zu nehmen, das speziell zu diesem Zweck zugelassen worden war.

Im Jahr 2055 starb Hopes Mutter. Sie und Hope hatten immer eine sehr enge Beziehung gehabt. Hope wusste, dass der Tod kommen würde, aber ihr fiel es äußerst schwer, sich mit dem Verlust abzufinden. Nach einigen Monaten voller Tränen und Trauer suchte sie die Hilfe einer Ärztin. Die erkannte, dass Hope an einer verlängerten situationsbedingten Depression litt. Aufgrund von Hopes Genomsequenz zog die Ärztin den Schluss, dass sie für diese Symptomatik besonders anfällig war. Die Ärztin stellte ebenfalls fest, dass ein bestimmtes Medikament am besten geeignet war und für Hopes Stoffwechsel noch entsprechend optimiert werden konnte. Innerhalb von zwei Wochen merkte Hope, wie sich der Nebel lichtete. Nach wenigen weiteren Wochen konnte sie auf die Einnahme des Medikaments verzichten, die normale Trauerphase fortsetzen und wieder zu sich selbst finden.

Während das alles geschah, setzte Hope ihr Ernährungs- und Sportprogramm fort, da sie sich darüber im Klaren war, dass sie weiterhin von der Herzerkrankung bedroht war. (George war nicht so diszipliniert – er trieb zu wenig Sport und trank ein wenig zu viel. Seine Gesundheit blieb jedoch stabil, genauso wie seine eheliche Treue.) Als Hope 68 Jahre alt war, geschah es. Während sie im Garten arbeitete, spürte sie plötzlich starke Schmerzen im linken Arm, sie schwitzte, hatte Brechreiz und Atemnot. Nur Augenblicke später kam ein medizinischer Rettungsdienst vor ihrem Haus an, der durch ihre intelligente Kleidung aufgrund der Parameter des bevorstehenden Herzinfarkts alarmiert worden war. Anhand ihrer Genomsequenz konnten die Helfer sofort mit der geeigneten medikamentösen Therapie beginnen. So kamen sie dem sonst möglicherweise tödlich verlaufenen Ereignis zuvor.

Im Jahr darauf wurde George von seinen eigenen Risiken eingeholt. Er entwickelte frühe Symptome der Parkinson-Krankheit. Er war jetzt 70 Jahre alt und hatte die schlimmsten Befürchtungen. Aber seine Sorgen waren unbegründet. Mediziner wandelten eine von Georges Hautzellen genau in den Typ von Nervenzellen um, die in seinem Gehirn benötigt wurden, um die Krankheit zu beheben. Mithilfe von Nanotechnikrobotern, die so programmiert waren, dass sie die Zellen genau an die richtige Position brachten, ließen sich Georges Symptome wirksam beseitigen. Zwei Jahre später benötigte George eine weitere Behandlung, aber als George im Alter von 90 Jahren zu seiner jährlichen Routineuntersuchung erschien, konnte der Neurologe keinerlei Anzeichen der Parkinson-Krankheit mehr bei ihm feststellen.

Am 1. Januar 2100 feierte Hope ihren 100. Geburtstag. Später im Jahr versammelte sich die Familie anlässlich ihres 75. Hochzeitstages um Hope und George und wünschte ihnen alles Gute für viele weitere gemeinsame Jahre.

Kann der Traum zum Albtraum werden?

Die Geschichte von Hope, George und Ray ist selbstverständlich rein fiktional, und die Einzelheiten werden jenseits des Jahres 2025 immer fantastischer. Es mag zwar erheiternd sein, die lebensrettenden Einrichtungen in dieser Geschichte als denkbar in Betracht zu ziehen, aber es ist keinesfalls sicher, dass sie auch Wirklichkeit werden. Stellen wir uns Hopes Biografie einmal ganz anders vor ...

Als ihr Onkel starb, standen keine Informationen zur Verfügung, die die Familiemitglieder darüber hätten aufklären können, wie sie ihre eigenen Risiken untersuchen lassen konnten. Als Hope ihren Arzt fragte, wie sich für die Familie eine bessere Präventionsmedizin erreichen ließe, warnte er sie vor solchen Maßnahmen, da die Kosten dafür nicht erstattet würden und da aufgrund des Fehlens von brauchbaren Forschungsstudien die Aussagekraft ohnehin nur begrenzt sei. Hope hatte gehört, dass eine Genomsequenzierung inzwischen recht kostengünstig sei, der Arzt jedoch meinte, das sei nur Geschäftemacherei und riet davon ab. Hope lernte George kennen, sie heirateten und hatten einen Sohn. Im Alter von sechs Jahren litt Ray bereits an gravierender Fettleibigkeit und es folgte ein lebenslanger Kampf, die Situation zu verändern, wobei die Bemühungen größtenteils erfolglos blieben.

Da Hope niemals die Möglichkeit hatte, ihre Gesundheit durch einen gezielten Plan zu erhalten beziehungsweise zu verbessern, betrieb sie keinen Sport, ernährte sich ungesund und nahm an Gewicht zu. Als sie 35 Jahre alt war, litt sie unter hohem Blutdruck. Ihr Arzt, der keine Ahnung von individualisierter medikamentöser Therapie hatte, verschrieb ihr ein Medikament, das für sie nicht geeignet war und unerwünschte Nebenwirkungen hatte. Sie zog daraus den Schluss, dass Ärzte nicht wissen, was sie tun, und beendete die Behandlung.

Als sie 50 Jahre alt war, arbeitete sie an einem heißen Tag im Garten und spürte einen beginnenden Schmerz im linken Arm. Intelligente Kleidung war nicht entwickelt worden. George rief ihren Arzt, der einem standardisierten „Ein-Mittel-für-alle-Prinzip" folgte und erklärte, dass Hope zu jung für Herzsymptome sei, sodass es sich um eine Muskelzerrung handeln müsse. Hope wurde zwei Stunden später im Schockzustand in die Notaufnahme eingeliefert. Ein größerer Teil ihres Herzmuskels war bereits abgestorben. Es wäre zwar möglich gewesen, den Schaden mithilfe einer Stammzellentherapie zu beheben, aber es war keine Zeit mehr, von ihr solche Zellen herzustellen. Trotz aller Bemühungen des Teams in der Notaufnahme erlitt Hope einen Herzstillstand und konnte nicht wiederbelebt werden. Sie hatte weniger als die Hälfte ihrer potenziellen Lebenszeit hinter sich gebracht. An ihrem Bett weinten Ray, der nun krankhaft übergewichtig war, und George, der nicht wusste, dass sein nicht diagnostizierter Dickdarmkrebs inzwischen auch seine Leber befallen hatte.

Das ist ein schreckliches Szenario. Das Traurige dabei ist, dass es heute jederzeit so geschehen kann. Die medizinische Wissenschaft, die sich auf zunehmende Kenntnisse über das menschliche Genom stützt, kann innerhalb der nächsten Jahre wesentliche medizinische Verbesserungen hervorbringen. Eine gute Wissenschaft ist notwendig, reicht aber nicht aus – hier ist der gesamte Einsatz aller Forscher, Regierungen, Kliniken und Ärzte sowie der gesamten Öffentlichkeit gefragt, um die deprimierende Alternative nicht Wirklichkeit werden zu lassen.

Planung des Erfolgs

Unser gemeinsames Motto könnte sein: *Hope soll leben!* Denn Hope, die Hoffnung, das sind Sie. Auch ich bin Hope. Und Hope sind Lebenspartner, Geschwister, Kinder, Enkel, Nichten, Neffen und Freunde. Der Einsatz ist nicht geringer als unser gemeinsamer Traum davon, das Leben in vollen Zügen zu erleben.

Was brauchen wir also, um Hope, die Hoffnung, am Leben zu erhalten?

1. Forschung. Wir erleben in der medizinischen Forschung gerade eine aufregende Zeit, in der eine Reihe bahnbrechender In-

novationen dafür sprechen, dass sich Diagnostik, Prävention und Therapie grundlegend verändern werden. Aber diese Veränderungen werden im Sande verlaufen, wenn wir nicht ständig erhebliche Mittel in die Forschung investieren, die für die Entwicklung neuer Herangehensweisen erforderlich sind. Die medizinische Forschung ist in fast allen Ländern stark unterfinanziert. Die meisten Unternehmen werden Ihnen sagen, dass mindestens 15 Prozent ihrer Einnahmen für Forschung und Entwicklung investiert werden sollten. In den USA jedoch betragen die Ausgaben für die medizinische Forschung gerade einmal ungefähr fünf Prozent der Kosten für die Gesundheitsfürsorge. Trotz dieser sehr sparsamen Grundhaltung ist der Nutzen der Forschung klar erkennbar. Die Lebenserwartung hat sich im Lauf der letzten 30 Jahre um sechs Jahre verlängert. Todesfälle aufgrund von Herzerkrankungen haben in den letzten 30 Jahren um 63 Prozent abgenommen, wobei in die Erforschung von Herzerkrankungen nur 3,70 US-Dollar pro Amerikaner und Jahr investiert wurden. Umfragen haben wiederholt gezeigt, dass die amerikanische Öffentlichkeit von der medizinischen Forschung überzeugt ist und man es lieber sehen würde, wenn dort mehr Steuermillionen investiert würden. Zu der Zeit, in der ich diesen Text schreibe, erhalten weniger als 20 Prozent der Förderprojekte, die den National Institutes of Health vorgelegt wurden, finanzielle Unterstützung. Das führt dazu, dass viele Wissenschaftler in der Medizin das Interesse verlieren und sich einem anderen Gebiet zuwenden. Diese Situation muss sich verbessern.

2. Die digitalisierte Krankenakte. Angesichts der immer größer werdenden Datenmengen – DNA-Sequenzen, medizinische Daten und äußere Faktoren –, die miteinander vernetzt werden müssen, ist kaum vorstellbar, dass die vollständige Leistungsfähigkeit der personalisierten Medizin jemals ohne digitale Krankenakten erreicht werden könnte. Es ist ein Armutszeugnis, dass der heutige Stand auf diesem Gebiet so

ist, als hätten wir bislang gar nichts unternommen, um das Problem zu lösen. Können Sie sich vorstellen, Sie gingen zu Ihrer Bank und müssten feststellen, dass alle Konten nur in Form wahllos zusammengehefteter Zettel geführt werden? Aber in vielen Arztpraxen werden diese wertvollen Informationen auf diese Weise aufbewahrt. Die Konsequenzen sind entsprechend negativ. Wenn man Kopien der eigenen Krankenakte erhalten möchte, kann es Wochen bis Monate dauern und man zahlt häufig eine lächerlich hohe Geldsumme. Wenn Sie zufällig die Informationen über Ihre eigenen Krankendaten in der Notaufnahme in einer anderen Stadt oder in einem anderen Staat benötigen, so ist es fast unmöglich, sie zu bekommen. Hier springen Privatunternehmen wie Google Health oder Microsoft HealthVault ein und bieten an, dass dort jeder Einzelne digitalisierte Kopien der eigenen Krankenakten ablegen kann, wobei sich auch festlegen lässt, wer darauf Zugriff hat. Aber eine echte Lösung dieses Problems ist erst dann erreicht, wenn alle medizinischen Krankenakten von Anfang an digital erstellt werden, und das mit den geeigneten Sicherheitsmechanismen zum Schutz der Privatsphäre. Das wird mit Sicherheit nicht einfach, aber das Problem ist zu lösen. Wenn es für Kreditkarten- und Bankkonten möglich ist, warum dann nicht für Krankenakten?

3. Richtige politische Entscheidungen. Die Wissenschaft bewegt sich in immer größeren Schritten vorwärts, aber der politische Prozess, der für die Umsetzung wissenschaftlicher Erkenntnisse erforderlich ist, kann enttäuschend langsam verlaufen. Eine vor kurzem durchgeführte Auswertung der am häufigsten zitierten Artikel über medizinische Maßnahmen zeigte, dass der mittlere zeitliche Abstand zwischen der Erstpublikation einer medizinischen Entdeckung und ihrer letztendlichen Umsetzung 24 Jahre beträgt. Dieser enorme Geschwindigkeitsrekord ist unbedingt verbesserungswürdig. Staatliche Kontrolleure sollen die Wirksamkeit von neuen

medizinischen Maßnahmen bewerten, das kann man nicht dem freien Markt überlassen, und die Kontrollen müssen ständig darum bemüht sein, den Schutz der Allgemeinheit und die Förderung neuer Maßnahmen abzuwägen. Viel zu häufig verlief ein solcher Prozess zugunsten der konservativen Seite, sodass der Allgemeinheit vielversprechende Innovationen jahrelang vorenthalten bleiben, bis schließlich zahlreiche teure und sich wiederholende Studien durchgeführt wurden. Unser Gesundheitssystem muss den Schwerpunkt von der Behandlung fortgeschrittener Krankheiten in Richtung Präventionsmedizin verlagern, deren Kosten von den Krankenversicherungen übernommen werden, vor allem dann, wenn dies mit nachweisbaren ökonomischen Vorteilen verbunden ist. Und für die personalisierte Medizin wäre zu begrüßen, wenn ihre Vorzüge durch die staatliche Aufsicht ins rechte Licht gerückt würden.

4. Aufklärung. Die personalisierte Medizin ist eng mit dem Prinzip verknüpft, dass Wissen Macht bedeutet, sowohl für Sie als auch für Ihren Arzt. Allerdings hat sich nun die Wissenschaft der Genomik sehr schnell entwickelt und viele Ärzte sind nicht darauf vorbereitet, deren Vorteile wirklich zu nutzen. Allein durch das Lesen dieses Buches wissen Sie von personalisierter Medizin bestimmt schon mehr als Ihr Arzt. Die meisten Ärzte, Angehörigen des Pflegepersonals und die übrigen mit Gesundheitsfürsorge betrauten Personen verstehen diese neuen Konzepte kaum, und es bedarf einiger Anstrengung, wenn diese Defizite schnell überwunden werden sollen. Die National Coalition for Health Professional Education in Genetics (NCHPEG), eine Organisation, die ich zusammen mit der American Medical Association und American Nurses Association in ihrer Gründungsphase unterstützt habe, versucht nun, diese Lücke zu schließen. Die Organisation verfügt aber nur über begrenzte Mittel und ist ständig mit der schwierigen Aufgabe konfrontiert, die Aufmerksamkeit vielbeschäftigter

Mediziner zu gewinnen, die der Meinung sind, dass Genetik für ihre praktische Arbeit keine Bedeutung hat.

5. Ethische Entscheidungen treffen. Die Linderung menschlichen Leids ist eine ethische Verpflichtung, die nahezu alle Kulturen und Weltanschauungen im gesamten Verlauf der Geschichte gemeinsam haben. Jegliche Argumentation, die sich für eine Verlangsamung der medizinischen Forschung ausspricht, muss deshalb unter dem Gesichtspunkt betrachtet werden, dass leidenden Menschen eine Besserung vorenthalten werden soll. Es gibt zwar bestimmte Forschungsanwendungen, wie etwa die reproduktive Klonierung von Menschen, die von praktisch allen als unethisch abgelehnt werden, die sich näher mit den Konsequenzen befasst haben. Es gibt allerdings viele weitere Bereiche, bei denen es schwer fällt, eine klare Linie zu ziehen. In unserer pluralistischen Gesellschaft ist es nicht immer einfach, einen ethischen Konsens zu finden. In den vergangenen eineinhalb Jahrzehnten war die Bioethikkommission des Präsidenten in den USA Austragungsort für Gesundheitsdebatten, aber die eingeschränkte Autorität der Gruppe und der starke Einfluss der Politik auf die Berufung ihrer Mitglieder hat ihren Einfluss begrenzt. Für die Zukunft sollte ein autoritativeres Modell in Betracht gezogen werden, ähnlich der zurzeit gut funktionierenden Human Fertilization and Embryology Authority in Großbritannien.

Eine letzte Ermahnung

Erinnern wir uns an Saint-Exupéry: „Deine Aufgabe liegt nicht darin, die Zukunft vorauszusehen, sondern sie zu ermöglichen." Für die Zukunft der personalisierten Medizin richtet sich diese Ermahnung nicht ausschließlich an die wissenschaftliche oder die medizinische Gemeinschaft oder die Regierung, sondern an uns alle. Die personalisierte Medizin wird nur dann erfolgreich sein, wenn wir die vollständige Verantwortung für unsere Gesundheit übernehmen. Die Dienstleister im Gesundheitswesen können dabei hilfreich sein, aber sie „können nicht Ihren Bus fahren". Jedes Kapitel in diesem Buch, so wie auch dieses, endet mit einer Liste von Dingen, die Sie heute tun können, um Ihre persönlichen Möglichkeiten umfassend zu nutzen. Wenn Sie den Empfehlungen folgen, sind Sie bei dieser neuen Revolution ganz vorne dabei. Da die Revolution jedoch fortschreitet, ist es unverzichtbar, dass Sie Ihr Wissen regelmäßig auf den neuesten Stand bringen.

Wayne Gretsky wird von vielen als der größte Eishockeyspieler aller Zeiten eingeschätzt. Sein Vater Walter war sein erster und bester Trainer und dessen weisester Ratschlag war ganz einfach: „Lauf immer dorthin, wo der Puck demnächst sein wird." Im Spiel des Lebens sind wir alle Schlittschuhläufer. Wir versuchen, uns gut auf dem Eis zu bewegen, nicht hinzufallen und sogar einige Tore zu schießen. Es genügt jedoch nicht, wenn Ihr Ziel nur darin besteht, dem Puck zu folgen. Sie müssen dorthin laufen, wo der Puck demnächst sein wird. Ihre DNA-Helix, Ihre Sprache des Lebens, kann auch Ihr eigenes Lehrbuch der Medizin sein. Lernen Sie darin zu lesen. Lernen Sie es zu würdigen. Es könnte Ihr Leben retten.

Was Sie heute tun können, um an der Revolution der personalisierten Medizin teilzuhaben

Wenn Sie all Ihre Krankenakten und die Ihrer Angehörigen sammeln und in eine digitalisierte Form bringen, sodass sie für Dienstleister im Gesundheitswesen, die Sie selbst auswählen, schnell verfügbar sind, können Sie sich jegliche Art von Kopfschmerzen ersparen, und bei einem Notfall kann diese Maßnahme sogar lebensrettend sein. Die beiden Anbieter, die diesen Service im Internet bereithalten und vielleicht für Sie infrage kommen, sind Google Health (www.google.com/health) und HeathVault von Microsoft (www.healthvault.com).

Da Sie nun in dem Buch *Meine Gene – mein Leben* am Ende angelangt sind, können Sie zurückblättern und die Rubrik „Was Sie heute tun können" bei allen vorherigen Kapiteln lesen. Möglicherweise gibt es dort Vorschläge, die Ihnen zum damaligen Zeitpunkt nicht gefallen haben, dies aber vielleicht jetzt tun. Nutzen Sie Ihre neuen Erkenntnisse und tun Sie alles, was Ihnen möglich ist, um Ihre Gesundheit in den Mittelpunkt zu rücken und zu erhalten.

Darstellungen der Genetikfortschritte aus Hollywood unterscheiden sich möglicherweise von den Tatsachen. Leihen Sie sich spaßeshalber den Kinofilm *GATTACA* aus und stellen Sie eine Liste aller Filmmotive zusammen, die wissenschaftlich fehlerhaft sind.

Herzlichen Glückwunsch – mit Ihrem Wissen von der personalisierten Medizin gehören Sie jetzt zum obersten einen Prozent der Gesellschaft. Um diese Informationen zu nutzen, fangen Sie an, in Ihrer Familie und mit Ihren Freunden darüber zu sprechen. Verbreiten Sie die Botschaft!

Anhang A
Glossar

(Auszug aus dem *Talking Glossary of Genetic Terms* („Sprechendes Glossar der genetischen Begriffe"), das auf der Internetseite http://www.genome. gov/glossary.cfm des National Human Genome Research Institute aufgerufen werden kann.)

ACGT

Die vier unterschiedlichen Basen in einem DNA-Molekül. Die Buchstaben sind Abkürzungen für die chemischen Namen der Moleküle: Adenin, Cytosin, Guanin und Thymin. Ein DNA-Molekül besteht aus zwei umeinander gewundenen Strängen. Die Stränge werden durch Bindungen zwischen den Basen zusammengehalten. A paart mit T und C paart mit G. Die Reihenfolge (Sequenz) der Basen in einem DNA-Abschnitt, den man als Gen bezeichnet, enthält die Anweisungen, die notwendig sind, um ein Protein herzustellen.

Allel

Eine von zwei oder mehr Varianten eines Gens. Ein Mensch erbt von jedem Gen zwei Allele – von jedem Elternteil eines. Wenn die beiden Allele identisch sind, bezeichnet man den Menschen als homozygot für dieses Gen. Ursprünglich wurde der Begriff „Allel" nur für Varianten von Genen verwendet, inzwischen kann er sich auch auf nichtcodierende DNA-Sequenzen beziehen.

Aminosäuren

Eine Gruppe von 20 unterschiedlichen kleinen Molekülen, aus denen Proteine aufgebaut sind. Proteine bestehen aus einer oder mehreren Ketten von Aminosäuren, die man als Polypeptide bezeichnet. Die Sequenz der Aminosäurekette führt dazu, dass sich das Polypeptid in eine biologisch aktive Form faltet. Die Aminosäuresequenzen von Proteinen werden von Genen codiert.

Basenpaar

Zwei chemische Basen, die miteinander verbunden sind und eine „Sprosse" der DNA-„Leiter" bilden. Das DNA-Molekül besteht aus zwei Strängen, die wie eine verdrehte Leiter umeinander gewunden sind. Jeder Strang enthält ein Rückgrat aus abwechselnden Zucker-(Desoxyribose-) und Phosphatgruppen. An jedem Zucker ist eine der vier Basen A, T, C oder G befestigt. Die beiden Stränge werden durch Bindungen zwischen den beiden Basen zusammengehalten (A bildet ein Basenpaar mit T und C bildet ein Basenpaar mit G).

BRCA1/BRCA2

Die ersten beiden Gene, von denen gezeigt werden konnte, dass sie mit einer vererbbaren Form von Brustkrebs zusammenhängen. Bei gesunden Menschen fungieren die Produkte beider Gene als Tumorsuppressoren – das heißt, sie regulieren die Zellteilung. Wenn diese Gene durch eine Mutation inaktiviert wurden, kommt es zu einer unkontrollierten Zellteilung, die schließlich zu Krebs führt. Frauen mit einer Mutation in einem der Gene unterliegen einem viel höheren Risiko, Brust- und Eierstockkrebs zu entwickeln, als Frauen mit normalen Varianten dieser Gene.

Chromosom

Ein strukturiertes Paket aus DNA, das im Zellkern vorkommt. Die verschiedenen Organismen verfügen über eine unterschiedliche Anzahl von Chromosomen. Menschen besitzen 23 Chromosomenpaare: 22 Paare von nummerierten Chromosomen, die man als Autosomen bezeichnet, sowie ein Paar Geschlechtschromsomen (X und Y). Jeder Elternteil trägt zu jedem Paar ein Chromosom bei, sodass die Nachkommen die Hälfte ihrer Chromosomen von der Mutter und die andere Hälfte vom Vater bekommen.

Cytoplasma

Das Cytosol mit allen Organellen außer dem Zellkern. Cytosol ist die gelatineartige Flüssigkeit im Inneren einer Zelle und besteht aus Wasser, Salz und verschiedenen organischen Molekülen. Einige intrazelluläre Organellen, etwa der Zellkern und die Mitochondrien, sind von Membranen umgeben, die sie gegenüber dem Cytosol abgrenzen.

Deletion

Eine Art von Mutation, bei der es zu einem Verlust von genetischem Material kommt. Eine Deletionsmutation kann sehr klein sein und nur ein einziges fehlendes Basenpaar umfassen, oder sie ist umfangreich und betrifft einen ganzen Chromosomenabschnitt.

Diploid

Siehe haploid.

DNA (Desoxyribonucleinsäure)

Die chemische Bezeichnung für das Molekül, das bei allen Lebewesen die genetischen Anweisungen trägt. Das DNA-Molekül besteht aus zwei Strängen, die in Form einer Doppelhelix umeinander gewunden sind. Jeder Strang enthält ein Rückgrat aus abwechselnden Zucker-(Desoxyribose-) und Phosphatgruppen. An jedem Zucker ist eine der vier Basen A, T, C oder G befestigt. Die beiden Stränge werden durch Bindungen zwischen den Basen zusammengehalten (A paart mit T und C paart mit G). Die Reihenfolge (Sequenz) der Basen entlang des Rückgrats enthält die Anweisungen, die notwendig sind, um RNA- und Proteinmoleküle herzustellen.

DNA-Sequenzierung

Eine Labormethode, um die genaue Sequenz der Basen (A, T, C und G) in einem DNA-Molekül zu bestimmen. Die DNA-Basensequenz enthält die Anweisungen, die notwendig sind, um RNA-Moleküle und Proteine herzustellen. Deshalb sind für Wissenschaftler, die die Funktion von Genen untersuchen, Informationen über DNA-Sequenzen von großer Bedeutung. Die Methoden der DNA-Sequenzierung wurden im Rahmen des Humangenomprojekts weiterentwickelt und dadurch schneller und preisgünstiger.

Eineiige Zwillinge

Man bezeichnet sie auch als monozygote Zwillinge. Sie entstehen durch die Befruchtung einer einzigen Eizelle, die sich sehr bald danach vollständig teilt. Bei eineiigen Zwillingen stimmen alle Gene überein und sie haben immer dasselbe Geschlecht. Im Gegensatz dazu entstehen zweieiige Zwillinge durch die Befruchtung von zwei unterschiedlichen Eizellen bei derselben Schwangerschaft. Ihre Gene stimmen zur Hälfte überein, wie bei Geschwistern sonst auch. Zweieiige Zwillinge können sich in ihrem Geschlecht unterscheiden, müssen aber nicht.

Enzym

Ein biologischer Katalysator. Ein Enzym ist fast immer ein Protein. Es erhöht die Geschwindigkeit, mit der eine spezifische chemische Reaktion in der Zelle abläuft. Das Enzym wird bei der Reaktion nicht zerstört und kann immer wieder verwendet werden. Eine Zelle enthält Tausende verschiedener Typen von Enzymmolekülen und jeder Typ ist für eine andere chemische Reaktion spezifisch.

Exon

Ein Abschnitt eines Gens, der Aminosäuren codiert. In den Zellen von Pflanzen und Tieren sind die meisten Gensequenzen durch Introns unterbrochen. Die Abschnitte der Gensequenz, die in Form eines Proteins exprimiert werden, bezeichnet man als Exons (da sie exprimiert werden). Die nicht als Protein exprimierten Abschnitte einer Gensequenz bezeichnet man hingegen als Introns (da sie zwischen den Exons liegen).

Gen

Die grundlegende physikalische Vererbungseinheit. Gene werden von den Eltern an die Nachkommen vererbt und enthalten die Informationen, die für die Spezifizierung von Merkmalen erforderlich sind. Gene sind in Strukturen, die man als Chromosomen bezeichnet, hintereinander angeordnet. Ein Chromosom umfasst ein einziges langes DNA-Molekül, wobei nur ein Teil davon tatsächlich Gene enthält. Menschen verfügen über ungefähr 20 000 proteincodierende Gene, die sich über die Chromosomen verteilen.

Genetische Drift

Ein Mechanismus der Evolution. Damit bezeichnet man statistische Veränderungen der Allelhäufigkeiten im Verlauf von Generationen, die aufgrund von Zufallsereignissen eintreten. Die genetische Drift kann dazu führen, dass bestimmte Merkmale entweder vorherrschend werden oder aus einer Population verschwinden. Die Effekte der genetischen Drift wirken sich bei kleinen Populationen stärker aus als bei großen.

Genetische Tests

Labortests für die Suche nach genetischen Varianten, die mit einer Krankheit assoziiert sind. Die Ergebnisse eines genetischen Tests können dazu dienen, eine mutmaßliche Erbkrankheit zu bestätigen oder auszuschließen oder die Wahrscheinlichkeit zu bestimmen, mit der die getestete Person die Mutation an die Nachkommen vererbt. Genetische Tests können vor oder nach der Geburt durchgeführt werden. Im Idealfall lässt sich eine Person, die sich einem genetischen Test unterzieht, darüber beraten, welche Bedeutung der Test hat und wie das Ergebnis zu bewerten ist.

Genetischer Marker

Eine DNA-Sequenz, deren physikalische Position auf einem Chromosom bekannt ist. Genetische Marker können dazu beitragen, eine Erbkrankheit dem verantwortlichen Gen zuzuordnen. DNA-Abschnitte, die auf einem Chromosom dicht nebeneinander liegen, werden tendenziell gemeinsam vererbt. Genetische Marker dienen dazu, die Vererbung eines nahe gelegenen Gens zu verfolgen, das noch nicht identifiziert wurde, dessen ungefähre Position aber bekannt ist. Der genetische Marker selbst kann Teil des Gens sein, kann aber auch eine unbekannte Funktion besitzen.

Genetisches Screening

Die Untersuchung einer Population auf eine Erbkrankheit, um eine Gruppe von Menschen zu identifizieren, die entweder von dieser Krankheit betroffen sind oder sie zumindest an die Nachkommen weitergeben können.

Genkartierung

Die Bestimmung der Positionen von Genen auf einem Chromosom. Frühe Genkartierungen wurden mithilfe von Kopplungsanalysen durchgeführt. Je näher zwei Gene auf dem Chromosom nebeneinander liegen, umso wahrscheinlicher werden sie gemeinsam vererbt. Wenn man die Vererbungsmuster analysiert, kann man die relativen Positionen der Gene zueinander bestimmen. Neuere Verfahren nutzen auch Methoden der DNA-Rekombination, um physikalische Positionen der Gene auf den Chromosomen zu ermitteln.

Genom

Die Gesamtheit der genetischen Anweisungen, die in einer Zelle vorhanden ist. Beim Menschen besteht das Genom aus 23 Chromosompaaren, die sich im Zellkern befinden, sowie aus dem kleinen Chromosom, das sich in den Mitochondrien der Zelle befindet. Der haploide Chromosomensatz umfasst eine DNA-Sequenz von zusammen etwa 3,1 Milliarden Basenpaaren.

Gentechnik

Der Vorgang, mithilfe von DNA-Rekombination die genetische Ausstattung eines Organismus zu verändern. Auf herkömmliche Weise haben die Menschen Genome indirekt verändert, indem sie kontrollierte Züchtungen durchgeführt und die Nachkommen mit den gewünschten Eigenschaften selektiert haben. Bei der Gentechnik werden ein oder mehrere Gene direkt verändert. In den meisten Fällen wird dem Genom eines Organismus ein Gen von einer anderen Spezies hinzugefügt, um einen gewünschten Phänotyp zu erhalten.

Gentherapie

Ein experimentelles Verfahren zur Behandlung von Krankheiten, bei dem das genetische Material des Patienten verändert wird. In den meisten Fällen wird bei der Gentherapie eine gesunde Kopie des defekten Gens in die Zellen des Patienten geschleust.

Gründereffekt

Bezieht sich auf die Verringerung der genetischen Variabilität, die dadurch entsteht, dass eine kleine Untergruppe einer großen Population eine eigene „Kolonie" gründet. Die neue Population kann sich von der ursprünglichen unterscheiden, sowohl in Bezug auf die Genotypen als auch auf die Phänotypen.

Haploid

Bezeichnung für eine Zelle oder einen Organismus mit einem einzigen Chromosomensatz. Organismen, die sich ungeschlechtlich fortpflanzen, können haploid sein. Sich geschlechtlich fortpflanzende Organismen müssen mindestens diploid sein (sie besitzen zwei Chromosomensätze, einen von jedem Elternteil). Nur Eizellen und Spermien sind haploid.

Haplotyp

Eine Gruppe von DNA-Varianten (oder Polymorphismen), die tendenziell gemeinsam vererbt werden. Ein Haplotyp kann eine Kombination von Allelen oder von Einzelnucleotidpolymorphismen (*single nucleotide polymorphisms*, SNPs) sein, die auf demselben Chromosom liegen. Informationen über Haplotypen werden im International HapMap Project gesammelt und dienen dazu, die Einflüsse von Genen auf Erkrankungen zu erforschen.

HapMap

Ein internationales Projekt, in dem man versucht, die Varianten in den menschlichen DNA-Sequenzen mit Genen in Verbindung zu bringen, die sich auf die Gesundheit auswirken. Durch HapMap werden verbreitete Muster der genetischen Variabilität beim Menschen beschrieben.

Intron

Ein Abschnitt eines Gens, der keine Aminosäuren codiert. In den Zellen von Pflanzen und Tieren sind die meisten Gensequenzen durch ein oder mehrere Introns unterbrochen. Die Abschnitte der Gensequenz, die in Form eines Proteins exprimiert werden, bezeichnet man als Exons (da sie exprimiert werden). Die nicht als Protein exprimierten Abschnitte einer Gensequenz bezeichnet man hingegen als Introns (da sie zwischen den Exons liegen).

Karyotyp

Alle Chromsomen eines Individuums. Mit dem Begriff bezeichnet man auch ein Foto dieser Chromosomen, das in einem bestimmten Laborverfahren erzeugt wird. Der Karyotyp dient dazu, eine anormale Anzahl oder anormale Strukturen von Chromosomen festzustellen.

Klonierung

Ein Vorgang, durch den man identische Kopien eines Organismus, einer Zelle oder einer DNA-Sequenz erzeugen kann. Die gewünschte Sequenz wird isoliert, in ein anderes DNA-Molekül (einen Vektor) eingeführt und in eine geeignete Wirtszelle übertragen. Jedes Mal wenn sich die Zelle teilt, repliziert sie die fremde DNA zusammen mit der eigenen DNA. Mit Klonierung bezeichnet man auch eine asexuelle Vermehrung.

Merkmalsträger

Ein Mensch, der eine genetische Mutation trägt, die mit einer Krankheit assoziiert ist, aber keine Symptome dieser Krankheit zeigt. Die Krankheit wird in diesem Fall als rezessives Merkmal vererbt. Damit die Krankheit ausbrechen kann, muss ein Mensch von beiden Eltern eine mutierte Variante des Gens geerbt haben. Ein Mensch, der ein normales und ein mutiertes Allel trägt, ist ein Merkmalsträger und bekommt die Krankheit nicht. Zwei Merkmalsträger können Kinder haben, die von der Krankheit betroffen sind.

Messenger-RNA (mRNA)

Ein einzelsträngiges RNA-Molekül, das zu einem der DNA-Stränge eines Gens komplementär ist. Die mRNA ist eine RNA-Form des Gens, die den Zellkern verlässt und sich in das Cytoplasma bewegt, wo die Proteine erzeugt werden. Während der Proteinsynthese bewegen sich Ribosomen die mRNA entlang, lesen die Basensequenz ab und übersetzen (translatieren) auf Basis des genetischen Codes jedes Triplett aus drei Basen in die zugehörige Aminosäure.

Mutation

Eine Veränderung der DNA-Sequenz. Mutationen können durch Fehler beim Kopieren der DNA während der Zellteilung, die Einwirkung von ionisierenden Strahlen beziehungsweise mutagen wirkenden chemischen Verbindungen oder durch Virusinfektionen entstehen. Keimbahnmutationen können in Eizellen und Spermien auftreten und an die Nachkommen vererbt werden. Somatische Mutationen hingegen treten in Körperzellen auf und werden nicht vererbt.

Nichtcodierende DNA

DNA-Sequenzen, die keine Aminosäuren codieren. Der größte Teil der nichtcodierenden DNA liegt zwischen den Genen im Chromosom und ihre Funktion ist unbekannt. Andere nichtcodierende DNA, die man als Introns bezeichnet, befindet sich innerhalb der Gene. Ein Teil der nichtcodierenden DNA spielt bei der Regulation der Genexpression eine Rolle.

Nucleinsäuren

Eine wichtige Klasse von Makromolekülen, die in allen Zellen und Viren vorkommt. Die Funktion der Nucleinsäuren besteht in der Speicherung und Expression der genetischen Information. Desoxyribonucleinsäure (DNA) codiert die Informationen, die die Zelle benötigt, um Proteine herzustellen. Eine verwandte Form, die Ribonucleinsäure (RNA), transportiert die Informationen in das Cytoplasma, wo sie der Proteinsynthese dient.

Onkogen

Ein mutiertes Gen, das zur Entwicklung von Krebs beiträgt. In ihrem normalen, nichtmutierten Zustand bezeichnet man Onkogene als Protoonkogene; sie spielen bei der Regulation der Zellteilung eine Rolle. Die Funktion der Onkogene, die Zelle zur Teilung zu stimulieren, ist mit der Situation vergleichbar, wenn Sie mit dem Fuß auf das Gaspedal Ihres Autos treten.

Pharmakogenomik

Ein Bereich der Pharmakologie, der damit befasst ist, aufgrund von DNA- und Aminosäuresequenzen Informationen für die Entwicklung und Tests von Medikamenten zu liefern. Eine wichtige Anwendung der Pharmakogenomik ist die Assoziation von individuellen genetischen Varianten mit Reaktionen auf Medikamente.

Polygenes Merkmal

Ein Merkmal, dessen Phänotyp durch mehr als ein Gen beeinflusst wird. Merkmale, die eine kontinuierliche Verteilung zeigen, etwa Körpergröße oder Hautfarbe, sind polygen. Die Vererbung von polygenen Merkmalen zeigt nicht die phänotypischen Verhältniszahlen wie sie für eine Mendel-Vererbung charakteristisch sind, wobei jedes einzelne Gen, das zu dem Merkmal beiträgt, so vererbt wird, wie es Mendel beschrieben hat. Viele polygene Merkmale werden auch durch äußere Faktoren beeinflusst und man bezeichnet sie deshalb als multifaktoriell.

Proteine

Eine wichtige Klasse von Molekülen, die in allen lebenden Zellen vorkommen. Ein Protein besteht aus einer oder mehreren langen Ketten von Aminosäuren; die Sequenz ist eine Übersetzung (Translation) der DNA-Sequenz des Gens, welches das Protein codiert. Proteine besitzen in der Zelle vielfältige Funktionen, beispielsweise strukturelle (Cytoskelett), mechanische (Muskulatur), biochemische (Enzyme) und bei der Signalübertragung (Hormone). Proteine sind ein essenzieller Bestandteil der Ernährung.

Rassen

Im allgemeinen Sprachgebrauch eine Gruppe von Menschen, die eine Anzahl von sichtbaren Merkmalen wie Hautfarbe, Gesichtsmerkmale, Haartextur und einen Identitätsbegriff gemeinsam haben. Die sichtbaren Merkmale werden zwar durch Gene beeinflusst, aber der größte Teil der genetischen Variabilität besteht innerhalb der jeweiligen rassischen Gruppen und nicht zwischen ihnen. Aus diesem Grund sind zahlreiche Wissenschaftler der Auffassung, dass der Begriff der „Rasse" eher als soziales Konstrukt zu betrachten ist und weniger als ein biologisches.

Rasterverschiebungsmutation

Eine Art von Mutation, bei der eine DNA-Sequenz eingefügt oder deletiert wird und die Anzahl der Basenpaare nicht durch drei teilbar ist. Diese „Teilbarkeit durch drei" ist sehr wichtig, da die Zelle ein Gen in Gruppen von drei Basen abliest. Jede dieser Gruppen entspricht einer der 20 Aminosäuren, die zum Aufbau von Proteinen verwendet werden. Wenn eine Mutation das Leseraster unterbricht, wird die gesamte DNA-Sequenz falsch abgelesen, die auf die Mutation folgt.

Rekombinante DNA

Für ihre Herstellung verwendet man Enzyme, mit denen man die gewünschten DNA-Sequenzen schneidet und neu zusammenfügt. Die rekombinante DNA-Sequenz kann in Transportvehikel eingefügt werden, die man als Vektoren bezeichnet und die die DNA in eine geeignete Wirtzelle einschleusen können, wo sie dann kopiert oder exprimiert wird.

Retrovirus

Eine Virusart, die RNA als genetisches Material verwendet. Wenn ein Retrovirus eine Zelle infiziert, erzeugt es eine DNA-Kopie von seinem Genom, die in die DNA der Wirtszelle integriert wird. Es gibt eine Reihe verschiedener Retroviren, die menschliche Krankheiten auslösen, beispielsweise AIDS durch HIV.

Rezessiv

Bezieht sich auf das Verhältnis zwischen zwei Varianten eines Gens. Jeder Mensch erhält von jedem Elternteil eine Variante des Gens, die man als Allel bezeichnet. Bei einer rezessiv vererbten Krankheit muss ein Mensch zwei Kopien des mutierten Allels erben, damit die Krankheit ausbricht.

RNA (Ribonucleinsäure)

Ein Molekül, das der DNA ähnlich ist. Anders als DNA ist RNA ein Einzelstrang. Ein RNA-Strang enthält ein Rückgrat aus abwechselnden Zucker-(Ribose-) und Phosphatgruppen. An jedem Zucker ist eine der vier Basen gebunden (A, U, C oder G). In der Zelle gibt es verschiedene Arten von RNA: Messenger-RNA, ribosomale RNA und Transfer-RNA. In jüngerer Zeit wurden kleine RNAs entdeckt, die bei der Regulation der Genexpression eine Rolle spielen.

Screening für Merkmalsträger

Ein bestimmter Typ von genetischem Screening für Menschen, die bei einer rezessiv vererbten Krankheit keine Symptome zeigen, aber unter dem Risiko stehen, die Krankheit an ihre Kinder zu vererben. Der Träger einer Erbkrankheit hat ein normales und ein anormales Allel von dem Gen geerbt, das mit der Krankheit assoziiert ist. Ein Kind muss zwei anormale Allele geerbt haben, damit Symptome auftreten können.

Stammzelle

Eine Zelle, die das Potenzial besitzt, viele der verschiedenen Zelltypen im Körper hervorzubringen. Wenn sich Stammzellen teilen, können sie weitere Stammzellen oder andere Zellen bilden, die spezialisierte Funktionen übernehmen. Embryonale Stammzellen sind pluripotent und besitzen das Potenzial, dass sich aus ihnen ein vollständiger Organismus entwickeln kann. Adulte Stammzellen sind hingegen multipotent und können nur bestimmte Typen von spezialisierten Zellen bilden. Stammzellen teilen sich während der gesamten Lebenszeit eines Menschen.

Telomer

Ein Ende eines Chromosoms. Telomere bestehen aus Wiederholungssequenzen von nichtcodierender DNA, die die Chromosomen vor Schädigungen schützen. Jedes Mal, wenn sich eine Zelle teilt, werden die Telomere kürzer, sofern nicht das Reparaturenzym Telomerase vorhanden ist. Letztendlich werden die Telomere so kurz, dass sich die Zelle nicht mehr teilen kann.

Transgen

Wenn eine oder mehrere DNA-Sequenzen aus einer anderen Spezies stammen und durch künstliche Methoden übertragen wurden. Tiere macht man im Allgemeinen dadurch transgen, dass man eine kurze Sequenz der Fremd-DNA in eine befruchtete Eizelle oder einen sich entwickelnden Embryo injiziert. Transgene Pflanzen können erzeugt werden, indem man die Fremd-DNA in verschiedene Gewebe einbringt.

Tumorsuppressorgen

Ein Gen, dessen normale Funktion darin besteht, ein Protein zu produzieren, das zur Verlangsamung des Zellzyklus beiträgt. Das Tumorsuppressorprotein dient dazu, die Zellteilung zu kontrollieren. Ein mutiertes Tumorsuppressorgen kann diese Aufgabe nicht mehr erfüllen. Das führt dann möglicherweise zu einer unkontrollierten Zellteilung und Krebs.

Variante

Ein Sequenzunterschied in der DNA.

Vektor

Jedes Transportmittel (häufig ein Virus oder Plasmid), das geeignet ist, bei einer molekularen Klonierung eine gewünschte DNA-Sequenz in eine Wirtszelle zu übertragen. Abhängig vom Zweck der Klonierung kann der Vektor der Vermehrung, Isolierung oder Expression des eingesetzten Fremd-DNA-Fragments dienen.

Virus

Ein infektiöses Agens, das auf der Grenze zwischen lebend und nichtlebend angesiedelt ist. Ein Virus ist ein Partikel, das viel kleiner ist als eine Bakterienzelle. Es enthält ein kleines Genom, das entweder aus DNA oder aus RNA besteht und von einer Proteinhülle umgeben ist. Viren dringen in ihre Wirtszellen ein und nutzen die Proteine und sonstigen Materialien in der Zelle, weitere Kopien von sich herzustellen. Viren verursachen viele unterschiedliche Krankheiten bei Pflanzen und Tieren, beispielsweise auch AIDS.

X-Chromosom

Eines des Geschlechtschromosomen. Der Mensch und die meisten übrigen Säuger verfügen über zwei Geschlechtschromosomen: X und Y. Weibliche Individuen besitzen zwei X-Chromosomen in ihren Zellen, männliche ein X- und ein Y-Chromosom. Alle Eizellen enthalten ein X-Chromosom, Spermien ein X- oder ein Y-Chromosom. Diese Anordnung bedeutet, dass bei der Befruchtung der männliche Partner das Geschlecht der Nachkommen bestimmt.

X-gekoppelt oder geschlechtsgekoppelt

Bezeichnung für ein Merkmal, dessen Gen auf dem X-Chromosom liegt. Der Mensch und die meisten übrigen Säuger verfügen über zwei Geschlechtschromosomen: X und Y. Bei einer X-gekoppelten Erkrankung sind im Allgemeinen männliche Individuen betroffen, da sie nur eine einzige Kopie des X-Chromosoms besitzen, die die Mutation trägt. Bei weiblichen Individuen wird der Effekt der Mutation möglicherweise durch die zweite, gesunde Kopie des X-Chromosoms ausgeglichen.

Y-Chromosom

Eines des Geschlechtschromosomen. Der Mensch und die meisten übrigen Säuger verfügen über zwei Geschlechtschromosomen: X und Y. Weibliche Individuen besitzen zwei X-Chromosomen in ihren Zellen, männliche ein X- und ein Y-Chromosom. Alle Eizellen enthalten ein X-Chromosom, Spermien ein X- oder ein Y-Chromosom. Diese Anordnung bedeutet, dass bei der Befruchtung der männliche Partner das Geschlecht der Nachkommen bestimmt.

Zweieiige Zwillinge

Siehe eineiige Zwillinge.

Anhang B
Das Einmaleins der Genetik

Die Beschreibung der grundlegenden Prinzipien der Genetik, Genomik und Molekularbiologie in Kapitel 1 beschränkt sich auf das absolut Notwendige, das ausreicht um zu verstehen, welche Bedeutung der DNA für Gesundheit und Krankheit zukommt. Anhang B bietet dem interessierten Leser, der sich etwas eingehender damit beschäftigen möchte, einige weitere Informationen.

DNA, die Sprache des Lebens

Wie in Abbildung 1.1 dargestellt, ist DNA ein langes organisches Polymer. Der DNA-Doppelstrang ermöglicht eine zweckmäßige Redundanz für die Speicherung der Information: Ein A im einen Strang ist immer mit einem T im anderen Strang gepaart, Entsprechendes gilt für G und C. Zusammengehalten werden die Paare durch schwache chemische Kräfte zwischen den Basen. Diese verhindern, dass die gesamte Doppelhelix auseinanderfällt. Neben anderen Vorteilen bietet die Redundanz Schutz vor Beschädigungen. Wenn eine Base beispielsweise durch kosmische Strahlung zerstört wird, bildet die Information im anderen Strang unmittelbar die Matrize, um den Schaden zu reparieren. Darüber hinaus ermöglicht die Doppelstrangstruktur einen einfachen und effizienten Mechanismus, um die DNA zu kopieren.

Die Doppelhelix wird dabei entwunden und jeder Strang dient als Matrize für die Synthese eines neuen Strangs (diesen Vorgang bewerkstelligt das Enzym DNA-Polymerase mit hoher Genauigkeit und großer Geschwindigkeit). Das geschieht jedes Mal, wenn sich die Zelle teilt.

Wenn die DNA die Bedienungsanleitung ist, wie werden deren Anweisungen ausgeführt? Stellen wir uns die DNA als Lexikon vor. In gedruckter Form würden die Informationen, die sich in jeder menschlichen Zelle befinden, 400 Bände füllen, etwa 20-mal so viel wie die Gesamtausgabe der *Encyclopaedia Britannica*. Aber genauso wie die Enzyklopädie in einzelne Einträge unterteilt ist, enthält auch das Genom seine eigenen kleinen Informationspakete, die man als Gene bezeichnet. In der einfachsten Form ist ein Gen die Anweisung für eine bestimmte Funktion. Die Funktion der bekanntesten Gene wird ausgeführt, indem die DNA in RNA transkribiert wird und anschließend die Übersetzung (Translation) der RNA in ein Protein erfolgt (Abbildung 1.2).

Dieses „zentrale Dogma der Molekularbiologie" betrachtet RNA als Boten (Messenger), der die Information, die in der DNA enthalten ist, aus dem Zellkern in das Cytoplasma trägt. Dort trifft die RNA auf das Ribosom, diese erstaunliche Proteinfabrik. Sie können sich das Ribosom als einfachen und effizienten molekularen Decoder vorstellen, der ein Translationswörterbuch verwendet, das bei allen Spezies im Prinzip übereinstimmt. Damit werden immer jeweils drei RNA-Basen in einen Proteinbaustein – eine Aminosäure – übersetzt. Mit $4 \times 4 \times 4 = 64$ möglichen Triplettcodons in der RNA und nur 20 verschiedenen Aminosäuren für die Proteine ist noch Raum für Redundanz; so codieren beispielsweise AAA und AAG in der RNA die Aminosäure Lysin, AGA und AGG codieren Arginin.

Da nun die Sequenz des menschlichen Genoms vollständig ermittelt wurde, ist es möglich, die Anzahl der Gene zu zählen, die auf diese Weise Proteine codieren. Bevor wir die Bedienungsanleitung tatsächlich vorliegen hatten, gab es sehr unterschiedliche Schätzungen, wobei die durchschnittliche Zahl bei 100 000 lag. Im Jahr 1999 veranstalteten Genomwissenschaftler eine Lotterie, durch die die Wissenschaftler auf lustige Weise animiert werden sollten, sich mal ein wenig aus dem Fenster zu lehnen. Die Schätzwerte reichten von 30 000 bis 150 000; ich tippte auf 48 004. (Ja, ich wollte eine runde Zahl vermeiden.) Stellen Sie sich nun die erstaunten Gesichter und die Aufregung vor, als die Wissenschaftsgemeinde erfuhr, dass der Mensch letztendlich nur etwa 20 000 proteincodierende Gene besitzt. An die Vorstellung, dass die Genomgröße keinen Rückschluss auf die Komplexität eines Organismus erlaubt, hatte man sich bereits gewöhnt, aber viele Wissenschaftler hofften noch, dass zumindest die Anzahl der Gene ausschlaggebend sein sollte. Aber diese Erwartungen wurden enttäuscht. Jedenfalls besitzt der niedere Fadenwurm, dem in der Forschung viel Aufmerksamkeit gewidmet wird, da er in der Entwicklungsbiologie als Modellorganismus dient, immerhin 19 000 Gene, und die zurzeit aktuelle Genzahl der Reispflanze ist sogar größer als die des Menschen. Wenn Sie also die Überlegenheit des *Homo sapiens* an der Anzahl seiner Gene festmachen wollen, denken Sie lieber noch einmal nach. Beim heutigen Abendessen liegen wahrscheinlich viele Dinge auf Ihrem Teller, die mehr Gene haben als Sie.

Die Analogie zur *Encyclopaedia Britannica* funktioniert nicht mehr, wenn man die Organisationsstruktur des Genoms genauer betrachtet. Dabei zeigt sich, dass nur etwa 1,5 Prozent des menschlichen Genoms mit der Codierung von Proteinen zusammenhängen. Das heißt aber nicht, dass der Rest nun „*junk*-DNA" ist. Eine Reihe von interessanten neuen Erkenntnissen über das menschliche Genom zeigt, dass wir keinesfalls selbstgefällig davon ausgehen können, wir wüssten schon so viel über diese großartige Bedienungsanleitung. So hat sich beispielsweise vor kurzem herausgestellt, dass es eine ganze Familie von RNA-Molekülen gibt, die keine Proteine codieren. Die sogenannten nichtcodierenden RNAs können viele wichtige Funktionen aus-

DNA

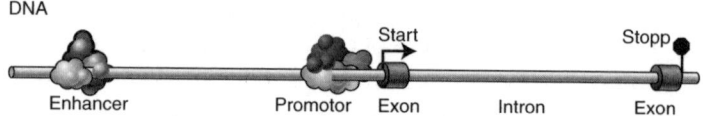

Abb. B.1 Vereinfachte grafische Darstellung der Genstruktur und -funktion. Das Gen, das aus DNA besteht, wird ab einem Startsignal in RNA transkribiert. Die DNA-Sequenzen, die direkt stromaufwärts des Signals liegen, bilden den Promotor und fungieren als Erkennungsstellen für die RNA-Polymerase und eine Reihe von Transkriptionsfaktoren, durch die die Zelle signalisiert, dass dieses Gen aktiv transkribiert werden soll. Weitere Verstärkersequenzen (Enhancer), die in einiger Entfernung in der DNA lokalisiert sind, unterstützen häufig diesen Vorgang. Die ursprüngliche RNA-Kopie umfasst das gesamte Gen, die Introns werden jedoch anschließend im Verlauf der RNA-Reifung herausgeschnitten.

üben, etwa indem sie die Effizienz beeinflussen, mit der andere RNAs translatiert werden. Darüber hinaus werden unsere Vorstellungen über die Genregulation zurzeit von Grund auf neu gefasst. Die Signale, die in das DNA-Molekül eingebettet sind, und die Proteine, die daran binden, werden in schneller Folge ermittelt (Abbildung B.1). Die Komplexität dieses Netzwerks aus regulatorischen Informationen ist tatsächlich äußerst verwirrend und hat einen neuen Zweig der medizinischen Forschung hervorgebracht, den man gelegentlich als „Systembiologie" bezeichnet. Wie in Kapitel 3 beschrieben, tragen Störungen dieses regulatorischen Systems mehr zu einem Erkrankungsrisiko bei als Fehler, die in den Proteinen selbst vorkommen.

Im Zusammenhang mit der Untersuchung der Genregulation hat sich die Epigenetik als neues Forschungsgebiet entwickelt. Der Begriff bezieht sich darauf, dass die Funktion eines DNA-Moleküls nicht nur von seiner Basensequenz abhängt, sondern auch von der Art der Modifikation durch andere Mechanismen. So werden beispielsweise während der Lebenszeit einer Zelle die Cytosinbasen in der DNA häufig durch das chemische Anhängen von Methylgruppen modifiziert, und diese Modifikation bewirkt tendenziell ein Abschalten der Funktion der assoziierten DNA. Auf ähnliche Weise bewirkt die Bindung verschiedener Proteine an die DNA, dass bestimmte DNA-Regionen für die Maschinerie, durch die eine Messenger-RNA produziert wird, zugänglich oder auch unzugänglich werden. Dementsprechend wird dann ausgehend von einer solchen Informationseinheit letztendlich ein Protein hergestellt oder eben nicht.

Ein großer Teil dieser epigenetischen Markierung der DNA wird durch Entwicklungssignale kontrolliert, die ihrerseits in der DNA-Bedienungsanleitung codiert sind. Diese Markierungen können auch durch äußere Faktoren beeinflusst werden. Das erklärt, warum die Untersuchung der Epigenetik gerade bei denjenigen Wissenschaftlern auf so großes Interesse gestoßen ist, die herausfinden wollen, wie Vererbung und äußere Faktoren zusammenwirken und über Gesundheit oder Krankheit entscheiden. Zweifellos gibt es hier noch einige interessante Dinge zu entdecken.

Genetische Variabilität – unterschiedliche Buchstabenfolgen in der DNA

Wie in Abbildung 3.2 dargestellt, stimmt die DNA von zwei beliebigen Menschen in bemerkenswert hohem Maß überein, aber es gibt gelegentliche Unterschiede. Größtenteils handelt es sich dabei um Ein-Buchstaben-Varianten, die man als Einzelnucleotidpolymorphismen (*single nucleotide polymorphisms*, SNPs) bezeichnet. Die beiden unterschiedlichen Schreibweisen eines SNP bezeichnet man als Allele.

Wir Menschen sind diploid – das heißt, wir verfügen in jeder Zelle über zwei Kopien des Genoms. Eine Kopie wurde vom Spermium und eine von der Eizelle beigesteuert, die sich im Augenblick der Befruchtung vereinigen. Wir sagen zwar üblicherweise, dass das menschliche Genom 3,1 Milliarden Basenpaare umfasst, aber jede Zelle enthält tatsächlich die doppelte DNA-Menge. Die Diploidie bringt auch mit sich, dass bei einem typischen SNP mit zwei Allelen, A und T, ein Mensch entweder zwei A-Kopien trägt (und damit homozygot für A ist), zwei T-Kopien (homozygot für T) oder von A und T je eine Kopie (heterozygot).

In der menschlichen Population gibt es etwa zehn Millionen häufigere SNPs (drei sind in Abbildung 3.2 dargestellt). Die meisten davon waren bereits bei unseren gemeinsamen Vorfahren vorhanden, einer Gruppe von etwa 10 000 Individuen, die vor ungefähr 100 000 Jahren im Osten oder Süden von Afrika lebten. Da uns von diesem Gründerpool nur 5 000 Generationen trennen, reichte die Zeit offenbar nicht aus, um für eine vollständige Durchmischung der genetischen Varianten bei den heutigen Menschen zu sorgen. Die praktische Konsequenz besteht darin, dass SNPs dazu neigen, in chromosomalen Nachbarschaften „zu reisen". Wenn man also weiß, welches Allel eines bestimmten SNP auf einem Chromosom liegt, ist es häufig möglich, die nahe gelegenen SNP-Allele vorauszusagen. Abbildung B.2 zeigt, wie diese Korrelation zwischen nahe nebeneinander liegenden Varianten entstanden ist.

Das internationale HapMap-Konsortium sollte diese Grenzen der SNP-Nachbarschaften bestimmen. Da wir sie nun kennen, genügt es, eine kleine Untergruppe der zehn Millionen häufigeren SNPs zu untersuchen, um so das gesamte Genom effektiv zu erfassen, da die ausgewählten SNPs (*tag*-SNPs) als Stellvertreter für die übrigen dienen. Durch diese Vorgehensweise konnten für viele der häufigeren Krankheiten genomweite Assoziationsstudien (*genome-wide association studies*; GWAS; Kapitel 3) erfolgreich durchgeführt werden.

Chromosomen der Vorfahren

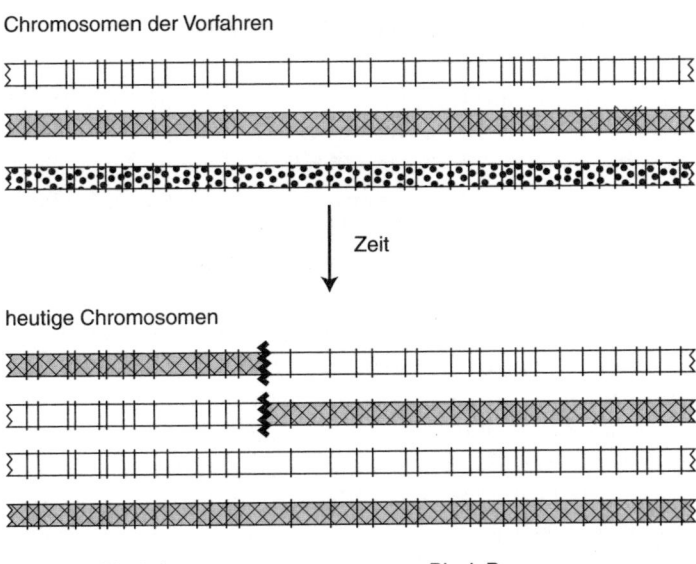

Zeit

heutige Chromosomen

Block A   Block B

Abb. B.2 Die SNPs des menschlichen Genoms neigen dazu, in Nachbarschaften oder Blöcken „zu reisen". Alle Menschen stammen von einer kleinen Gruppe mit etwa 10 000 Individuen ab. In der Abbildung sind drei homologe Chromosomenabschnitte dargestellt, die bei diesen gemeinsamen Vorfahren vorhanden waren. Jede senkrechte Strichmarkierung entspricht einem SNP. Während der vergangenen 5 000 Generationen ging der dritte Vorfahrentyp (gepunktet) verloren, aber die anderen beiden wurden bis in unsere Zeit vererbt. Bei einigen Kopien (den beiden unteren) sind diese Abschnitte offenbar mit der Vorfahrenform identisch. Bei anderen Kopien hingegen hat ein *hot spot* der Rekombination zu einem Crossing-over geführt, sodass zwei neue Chromosomentypen entstanden sind. Die SNPs innerhalb des Blocks A beziehungsweise B sind weiterhin fest miteinander assoziiert, aber die Assoziation zwischen den SNPs in A und B ist aufgrund solcher Crossing-over eingeschränkt. Im HapMap-Projekt hat man die Grenzen dieser Blöcke für ausgewählte europäische, asiatische und afrikanische Populationen bestimmt.

Großräumige DNA-Varianten

Eine weitere Entdeckung im menschlichen Genom betrifft die großräumige Struktur der DNA. Es gibt zwar Genombereiche, die sich bei einem individuellen Vergleich nur an einer oder zwei Positionen pro 1 000 Basenpaare unterscheiden, aber es kommen im menschlichen Genom auch Abschnitte vor, die aus großräumigen Verdopplungen der DNA-Sequenz bestehen, die Tausende Basenpaare umfassen. Diese unterscheiden sich bei den einzelnen Menschen durch die Anzahl der Kopien. Viele dieser sogenannten Kopienzahlvarianten (CNVs, Abbildung 3.7) treten in Bereichen des Genoms auf, in denen es offenbar keine bekannten Gene gibt; das trifft allerdings nicht immer zu. Zur Erinnerung: Wir alle tragen zwei vollständige Kopien des Genoms, wobei jede von einem Elternteil stammt. Deshalb wäre zu erwarten, dass eine bestimmte DNA-Sequenz genau zweimal bei einem Menschen vorkommt. Die Kopienzahlvarianten entsprechen dieser Regel jedoch nicht, und Gene, die in solchen Abschnitten liegen, können bei einigen Menschen in nur einer Kopie oder überhaupt nicht vorhanden sein, während es bei anderen Menschen, die tandemförmige Duplikationen aufweisen, durchaus sechs oder sogar acht Kopien sein können.

In einigen Fällen kann diese Art der Kopienzahlvarianten zu einer Erkrankung führen. In der Einleitung habe ich meinen Schwiegervater erwähnt, bei dem vor kurzem die neurodegenerative Charcot-Marie-Tooth-Hoffmann-Krankheit diagnostiziert wurde. Dr. James Lupski, der selbst von dieser Krankheit betroffen ist, konnte vor über zehn Jahren zeigen, dass die Erkrankung auf die Duplikation einer DNA-Sequenz mit etwa einer Million Basenpaaren, die das *PMP22*-Gen enthält, zurückgeht. Normalerweise sind zwei Kopien dieses Gens vorhanden, aber mein Schwiegervater und andere von der Krankheit Betroffene besitzen drei Kopien. Die Entdeckung der CNVs hat einige Verwirrung hervorgerufen, wie nun bei den verschiedenen Menschen Übereinstimmungen und Unterschiede auf Genomebene zu beschreiben seien. Für den Teil des Genoms, der keine CNVs enthält, gilt, dass zwei nichtverwandte Menschen zu 99,9 Prozent übereinstimmen. Wenn man jedoch die CNVs einbezieht, stimmen beide wahrscheinlich noch zu über 99,6 Prozent überein.

Weiterführende Informationen

National Human Genome Research Institute bei den NIH: www.genome.gov/Education

DNA Learning Center in Cold Spring Harbor: http://www.dnalc.org/

University of Utah Learn.Genetics Center: http://learn.genetics.utah.edu/

Kansas University Medical Center Genetics Education Center: http://www.kumc.edu/gec/

Gelehrter TD, Collins FS, Ginsburg D (1998) Principals of Medical Genetics. Lippincott, Williams and Wilkins, New York

Anhang C

Die kurze und persönliche Geschichte des Humangenomprojekts

Der Heilige Gral der Biologie?

Die schnelle Zunahme von Erkenntnissen über das menschliche Genom, durch die eine personalisierte Medizin erst möglich wird, ist eine direkte Folge des Humangenomprojekts (HGP). Viele halten das HGP für eines der großartigsten wissenschaftlichen Unternehmen, das die Menschheit jemals in Angriff genommen hat. Das HGP wurde in den späten 1980er-Jahren ins Leben gerufen und war ziemlich umstritten. In den späten 1990er-Jahren ging es an den Start und man nahm sich vor, bis zum Jahr 2005 alle Buchstaben des menschlichen DNA-Codes zu ermitteln. Viele schätzten diese Vorgabe als viel zu optimistisch ein, da die DNA-Sequenzierung in der damaligen Zeit zu langsam, zu ineffizient und viel zu kostspielig war, um an ein Vorhaben dieser Größenordnung maßstäblich angepasst zu werden.

Kein Geringerer als Jim Watson selbst (die eine Hälfte des Watson-Crick-Teams, das im Jahr 1953 die Doppelhelixstruktur der DNA entdeckt hatte) wurde engagiert, um dem HGP in den USA einen schnellen Start zu ermöglichen. Er überredete kritische Kongressmitglieder, der Startfinanzierung zuzustimmen. Watson war darin ein Meister, er brachte absichtlich seine Haare in Unordnung und löste die Schnürsenkel seiner Schuhe, bevor er das Büro eines Kongressabgeordneten betrat, um das Bild des etwas verrückten, aber liebenswerten Professors zu pflegen.

Watson konnte auch eine Gruppe junger Wissenschaftler davon überzeugen, an diesem historischen Abenteuer mitzuwirken. Einer davon war ich; an der Universität von Michigan begründete und leitete ich 1990 ein Genomzentrum. Als das Projekt in den USA in Gang gesetzt war, zog sich Watson aufgrund der in der Öffentlichkeit geführten Diskussion über die Patentierung von Genen zurück. In der noch jungen und hart arbeitenden Genomgemeinschaft machte sich Niedergeschlagenheit breit. Wer würde in Watsons legendäre Fußstapfen treten (vielleicht auch mit gelösten Schnürsenkeln)?

Niemand war mehr überrascht als ich, als sich die Suche mir zuwandte. Aber das Nachfolgekomitee und der Direktor der National Institutes of Health waren der Meinung, dass ein Genomwissenschaftler, der auch Mediziner war, eine gute Wahl sei. Meine Eltern, denen durch politische Manipulationen geschadet worden war, als sie in den 1930er-Jahren für Eleanor Roosevelt arbeiteten, warnten mich, dass eine Zusammenarbeit mit der Regierung ein schwerer Fehler wäre, und ich lehnte zuerst ab. Wie aber konnte ich mir die Chance entgehen lassen, ein Unternehmen mit solch einer historischen Bedeutung zu leiten? Nach einigen Monaten der inneren Zerrissenheit sagte ich schließlich zu.

Als ich 1993 bei den NIH ankam, war ich gedrückter Stimmung, da ich das Gefühl hatte, jetzt ein Unternehmen führen zu müssen, das unter einem schlechten Stern stand. Der Weg bis zur vollständigen Genomsequenz des Menschen schien hoffnungslos kompliziert zu sein. Die Planer des Genomprojekts hatten in weiser Voraussicht einige Meilensteine festgelegt, wobei am Anfang eher kleinere Ziele im Vordergrund standen, aber selbst diese schienen außerordentlich schwierig erreichbar zu sein. Ein entscheidendes Ziel war die Verbesserung der DNA-Sequenzierungstechnik, die mit einfacheren Organismen wie Bakterien, Hefen, Fadenwürmern und Taufliegen getestet werden sollte. Auf die Auswahl der Organismen war großer Wert gelegt worden, um bereits in dieser Phase etwas über die Grundlagen der

Molekularbiologie zu erfahren. Einige der besten und intelligentesten Biologen, Genetiker, Chemiker und Physiker aus den USA, Großbritannien, Frankreich, Deutschland und Japan (später auch noch China) begannen nun damit, diese Probleme mithilfe ihrer Erfahrung zu lösen. Aber erst im Jahr 1996 hatten wir so viele Erkenntnisse zusammengetragen, dass wir über die einfacheren Modellorganismen hinausgehen konnten. In jenem Jahr trafen wir uns auf einer internationalen Konferenz auf den Bermudas, um uns auszutauschen und die Sequenzierung der menschlichen DNA voranzubringen. Das Treffen war von großer Bedeutung, da das Bedürfnis zur internationalen Zusammenarbeit deutlich wurde und sich verfestigte. Aber niemand wollte anzweifeln, dass das Jahr 2005 als Zielmarke realistisch war.

Noch wichtiger war vielleicht, dass auf dieser Konferenz alle darin übereinstimmten, dass die Kenntnis der DNA-Sequenz des menschlichen Genoms von grundlegender Bedeutung ist. Deshalb sollte die Sequenz im Internet alle 24 Stunden aktualisiert werden, keiner Geheimhaltung oder Patentierung unterliegen und es sollte für die Veröffentlichung in einer wissenschaftlichen Zeitschrift auch keine Wartezeit geben. Die anwesenden Wissenschaftler, von denen viele wussten, dass sie gar nicht autorisiert waren, für ihr Land zu sprechen, unterschrieben einmütig eine Resolution, nach der „die gesamte primäre Genomsequenz des Menschen aus den großen Sequenzierungszentren kostenlos verfügbar und für Forschung und Entwicklung allgemein zugänglich sein sollte, um den Nutzen für die Allgemeinheit zu maximieren".

Die Versammelten waren jedoch darüber besorgt, dass 1996 bereits eine Art Goldrausch für die Patentierung menschlicher DNA im Gang war, dem einige Unternehmen und Universitäten erlegen waren und der den gesellschaftlichen Nutzen der Informationen beeinträchtigen würde, sodass man noch eine weitere Stellungnahme verabschiedete: „Die genomische Sequenz ohne jegliche, aus Experimenten abgeleitete Information über eine funktionelle oder diagnostische Anwendung, ist für einen Patentschutz nicht geeignet." Diese klare Forderung einer allgemeinen Verfügbarkeit von Daten war in jener Zeit ziemlich radikal. Im Rückblick lässt sich vielleicht berechtigterweise feststellen, dass das Humangenomprojekt zwei wichtige Beiträge für die menschliche Gesundheit geleistet hat: zum einen die Sequenz selbst und zum anderen die Entscheidung über den freien Zugang. Das Prinzip hat sich nun auch auf viele andere Gebiete der biomedizinischen Forschung ausgedehnt, sodass der Fortschritt beschleunigt wird und der Nutzen für die Allgemeinheit zunimmt.

Das HGP war zwar von Anfang an ein internationales Vorhaben, aber die USA leisteten die größte Einzelinvestition. Als Leiter des Teilprojekts der USA fand ich mich in der Funktion des Gesamtprojektleiters wieder. Bei 20 Zentren in sechs Ländern war das eine ziemlich gewaltige Aufgabe, vor allem, da untereinander abgestimmte Arbeitspläne und eine hohe Qualität der Daten gewährleistet sein mussten. Die meisten biomedizinischen Forscher waren vorher nicht in „großwissenschaftliche" Projekte dieser Art eingebunden gewesen, und die obersten Projektleiter, von denen viele deutliche eigene Interessen verfolgten und häufig unabhängige Forschungslabors betrieben, mussten zahlreiche Anpassungen vornehmen.

Aber die Möglichkeit, zum ersten Mal die menschliche DNA-Sequenz lesen zu können, war eine wissenschaftliche Herausforderung in der gleichen Kategorie wie etwa die erste Atomspaltung oder der Flug zum Mond. Es ließe sich sogar einwenden, dass das HGP noch bedeutsamer war als die übrigen Errungenschaften, da dieses Abenteuer dazu diente, uns selbst zu erforschen, und gleichzeitig die Gelegenheit bot, etwas für die Gesundheit der Menschheit zu tun. Motiviert durch diese gemeinsame Vision, untereinander verbunden durch digitale Kommunikation und zahlreiche Konferenzschaltungen sowie durch regelmäßigen Austausch von Personal, fanden sich die 2500 Wissenschaftler in 20 Zentren zu einem koordiniert und integriert arbeitenden Team zusammen.

Öffentlich oder privat?

Dann zog eine große dunkle Wolke am Horizont auf. Der Einzelgänger Craig Venter, der von der Applera Corporation finanziell kräftig unterstützt wurde, kündigte im Mai 1998 an, dass er 400 Millionen US-Dollar zur Verfügung hätte und ein privates Konkurrenzunternehmen zur Sequenzierung des menschlichen Genoms gründen wolle.

Der Geschäftsplan war zuerst noch unklar, aber es stellte sich bald heraus, dass Dr. Venter und sein Unternehmen Celera die Renditen der Aktionäre durch die Patentierung einer nicht festgelegten Zahl von Genen erwirtschaften wollten. Außerdem plante man, von allen eine Gebühr zu erheben, die Sequenzdaten einsehen wollten. Celera hatte darüber hinaus eine etwas andere technische Vorgehensweise, um die DNA-Sequenz zu bestimmen. Das mit öffentlichen Mitteln finanzierte Genomprojekt verfolgte die Strategie, immer mehrere Seiten aus dem Buch des Lebens auf einmal zusammenzusetzen, während Celera darauf abzielte, zufällige Sätze des Codes in sehr großer Zahl zu ermitteln und das Ganze mithilfe von Computern zusammenzufügen. Die zuletzt genannte Vorgehensweise funktionierte in Venters Labor bei einfacheren Genomen ausgezeichnet, war jedoch bei einem Genom, das so komplex ist wie das menschliche, von zweifelhaftem Nutzen, vor allem in Anbetracht der repetitiven Sequenzen, die den Prozess des Zusammensetzens erheblich behindern können.

Die folgenden zwei Jahre verliefen turbulent. Einige Beobachter waren von Celeras Konzept sehr angetan und sprachen sich sogar dafür aus, dass das Humangenomprojekt vollständig privatisiert werden sollte. Aber das staatliche Projekt arbeitete einfach unbeirrt weiter, mobilisierte Energien und erweiterte die Kapazitäten, mit denen bis 1 000 DNA-Buchstaben pro Sekunde bestimmt werden konnten, und das sieben Tage die Woche,

24 Stunden am Tag, wobei die neuen Daten täglich veröffentlicht wurden. Celera ließ auch seine technischen Muskeln spielen, aber deren Geschäftsmodell bedeutete, dass die Daten nicht überprüft wurden. Bei Celera erkannte man schließlich, dass die täglich veröffentlichten Daten des staatlichen Projekts für die eigenen Ergebnisse durchaus von Nutzen sein konnten. Infolge der frei erhältlichen Daten war Venter deutlich früher fertig als ursprünglich veranschlagt, aber es stellte sich letztendlich heraus, dass über die Hälfte der „Celera-Sequenz" aus dem staatlichen Projekt übernommen worden war.

Als ich im Mai 2000 zu der in Cold Spring Harbor versammelten Wissenschaftsgemeinde sprach, war es trotz allem Zeit für einen Waffenstillstand. Das Wettrennen um die Sequenzierung des menschlichen Genoms wurde allmählich unanständig und drohte vom eigentlichen Ziel des Projekts abzulenken – die Verbesserung der menschlichen Gesundheit. Unter Mitwirkung meines Freundes Ari Patrinos vom Energieministerium hatte ich einige geheime Zusammenkünfte mit Venter, und wir vereinbarten eine gemeinsame Stellungnahme.

Am 26. Juni 2000 standen Venter und ich in unmittelbarer Nähe von Bill Clinton, dem Präsidenten der USA. Während die Weltpresse aufmerksam zuhörte, betraten die Leiter der wissenschaftlichen und medizinischen Gemeinde ebenfalls das Ostzimmer des Weißen Hauses, und wir waren sogar via Satellit mit dem Premierminister Tony Blair in Großbritannien verbunden. Clinton verglich das HGP mit Lewis und Clark[1] und sagte dann Folgendes: „Heute ist die Welt mit uns hier im Ostzimmer versammelt, um eine Karte von sogar noch größerer Bedeutung zu betrachten. Wir sind hier zusammengekommen, um die Fertigstellung der ersten Gesamtansicht des menschlichen Genoms zu feiern. Das ist zweifellos die wichtigste und wunderbarste Karte,

---

[1] Die Lewis-und-Clark-Expedition (1804–1806) war die erste amerikanische Überlandexpedition zur Pazifikküste. Ausschlaggebend war das Interesse der damaligen USA, das eigene Territorium bis an die Westküste zu erweitern.

die jemals von der Menschheit erstellt wurde. Heute erlernen wir die Sprache, in der Gott das Leben geschaffen hat. Wir gewinnen immer mehr Ehrfurcht vor der Komplexität und der Schönheit von Gottes heiligstem Geschenk an uns. Mit diesen neuen grundlegenden Erkenntnissen steht die Menschheit kurz davor, neue, außerordentliche Fähigkeiten zu erwerben, um Krankheiten zu heilen. Die Genomwissenschaft wird auf unser aller Leben tatsächlich starke Auswirkungen haben – und noch mehr auf das Leben unserer Kinder. Sie wird die Diagnostik, die Prävention und die Behandlung der meisten, wenn nicht sogar aller menschlichen Krankheiten von Grund auf verändern."

Sie könnten jetzt einwenden, Politiker neigen zu Übertreibungen, und diese bewegenden Sätze wirkten doch ein wenig schwülstig. Aber lesen Sie lieber die Sätze von Matt Ridley, die nur einen Monat nach dem Ereignis im Weißen Haus geschrieben wurden und in der Einleitung seines überzeugenden Buches *Genome* stehen: „Ich bin fest davon überzeugt, dass wir gerade den größten geistigen und intellektuellen Augenblick der Geschichte erleben – ohne irgendeinen Zweifel. Einige mögen protestieren und einwenden, dass ein menschliches Wesen mehr ist als seine Gene. Das streite ich nicht ab. Wir alle sind viel, viel mehr als ein genetischer Code. Aber bis heute waren die menschlichen Gene etwas völlig Unbegreifliches. Wir werden die erste Generation sein, die in dieses Mysterium eindringt. Wir stehen vor großartigen neuen Antworten, aber sogar noch mehr vor großartigen neuen Fragen."

Kurz danach wechselte Celera das Betätigungsfeld und wandelte sich zu einem diagnostischen Unternehmen, Dr. Venter wurde entlassen. Man hatte erkannt, dass die ursprüngliche Geschäftsidee aufgrund der allgemeinen Verfügbarkeit der vollständigen DNA-Sequenz nicht länger tragfähig war. Das International Human Genome Sequencing Consortium setzte inzwischen seine Arbeit fort. Die endgültig fertiggestellte Sequenz des menschlichen Genoms wurde im April 2003 veröffentlicht, wodurch sich wieder einmal das Prinzip bestätigte, dass die letzten zehn Prozent eines produktiven Vorhabens fast so viel Mühe kosten wie die ersten 90. Dieser feierliche Augenblick konnte fast genau 50 Jahre nach der Beschreibung der Doppelhelix durch Watson und Crick begangen werden.

Heute stimmen im Prinzip alle Beobachter darin überein, dass die unmittelbare und vollständige Verfügbarkeit der Genomsequenz des Menschen ein entscheidender Faktor für den Erfolg des Humangenomprojekts war. Wobei das Ergebnis auch anders hätte aussehen können. Wenn sich im Jahr 1999 die Rufe nach einer vollständigen Privatisierung dieses Vorhabens durchgesetzt hätten, lebten wir jetzt in einer anderen Welt.

Weiterführende Literatur

Ridley M (1999) Genome. The Autobiography of a Species in 23 Chapters. Haper Collins, New York

Shreeve J (2004) The Genome War. How Craig Venter Tried to Capture the Code of Life and Save the World. Knopf, New York

Sulston J, Ferry G (2002) The Common Thread: A Story of Science, Politics, Ethics and the Human Genome. Joseph Henry, Washington DC

Anhang D
Zweckmäßige Entwicklung von Medikamenten

In Kapitel 2 wurde der Entwicklungsweg eines neuen Medikaments kurz skizziert, aber die eigentlichen Schritte, die notwendig sind, um von Erkenntnissen über die molekularen Grundlagen einer Krankheit bis zu einer durch die FDA zugelassenen Therapie zu gelangen, wurden nicht weiter ausgeführt. Es ist ein komplexes wissenschaftliches Gebiet und einige Leser möchten vielleicht mehr darüber erfahren. In Anhang D werden kurz die Grundlagen erläutert, wie neue Medikamente für seltene und häufigere Krankheiten entwickelt werden.

Medikamente sind chemische Verbindungen

Zuerst müssen wir wissen, welche Arten von Molekülen sich als Medikamente eignen können. Die meisten Medikamente sind organische Verbindungen, die Kohlenstoff, Stickstoff, Sauerstoff, Wasserstoff und manchmal andere Atome enthalten. Die Atome bilden eine bestimmte Struktur, sodass sie mit einem menschlichen Protein in Wechselwirkung treten können, um entweder dessen Funktion zu verstärken (solche Wirkstoffe werden häufig als Agonisten bezeichnet) oder zu hemmen (diese werden üblicherweise Antagonisten genannt). Viele ältere Medikamente, beispielsweise Aspirin (Abbildung D.1), wurden rein empirisch entwickelt, ohne dass man irgendeine Vorstellung von ihrem Wirkmechanismus hatte, der erst viel später ermittelt werden konnte. Bei jüngeren Medikamenten hat man dagegen meist erst ein bestimmtes Zielprotein identifiziert und dann eine Reihe von Extrakten aus natürlichen Quellen wie Pilzen auf die gewünschte Aktivität getestet. Ein bedeutendes Beispiel für diese Vorgehensweise ist die Entwicklung des ersten Statinmedikaments, das entdeckt wurde, weil es einen entscheidenden Schritt der Cholesterinsynthese hemmt (Abbildung D.1). Statine sind heute das am häufigsten verschriebene Medikament in den USA, und sie haben das Leben vieler Menschen verlängert, da sie koronaren Herzerkrankungen und Herzinfarkt vorbeugen.

Aspirin   Lovastatin

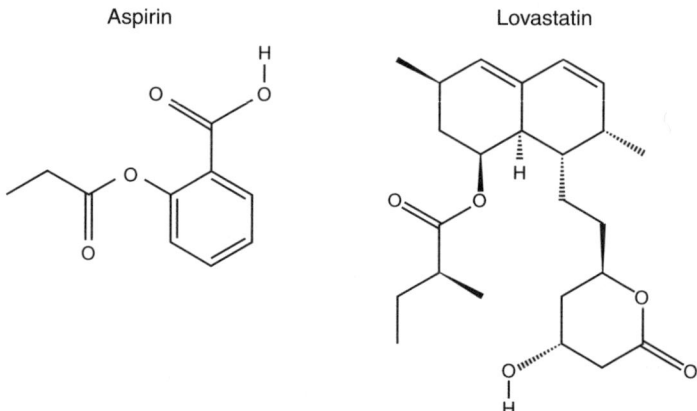

Abb. D.1 Die molekularen Strukturen von zwei weit verbreiteten Medikamenten: Aspirin und Lovastatin. Diese standardisierten Darstellungen von chemischen Verbindungen entsprechen den Konventionen für eine vereinfachte Schreibweise, die Chemikern vertraut ist – bei diesen Strukturen liegt an jeder Ecke ein Kohlenstoffatom, sofern nichts anderes eingezeichnet ist, Wasserstoffatome werden meistens weggelassen, Einzellinien stehen für eine einfache chemische Bindung, Doppellinien für eine Doppelbindung.

Systematische Suche nach neuen Medikamenten

In noch jüngerer Zeit folgt der Entwicklungsprozess von Medikamenten einer umfassenderen Strategie: die Identifizierung von organischen Verbindungen, die die gewünschte Aktivität haben könnten, aus einer Sammlung von synthetischen Reinsubstanzen, nicht aus natürlichen Quellen. Eine „Bibliothek" von Hunderttausenden solcher Verbindungen, die man auch als Sammlung von „Strukturen" auffassen kann, kann mit einem bestimmten Zielmolekül getestet werden. Wenn eine bestimmte Verbindung (häufig auch als „kleines Molekül" bezeichnet, um es von den „großen Molekülen" wie Proteinen oder monoklonalen Antikörpern zu unterscheiden) eine Reaktion zeigt, wird der Test anschließend erneut mit einer Reihe chemisch modifizierter kleiner Moleküle durchgeführt, bis schließlich eine optimale Struktur gefunden ist.

Kehren wir zurück zu dem Beispiel in Kapitel 2. Hier wurde im Zusammenhang mit der Cystischen Fibrose (CF) genau dieser Weg eingeschlagen, wobei die Cystic Fibrosis Foundation eine bis dahin einmalige wissenschaftliche und finanzielle Unterstützung leistete. Zunächst musste ein einfaches Schema für einen Test entworfen werden, mit dem sich unter Hunderttausenden Verbindungen die wenigen identifizieren lassen, die möglicherweise genügend Potenzial besitzen, um Mutationen des *CFTR*-Gens auszugleichen. Da bekannt war, dass die Funktion von CFTR darin besteht, Chloridionen aus dem Inneren der Zelle nach außen zu pumpen, hat man eine intelligente Methode mit einem Fluoreszenzfarbstoff entwickelt, der für die Chloridkonzentration im Inneren der Zelle sensitiv ist. Bei unbehandelten CF-Zellen, die im Labor kultiviert werden, bleibt die Chloridkonzentration hoch und die Fluoreszenz erscheint hell, selbst nach einem Signal, das den CFTR-Kanal normalerweise öffnen würde (Abbildung D.2).

normale Zelle

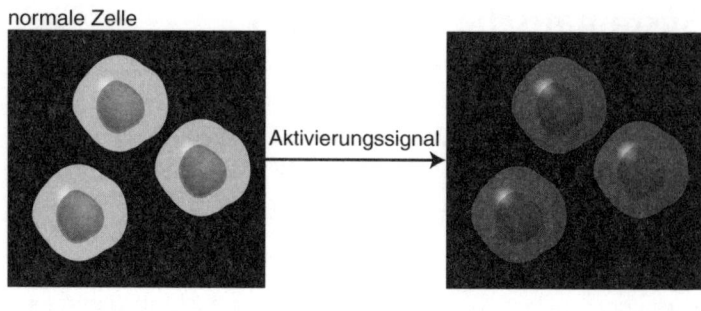

CF-Zelle

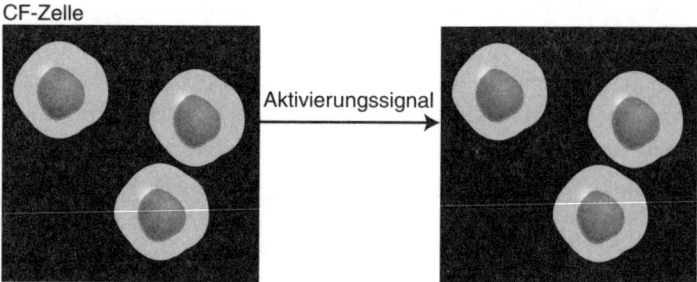

CF-Zelle mit Zusatz eines
offenbar wirksamen, kleinen
Moleküls

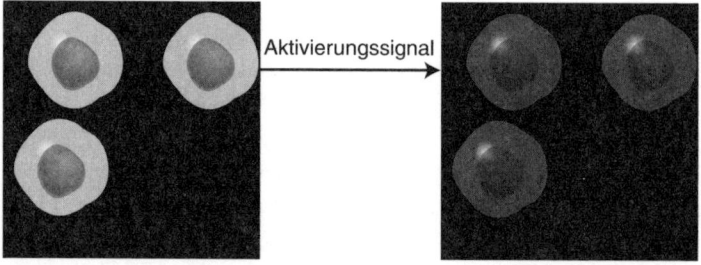

Abb. D.2 Fluoreszenztest für chemische Verbindungen, die zur Behandlung der Cystischen Fibrose hilfreich sein könnten. Zu Beginn werden die Zellen mit einem Fluoreszenzfarbstoff beladen, der das Vorhandensein von Chloridionen anzeigt. Dann wird ein Aktivierungs-

Bei diesem Test wurden Hunderttausende von Verbindungen untersucht, und man konnte einige wenige identifizieren, die offensichtlich die Fluoreszenz abschwächen konnten. Diese vier waren der Ausgangspunkt für eine außerordentlich kreative Medikamentenentwicklung.

Heute jedoch spielen die Folgen der genetischen Heterogenität – beziehungsweise multiple Krankheitsallele, um einen genetischen Begriff zu verwenden – bei den Überlegungen zu Behandlungsoptionen zunehmend eine Rolle. Nicht alle der 1 000 verschiedenen *CFTR*-Mutationen wirken auf denselben molekularen Mechanismus. Durch die häufigere ΔF508-Mutation entsteht ein Protein, das sich nicht richtig falten kann, beim Transport irgendwo hängen bleibt und niemals an die Zellmembran gelangt, um dort seine Funktion als Chloridtransporter zu erfüllen. Bestimmte andere *CFTR*-Mutationen, beispielsweise G551D (eine Mutation, bei der an der Aminosäureposition 551 Glycin gegen Asparaginsäure ausgetauscht ist), zeigen keine Probleme bei Faltung und Proteintransport, aber das Protein selbst funktioniert nicht korrekt, wenn es in die Membran eingebaut ist.

Es liegt auf der Hand, dass diese unterschiedlichen Auswirkungen von Mutationen verschiedene molekulare Anforderungen an die Wirkstoffe stellen. Dementsprechend verfolgt die Entwicklung von Medikamenten gegen Cystische Fibrose zwei Ziele. Im einen Fall wird ein Medikament entwickelt, das man als „Korrektor" bezeichnen kann und das Proteinfaltung und -transport unterstützt.

---

signal erzeugt, das normalerweise den CFTR-Chloridkanal öffnet, sodass Chloridionen ausströmen und die Fluoreszenz im Inneren der Zelle abnimmt (oben). Wenn kein funktionsfähiger CFTR-Kanal vorhanden ist, behält eine CF-Zelle nach dem Aktivierungssignal ihre helle Fluoreszenz (Mitte). Wenn ein kleines Molekül in der Lage ist, den vorhandenen Kanal zu aktivieren, nimmt jedoch die Fluoreszenz in der Zelle nach dem äußeren Signal ab (unten). Auf diese Weise wurden Millionen von Verbindungen getestet, um einige wenige zu finden, die diese Eigenschaft besitzen.

Dieser Wirkstoff wird für die Behandlung der ΔF508-Mutation benötigt. Im zweiten Fall ist eine andere Verbindung erforderlich, ein sogenannter Potenziator, der die Funktion des Proteins unterstützt, sobald es korrekt in die Zellmembran eingebaut ist. Eine solche Verbindung ist zur Behandlung der G551D-Mutation geeignet und wurde auch Bill Elder verabreicht.

Der lange Weg bis zur Zulassung für die Anwendung beim Menschen

Die Entdeckung eines kleinen Moleküls, das offenbar den Krankheitsdefekt im Reagenzglas aufhebt, ist aufregend, aber es sind noch zahlreiche Schritte zu tun. Damit der Wirkstoff dem Menschen helfen kann, muss er absorbiert werden (vorzugsweise über den Mund, damit keine Injektionen erforderlich sind). Er muss in den relevanten Geweben eine ausreichende Konzentration erreichen, im Körper eine ausreichende Halbwertszeit aufweisen (damit das Medikament höchstens viermal am Tag verabreicht werden muss) und er darf nicht toxisch sein. Die vorklinische Phase der Arzneimittelentwicklung zielt darauf ab, all diese Eigenschaften auf einmal zu optimieren, wobei die Untersuchungen an Tieren durchgeführt werden, um Menschen keinem Vergiftungsrisiko auszusetzen. Diese Schritte dauern häufig mehrere Jahre, und mindestens 95 Prozent der potenziellen Wirkstoffe scheitern hier.

Sobald ein Wirkstoff im Tierexperiment offensichtlich alle Kriterien erfüllt, wird bei der FDA der Antrag gestellt, die Substanz auch an Menschen zu testen. Wenn dem Antrag stattgegeben wird, wird der erste Test normalerweise mit einer niedrigen Dosis bei einer geringen Anzahl gesunder Testpersonen durchgeführt, die sich freiwillig gemeldet haben. Der Test dient dazu, unerwartete toxische Wirkungen zu erkennen. Das ist Phase I. Wenn hier keine Probleme auftreten, wird in Phase II eine Studie mit Dutzenden oder Hunderten von Patienten mit dieser Krankheit angesetzt, um den therapeutischen Nutzen nachzuweisen und die optimale Dosierung herauszufinden. Wenn auch diese Studie erfolgreich ist, gibt es in Phase III eine Studie mit mehreren Zentren und Hunderten oder Tausenden von Patienten. Im Idealfall werden die Teilnehmer bei solchen klinischen Studien zufällig ausgewählt („randomisiert"). Sie erhalten entweder das neue Medikament oder die bisherige Standardtherapie, wobei weder die Ärzte noch die Patienten wissen, was verabreicht wird. Ohne diese doppelte Blindprobe können therapeutische Studien zu Trugschlüssen führen, da hoffnungsfrohe Forscher und Patienten manchmal dazu neigen, allein auf Zufällen beruhende Effekte als Wirksamkeit einer Therapie zu interpretieren. Erforderlich ist eine sorgfältige Analyse der erzielten Wirkungen, um jeglichen Hinweisen auf unerwartete Komplikationen nachgehen zu können. In der heutigen Zeit sollte bei allen Patienten auch eine umfassende DNA-Analyse durchgeführt werden, sodass Gruppen mit ungewöhnlich guten oder schlechten Reaktionen identifiziert werden können.

Wenn sich in Phase III eine eindeutige Wirksamkeit und ein akzeptables Risiko feststellen lässt, kann der Hersteller bei der FDA die Marktzulassung des Medikaments für die allgemeine Gesundheitsfürsorge beantragen. Die FDA verlangt jedoch für Phase III mindestens zwei unabhängige Studien, bevor ein Medikament zugelassen wird.

Seltene und vernachlässigte Krankheiten

Der oben beschriebene Vorgang erfordert viele Jahre, kostet Hunderte Millionen Dollar und die Zahl der Misserfolge ist hoch. Biotechnologische und pharmazeutische Unternehmen sind deshalb verständlicherweise kaum bereit, diese Art von Investitionen für Krankheiten aufzubringen, die nur ein begrenztes Marktpotenzial besitzen. Dazu gehören auch die über 6 000 Krankheiten, die als selten eingestuft sind, sowie Krankheiten, die nahezu ausschließlich in Entwicklungsländern verbreitet sind. Diese ökonomischen Aspekte führen dazu, dass die Entwicklung von neuen Behandlungsmethoden für diese Krankheiten nur sehr zögernd wenn überhaupt verfolgt wird. Vor kurzem wurden jedoch Initiativen ins Leben gerufen, teilweise von der Regierung und teilweise philanthropisch begründet, die diesen Zustand verändern wollen, indem technische und finanzielle Möglichkeiten geschaffen werden, um den Anteil der akademischen Forschung bei der Entwicklung von Medikamenten zu erhöhen. Diese Strategie soll die Risiken für die Privatwirtschaft senken und die Projekte für die Unternehmen attraktiv machen. Der Fortschritt in der Entwicklung von Medikamenten gegen die Cystische Fibrose, die zu einem großen Teil durch private Spenden an die Cystic Fibrosis Foundation finanziert wurde, ist ein ausgezeichnetes Beispiel dafür, dass diese Vorgehensweise bei einer selteneren Krankheit funktionieren kann.

Anhang E

Dienstleistungen von Unternehmen, die Privatkunden umfassende genetische Tests anbieten

(Stand: Mai 2009)

Krankheiten

Krankheit	23andMe[1]	deCODEme	Navigenics
Alzheimer-Krankheit		+	+
Asthma	(+)	+	
Basalzellkarzinom	(+)	+	
Basedow-Krankheit			+
Bauchaortenaneurysma	(+)	+	+
Blasenkrebs	(+)	+	
chronische lymphatische Leukämie	(+)	+	
Colitis ulcerosa	(+)	+	
Diabetes Typ 1	+	+	
Diabetes Typ 2	+	+	+
Dickdarmkrebs	(+)	+	+
essenzieller Tremor	(+)	+	
Exfoliationsglaukom	(+)	+	+
Fettleibigkeit	(+)	+	+
Gallensteine	(+)	+	
Gicht	(+)	+	

Krankheit	23andMe[1]	deCODEme	Navigenics
Herzinfarkt	(+)	+	+
Herzrhythmusstörungen	(+)	+	+
intrakranielles Aneurysma	(+)	+	+
Lungenkrebs	(+)	+	+
Lupus	(+)	+	
Magenkrebs	(+)	+	
Makuladegeneration	+	+	+
Melanom	(+)	+	
Morbus Crohn	+	+	+
Multiple Sklerose	(+)	+	
Osteoarthritis		+	
Parkinson-Krankheit	+		
periphere arterielle Verschlusskrankheit	(+)	+	
Prostatakrebs	+	+	+
Psoriasis	+	+	+
Restless-Legs-Syndrom	(+)	+	+
Rheumatoide Arthritis	+	+	+
Sarkoidose			+
Schilddrüsenkrebs		+	
Thromboembolie	+	+	+
Zöliakie	+	+	+

Persönliche Merkmale

Merkmal	23andMe[1]	deCODEme	Navigenics
Augenfarbe	+		
Cerumen-Typ („Ohrenschmalz")	+		
ethnische Herkunft	+	+	
Flush-Reaktion bei Alkoholkonsum	+	+	

Merkmal	23andMe[1]	deCODEme	Navigenics
HIV/AIDS-Resistenz (CCR5)	+		
Kahlköpfigkeit bei Männern	(+)	+	
Lactoseunverträglichkeit	+	+	+
Malariaresistenz (Duffy-Blutgruppen-System)	+		
Muskelstärke	+		
Nicht-AB0-Blutgruppen	+		
Nikotinabhängigkeit	(+)	+	
Norovirusresistenz	+		
Wahrnehmung von bitterem Geschmack	+	+	

[1] Bei 23andMe sind die Krankheiten und Persönlichkeitsmerkmale, die in dieser Tabelle mit (+) markiert sind, als „Forschungsberichte" eingestuft: das heißt, das Unternehmen ist der Ansicht, dass die Signifikanz von Testergebnissen bis jetzt noch umstritten ist. deCODEme trifft diese Unterscheidung nicht. Neben den Einträgen in dieser Liste führt 23andMe in der Kategorie „Forschungsberichte" Analysen für 35 weitere Krankheiten und 18 Persönlichkeitsmerkmale auf, für die weder deCODEme noch Navigenics eine Analyse liefern.

Medikamentenempfindlichkeit

Medikament	23andMe[2]	deCODEme	Navigenics
Clopidogrel (Plavix)	+		
Coumadin (Warfarin)	+	+	

[2] 23andMe bietet in der Kategorie „Forschungsbericht" noch drei weitere Vorhersagen über Drogensuchtrisiken, für die deCODEme keine Analyse liefert.

Trägerstatus

Krankheit	Träger mit Risiko?	23andMe	deCODEme	Navigenics
α-1-Antitrypsin-Mangel	nur bei Rauchern	+		
Bloom-Syndrom	nein	+		
BRCA1/BRCA2	ja[3]	nur bestimmte[4]		
Cystische Fibrose	nein	ΔF508[5]		
G6PD-Mangel	ja[6]	+		
Glykogenspeicherkrankheit 1a	nein	+		
Hämochromatose	nein	+		+[7]
Sichelzellenanämie	nein	+		

[3] Frauen mit einer BRCA1/2-Mutation tragen ein hohes Risiko für Brust- und Eierstockkrebs, Männer ein etwas erhöhtes Risiko für Prostatakrebs, Bauchspeicheldrüsenkrebs und männlichen Brustkrebs (Kapitel 3).

[4] Der Test weist nur drei BRCA1/2-Mutationen nach, die bei den Ashkenazi-Juden häufiger vorkommen. Ein negatives Testergebnis sagt deshalb nichts über mögliche andere BRCA1/2-Mutationen aus.

[5] Der Test weist nur die ΔF508-Mutation im CFTR-Gen nach (Kapitel 2), sodass ein negatives Testergebnis die Möglichkeit nicht ausschließt, ein CF-Träger zu sein.

[6] Generell haben nur männliche G6PD-Träger das Risiko, nach dem Verzehr von Fava-Bohnen oder der Einnahme bestimmter Medikamente eine hämolytische Anämie zu erleiden, da sich das Gen auf dem X-Chromosom befindet.

[7] deCODEme kann Hämatochromatoseträger identifizieren, weist sie aber nicht als solche aus.

Index

A

Abacavir   285f, 291
  siehe auch Ziagen
ABL-Gen   155
Acetaldehyd   232f
Acetat   232
Acetylsalicylsäure   266, 279
ACGT-Basen   331
ADA-Gen   298–300, 303
Adenin (A)   331–334
Adenokarzinom   152
AIDS   194–204, 212f, 285, 340,
  342, 371
akute lymphatische Leukämie
  (ALL)   271, 278
Albinismus   175
Alkohol   232–234
Alkoholismus   232–234, 245
Allel   37, 89, 231, 331, 336f, 340,
  347f
Allen Brain Project   246
Altern   249–270
Althaus, B.   47–49
Alzheimer-Krankheit   XXII, 137,
  223, 247, 249, 260–266, 369

American College of Medical
  Genetics   107
American Genes and Environment
  Study (AGES)   112
American Medical Association
  326
American Nurses Association
  326
American Society of Human
  Genetics   107, 117, 193
Aminosäure   202, 331, 334,
  337–339, 344
Amyloid-β-Peptid (Aβ)   260
Amyloidgen   260
Amyloidplaques   260
Anämie   206
AncestryByDNA   167
23andMe   XVIII–XXV, 71f, 101f,
  115, 369–372
ANK3-Gen   228
Antibiotika   207, 211
Antibiotikatherapie   43
α-1-Antitrypsin
  -Defekt   30
  -Mangel   XXV

Aorta, vergrößerte   47–49
APOE-Gen   260–266
Applera Corporation   357
Arginin-Vasopressin (AVP)   240
Armstrong, L. E.   150
Arthritis, rheumatoide   82, 268
Aspirin   362
Augenfarbe   XXV, 65, 371
Augeninnendruck   XXII
Autismus   226–229
Autosom   332
Azathioprin   278

B

Bakterien   250
Baltimore, D. L.   203
Basenpaare   7f, 10, 34, 77, 118,
   129, 131, 186, 202, 332f, 335,
   348, 350
Bauchspeicheldrüse   311, 314
Bauchspeicheldrüsenkrebs
   XI–XIII, 32, 152, 160, 372
   siehe auch Krebs, Bauchspei-
   cheldrüsenkrebs
BCR-Gen   155
Beck, T. L.   45–47, 50, 93, 111
Behandlung, standardisierte
   XXVIII
Beratung
   genetische   XII, XX, 28
   medizinische   XXIV
Bessette, D.   36
Bestrahlung   150, 160, 164
Beta-Blocker   22
BiDil   188–191
Biesecker, B.   117

biologische Herkunft   171
Biopsie   4, 103f, 119, 123
bipolare affektive Störung   225, 229
   siehe auch manisch-depressiv
Bishop, J. M.   125
Blair, A. C. L.   358
Blasenkrebs   126, 369
   siehe auch Krebs, Blasenkrebs
Blindprobe, doppelte   367
Blumenbach, J. F.   170f
Bluterkrankheit   200, 280
   siehe auch Hämophilie
Blutgerinnsel   279, 281, 316
Blutgerinnungsfaktor   281, 283
Blut-Hirn-Schranke   162
Bluttest   60, 135, 281, 316
Body-Mass-Index (BMI)   115,
   282
Borderline-Persönlichkeitsstörung
   238
Boxerenzephalopathie (Dementia
   pugilistica)   262
BRCA1
   -Gen   XII, 4, 32, 118, 128, 131,
   137, 332
   -Mutation   XIIf, XVII, 32, 65,
   108, 122–124, 130f, 135–138,
   372
   -Risiko   120f
   -Test   122, 134, 138, 165
BRCA2
   -Gen   XII, 4, 131, 332
   -Mutation   XIII, XVII, 108,
   135–138, 372
   -Test 134, 138, 165
Brin, S. M.   71f, 102, 219

Brustkrebs XI–XIII, 4, 32, 65, 117–124, 131f, 134–139, 152, 165, 288, 316, 332, 372
siehe auch Krebs, Brustkrebs
Bush, G. W. 139, 309

C

CACNA1C-Gen 228
CAD10-Gen 228
Calzone, K. 117
CCR5-Gen 201–203, 214
CCR5-Δ32-Mutation 202f, 212f
Celera 356–358
Celsentri 204
Centers for Disease Control and Prevention (CDC) 17, 270
Cetuximab 289
siehe auch Erbitux
CF-Gen 34–41, 134
siehe auch Mutation, CF-Gen
CFTR-Gen 35–40, 56, 363, 372
Charcot-Marie-Tooth-Hoffmann-Krankheit XIVf, 223, 350
Chemotherapie 4, 123, 150, 152f, 157, 160, 164, 195, 271, 278, 315
Cholesterinspiegel 95f, 100, 262, 264, 286, 316
Chorea Huntington 31f, 108, 137, 223
Chorionbiopsie 62
Chromosom 29, 301, 332, 334–342, 348
    X-Chromosom 29f
    Y-Chromosom 29f
Chromosom-8 186
Chromosom-9 155

Chromosom-15 235
Chromosom-17 119
Chromosom-22 155
chromosomaler Leukämiemarker 154
Chromosomenanomalie 60–63
Chromosomenpaare XVIII
chronische lymphatische Leukämie 369
siehe auch Leukämie, chronische lymphatische
chronische myeloische Leukämie (CML) 153–157
siehe auch Leukämie, chronische myeloische (CML)
Clinton, W. J. 172, 358
Cloninger, C. R. 236
Clopidogrel 279, 371
Cockayne-Syndrom 257
Colitis ulcerosa 211
copy number variants (CNVs) 99, 350f
Coumadin XXII, 280–284, 371
siehe auch Warfarin
Crick, F. H. C. 2, 139, 353, 360
Crossing-over 349
CYP2C9-Gen 282–284
CYP2D6-Gen 289f
Cystic Fibrosis Foundation 134
Cystische Fibrose (CF) 27–44, 51, 55f, 65, 118, 134, 184, 316, 363–365, 368, 372
    Bauchspeicheldrüse 33f, 37f
    Darm 27, 33f
    Lunge 28, 33f, 37–39, 43
Cytoplasma 313, 332

Cytosin (C)   331–333, 343
Cytosol   332

D

Darmblutungen   206f
Darmflora   212
Darmkrebs   65, 126
  siehe auch Krebs, Darmkrebs
Darmspiegelung   140, 142f, 165
Darmverschluss   27, 33
deCODEme   XVIII–XXV,
  101–105, 115, 369–372
Defekt, polygener   75
Defibrillator   22
Deletion   202, 333
Depression   226f, 230f, 245, 279f,
  320
Designerwirkstoffe   42f, 159
DeSilva, A.   298–300
Diabetes   309, 311, 316
Diabetes Prevention Program
  (DPP)   93
Diabetes Typ 1 (Jugenddiabetes)
  85–87, 369
  siehe auch T1D
Diabetes Typ 2 (Altersdiabetes)
  XXI, 74–77, 85–87, 90–96,
  183, 369
  siehe auch T2D
  Glucose   86
  Insulin   86
Diät, therapeutische   45–47
Dickdarmkrebs   124, 129,
  140–144, 152, 165, 317, 320,
  323, 369
  siehe auch Krebs, Dickdarm-
  krebs

Dietz, H. C.   47–49
diploid   29, 128, 333, 336, 347f
Diskriminierung   183f
  genetische   137–139
DNA   XII, XVII, 2–14, 24, 27,
  35, 75, 81, 99, 102f, 114f, 118,
  128–130, 133, 139, 146–148,
  152, 161, 164, 168f, 171,
  178–180, 184, 192, 198, 202,
  211, 228, 235, 251, 256, 274,
  298, 300f, 332f, 337–340,
  342–347, 350, 353, 355
  menschliche   1
  nichtcodierende   338
  rekombinante   340
DNA-Abschnitt   13
DNA-Analyse   XVIII–XXVI, 20,
  119, 143, 163, 178f, 203, 246,
  270, 367
DNA-basierte Vorhersage
  XXIV
DNA Direct   293
DNA-Ergebnis   XIX, XXIV
DNA-Fehler   XVII
DNA-Form   6
DNA-Information   11
DNA-Integrität   257
DNA-Marker   XXIII
DNA-Molekül   XVIII, 6
DNA-Mutation   125
DNA-Probe   76–78, XII, XIXf
DNA-Profil   180
DNA-Revolution   XXVIII
DNA-Sequenz   3, 35, 52, 59, 125,
  151, 159, 172, 339–341, 346,
  350, 355–359, XXVII
DNA-Sequenzierung   13, 333, 353

DNA-Struktur 6

DNA-Test XIV, XVIII, 22–24, 30, 49, 59, 64, 67f, 71, 97, 102, 106, 114, 122, 131, 136, 169, 229f, 237, 263, 265, 284, 296

DNA-Variante XVII

DNA-Vektor 203

rekombinanter 132

Dolly (geklontes Schaf) 311

dominant 30–32, 140f, 266

siehe auch Vererbung, dominante

Dopamin 219

Dopaminstoffwechsel 237

Doppelhelix XXVIII, 2, 7, 129, 139, 333, 343f, 360

doppelte Blindprobe 367

Dosierung 271–293

Down-Syndrom 60–62

DRD2-Gen 237

DRD4-Gen 236

Drift, genetische 334

Druker, B. J. 153–155

DSM-IV-TR 245, 247

DTC-Anbieter 110

DTC-Test 101, 105, 111

Dulbecco, R. 125f

Dx-Rx-Prinzip 280, 284, 288, 291

E

EGFR-Gen 161f

EGFR-Rezeptor 289

Eierstockkrebs XI–XIII, 32, 65, 117–124, 131f, 134–139, 151, 332, 372

siehe auch Krebs, Eierstockkrebs

eineiige Zwillinge 27f, 97, 222, 227, 232, 234, 236, 241f, 258–260, 333

Einflüsse, äußere XXVII

Eisenhower, D. D. 281

Eisenspiegel, erhöhter XXV

Ekzeme 212

Elektrokardiografie (EKG) 21

Embryo 306–310, 318, 341

Emphysem XXV

Encyclopedia of DNA Elements (ENCODE) 14

Entzündungsreaktion 82

Enzym 233f, 257f, 260, 272, 275f, 278, 283, 289f, 302, 334, 339, 344

Enzymtest 54

Epigenetik 346f

Epstein-Barr-Virus 149

ERBB2-Gen 151

Erbfaktoren 5, 13f, 16

Erbitux 289

Erbkrankheit XIV, 23f, 27, 32, 35, 37, 68, 334f, 340

Ergebnis

falschnegatives 103

falschpositives 61

Erkrankungsrisiko 15

Ernährung 44–47, 53, 74, 93f, 107, 111, 149, 165, 176, 186, 266, 318, 320

ethnische Herkunft 167, 169

Eugenikbewegung 237

Evolution, konvergente 177

Evolutionsprozess 13

ex vivo-Gentherapie   298f, 314
Exon   10, 334, 337–342, 346

F

Faktoren
   genetische   184–186
   multiple   184
falschnegatives Ergebnis   103
falschpositives Ergebnis   61, 103
familiäre adenomatöse Polyposis
   (FAP)   141
familiäres QT-Syndrom   21–24,
   32
Fanconi-Anämie   67
Farnesyltransferaseinhibitor
   (FTI)   268
Federal Trade Commission
   (FTC)   113
Fehler, genetischer   XXVIII
Fettleibigkeit   XXI, 53, 81, 86,
   90, 93, 115, 212, 312, 317f,
   322f, 369
Fibrillin, Genmutation   48f
Fluoreszenztest   363–365
Food and Drug Administration
   (FDA)   105
Fragiles-X-Syndrom   57–59, 108,
   243
Framingham-Langzeitstudie   117
Frazier, M.   157, 289
Fruchtwasserpunktion   62f

G

Galactoseintoleranz   51
gastrointestinaler Stromatumor
   (GIST)   157
GATTACA (Film)   52f, 66f, 329

Gebärmutterhalskrebs   149
   siehe auch Krebs, Gebärmutterhalskrebs
Gebärmutterkrebs   129, 141–143
   siehe auch Krebs, Gebärmutterkrebs
Gehirn   221
Gehirnerkrankung   260
Gehirntumor   151, 160
   siehe auch Krebs, Gehirntumor
Gelsinger, J.   302
Gen   8, 334–340, 344–346, 350,
   354
   anormales   XV
   defektes   XXV, 41, 117
   springendes   11
generischer Name   277
Genetikberater   XIII
genetische Beratung   XII, 28
genetische Diskriminierung
   137–139
genetische Drift   175, 334
genetische Faktoren   184–186
genetischer Fehler   XXVIII
genetische Medizin   XVI, 68
genetische Variabilität   14
genetische Varianten   173f
genetischer Marker   335
genetischer Test   XVI, 22, 50, 57,
   72f, 95, 101, 103, 113, 212,
   214, 262, 287f, 291f, 296,
   334f
genetisches Screening   50–62, 340
   siehe auch Screening
Genexpressionsanalyse   4
Gen-Gen-Wechselwirkungen   99
Genkartierung   335

Genographic Project   193

Genom   XVIII, 1–14, 59, 63, 73,
    77, 86, 97–99, 101, 111f, 114,
    125–129, 133, 139, 141, 145,
    151f, 158, 164, 173, 175–178,
    210, 213, 222, 224, 228f, 235,
    245, 251, 254, 265, 274, 285,
    292, 311, 316–318, 323, 335f,
    342, 344–351, 355, 357–359

menschliches   1–14, 34

Genomanalyse   52, 80

Genom-Sequenzierung   3

genome-wide association studies
    (GWAS)   77, 348

Genomik   326, 343

Genomsequenz   2, 57, 76

Genomumstrukturierung   229

Genotyp   336

Genotypisierung   133

Gentechnik   335f

Gentherapie   XXVII, 41f,
    297–303, 306, 314f, 336

geografische Herkunft   171

Gesundheitsvorsorge   16, 18

Gingivitis   211

Glaukom   XXI

Gleason-Wert   103f

Glioblastoma multiforme   151

Glivec   153–158

Glucosetoleranztest   106

Gould, S. J.   171

Gretsky, W.   328

Gretsky, W. D.   328

GRK3-Gen   229

Gründereffekt   174, 336

Guanin (G)   331–333, 343

Gulcher, J.   103–106, 145, 186

Guthrie, W. W.   222

GWAS-Verfahren   228

H

Haarfarbe   65

Hämochromatose   XXV, 30

Hämophilie   200
    siehe auch Bluterkrankheit

Handelsname   277

haploid   335f

Haplotypen   78

HapMap-Projekt   78–82, 336, 349

Harvey, W.   269

Hautfarbe   175

Hautkrebs   185
    siehe auch Krebs, Hautkrebs

Hauttumor   175f

Heliobacter pylori   149, 211

Hepatitis B   149

HER2-Rezeptor   288

Herceptin   287f, 291
    siehe auch Trastuzumab

hereditary nonpolyposis colon cancer
    (HNPCC)   141–144
    siehe auch Lynch-Syndrom

HERG-Gen   22

Herkunft
    biologische   171
    ethnische   167, 169
    geografische   171

Herkunftstest   179

Herzinsuffizienz, kongressive
    190

Herzkammerflimmern   21

Herzkrankheit   95f, 100, 146f,
    256, 279, 286, 316f, 320, 362

Herz-Kreislauf-Erkrankung   268

Herzrhythmusstörung   21, 281
Herzstillstand   21, 23
Herztod, plötzlicher   20–24
Herzversagen   XXV
Higginbotham, E. B.   169
Hippel-Lindau-Syndrom   140
HIV   196–204, 214, 285, 340, 371
HIV-Medikament   195f
HLA-B*5701   285
Hobbs, H. H.   100
hoch aktive antiretrovirale Thera-
   pie (HAART)   199f
Hodenkrebs   150
   siehe auch Krebs, Hodenkrebs
Hodgkin-Lymphom   150
Homo sapiens   173, 181, 345
   -Populationen   181
Homosexualität   240–243
homozygot   331
Hormontherapie   5
Hörschaden, angeborener   51
Human Fertilization and Embryo-
   logy Authority (HFEA)   65,
   327
Humangenom   1
Humangenomprojekt   2, 8, 12,
   18, 21, 77, 113, 134, 151, 157,
   172, 237, 296, 333, 353–360
Humanmikrobiomprojekt
   210, 212
Humanpapillomvirus (HPV)   149
Hunter, D. J.   85
Hutchinson-Gilford-Syndrom
   (HGPS)   250–253, 257, 268f
   siehe auch Progerie
Hutter, G.   195
Hypersensitivität   285, 291

I

Immunsystem   196–199,
   297–302, 307
in vitro-Fertilisation (IVF)   64–68,
   308, 310
in vivo-Gentherapie   298f, 302
induzierte pluripotente Stammzelle
   (iPS-Zelle)   313f
Infektion   177f, 195–197,
   202–214, 271f
Influenza (Grippe)   208–210
Insulin   255, 314
Intelligenz   243
Interferon   153
Intron   10, 334, 337, 346
IQ-Test   243
Iressa   160–163

J

Joseph, W.   167–169, 171, 179

K

Kalorienzufuhr   255f, 267
Kandidatengenmethode   75f
Kandidatenwirkstoffe   155
kanzerogener Faktor   12
Karposi-Sarkom   198
   siehe auch Krebs, Karposi-
   Syndrom
Karyotyp   337
Karzinogene   147
Katalysator   334
Kidston, B.   219f
King, M.-C.   117f
Klonierung   312, 327, 337, 341
Knochenmarktransplantation
   297

Knock-out-Mutation 238
Kolektomie 141
Kombinationstherapie 195, 199
kongenitale Leber-Amaurose
  303–306
kongressive Herzinsuffizienz 190
konvergente Evolution 177
Kopplungsanalyse 335
Kraft, P. 85
Krankheiten
  neurodegenerative 222f
  psychische 224
  rezessive XXV
Krankheitsgeschichte, familiäre
  16–23
Krankheitssymptome XXVIII,
  20
Krebs XI–XIII, 5, 12, 32,
  125–165, 316, 338, 341
  Bauchspeicheldrüsenkrebs
    XI–XIII, 32, 152, 160, 372
  Blasenkrebs 126, 369
  Brustkrebs XI–XIII, 32, 65,
    117–124, 131f, 134–139, 152,
    165, 332, 372
  Darmkrebs 65, 126
  Dickdarmkrebs 124, 129,
    140–144, 152, 165, 317, 369
  Eierstockkrebs XI–XIII, 32, 65,
    117–124, 131f, 134–139, 151,
    332, 372
  Gebärmutterhalskrebs 149
  Gebärmutterkrebs 129, 141–143
  Gehirntumor 151, 160
  Hautkrebs 185
  Hodenkrebs 150
  Karposi-Syndrom 198

Leberkrebs 146–148, 160
  Leukämie 148–150, 152–157,
    195, 302
  Lungenkrebs 146–148, 151f,
    160, 162f, 235, 370
  Magenkrebs 149, 183, 370
  malignes Melanom 185, 187
  Prostatakrebs XI–XIII, XXIII,
    32, 103f, 121, 183, 186, 370, 371
  Schilddrüsenkrebs 370
  Speiseröhrenkrebs 124
Krebsentstehung 126–130
Krebsrisiko XI
Kriminalität 237–240

L

Lactase 177
Lactaseproduktion 170–177
Lactose 177
Lamin-A-Gen 251f, 257, 259,
  269
Lassa-Fieber 178
LDL-Cholesterin 100
L-Dopa 219
Lebenszeit 253–259
Leber-Amaurose, kongenitale
  303–306
Lebererkrankung XXV
Leberkrebs 146–148, 160
  siehe auch Krebs, Leberkrebs
Leukämie 148–150, 152f, 195, 302
  chronische myeloische
    (CML) 153–157
  chronische lymphatische 369
  siehe auch Krebs, Leukämie
Leukämiemarker, chromosomaler
  154

Leukemia and Lymphona Society
153
Leukocytenzahl   153–156
Linné, C.   170
Lithium   225
Losartan   48f
Lovastatin   362
LRRK2-Gen   71, 219
LRRK2-Mutation   72
Lungenemphysem   146
Lungenkrebs   146–148, 151f, 160,
162f, 235, 370
siehe auch Krebs, Lungenkrebs
Lupski, J. R.   350
Lymphknoten   150
Lynch, H. T.   141
Lynch-Syndrom   141–144
siehe auch *hereditary nonpolyposis
colon cancer* (HNPCC)

M

Magengeschwür   211
Magenkrebs   149, 183, 370
siehe auch Krebs, Magenkrebs
Magnetresonanztomografie
135, 160
Makuladegeneration   XXI, 80–82,
84, 370
Malaria   177, 204–206, 213
malignes Melanom   185, 187
siehe auch Krebs, malignes
Melanom
siehe auch Melanom
Mammografie   XII, 4, 123, 135
manisch-depressiv   225, 227, 229
siehe auch bipolare affektive
Störung

MAOA-Gen   238f
MAPT-Gen   247
Maraviroc   204
Marfan-Syndrom   47–49
Marker, genetischer   335
Mastektomie   119f, 123f, 136
Mayo-Klinik   271
Medikamente, entzündungshem-
mende   82
medikamentöse Therapie   42, 47f,
50–53, 272f, 300
Medizin
genetische   XVI, 68
personalisierte   XVIII, 15, 20,
25, 68, 87, 172, 192f, 196, 210,
213f, 221, 246, 270, 293, 297,
315f, 324, 326–329, 353
medizinische Beratung
XXIV
Melanin   176
Melanom   148
Meningitis, tuberkulöse   208
6-Mercaptopurin (6-MP)   271f
Merkmalsträger   XXV, 30, 39,
46f, 53–59, 337
Messenger-RNA (mRNA)
9, 337
Metformin   94
Mikrobiom   211, 213, 319
Mitochondrien   332
MLH1/MSH2/MLH3-Gene
141f
Monogamie   240
Morbidität   1832
Morbus Crohn   183, 211
Mortalität   183
MPPP   220

MPTP 220

multiple endokrine Neoplasie 140

multiple Faktoren 184

Multiplex Project 106

Multipotenz 307f, 341

Mutation XII, 22, 28, 35, 53, 77, 83, 100, 119, 121–130, 135, 145–164, 202–212, 218–223, 228, 251f, 257, 260, 288f, 298, 303, 332–334, 337–339, 342, 363

CF-Gen 34–41

Myers-Briggs-Persönlichkeitstest 236

Myriad Genetics 131–133

N

Name, generischer 277

Nash, J. F. 224f

Nash, L. und J. 67

National Coalition for Health Professional Education in Genetics (NCHPEG) 326

National Institute of Aging 270

National Institutes of Health (NIH) 270, 291, 298, 324, 354

National Organization for Rare Diseases (NORD) XVI

natürliche Selektion 175–178, 254

Navigenics XVIII–XXV, 101f, 110, 115, 369–372

Nebenwirkung 273f, 281, 284, 286, 290, 293, 310, 322

Neugeborenendiagnostik 246

neurodegenerative Krankheiten 222f

Neurofibrillen 260

Neurofibromatose (NF1) 32, 140

Neuronalrohr, Defekte 60

New England Journal of Medicine 85

New York Times 187

Newsweek 167

NF1-Gen 151

nichtcodierende DNA 338

Nikotin 234f, 245

Nikotinabhängigkeit 147, 371

NitroMed 189–191

Nucleinsäure 338

Nussbaum, R. L. 218

O

Obama, B. H. 182f, 309f

Omega-3-Fettsäuren XXI, 83

One-Drop Rule 181f

Onkogen 126–129, 145, 152, 157, 302, 314, 338

Orem, J. 153–155, 289

Organtransplantation 300, 306

Oz, M. C. 102

P

Panitumumab 289

siehe auch Vectibix

Pankreastumor 121

Parkinson-Krankheit XXVIII, 71f, 218–221, 223, 309, 311, 321, 370

Patent 132–134, 189–191, 354f

Patrinos, A. 358

PCSK9-Gen 100

personalisierte Medizin XVIII, 25, 68, 87, 115, 163, 165, 172, 187, 192f, 196, 210, 213f, 221, 246, 270, 293, 297, 315f, 324, 326–329, 353
Persönlichkeit 235–237
Persönlichkeitsmerkmal 217, 230, 246
Persönlichkeitstest 236
Pest 203
Phänotyp 336
Pharmakogenomik 274, 278, 286, 290, 292f, 338
Phenylketonurie (PKU) 45–47
Philadelphia-Chromosom 154f
Physiotherapie 43
Pinker, S. A. 265
Placebo 94
Plavix 279, 371
siehe auch Clopidogrel
plötzlicher Herztod 20–24
Pluripotenz 307, 311, 313f, 341
PMP22-Gen 350
Pocken 203
polygen 33, 74, 339
polygener Defekt 75
Polymer 343
Polypen 141
Polypeptid 331
Population 170–177, 228, 260, 334–336, 348f
Populationsgenetiker 12
Populationsgeschichte 175
Prädeterminierung 32
Prädisposition 32, 74, 178, 209, 242, 245, 265, 317f

Präimplantationsdiagnostik (PID) 64–67, 296
Pränataldiagnostik 62f, 246
Progerie 250–253, 257, 268f
siehe auch Hutchinson-Gilford-Syndrom
Prostatakrebs XI–XIII, XXIII, 32, 103f, 121, 183, 186, 370, 372
siehe auch Krebs, Prostatakrebs
prostataspezifisches Antigen (PSA) 103
Protein 126, 251–254, 256, 268f, 285, 331f, 334, 337–342, 344–347, 361
PSA-Test 103–105
PSA-Wert 103f
psychische Krankheiten 224
Psynomics 229

Q
QT-Syndrom, familiäres 21–24, 32
QT-Zeit 21, 24

R
Rachitis 176
RAS-Mutation 126
RAS-Onkogen 126
Rasse 168–171, 181–193, 237, 339
Rasterverschiebungsmutation 339
Rauchen 146f, 165, 234f, 266, 282
RBI-Formel 262f

RBI-Gleichung   92f, 96, 100, 102, 109
RBI-Regel   89
RBI-Zahl   105
rekombinante DNA   340
rekombinanter DNA-Vektor   132
Resistenz   197–205
Resveratrol   256
Retina   304–306
Retinoblastom   140
Retrovirus   125, 340
Rezeptor   275f
rezessiv   29, 39, 46f, 53–59, 65, 184, 303, 337, 340
   siehe auch Vererbung, rezessive
Rezidiv   152
rheumatoide Arthritis   82
Ridley, M. W.   231, 359
Risiko
   DNA   XIX
   genetisch bedingtes   XX, 16, 19
Risikoallel   90, 97f
Risikofaktor   16, 33, 53, 72–115, 144, 262
Risk Evaluation and Education for Alzheimer's Disease Study (REVEAL)   263–265
RNA   8, 41, 198, 301, 333, 338, 342, 344–346
RNA-Code   8
Robbins, K.   159–164
Roosevelt, A. E.   254
Rotwein   256, 267
Rowley, J.   154
RPE65-Gen   303

S
Saint-Exupéry, A. de   295f, 327
Satel, S.   187f
Schädeltrauma   262
Schilddrüsenkrebs   370
   siehe auch Krebs, Schilddrüsenkrebs
Schilddrüsenunterfunktion   50f
Schizophrenie   224f, 227–229
Schweinegrippevirus (H1N1)   210
schwer kombinierte Immunschwäche (SCID)   297f, 302f
   siehe auch X-gekoppeltes SCID-Syndrom
Science   85
Screening   96, 200, 246, 325, 340
   genetisches   50–62
   Neugeborene   50–53
Selektion   11
   natürliche   175–178, 254
Serotoninspiegel   231
Shalala, D. E.   101
SHANK3-Gen   228
Sichelzellenanämie   31, 39f, 51, 54, 184, 314f, 372
Sichelzellenmutation   177
single gene disease   28
single nucleotide polymorphisms (SNPs)   77–80, 98, 336, 347–349
Sirtuin   256, 267
Skolnick, M.   131
Slaughter, L.   138
SLC01B1-Gen   286f
SLC11A1-Gen   208
SLC24A5-Gen   176

Smith, F. W.   295
SNP-Kombination   78
SNP-Test   80
somatic cell nuclear transfer
    (SCNT)   311f
Speiseröhrenkrebs   124
    siehe auch Krebs, Speiseröhren-
    krebs
Spinale Muskelatrophie
    (SMA)   57
Spiritualität   244
springendes Gen   11
Stammbaum   171
Stammzellen   67f, 306–313, 258,
    340f
Stammzellentherapie   306–315,
    323
Stammzellentransplantation
    195f, 203
Statin   95, 262–264, 286f, 362
Störung, bipolare affektive   225
Strahlenbehandlung   4
Strahlung, ultraviolette   147
Stromatumor, gastrointestinaler
    (GIST)   157
Symbiose   210f
Symptome   XXVIII
α-Synuclein-Gen   219

T
T1D   85–87
T2D   74–77, 85, 87, 90–96
Tabaksucht   234f
Tamoxifen   289f
Tay-Sachs-Krankheit   53–55, 184
TCF7L2-Gen   89f, 97
Telomer   257, 267, 341

Telomerase   257f
Ten Commandments of Race and
    Genetics   193
Test, genetischer   XVI, 22, 50,
    57, 72f, 95, 101, 103, 113,
    212, 214, 262, 287f, 291f, 296,
    334f
Testosteron   240
α-Thalassämie   205
β-Thalassämie   205
The Cancer Genome Atlas
    (TCGA)   151
Therapie, medikamentöse   42,
    47f, 50–53, 272f, 300
Thiomersal   227
Thiopurin-Methyltransferase
    (TPMT)   278
Thymin (T)   331–333, 343
Time   244
TLR2-Gen   208
Totipotenz   311f
TP53-Gen   128
Transgen   341
Transkription   9, 301
Translation   9, 301, 339, 344
Translokation   155
Trastuzumab   287f
    siehe auch Herceptin
Tsui, L.-C.   34f, 134
Tuberkulose (TB)   206–208
tuberkulöse Meningitis   208
Tumor   120, 130, 140f, 146–148,
    151f, 157–161, 288, 314, 320
Tumorgewebe   4
Tumorsuppressor   332
Tumorsuppressorgen   128f, 145,
    341

Turner, D. 303–306
T-Zellen 198

U

UK-BioBank-Projekt 112
Ultraschall 4
Ultraschallaufnahme 60
Ultraschalluntersuchung 138
ultraviolette Strahlung 147
Umweltfaktor 112

V

*V1a*R-Gen 241
Variabilität 274f, 282, 336, 347
  genetische 14
Variable, äußere XXVII
Variante 37
  genetische 173f
Varmus, H. E. 125
Vectibix 289
Vektor 341
  viraler 301
Venenthrombose 281
Venter, J. C. 265, 357–359
Vererbung
  dominante 30–32, 140f, 266
  dominante, siehe auch dominant
  rezessive 29–39, 46f, 53–59, 65,
    184, 303, 337, 340
  X-gekoppelte 58f
Verhaltensweise 217, 230
Vetter, D. P. 297, 302f
viraler Vektor 301
Virus 149, 297, 301f, 304, 341f
Vitamin-D-Spiegel 176
VKORC1-Gen 282–284
Vogelgrippevirus (H5N1) 209

Vorfahrentest 193
Vorhersage, DNA-basierte XXIV

W

Warfarin 280–284, 371
Watson, J. D. 2, 139, 265, 353f,
  360
Watson, T. J. 295
Weber, B. 117–120
Wechselwirkung 293
Werner-Syndrom 257
Wiederholungssequenz 11
Wisconsin Alumni Research
  Foundation 281
Wojcicki, A. E. 102

X

X-Chromosom 29f, 57–59, 238,
  332, 342, 372
  siehe auch Chromosom,
    X-Chromosom
X-gekoppelte Erkrankung
  342
X-gekoppelte Vererbung 58f, 74,
  200, 238
X-gekoppeltes SCID-Syndrom
  297f, 302f
  siehe auch schwer kombinierte
    Immunschwäche (SCID)
XYY-Status 238

Y

Yamanaka, S. 313f
Y-Chromosom 29f, 239f, 243,
  332, 342
  siehe auch Chromosom,
    Y-Chromsom

Z

Zellerneuerung   126
Zellkern   7, 332, 344
Zellteilung   126–128, 338, 341
Zelltherapie   XXVIII
Ziagen   285f
Zirrhose   XXV
ZNF804A-Gen   228

zweieiige Zwillinge   227f, 242,
    333, 342
Zwillinge, eineiige   227, 232, 234,
    236, 241f, 258–260, 333
Zwillinge, zweieiige   227f, 242,
    333, 342
Zwillingsstudie   242